高等学校农业工程类专业教学指导委员会推荐教材
高等学校农业水利工程专业核心课程教材
"十四五"时期水利类专业重点建设教材

作物生境学

主　编　王全九
副主编　史海滨　陈　菁　张富仓
主　审　杨培岭

中国水利水电出版社
www.waterpub.com.cn
·北京·

内 容 提 要

本教材根据2018—2022年高等学校农业工程类专业本科核心课程教材规划要求编写，分为12章，包括绪论、大气环境基本特性、土壤环境基本特性、土壤环境中物质传输基本原理、作物水分生理与作物养分、作物生长发育基本特征、土壤耕作与作物栽培、作物生境调控方法、作物生长模型基本原理、作物生境调控效益评估、田间作物生长与生境智能监测、作物生境学实验原理与分析方法等方面的内容。

本教材可作为高等学校农业水利工程专业的通用教材，也可作为从事农业水利、生态环境方面工作人员的参考书。

图书在版编目（CIP）数据

作物生境学 / 王全九主编. -- 北京 : 中国水利水电出版社, 2024. 10. -- （高等学校农业工程类专业教学指导委员会推荐教材）（高等学校农业水利工程专业核心课程教材）（"十四五"时期水利类专业重点建设教材）.
ISBN 978-7-5226-2788-5

Ⅰ. S314

中国国家版本馆CIP数据核字第20247CK063号

书 名	高等学校农业工程类专业教学指导委员会推荐教材 高等学校农业水利工程专业核心课程教材 "十四五"时期水利类专业重点建设教材 **作物生境学** ZUOWU SHENGJINGXUE
作 者	主 编 王全九 副主编 史海滨 陈 菁 张富仓 主 审 杨培岭
出版发行	中国水利水电出版社 （北京市海淀区玉渊潭南路1号D座 100038） 网址：www.waterpub.com.cn E-mail：sales@mwr.gov.cn 电话：（010）68545888（营销中心）
经 售	北京科水图书销售有限公司 电话：（010）68545874、63202643 全国各地新华书店和相关出版物销售网点
排 版	中国水利水电出版社微机排版中心
印 刷	清淞永业（天津）印刷有限公司
规 格	184mm×260mm 16开本 19.75印张 481千字
版 次	2024年10月第1版 2024年10月第1次印刷
印 数	0001—2000册
定 价	**59.00元**

凡购买我社图书，如有缺页、倒页、脱页的，本社营销中心负责调换

版权所有·侵权必究

前 言

我国是农业大国,提高农业水土资源的生产效率,对保障我国粮食安全和社会经济健康发展具有深远的战略意义。党的二十大精神强调了创新、协调、绿色、开放、共享的新发展理念,为农业可持续发展提供了指导。在农业生产与环境保护紧密相连的背景下,构建环境友好的农业资源高效利用模式不仅是现代生态农业的核心任务,更是农业可持续发展的必然选择。通过借助现代科技,如物理、化学和生物技术,可以提升农业的质量和效益,进而推动美丽乡村的建设进程。

作物生境学作为农业水利工程专业的核心基础课程,以党的二十大精神为指导,深入贯彻绿色发展理念,是一门研究作物生长特征及其与环境要素间互作机制,调控作物生长所需水、肥、气、热、光等必要条件,以及增强作物抵御病虫害和自然灾害能力,为作物生长营造适宜环境的学科。课程涉及气象、土壤、农业、监测技术、效益评估等方面的基础理论,综合了农业气象学、土壤物理学、土壤化学、土壤生物学、土壤肥料学、作物生理学、耕作和栽培学、农业水利学、经济学、信息技术等多学科知识,重点围绕作物生长与作物生境基本要素特征、物质能量转化规律及其调控方法等方面的基础理论、基本知识和基本技能展开,注重理论与实践相结合、基础知识与测试技术相结合、模拟分析与过程管理相结合,为掌握农业水土资源高效利用和生态农业提质增效等方面方法和技术奠定坚实的理论基础。本教材为传统教材与数字资源一体化的新形态教材,将纸质教材和教学资源库等线上线下教育资源有机衔接,便于教学内容及时更新,有利于个性化教学和应用型人才培养,为学生提供更加丰富的学习体验,培养出更多具备创新和实践能力的高素质人才。

本教材共包括12章,第1章绪论,由西安理工大学王全九教授和孙燕副教授编写;第2章大气环境基本特性、第8章作物生境调控方法,由内蒙古农业大学史海滨教授和苗庆丰博士编写;第3章土壤环境基本特性、第4章土壤环境中物质传输基本原理,由武汉大学王康教授编写;第5章作物水分生理与作物养分、第6章作物生长发育基本特征，由中国农业大学丁日升教授编写；第7章土壤耕作与作物栽培，由河海大学张洁教授编写；第9章作物生长模型基本原理，由西安理工大学苏李君教授和陶汪海博士编写；第10章作物生境调控效益评估，由河海大学陈菁教授和李金刚博士后编写；第11章田间作物生长与生境智能监测，由西北农林科技大学范军亮教授编写；第12章作物生境学实验原理与分析方法，由西北农林科技大学张富仓教授编写；各章节均配套数字资源，由西安理工大学曲植副教授整理完成；西安理工大学旱区生态农业研究团队参与各章节图文校稿。全书由王全九、史海滨、陈菁、张富仓等统稿，由中国农业大学杨培岭教授主审。初稿完成后，邀请武汉大学黄介生教授、西北农林科技大学蔡焕杰教授、扬州大学冯绍元教授、西安理工大学费良军教授对教材内容提出了宝贵意见和建议。

  本教材编写中参考了土壤学与作物学、土壤物理学、作物生理学、作物耕作和栽培学等方面教材相关内容，在此特表示感谢。教材编写过程中虽经过多次修改，但因编者水平有限，书中疏漏和不妥之处在所难免，恳请广大读者批评指正。

编 者

2023 年 11 月

目 录

前言

第 1 章　绪论 ……………………………………………………………………… 1
　1.1　作物生境 …………………………………………………………………… 1
　1.2　作物生长 …………………………………………………………………… 2
　1.3　作物生境调控 ……………………………………………………………… 5
　1.4　作物生境学知识体系 ……………………………………………………… 7
　思考与练习题 …………………………………………………………………… 8

第 2 章　大气环境基本特性 …………………………………………………… 9
　2.1　辐射与热量平衡 …………………………………………………………… 9
　2.2　空气温度及其变化特征 ………………………………………………… 23
　2.3　大气降水与蒸发 ………………………………………………………… 29
　2.4　农田小气候 ……………………………………………………………… 31
　2.5　自然农业生产潜力 ……………………………………………………… 35
　思考与练习题 …………………………………………………………………… 36

第 3 章　土壤环境基本特性 …………………………………………………… 37
　3.1　土壤形成与分类 ………………………………………………………… 37
　3.2　土壤环境的物理性质 …………………………………………………… 41
　3.3　土壤环境的化学性质 …………………………………………………… 49
　3.4　土壤环境的生物性质 …………………………………………………… 60
　思考与练习题 …………………………………………………………………… 67

第 4 章　土壤环境中物质传输基本原理 ……………………………………… 68
　4.1　土壤水分运动基本原理 ………………………………………………… 68
　4.2　土壤溶质迁移的基本原理 ……………………………………………… 80
　4.3　土壤热传递的基本原理 ………………………………………………… 88
　4.4　土壤气体传输基本原理 ………………………………………………… 93
　思考与练习题 …………………………………………………………………… 96

第 5 章　作物水分生理与作物养分 …………………………………………… 98
　5.1　水分对作物生长发育的作用 …………………………………………… 98

5.2 作物水分生理与水分传输 ··· 99
  5.3 作物养分 ··· 111
  5.4 土壤水分和养分有效化 ··· 127
  思考与练习题 ·· 128

第 6 章 作物生长发育基本特征
  6.1 作物光合作用 ·· 129
  6.2 作物呼吸作用 ·· 138
  6.3 作物生长发育 ·· 142
  6.4 作物生长调节物质 ·· 151
  思考与练习题 ·· 153

第 7 章 土壤耕作与作物栽培
  7.1 土壤耕作 ·· 155
  7.2 耕作与土壤水分间关系 ··· 160
  7.3 耕作施肥与水分调节 ··· 163
  7.4 典型作物栽培与管理 ··· 165
  思考与练习题 ·· 188

第 8 章 作物生境调控方法
  8.1 农田水分调控方法 ·· 190
  8.2 农田养分调控方法 ·· 201
  8.3 农田土壤盐分调控方法 ··· 207
  8.4 土壤微生物调控方法 ··· 218
  8.5 根际微环境调控方法 ··· 220
  思考与练习题 ·· 220

第 9 章 作物生长模型基本原理
  9.1 作物生长模型的特点 ··· 221
  9.2 大气环境特征定量表征 ··· 225
  9.3 土壤环境定量表征 ·· 229
  9.4 作物生长指标定量表征 ··· 233
  思考与练习题 ·· 237

第 10 章 作物生境调控效益评估
  10.1 作物生境调控效益评估理论框架 ·· 238
  10.2 经济效益评估指标体系构建及评价模型 ·· 239
  10.3 生态环境效益评估指标体系构建 ·· 245
  思考与练习题 ·· 261

第 11 章 田间作物生长与生境智能监测
  11.1 作物生长智能监测方法与传感器 ·· 262

11.2 土壤环境智能监测方法与传感器 ························· 272
11.3 大气环境智能监测方法与传感器 ························· 279
思考与练习题 ··· 282

第12章 作物生境学实验原理与分析方法 ···················· 283
12.1 气象要素观测与潜在蒸散量分析 ························· 283
12.2 土壤样品采集、处理与保存 ····························· 285
12.3 土壤 pH 值、电导率及可溶性盐的测定 ··················· 285
12.4 土壤含水量及水分常数测定 ····························· 287
12.5 土壤水分特征曲线测定 ································· 288
12.6 土壤饱和导水率测定 ··································· 289
12.7 土壤溶质穿透曲线测定 ································· 290
12.8 土壤有机质测定 ······································· 291
12.9 土壤全氮、全磷、全钾测定 ····························· 292
12.10 土壤有效氮、有效磷、有效钾测定 ······················ 293
12.11 土壤微生物生物量和群落结构特征测定 ·················· 295
12.12 作物根系活力测定 ···································· 297
12.13 作物蒸腾强度测定 ···································· 298
12.14 作物组织含水量测定 ·································· 298
12.15 作物组织水势测定 ···································· 299
12.16 作物叶绿素 a 和叶绿素 b 含量测定 ····················· 299
12.17 作物光响应曲线测定 ·································· 300
12.18 作物全氮、全磷、全钾测定 ···························· 300
12.19 作物微量元素测定 ···································· 301
12.20 作物代谢组学测定 ···································· 302
思考与练习题 ··· 302

参考文献 ··· 304

第 1 章 绪 论

我国是农业大国，提升农业水土资源的生产效能，对于保障我国粮食安全和社会经济健康发展具有重要的战略意义。全面推进乡村振兴，加快建设农业强国，这为我国农业的发展指明了方向。农业生产包括植物生产和动物生产，生产具有生命的生物有机体。植物生产是农业生产的基本环节，动物生产依赖于植物生产提供必需的饲料。由于农业生产活动与生态环境保护密切相关，建立生态环境友好型农业资源高效利用方式是现代生态农业发展的主要任务，也是农业绿色可持续发展的必然选择。因此，需要借助现代物理、化学和生物技术，营造作物适宜生长环境，实现农业提质增效，促进美丽乡村建设的实施。

1.1 作 物 生 境

作物是指有利于人类而由人工栽培的植物，包括粮食作物、经济作物、饲料和绿肥作物等。作物源于一般植物，又不同于一般植物，是人类通过对植物长期定向栽培或通过遗传育种技术培育的适应不同环境条件的作物。

作物生境是指作物生长空间及其内部可直接或间接影响作物生长发育的各种环境要素的总体。作物往往适应特定的栽培环境，离开了适宜的环境就不能良好生长，或难以完成特定的生活史。作物生境学是一门研究作物生长特征及其与环境要素间互作机制，调控作物生长所需水、肥、气、热、光等必要条件，以及增强作物抵御病虫害和自然灾害能力，为作物营造适宜生长环境的学科。

农业生产实质是一种把太阳能转化为化学能的生产，是利用绿色植物进行光合作用制造和积累有机物质的过程，供给人类生活需要。作物生长发育和产品形成过程需要光、热、水、肥、气等生活基本条件，其中光和热来自太阳辐射，水和肥主要依靠土壤供给，气主要依靠大气和土壤供给。作物与其生长密切相关的大气环境、土壤环境和地下水环境构成了一个既相互促进又相互制约的有机体，形成了多过程和多界面的物质传输和能量转化的复杂连续系统。

(1) 大气环境是指作物赖以生存的气候特征及其提供的物质和能量，包括大气所拥有的光、温度、湿度、风速、气压、降水、氧气和二氧化碳等。其中太阳辐射的能量经过多过程的吸收、发射和折射等过程，部分能量作用于作物及其生长所处的环境。大气辐射改变土壤温度，引发土壤蒸发和植物蒸腾，并为作物光合作用提供了能量。同时大气降水为作物生长提供了有效水分，特别在雨养农业区，降水是作物生长的主要水分来源。大气中的二氧化碳为作物光合作用提供了原料，而大气与土壤间气体交换，使土壤气体得以不断更新，而土壤蒸发和植物蒸腾增加大气湿度并降低农田小气候的温度。

(2) 土壤环境广义上指覆被于地球陆地表层的土壤圈层,为陆生植物生长提供营养和水分,是农业发展的物质基础。因此,土壤不仅为作物生长提供空间,而且为作物生长提供必需的营养物质,土壤中物质的数量和分布直接决定作物生长状况及其产量和产品质量。作为开放的土壤系统不断与外部进行物质和能量交换,交换的速率与数量决定着土壤质量和供养能力。同时,交换能力与土壤物质传输的动力特征密切相关,包括水、溶质(养分、盐分、污染物等)、热、气等。土壤也是一个生物系统,既有植物根系,也有微生物和土壤动物,在土壤中发生一系列物理、化学和生物反应,为作物生长提供必要的条件。

(3) 地下水环境通常指地下水及其赋存空间环境,是在内外自然动力和人为活动影响下所形成的状态及其变化的总称。其中浅层地下水在毛管力和大气蒸发作用下,向土壤和大气输送水分,改变土壤中水、盐、肥、热、气的数量、分布和状态,以及作物生长过程。因此,地下水环境与大气环境和土壤环境要素协同对作物生长发挥作用。

当然,不利的大气、土壤和地下水环境也会制约作物生长过程和产品形成过程,如大气温度过高,抑制作物光合作用和蒸腾过程;如降雨量过大,会引发涝灾和水土养分流失,降低土壤质量并造成农业面源污染;如土壤质量低,难以适时适量供给作物生长所需养分;如果地下水埋深浅、矿化度高和蒸发强烈,地下水中盐分不断向表层土壤聚集,引发土壤次生盐碱化,直接影响作物对水分和养分吸收等。因此,只有协调大气环境、土壤环境和地下水环境要素与作物生长间的关系,才能为作物生长营造良好条件。

1.2 作 物 生 长

作物生长是指作物中细胞、组织、器官或作物体在发育过程中所发生体积和数量增加及其宏观表现。作物生长过程也是生命活动过程,包括物质代谢、能量转化和形态建成等综合反应。其中,光合作用是作物生长、物质传输和能量转化的基础。

1.2.1 作物光合作用

作物实际是一个通过光合作用将太阳能生成有机物的系统,作物生长依赖于光合作用的能力,生物量取决于作物接收的太阳辐射量和这些辐射用于干物质生产的效率。因此,作物生产过程管理就是最大限度地提高光合作用效率和积累的干物质数量。光合效率是判定光合机构运转状况和选育、鉴定优良品种的重要指标之一,是表征光合作用内在机理的一个重要宏观指标。影响光合效率的环境因素主要包括光合有效辐射、温度、水分、二氧化碳浓度等。光合有效辐射是作物进行光合作用的主要能源,提供同化作用所需的能量、活化参与光合作用的酶以及促进气孔开放等。

光合作用(photosynthesis)是植物等生产者和某些细菌,利用光能,将二氧化碳、水或硫化氢转化为碳水化合物的过程。植物的光合作用方程式表示为

$$CO_2 + 2H_2O \xrightarrow{\text{光}} CO_2 + 4H^+ + O_2 \longrightarrow (CH_2O) + H_2O + O_2$$

将 1mol CO_2 还原成糖（CH_2O）需消耗 1mol H_2O 并生成 1mol O_2，植物光合特征取决于植物固定 CO_2 过程、光强和水分供应。基于固定 CO_2 的生物化学途径将植物分成三组：C_3 植物、C_4 植物和景天酸代谢途径（crassulacean acid metabolism pathway, CAM）植物。C_3 植物包括所有的温带谷物，如小麦、大麦等；温带块根植物，如土豆、甜菜等；豆科植物，如大豆、红豆等；部分喜温植物，如水稻、棉花等；以及一些蔬菜和果树，如西红柿、洋白菜和葡萄等。在热带和半干旱地区的植物中，C_4 植物占大多数，包括玉米、谷子和高粱等。CAM 植物包括仙人掌等肉质类植物，多为经济作物，包括菠萝和剑麻等。虽然在各种地域内 C_3、C_4 和 CAM 植物都可生长，但在温凉湿润的环境中主要生长 C_3 植物，而干热环境中 C_4 植物居多。CAM 植物则主要分布在干旱与半干旱的沙漠地区，以及蒸腾率极高的地方。一般而言，在强光高温地带，C_4 植物的生产能力比 C_3 植物要高，但在辐射量和温度较低的区域，C_3 植物则会表现出优势。高纬度 C_3 植物占优势，低纬度 C_4 植物占优势。CAM 植物夜间固定 CO_2 时由于储存的有机酸有限，其生产能力极低。

对作物来说，光合作用和蒸腾作用同时进行（除 CAM 植物外），光合作用决定作物的干物质积累，而蒸腾作用保证作物水分和养分的吸收，调节作物的能量状况。因此，若要保证一定的光合速率、光合叶面积和产量的形成，就需要一定的水分来维持作物的蒸腾。当土壤水分不足时，就会影响植物体的水分状况和蒸腾强度，抑制叶片的生长，引发能量失衡和叶片气孔导度的变化，导致光合和蒸腾速率的降低、光合蒸腾时间缩短，进而造成作物生产能力的降低甚至死亡。

作物在光环境下进行光合作用，并经由气孔吸收 CO_2，这样气孔必须张开；但气孔张开又不可避免地发生蒸腾作用，气孔可以根据环境条件的变化来调节开度，使作物在损失水分较少的条件下获取最多的 CO_2。由于水分是影响作物光合作用的一项重要因素，水分变化会改变作物体内各组成部分间光合产物的分配。当发生水分亏缺时，作物的光合速率就会降低。气孔的开闭对叶片水分非常敏感，轻度水分亏缺就会引起气孔开度降低。当发生严重水分胁迫时，许多参与光合作用酶的活性会降低，叶绿体类囊体结构会遭受破坏。同时，水分亏缺导致光合生成的有机物的输出受阻，使光合产物在叶片中不断积累，进而对光合作用产生抑制作用。水分过多也会影响作物的光合作用，如土壤水分过多时，土壤通气性较差，根系呼吸受阻而活力下降，根系难以吸收和输送作物光合作用需要的养分，从而影响作物的光合速率。高浓度二氧化碳对作物光合作用的影响表现分为短期效应与长期效应，短期内供给高浓度 CO_2 促进了作物的光合作用，而长期供给却使作物光合能力下降。

温度对作物光合作用的影响表现为双重性：当温度高于作物光合最适温度时，光合速率就会降低；当温度低于作物光合的最适温度时，温度升高与二氧化碳浓度的增加对光合速率的影响表现为促进作用。C_3 植物光合作用的最适温度在 25℃ 左右，C_4 植物光合作用的最适温度偏高，在 35℃ 左右。

1.2.2 作物生长管理

作物生长是一个较为复杂的动态过程，作物器官、个体、群体的生长通常是以大小、数量、重量进行度量。一般作物生长的进程符合 S 形生长曲线，呈现前期较慢、中期加快、后期又慢以至停滞衰落的过程，主要与光合面积的大小及生命活动强弱有关。在生长初期，幼苗光合面积小，根系不发达，生长速率慢；在生长中期，随着叶片面积迅速扩大和庞大根系建立，生长速率明显加快；在生长后期，植株逐渐衰老，光合速率减慢，根系生长缓慢，生长渐慢以至停止。同时，作物又是多器官的有机体，各个器官和部位之间存在相互依赖、相互制约关系。因此，根据作物地下部（根）和地上部（茎、叶）相关性、主茎和分枝相关性、营养器官和生殖器官相关性，对作物生长进行调控和管理，实现作物体内最佳物质能量分配，对于作物产品的优质高产高效至关重要。

(1) 从地下部（根）和地上部（茎、叶）相关性来看，作物正常发育过程是地上部光合作用和地下部根群吸收水分、养分的统一过程。强大根系促进地上部光合作用，而充足的光合产物又为根系生长提供必需的营养物质。例如根系为地上部提供水、无机盐、赤霉素和细胞分裂素等，茎、叶为根系供应蛋白质、糖类、维生素和吲哚乙酸等。根部能够利用这些信号物质（根源信使）含量的增加或减少调控地上部变化。因此，通过信号物质（根源信使）含量可以判断根冠比大小是否适宜，进而可以采用断根技术或者剪枝技术等，使地上部与地下部始终保持一种动态平衡，并形成特定的根冠比。根冠比最优时，水肥利用效率最高，有利于实现作物高产优质。

(2) 从主茎和分枝相关性来看，存在顶端优势现象。主茎的顶芽生长会抑制侧芽生长，主根和侧根也存在顶端优势，主根和主茎总是比侧根和侧枝生长快。通过剪枝塑形、打顶、喷洒生长抑制剂等改变冠层结构和控制冠层密度，进而能够降低植株蒸腾、减小冠层阻力、提高作物的光合速率和水分利用效率。

(3) 从作物生长特征来看，存在营养生长时期、营养生长与生殖生长并进时期、生殖生长时期。营养生长和生殖生长关系既相互依存，又相互制约，主要表现在对有机物料分配上。营养生长是生殖生长的基础，生殖生长所需的养料大多由营养器官供应。如果营养器官生长过旺、茎叶徒长、养分消耗较多，就会导致生殖器官分化延迟、生育期延长、产量降低。如果生殖器官生长过旺，会导致大量营养物质向生殖器官转移，营养器官生长减慢，甚至衰老死亡。在生产实际中，常采用施肥、灌溉、摘心、整枝、去老叶、疏花疏果以及去除无效分蘖等方法调节营养生长与生殖生长。

1) 采用合理的水肥供应措施调控营养生长与生殖生长间平衡关系，促进有机养料的合理高效分配，减少营养生长与生殖生长之间的养分竞争，是达到作物稳产和高产的有效措施之一。

2) 通过人工或机械方法去除作物生殖器官（主要是花），调控生殖发育以使养料集中于营养生长，抑制生殖发育促进营养生长，如洋葱、马铃薯、桑、藕等去除花蕾会表现出不同程度的增产现象。

3) 通过抑制生殖发育促进生殖生长，主要是减弱过度的生殖生长，使养料集中于适宜的生殖生长。特别在果树生产中应用较多，如开花过多，就要进行疏花疏果，疏去小、病、差的花和果实，保留大、好、壮的花和果实，以保证果实的质量和产量。

4) 通过抑制营养生长促进生殖生长，避免过于旺盛的营养生长消耗大量的有机养料进而抑制生殖生长,如去除棉花的徒长枝、剪去果树的徒长枝、割除豆类作物生长的徒长藤等。

5) 通过抑制过度消耗营养物质促进正常营养生长,如不及时消除作物的无效分蘖,就会过度消耗有机养料,使产量下降。如,番薯通过翻藤,能够避免节上生根、形成薯块以减少营养消耗,保证营养积累,使之更易形成大薯块。

1.3 作物生境调控

为了营造适宜的作物生长环境,需要依据作物生长特征及其环境要素与其作用程度,发展调控作物生境的方法和技术,促进农业生产提质增效。

1.3.1 作物生境调控技术

人类从原始的刀耕火种开始就试图调节作物生境,使作物更适应于特定的栽培条件。随着科学技术的不断进步,人们对于作物与其生长环境间的相互作用机制的认识逐步深化。在农业可持续发展的大背景下,采取相应的措施充分利用环境条件或改善环境,为人类获得需要的农产品。例如,通过间作、套作提高作物对光能的利用率;通过蹲苗提高作物的抗旱性;通过果树促控生长和疏花疏果等技术调节营养生长与生殖生长关系;通过外源激素、光照等进行花卉花期的调节。在20世纪,随着农业化学肥料、农业机械和作物良种选育技术的逐渐应用和不断改进,作物产量已取得大幅度的提高。特别是近二三十年,我国的设施栽培已得到长足发展,通过地膜覆盖增加土温并减少土壤水分损失和抗旱保墒,通过作物的工厂化栽培对栽培环境进行智能化控制等进行反季节栽培、特早熟栽培、秋延后栽培,均取得良好效果。连栋大棚、工厂化育苗设备、无土栽培技术以及环境条件可控的智能化设施已在生产上广泛应用。

近百年来,大量化肥和农药的使用,使作物的产量大幅度提升。但不合理的化肥、农药使用又引发了严重的农业面源污染,致使土壤板结、水体富营养化、土壤重金属污染和大气污染,对作物的生长环境造成威胁,对农业生态系统也造成了不同程度的破坏。因此,协调农业生产和生态环境间的关系,成为农业可持续发展的重要任务。例如,作物秸秆还田既利用了农业固废,又实现了固碳和提升地力的目标;推广应用以生物防治为主的病虫草害综合防治技术,可以有效降低化肥和农药的使用量,有效控制农业面源污染等。

1.3.2 作物生境调控方法与发展趋势

作物生长与大气、土壤和地下水环境存在密切关系,通过调控三大环境中主要要素和关键过程,可为作物生长和优质高产创造良好的条件。

1. 大气环境调控

作物生长所需能量来自太阳辐射,但受到科技条件限制,人们仍难以直接调控太阳辐射和大气降水等自然过程。但可调节与作物生长直接相关的农田小气候,为作物营造良好生长环境。农田小气候是指农田近地面气层和土层与作物群体间的生物过程和物理过程相互作用所形成的一种局部气候,由土壤温度和湿度、田间空气温度和湿度、近地面与作物层中的辐射和光照、风速和二氧化碳浓度等要素组成。人们可以通过遮光等技术调控冠层光强，也可利用种植模式、地面覆盖、灌溉、排水和施肥等措施调节土壤—冠层间光强分布、温度和湿度，也可以人为补充二氧化碳，为作物生长营造适宜的大气环境。采取何种措施合理调控农田小气候一直是研究的热点，根据日照变化特征，进行日内和生育期农田小气候综合智能化管控是未来发展的方向。

2. 土壤环境调控

土壤是由矿物质、有机质、水分、空气和生物等所组成的能够生长植物的陆地疏松表层。土壤是农业生产的基本资料，为作物生长提供了水、肥、气、热条件，也是一个生态系统。土壤生态系统是指由植物、土壤动物和微生物、土壤固液气相组成，土壤生物和非生物的成分之间通过不断的物质循环和能量流动而形成的相互作用相互依存的统一体。

人们可以采取物理、化学和生物技术调节土壤环境要素，为作物生长和土壤微生物活动创造良好的环境。由于土壤中不断发生的物理、化学和生物作用，并受到众多因素的影响，为了辨析和定量评价土壤中发生的各类物质传输和能量转化特征，可从动力、路径、速率、状态四个方面解析其内在机制。动力是指土壤中物质传输的驱动力，它是确定土壤物质传输和能量转化的路径、速率和状态的基础。路径是指土壤物质传输宏观方位和具体途径。速率是指物质传输实现的终极目标或状态所具有的速度。状态是指土壤物质预期运动目标或者最终达到的状况，包括土壤物质含量及其分布。

土壤中水、肥、气、热、盐运移和转化过程是相互作用的，并与微生物和根系吸收利用密切相关。物质和能量传输与转化受到多种因素的影响，可以利用土壤供养能力进行综合评价。土壤供养能力是指土壤供应作物所需各种必需养分的能力。土壤供养能力可表示为供养容量、供养强度和供养时间的函数，通过系统分析各变量与主要因素间关系，发展精准调控土壤环境的方法和技术，也是未来研究的重点。我国存在大面积的中低产田，需要发展绿色调控技术（包括施加土壤质地和结构改良剂、秸秆还田、施加有机肥、施加绿色微生物菌肥等）提高土地质量和生产能力，也是需要重点研究的问题。随着机械化和规模化农业生产模式的转变，要求田间作物果实生长在机械可以作业的空间内，也就要求作业田块土壤供养能力维持在合理区间。因此，土地整治、耕作、栽培、灌溉、施肥、排水等田间管理措施的一致性需要显著提升，提出土壤环境条件及其空间变异性对作物生长影响及其高效调控措施成为迫切需要解决的问题。

另外，降雨和农田退水可能诱发农业肥料、盐分和农药随径流运移，并进入水体，引发水体污染，以及过量使用化肥、农药等引发土壤和地下水污染、温室气体排放等问题，越来越引起广泛关注。发展保护性耕作技术，科学利用绿色肥料和灌溉排水技术减少病虫害，合理调控土壤环境物质传输和能量转化，协调农田水肥高效利用和控制农业面源污染间关系成为生态农业发展重要任务。此外，为了有效防御自然灾害，减少污染物向农田传输，建设生态渠道、农田防护林和植被过渡带等，也是生态灌区发展的重要议题。

3. 地下水环境调控

地下水通常作为农业灌溉的重要水源，在农业抗旱、缓解降水和地表水源不足等方面发挥了重要作用。浅层地下水与土壤水间存在显著的水力联系，通过毛管上升作用，向土壤中输送水分，供作物吸收利用。但若地下水矿化度高、潜水蒸发强烈、降雨或灌溉淋洗强度弱，往往引发土壤次生盐碱化。同时，对于一些干旱地区，农田防护林和植被所需水分主要来源于地下水，需要平衡土壤盐碱化防治和生态需水之间的关系。因此，既要发挥浅层地下水对土壤和植物水分的补给功能，又要有效控制土壤盐碱化发生，这就需要合理控制地下水水位。通常采用竖井、明沟、暗管排水方式可有效控制地下水水位并淋洗农田土壤盐分，但又可能引起下游水体污染，因此，发展控制排水与排水再利用技术也是生态农业发展的要求。此外，如灌水量和降雨量过大，还可能引发农田土壤中养分、盐分和农药渗入并污染地下水。因此，在有效调控地下水水位和水质的同时，保护地下水环境也十分必要。

1.3.3 作物生境要素优化与智能监测

随着人们对作物生长及其环境互作机制认识的不断深入，定量表征和计算机模型模拟已被广泛用于优化作物生境要素及其水肥高效管理模式。如利用 HYDRUS 模型，预测分析土壤水、盐、肥、热传递过程；利用 SaltMod 模型，分析灌溉和排水条件下农田和地下水盐分长期变化过程，还可以优化种植结构；利用 AquaCrop 模型，分析农田土壤水盐肥和气候条件对作物生长的影响，可以优化农田管理措施；利用 DRAINMOD 模型，分析灌溉和排水条件下，农田作物生长与田间水肥盐管理相应关系，以及农业面源污染特征，优化基于生态环境安全的农田水盐肥管理模式。随着大数据分析技术的发展，利用大量气象、土壤、作物生长指标等实测数据，通过深度学习技术，优化作物适宜生长环境要素，正在成为田间科学管理的一种有效方法。

随着实时监测设备和信息处理技术的快速发展，利用航拍、无人机、雷达、传感器等技术，实时监测作物生长关键过程和环境要素，已成为现代农业重要组成部分。近年来，将作物生长及其相关关键过程数学模型与智能监测方法有机结合，形成物理过程与虚拟仿真为一体的作物生长及其环境要素可视化表征已成为智慧农业发展的一种新模式。

1.4 作物生境学知识体系

作物生境学是农业水利工程专业的基础课程，其目的是使学生理解和掌握与农业水利工程密切相关的土壤物理、养分吸收、作物生长、耕作栽培、过程表征、生境调控、效益评估、智能监测方面的基础理论、基础知识和基本技能。该课程综合了有关气象、土壤、农业、监测技术、效益评估等方面基础知识，体现了理论与实践相结合、基础知识与测试技术相结合、模拟分析与过程管理相结合的特点，是农业气象学、土壤物理学、土壤化学、土壤生物学、土壤肥料学、作物生理学、耕作和栽培学、农业水利学、经济学、信息技术等多学科交叉的一门综合性应用学科，可为农业生产结构与种植结构优化布局、农业系统生产力提高和整体效益提升、农业水土资源高效利用、农业生态系统科学管理提供基础理论、方法和技术。作物生境学知识体系如图 1.1 所示。

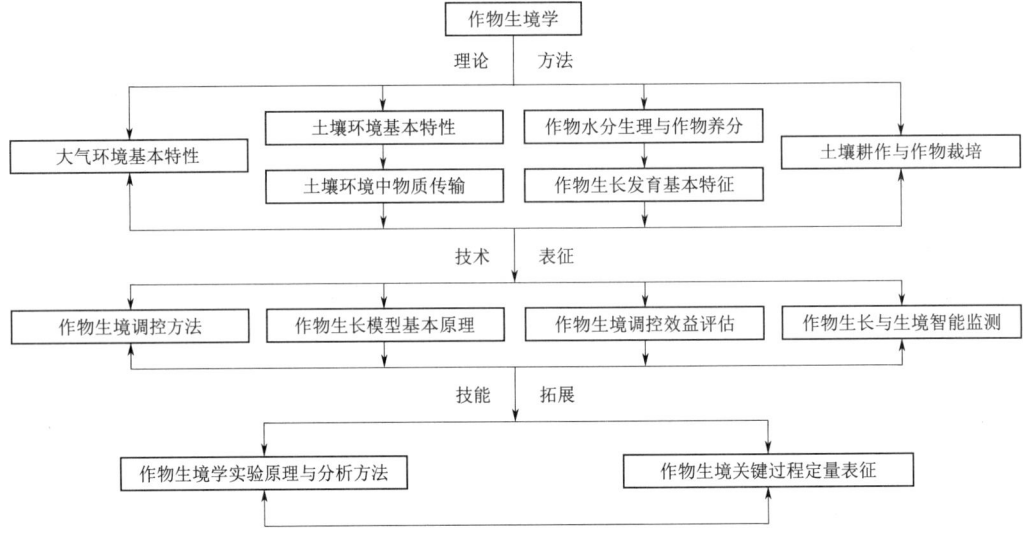

图 1.1 作物生境学知识体系

思 考 与 练 习 题

1. 描述作物生境学定义及其主要研究内容。
2. 描述农业生产定义及其特征。
3. 说明作物光合作用的特点及其主要影响因素。
4. 说明大气环境与作物生长互作关系。
5. 说明土壤环境对作物生长的调控作用。
6. 说明地下水环境如何影响作物生长。

第 2 章 大气环境基本特性

大气环境要素包括辐射、降水、温度、湿度、风速等,是影响农业生产较为活跃的因子。大气环境(atmospheric environment)为作物生长提供基本的物质与能量,如太阳辐射为作物生长提供了所需的能量,降雨提供了必需的水分。由于大气环境要素直接影响作物所需物质和能量传输和转化,也是作物生长、产量和品质形成的重要外界条件。因此,理解大气环境基本特征有利于为作物生长营造适宜环境。

2.1 辐射与热量平衡

2.1.1 辐射与辐射能

自然界中在绝对零度以上的物体都会在不需要任何介质的情况下,以电磁波(electromagnetic wave)或光量子(light quantum)的形式向外发射能量。这种发射能量的方式称为热辐射(thermal radiation),通过辐射传输的能量称为辐射能(radiant energy),也常简称为辐射(radiation)。太阳以电磁波的形式向外传递能量,太阳辐射是指太阳向宇宙空间发射的电磁波和粒子流。太阳辐射所传递的能量称为太阳辐射能(solar radiant energy),太阳辐射能按波长的分布称太阳辐射光谱(solar radiation spectrum)。虽然地球所接收的太阳辐射能量仅为太阳向宇宙空间放射的总辐射能量的二十二亿分之一,但却是地球大气运动的主要能量来源,也是地球光热能的主要来源。

资源 2.1
各种辐射的
波长范围

2.1.1.1 辐射的基本性质

1. 辐射的波动性(radiation volatility)

电磁波的波长、频率和传播速度三者之间存在如下关系:

$$v = \lambda \gamma \tag{2.1}$$

式中:v 为传播速度,m/s;γ 为频率,用每秒振动的次数表示,Hz 或 1/s;λ 为波长,μm(10^{-6}m)和 nm(10^{-9}m)。

在电磁波的传播速度一定情况下,λ 与 γ 成反比,物体发射辐射的波长越短,则振荡频率越快。

2. 辐射的粒子性(particle property of radiation)

辐射的粒子学说认为,电磁辐射由具有一定质量、能量和动量的众多微粒组成,这些微粒称为量子(或光量子)。每一个量子所具有的能量(E)与其频率(γ)成正比,与其波长成反比,表示为

$$E = h\gamma \tag{2.2}$$

$$E = h\frac{v}{\lambda} \tag{2.3}$$

式中：$h = 6.626 \times 10^{-34}$ J·s，称为普朗克常数（Planck constant）；$v = 3 \times 10^8$ m/s。

在能量相同的情况下，波长较长的辐射比波长较短的所含光量子个数要多。频率越高，波长越短，其光量子所具有的能量越大。例如，可见光中的蓝紫光波长为 $0.4\mu m$，它每个光量子携带的能量 $e = hc/\lambda = 4.97 \times 10^{-19}$ J；$0.7\mu m$ 的红橙光每个光量子所携带的能量为 $e = hc/\lambda = 2.87 \times 10^{-19}$ J。由于单个光量子所含有的能量很小，为了便于实际应用，国际上采用爱因斯坦（Einstein）来表征每摩尔光量子（阿伏伽德罗常数 6.02×10^{23}）所携带的能量。如波长为 $0.4\mu m$ 和 $0.7\mu m$ 的辐射，其一个爱因斯坦所具有的能量分别为 299.2kJ 和 171.0kJ。

根据光化学原理，一个分子吸收一个光量子可以引起一个分子的化学反应。在光合有效辐射波长范围内，吸收的辐射光量子数量决定着植物光化学反应。在分析辐射与植物光合作用间关系时，常采用光量子通量密度（photosynthetic photon flux density, PPFD）进行分析［$\mu mol/(m^2 \cdot s)$］。

3. 辐射的选择性（radiation selectivity）

当辐射能投射到某物体表面时，一部分能量将被物体吸收；一部分能量将从物体表面反射出去；若物体可反射光（如树叶），则还有一部分能量将穿透物体。物体对不同波长的辐射有不同的透射率（α，transmissivity）、吸收率（β，absorptivity）和反射率（γ，reflectivity），这种特性称为物体对辐射透射、吸收、反射的选择性，表示为

$$\alpha = \frac{R_t}{R_{st}} \tag{2.4}$$

$$\beta = \frac{R_a}{R_{st}} \tag{2.5}$$

$$\gamma = \frac{R_r}{R_{st}} \tag{2.6}$$

式中：R_{st} 为投射于物体表面的辐射；R_t 为物体透射的辐射；R_a 为物体吸收的辐射；R_r 为物体反射的辐射。

三者间关系表示为

$$\alpha + \beta + \gamma = 1 \tag{2.7}$$

如物体不透光，则

$$\beta + \gamma = 1 \tag{2.8}$$

表 2.1 列举了不同性质物体对短波和长波辐射的吸收率和反射率。对吸收率 $\beta = 1$ 的物体，称为黑体（black body）。实际上，自然界没有绝对的黑体，但为了便于对比分析，常把吸收率 $\beta = 0.97 \sim 0.99$ 的物体近似看作黑体。对吸收率 $\beta < 1$ 且吸收率不随波长而改变的物体称为灰体（grey body）。反射率 $\gamma = 1$ 的物体称为白体（white body），实际上真正的白体也是不存在的。实际物体也只能或多或少地接近白体，如表面磨光的铜反射率 $\gamma = 0.97$，即可被视为白体。

表 2.1 不同性质物体对短波和长波辐射的吸收率和反射率

物体	短波		长波	
	吸收率	反射率	吸收率	反射率
土壤	0.60~0.95	0.05~0.40	0.90~0.98	0.02~0.10
作物植被	0.75~0.85	0.15~0.25	0.90~0.99	0.01~0.10
新雪	0.05	0.95	0.99	0.01
陈雪	0.30~0.60	0.40~0.70	0.99	0.01
金属铝箔	0.05	0.95	0.10	0.90

黑体与黑颜色物体是不同的,黑色物体表明此物体吸收了所有可见光。物体颜色只表明可见光部分被吸收或反射的情况,但无法反映可见光以外的其他波长变化情况。例如,洁白的新雪对可见光反射率为 1,所以人们看见它是洁白的,但它对红外辐射的吸收率几乎为 1。因此,白雪是红外线的黑体。一般地,自然界有机物对红外辐射的吸收率 $\beta=0.97\sim0.99$,可近似看作黑体,而金属物质对红外部分几乎不吸收,可以看成白体。

将透射率 $\alpha=1$ 的物体称为透热体,表面状况和颜色是影响固体表面的吸收和反射性质的主要因素,而表面状况的影响程度往往比颜色更大。热辐射的能量穿过固体或液体的表面后只经过很短的距离(一般小于 1mm,穿过金属表面后只经过 $1\mu m$),就被完全吸收。气体对热辐射能几乎没有反射能力,在特定波长范围内多原子气体(如 Ar、He、H_2、N_2、O_2 等)具有相当大的吸收能力。在常规温度情况下,单原子和对称双原子气体(如 CO_2、H_2O、SO_2、NH_3、CH_4 等)可视为透热体。

2.1.1.2 辐射的基本度量

常用辐射通量、辐射通量密度和光通量密度表征辐射特征。

(1) 辐射通量 (radiant flux)。辐射通量是指单位时间内通过任一表面积的辐射能。辐射通量即辐射功率,可用于表示某物体表面向外发射、吸收或透射的辐射功率,单位为瓦(W)或者焦耳每秒(J/s)。

(2) 辐射通量密度 (radiation flux density)。辐射通量密度是指物体在单位时间单位面积上发射或吸收、反射、透射的辐射能量,单位为 W/m^2 或 $J/(m^2 \cdot s)$。

(3) 光通量密度 (luminous flux density)。光通量密度是指单位面积物体上通过的可见光通量,以流明/平方米(lm/m^2)为度量单位。单位面积上接收的光通量称为光照度或者照度,以勒克斯(lx)为度量单位。光照度在一定程度上能反映植物所能选择吸收的可见光的强度。

2.1.2 太阳辐射

太阳是一个炽热的气体球,其表面温度约为 6000K,内部温度更高。太阳源源不断地向宇宙辐射大量电磁波,为地球传输大量光和热。据统计,太阳每分钟向地球输送的热能大约是 2.5×10^{18} cal(1cal=4.1859J),相当于燃烧 4 亿 t 烟煤所产生的能量。地球一年中获得来自太阳的能量,相当于人类现有各种能源在同一时期所能提供的能量的上万倍。

2.1.2.1 太阳辐射光谱和太阳常数

1. 太阳辐射光谱

资源 2.2
辐射基本定律

图 2.1 显示了太阳辐射光谱分布特征,其中大气上界太阳光谱能量分布曲线与根据普朗克第二定律计算获得的 6000K 的黑体光谱能量分布曲线非常相似,因此可把太阳辐射看作黑体辐射。太阳 99% 以上的辐射波长为 $0.15 \sim 4 \mu m$,其中可见光部分($0.4 \sim 0.76 \mu m$)能量约占 50%,红外线($>0.76 \mu m$)约占 43%,紫外线($<0.4 \mu m$)仅为 7%。由维恩位移定律(Wien displacement law)计算获得的太阳辐射峰值的波长为 $0.475 \mu m$。

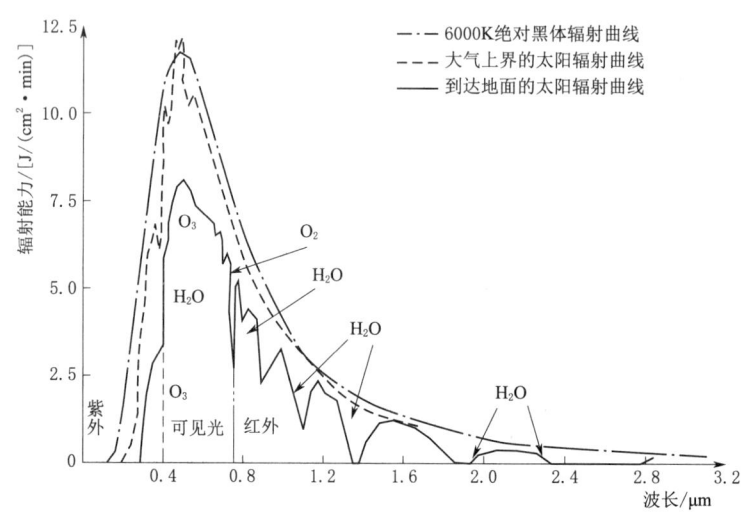

图 2.1 大气上界和地面的太阳辐射光谱

2. 太阳常数(solar constant)

当日地距离(即日心到地心的直线长度,又称太阳距离)为平均值,太阳光线垂直入射的天文辐射通量密度被称为太阳常数,单位为 W/m^2。太阳常数受太阳黑子活动周期性影响而呈现周期性变化。世界气象组织(World Meteorological Organization,WMO)推荐的太阳常数 $R_{SC} = (1367 \pm 7) W/m^2$,通常采用 $1370 W/m^2$。

2.1.2.2 到达地球上界的太阳辐射

穿过可视为热透体的星际空间到达大气上界的太阳辐射称为天文辐射(astronomical radiation),天文辐射通量密度与日地距离的平方成反比。日地距离非常遥远(1470 万~1520 万 km),平均距离为 1496 万 km,天文辐射只占太阳辐射的亿分之几,即太阳辐射只有极窄一束光投射到大气上界,因此可以把到达地球的太阳光当作平行光处理。

2.1.2.3 太阳辐射在大气中的衰减

资源 2.3
大气对太阳辐射的吸收、散射和反射作用

太阳辐射是通过大气层后到达地球表面,但由于大气对太阳辐射有一定的吸收、散射和反射作用,投射到大气上界的辐射不能完全到达地球表面。图 2.1 显示的实曲线表示太阳辐射通过大气层被吸收、散射、反射后到达地表的太阳辐射光谱。与大气上界的太阳辐射光谱相比,通过大气层后,太阳总辐射能明显减弱,波长短的辐射减弱更加显著，辐射能随波长的分布变得极不规则。太阳辐射穿过大气层后，大气中某些物质具有选择吸收一定波长辐射能的特性，产生大气对太阳辐射的吸收。就大气对太阳辐射的吸收而言，在平流层及其以上主要是氧和臭氧对紫外辐射和可见光的吸收，对流层主要是对红外辐射的吸收。同时，太阳辐射进入大气时将遇到空气分子、尘粒、云雾滴等质点，都要产生散射现象，也发生大气云层及颗粒物对太阳辐射的反射。

2.1.2.4 到达地表的太阳辐射

太阳高度角越小，太阳辐射光线经过大气时所走的路程就越长，有更多的大气成分对其进行选择性地吸收、反射和散射，到达地面的太阳辐射就越少。总之，到达地面的太阳辐射可以概括为两部分：①以平行光的形式直接投射到地面上的直接辐射（R_{sb}，direct radiation）；②经过散射后到达地面的散射辐射（R_{sd}，diffuse radiation），到达地面的太阳总辐射（R_S，global radiation）表示为

$$R_S = R_{sb} + R_{sd} \tag{2.9}$$

其中
$$R_{sb} = \alpha^m R_{SC} \sin h \tag{2.10}$$
$$R_{sd} = 0.5 R_{SC}(1-\alpha^m) \sin h \tag{2.11}$$

式中：m 为大气质量数；α 为大气透明系数；R_{SC} 为太阳常数，$1370 W/m^2$。

在标准状况下，海平面气压为 1013.25hPa。在气温为 0℃时，太阳光垂直投射到地面所经路程中，单位截面积空气柱的质量称为一个大气质量数，即 $m=1$。太阳高度角不同，阳光经过的大气质量数也不同（表2.2）。当太阳高度角很小时，m 值很大，随着太阳高度角的增大，m 值减小很快。太阳在地平面时所通过 m 值是太阳高度角90°时的35.4倍。常用的大气质量数计算式为

$$m = \frac{p}{p_0 \sin h} \tag{2.12}$$

式中：p 为气压实际观测值；p_0 为经过纬度和海拔订正的海平面气压值；h 为太阳高度角，(°)。

表 2.2　　　　　　　　不同太阳高度角的大气质量数

太阳高度角	90°	60°	40°	30°	20°	10°	5°	3°	2°	1°	0°
大气质量数	1.00	1.15	1.55	2.00	2.90	5.60	10.40	15.36	19.79	26.96	35.40

透过一个大气质量数后的辐射强度与透过前的辐射强度之比称为大气透明度（atmospheric transparency）。也就是说，大气透明度表示了在标准状况下垂直到达地面的太阳辐射通量密度 E_s 与太阳常数 R_{SC} 之比，即 $\alpha = E_s/R_{SC} < 1$。α 值表明太阳辐射通过大气后的削弱程度，且大气透明系数与大气中的水汽、水汽凝结物、尘埃杂质等有关。这些物质越多，大气透明程度越差，透明系数越小。因而太阳辐射受到的减弱程度越强，地面获得的太阳辐射也越少。当天空特别晴朗，大气污染物较少时，$\alpha = 0.9$；当大气污染较为严重，天空特别浑浊时，$\alpha = 0.6$；一般情况下，$\alpha = 0.84$ 左右。

2.1.2.5 地面对太阳辐射的反射

下垫面对到达其上的太阳辐射反射能力与下垫面对短波辐射的反射率有关。短波

辐射反射率主要与下垫面的颜色、湿度、粗糙度、植被类型、土壤性质及太阳高度角等因素有关。

（1）下垫面颜色对反射率的影响。不同颜色的下垫面对太阳辐射的可见光具有选择性反射的特性。各种颜色的下垫面表面最强反射光谱就是相应于本身颜色波长的光谱，其中白色表面具有最强的反射能力，而黑色表面的反射能力较小，绿色植物对黄绿光的反射率大。表2.3显示了不同下垫面对短波辐射的平均反射率。

表 2.3 各种下垫面对短波辐射的平均反射率

下垫面		反射率/%	下垫面	反射率/%
黑钙土	干燥	12	大多数农作物	18～30
	潮湿	5	绿草地	26
黄土	干燥	27	大草原	22
	潮湿	14	葡萄园	18～19
浅灰土	干燥	32	落叶林	15～20
	潮湿	18	针叶林	10～15
白沙土	干燥	40	沼泽地	12
	潮湿	18	新雪	80～95
水面	$h=5°$	58	陈雪	42～70
	$h=90°$	2		

（2）土壤湿度对反射率的影响。反射率随土壤湿度的增大而减小，地面反射率与土壤湿度呈负指数关系。如干燥的白沙土反射率为40%，而潮湿时减少22%。

（3）粗糙度对反射率的影响。随着下垫面粗糙度的增加，反射率明显减小。由于太阳辐射在起伏不平的粗糙大地表面发生多次反射，引起太阳辐射向上反射的面积相对变小，导致反射率减小。

（4）太阳高度角对反射率的影响。当太阳高度角比较低时，无论何种下垫面表面，反射率都较大。随着太阳高度角的增大，反射率减小。由于太阳高度呈现日变化特征，地面反射率也有明显的日变化，中午前后较小，早、晚较大。

（5）常见下垫面的反射率。植被反射率的大小与植被种类、生长发育状况、颜色和郁闭度有关。植物颜色越深，反射率越小，绿色植物的反射率约为20%。作物苗期与裸地相差不大，反射率较大；生长盛期反射率减小，多在20%左右；成熟期，茎叶枯黄，反射率又增大。水面的反射率一般比陆面小；太阳高度角越大，水面越平静，反射率越小。新雪面的反射率可高达90%以上，脏湿雪面的反射率只有20%～30%，冰面的反射率为30%～40%。

2.1.3 地面辐射

2.1.3.1 地面发射的辐射（ground radiation）

地面也会向外辐射能量，其发射量也可以利用斯特藩-玻尔兹曼定律（Stefan-Boltzmann law）进行描述，表示为

$$R_{Lu} = \varepsilon \sigma T^4 \tag{2.13}$$

式中：ε 为地面发射率，在数值上等于相应波长的吸收率。

假设某地面温度 20℃，发射率 ε=0.91，则有
$$R_{Lu}=0.91\times 5.67\times 10^{-8}\times (273+20)^4=380(W/m^2)$$

同样，地面发射的辐射峰值可以根据维恩位移定律进行计算：$\lambda_{max}=2897/293\approx 9.89(\mu m)$。

由于下垫面的性质不同，向外发射辐射的能力也不同，表 2.4 显示了不同下垫面的发射率 ε。一般而言，自然界下垫面对长波辐射的发射率为 0.90~0.95，可近似看作黑体。

表 2.4　　　　　　　　　　不同下垫面发射率 ε

下垫面	黄土	砂土	灰石	黑土	浅草	麦地	果园	森林	新雪	海水
发射率	0.98	0.91	0.91	0.90	0.90	0.93	0.96	0.98	0.99	0.96

2.1.3.2　大气辐射（atmospheric radiation）

大气对长波辐射的吸收非常强烈，吸收作用不仅与吸收物质类型、数量和分布有关，还与大气的温度、压强等有关。大气成分中的水汽、液态水、二氧化碳及臭氧是长波辐射的主要吸收者，对长波辐射的吸收均具有选择性。从图 2.2 所示的大气吸收光谱可以看出，H_2O 在 4~8μm 和 19μm 以后都有极强的吸收率；CO_2 在 13.5~16.5μm 有极强的吸收率。红外 CO_2 测定仪就是利用这一原理制作而成的，如仪器发射这一波段的辐射通过空气，空气中 CO_2 含量多，就会大量吸收此波段的辐射，使辐射量大为减少。如果空气中 CO_2 含量少，吸收辐射量就少。仪器根据剩余的辐射能量大小，显示大气中 CO_2 含量。

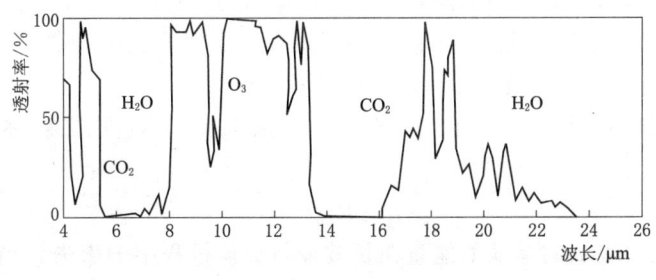

图 2.2　大气吸收光谱

从图 2.2 也可以看出，大气在 8~14μm 波段的吸收率很小，几乎全部透过，透射率接近 1，这一波段被称为"大气天窗（skylight）"。而这个波段是地面辐射能力最强的辐射，所以地面辐射有 20% 的能量透过这一窗口射向宇宙空间。红外测温就是利用大气中的水汽、液态水和二氧化碳几乎不选择吸收这一波段的辐射的原理，选择吸收"大气天窗"波段的辐射材料，根据普朗克第二定律，进行此波段积分运算推导被测物体的表面温度。

大气吸收了地面辐射以后，又以辐射方式向外发射。大气发出的长波辐射与大气温度和天空云量有关。Paltridge（1970）发现，云量每增加 10%，大气长波辐射就增

加 $6W/m^2$。当天空全部被云遮蔽后，地面获得的辐射中，大约有 30% 是来自大气长波辐射。

对于比较晴朗的天空，大气长波辐射主要是由大气中的水汽、二氧化碳及少量臭氧发射的。如果已知其温度，就可以直接用斯特藩-玻尔兹曼公式计算大气长波辐射量，但实际计算过程比较困难。因此，许多科学家发展了采用气象台站百叶箱内的空气温度，直接估算大气长波辐射的经验公式。其理论主要认为绝大部分的大气长波辐射是来自距地面最近的 100m 大气层，集中了绝大部分的水汽、二氧化碳等，而它们的温度在很大程度上是随近地层空气温度的变化而变化的。目前计算公式可分为两种类型，即天空晴朗型和天空多云型。英国著名气象学家蒙泰斯（Monteith）提出的经验公式如下：

(1) 天空晴朗型。

$$R_{Ld} = 208 + 6t_a \tag{2.14}$$

式中：t_a 为百叶箱内的空气温度，℃。此经验公式适用于温度在 $-5 \sim 25$℃ 范围内。

(2) 天空多云型。

$$R_{Ld} = (1 - 0.1C)\varepsilon_a(0)\sigma T_a^4 + C(\sigma T_a^4 - 9) \tag{2.15}$$

式中：C 为天空云量，取值为 $1 \sim 10$；$\varepsilon_a(0)$ 为晴天时的大气发射率，$\varepsilon_a(0) = 0.655 + 0.007t_a$。

值得注意的是，与天空晴朗型不同，天空多云型公式[式（2.15）]中包含有斯特藩-玻尔兹曼公式，所以 T_a 要采用绝对温度（K），而计算 $\varepsilon_a(0)$ 关系式中的 t_a 仍用℃。

大气辐射指向地面的部分又称为大气逆辐射（atmospheric inverse radiation）。大气逆辐射使地面获得一部分能量。由此可见，大气对地面有保暖作用，这种作用称为大气的保温效应。据估算，如果没有大气，近地面的平均温度应为 -23℃，而现阶段实际温度为 15℃，也就是说大气的存在使近地面的温度升高了 38℃。

2.1.3.3 地面有效辐射（effective ground radiation）

地面发射的辐射（R_{Lu}）与地面吸收的大气逆辐射（R_{Ld}）之差称为地面有效辐射（R_{Ln}），表示为

$$R_{Ln} = R_{Lu} - R_{Ld} \tag{2.16}$$

地面有效辐射表示的是地面能量在长波辐射交换过程中的得失。当 $R_{Ld} < R_{Lu}$ 时，地面有效辐射 R_{Ln} 为正值，这意味着地面从大气逆辐射所获得的能量并不能完全补偿自身辐射所损失的能量。也可以说，通过长波辐射的发射和吸收，地面失去热量。通常情况下，地面温度高于近地面气层的大气温度，相应地 R_{Ln} 为正值；而当 $R_{Ld} > R_{Lu}$ 时，R_{Ln} 为负值。在近地面气层有很强的逆温和空气湿度较高的情况下，近地面气层的大气温度才会高于地面温度，这时大气逆辐射也就大于地面辐射值。

地面有效辐射受地面温度、大气温度、空气湿度和云等因素影响。地面温度增高，地面辐射增强，有效辐射增大；大气温度增高，大气逆辐射加强，地面有效辐射减小。随着大气湿度增大，大气逆辐射加强，地面有效辐射减小，反之亦然。云量多、云层厚，大气逆辐射增强，有效辐射减小。

土壤表面性质对有效辐射也具有较大影响，平滑土表比粗糙表面的有效辐射小；

潮湿土壤表面比干燥土表有效辐射大。夜间有微风时，能减弱地面有效辐射，风将近地面的冷空气带走，温度较高的空气取而代之，使地面从较暖的空气中获得较多的大气逆辐射，使有效辐射减小。随着海拔的增加，大气中水汽含量减少，大气逆辐射变小，有效辐射增大。夜间有效辐射的大小取决于地温的高低和地温降低的快慢。有效辐射强，地面温度降低剧烈，容易出现露、霜或形成雾，在早春和晚秋会导致霜冻危害作物。在晴天，有效辐射有明显的日变化，其最大值在午后出现，最小值在日出前后。有云情况下，往往能改变有效辐射变化规律。有效辐射年变化中，一般夏季变化幅度最大，冬季变化幅度最小。

2.1.3.4 大气温室效应和阳伞效应

（1）温室效应（greenhouse effect）。大气系统吸收和发散太阳辐射能都与大气中的化学成分有关，大气化学成分的变化将改变大气的辐射过程，从而影响气候变化。众所周知，温室具有让阳光进入和阻止热量向外逸散的功能。在地球大气中存在一些微量和痕量气体，如 CO_2、CO、N_2O、CH_4、水蒸气、氟利昂等，也有类似于温室的功能，既能使太阳短波辐射自由通过，同时又强烈吸收地面和空气发射的长波辐射，从而造成近地层增温。这些气体称为温室气体（greenhouse gas），其增温作用称为温室效应。

（2）阳伞效应（parasol effect）。随着世界工业飞速发展和人口急剧增长，大量废气、微尘等污染物质进入大气，数十年来大气中 CO_2、N_2O、CH_4 和 CFCs 等急剧增加，而平流层 O_3 总量则明显下降。CO_2 等温室气体排放增多加剧了大气的温室效应，使全球气候明显变暖。据估计当 CO_2 浓度倍增时，气温将升高 2～3℃。但同时烟尘和废气排放又可使空气变得浑浊，从而削弱到达地面的太阳辐射量，形成所谓"阳伞效应"，造成温度的降低。

2.1.3.5 地面辐射差额

为了便于理解地-气系统中辐射能量的分配，绘制了地-气系统中地面和大气对辐射的吸收、反射、散射及地面净辐射的能量分配等各种大气过程在大气及地球的热量平衡中的作用图（图 2.3），也显示了全球地-气系统多年平均辐射及能量平衡模式。对系统中的短波辐射和长波辐射进行统一的表征，将进入大气上界的太阳辐射能的全球全年平均辐射通量密度 $338W/m^2$ 作为 100%。

对于短波辐射而言，大气吸收 20%，反射 6%；云吸收 5%，反射 19%。总的来讲，大气和云共吸收 25%，反射 25%；地面吸收 47%，反射 3%。

对于长波辐射而言，地面将发射 114%（$338W/m^2$ 作为 100%）的长波辐射（因整个地球都在向外发射辐射，所以超过 $338W/m^2$），其中 109% 被大气吸收，5% 从"大气天窗"飞向宇宙空间。大气将发射 163% 的长波辐射，其中 96% 返回地面，67% 飞向宇宙空间。

对于地面而言，地面从太阳短波辐射中获得 47% 的能量，从大气长波辐射中获得 96% 的能量，从本身发射的长波辐射中失去 114% 的能量，最终地面净得 29% 的辐射能量。

对于大气而言，大气从太阳短波辐射中获得 25% 的能量，从地面长波辐射中获

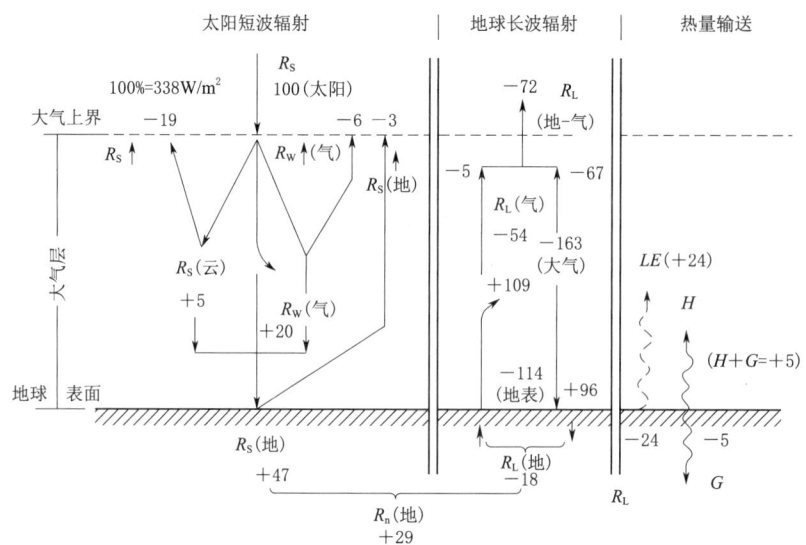

图 2.3 地-气系统中热量平衡作用图

得 109% 的能量，从本身发射的长波辐射中失去 163% 的能量，最终大气失去 29% 的辐射能量。

在地-气热交换过程中，地面获得 29% 的辐射能量，大气失去 29% 的辐射能量。

综上所述，地面的主要热量来源是太阳，大气的主要热量来源则是地面。地-气系统辐射差额正负抵消为零，说明地-气系统与宇宙空间的辐射是平衡的。同时，地面通过潜热、显热和土壤（海洋）热通量输送把获得的净辐射传输给大气，从而使地面和大气各自作为一个整体而言也都能维持能量平衡。

为了定量分析太阳净辐射，将到达地表的太阳净辐射能分为显热通量、潜热通量和土壤热通量三个部分。地表能量平衡方程表示为

$$R_n = H + LE + G \tag{2.17}$$

式中：R_n、H、LE 和 G 分别为太阳净辐射、地表和大气间的显热通量、地表和大气间的潜热通量和进入土壤的热通量，W/m^2。

土壤与大气间的显热通量与两者间的温度梯度和地表特征有关，表示为

$$H = \frac{C_a(T_a - T_s)}{\gamma_a} \tag{2.18}$$

式中：T_a 为空气温度，℃；C_a 为空气的热容量，$J/(m^3 \cdot ℃)$；γ_a 为热传导的边界层空气动力学阻力，s/m。

土壤与大气间潜热通量取决于地表水蒸气密度（ρ_{vs}，kg/m^3）、空气的水蒸气密度（ρ_{va}，kg/m^3）和地表特征，表示为

$$E = \frac{L(\rho_{va} - \rho_{vs})}{\gamma_{va}} \tag{2.19}$$

式中：E 为土壤蒸发速率，m/s；γ_{va} 为水气传导的边界层空气动力学阻力，s/m；L 为水的汽化潜热，J/kg，可利用温度进行计算：

$$L = 2.495 \times 10^9 - 2.247 \times 10^6 (T_s - 273.15) \tag{2.20}$$

根据开尔文方程（Kelvin equation），地表水蒸气密度 ρ_{vs} 可利用土壤表面温度和水势计算：

$$\rho_{vs} = \rho_{vs}^* \exp\left[\frac{M_w \psi}{RT_s}\right] \tag{2.21}$$

式中：ρ_{vs}^* 为饱和水蒸气密度，kg/m^3；M_w 为水的分子量，kg/mol；ψ 为土壤表面水的势能（基质势＋溶质势），J/kg；R 为通用气体常数，$8.314 J/(mol \cdot ℃)$。

地表热通量（surface heat flux）是指单位时间内从单位面积地面上传输的显热能和潜热能。一般情况下，土壤在白天吸收热量，G 为正值；夜晚则释放热量，G 为负值。G 的大小与地表覆盖、土壤含水量以及太阳辐照度有关。在夏天植被覆盖度较高时，G 仅占太阳净辐射能的 $1\% \sim 10\%$；在春秋季土壤升温/降温期间，太阳净辐射（R_n）较小，G/R_n 比值高达 50%。土壤含水量较高时，净辐射的很大部分被用于蒸散（土壤蒸发和植物蒸腾）；随着土壤变干，更多的热量被用于加热大气和土壤，显热通量和土壤热通量在净辐射中所占比例逐渐增加，如旱地土壤中 G 占 R_n 的比例往往较高。

2.1.4 太阳辐射与农业生产

2.1.4.1 辐射波谱与农业生产

不同波段的辐射对作物生命活动发挥的作用不同，包括为作物提供热量、参与光化学反应及光形态的发生等。如波长大于 $1.00\mu m$ 的辐射被作物吸收转化为热量，影响作物体温和蒸腾作用，可促进干物质的积累，但不参加光合作用；波长在 $0.72 \sim 1.00\mu m$ 的辐射，只对作物细胞生长发挥作用，其中 $0.78 \sim 0.80\mu m$ 的远红外光对光周期及种子形成有重要作用，并控制开花与果实的颜色；波长在 $0.61 \sim 0.72\mu m$ 的红光和橙光，可被作物体内叶绿素强烈吸收，光合作用最强，并表现为强光周期作用；波长在 $0.51 \sim 0.61\mu m$ 的绿光，表现为低光合作用和弱成形作用；波长在 $0.40 \sim 0.51\mu m$ 的蓝紫光，可被叶绿素和黄色素较强烈地吸收，表现为次强的光合作用与成形作用；波长在 $0.32 \sim 0.40\mu m$ 的紫外光，它主要起成形和着色作用，如使作物变矮、颜色变深、叶片变厚等；波长在 $0.28 \sim 0.32\mu m$ 的紫外线对大多数作物有害；波长小于 $0.28\mu m$ 的远紫外线可立即杀死作物。

植被对绿光（$0.51 \sim 0.61\mu m$）吸收较少，而对蓝光（$0.40 \sim 0.51\mu m$）和红光（$0.61 \sim 0.72\mu m$）吸收较多。这种特性在幼嫩的健康树叶上表现尤为突出，如人们看到刚发芽的叶子是翠绿的就是这个原理。植被对波长大于可见光的红外辐射（$0.72 \sim 1.00\mu m$）几乎不吸收，但波长超过 $1.00\mu m$ 后，叶片的吸收率又有所增加，而这部分辐射主要是由叶子内部的水分吸收所引起的。

2.1.4.2 光合有效辐射

太阳辐射中对作物光合作用有效的光谱成分称光合有效辐射（photosynthetically active radiation），波长范围为 $0.4 \sim 0.7\mu m$，与可见光基本重合。光合有效辐射占太阳直接辐射的比例随太阳高度角的增加而增加，最高可达 45%。而在散射辐射中，光合有效辐射的比例可达 $60\% \sim 70\%$。

进入作物群体的光分为两部分：一种是穿过上部叶片间隙的直射光，呈"光斑"；另一种是透过叶片以后的透射光和部分散射光，呈"阴影"。两部分光照的强度和光谱成分均不同，对光合作用的效应也不同，发挥作用的主要是光斑部分。因此，在研究作物群体光合作用时，一般把植被分为全光照区（光斑部分）、全阴区（阴影部分）和半阴区（介于两者之间）三部分进行分析。

2.1.4.3 光照时间与农业生产

1. 光照时间（illumination time）

光照时间是指可照时数与曙暮光的总和，即光照时间＝可照时数＋曙暮光。在天文学上常把日出到日落，太阳可能照射的时间长度称为可照时数，即昼长。日出前及日落后的一段时间内，虽然太阳直射光不能直接投射到地面上，但地面仍能得到高空大气的散射辐射，使昼夜的更替不是突然的，天文学上称为晨光和昏光，习惯上合称为曙暮光。一般民用曙暮光是指太阳在地平线以下 $0°\sim6°$ 的一段时间内。曙暮光持续时间长短因季节和纬度而异，全年以夏季最长，冬季最短，高纬地区长于低纬地区。

2. 作物的感光性（photosensitivity）

昼夜交替及其延续时间长度不仅影响作物的开花，也影响落叶、保眠和地下块茎等营养储藏器官的形成。作物对昼夜长短的反应，称为光周期现象（photoperiodic phenomenon）。按作物对光周期的反应分为三类：短日照作物、长日照作物和中性作物。

（1）短日照作物：只有在光照长度小于某一时数才能开花，如果延长光照时数，就不开花结实，如水稻、大豆、玉米、高粱、棉花、甘薯等原产于热带、亚热带的作物属于此类。

（2）长日照作物：只有在光照长度大于某一时数后才能开花，如果缩短光照时数就不能开花结实，如小麦、大麦、燕麦、亚麻、油菜、甜菜、胡萝卜、菠菜等原产高纬度的作物属于此类。

（3）中性作物：这类作物开花不受光照长度的影响，在任何光照下都能正常开花结实，如番茄、水稻及大豆的某些特早熟品种等都属于此类。一些研究结果表明许多棉花品种属于中性作物。

一般认为要求光照时间大于 14h 才能开花的作物为长日照作物，小于这一界线的为短日照作物。

同一类型的作物和品种间，作物的感光性存在强弱之分。一般感光性的强弱可以从两个方面进行判定，一是依据作物的"临界光照长度"，二是依据作物发育速度随光照时数的变化情况。

临界光照长度是指可以使作物通过光照阶段而开花结果的光照时间临界值。对短日照作物是指其上限值，长日照作物是指其下限值。因此，对短日照作物来说，所谓感光性强，是指其临界光照长度短，感光性弱则临界值较长；长日照作物正好相反。例如，短日照作物水稻，感光性较强的晚粳的临界光照长度在 $13\sim14h$；感光性较弱的早粳为 $13.5\sim18h$；感光性最弱的早籼与中籼为 24h，即等于没有临界光照长度。

一般作物发育速度随光照时数的大小而变化。感光性强，光照时数稍有变化就对发育速率有较大的影响；感光性弱，则相反。

暗期间断处理实验表明，在作物的光周期诱导（photoperiodic induction）成花中，暗期的长度是诱导作物成花的决定因素，尤其是短日照作物，要求超过一个临界值的连续黑暗。短日照作物对暗期的光敏感，对中断暗期仅几分钟低强度的光即有效，这种光仅是一种光信号，不同于光合作用的光反应。虽然作物成花，暗期起决定作用，但光期也是必不可少的。只有在适当的光暗交替条件下，作物才能正常开花。

3. 光照时间与作物引种

由于不同纬度与季节的光照时间不同，原产于不同纬度地区的作物与品种具有不同的光周期反应和感光性，在不同地区之间的引种工作中，需考虑作物与地区之间光照时间的供求对应关系。

资源 2.4
光照时间与
作物引种

2.1.4.4 光照强度与农业生产

1. 光照强度（light intensity）

在某一给定方向的单位立体角内发射的光称为光源（light source）。在该方向的发光强度，简称光强，单位为坎德拉（cd）。1cd＝1lm/sr，即 1 单位立体角内发射 1lm 的光，光强为 1cd。sr 为球面度，是立体角的单位。球面度指的是以球心为顶点在球的表面切割等于球半径平方的面积的立体角。立体角的最大数值为 4π 球面度。如果一只 40W 普通白炽灯的光通量为 350lm，则它的平均光强为 $350\text{lm}/4\pi\text{sr}=28\text{cd}$。

光源在单位时间内发出的光量总和称为光源的光通量，利用流明（lm）表示光通量（luminous flux）。光源照射到被照物体单位面积上的光通量称为照度，照度单位是勒克斯（lx），1lx＝$1\text{lm}/\text{m}^2$，即 1lm 的光通量平均分布在 1m^2 的面积上，其照度为 1lx。1lx 是以 1 国际烛光的点光源为中心，以 1m 为半径的球面上所得到的照度。

2. 光饱和点和光补偿点

在一定的光照强度范围内，光合作用随光照强度的增加而增加，但超过一定的光照强度，光合作用便保持一定的强度而不再增加，这种现象称为光饱和现象（light saturation phenomenon），这个光照强度称为光饱和点（light saturation point），在光饱和点以上的光照强度对光合作用不再发挥作用。在光饱和点以下，当光照强度降低时，光合作用也随之降低。当作物通过光合作用制造的有机物质与呼吸作用消耗的物质相平衡时的光照强度称为光补偿点（light compensation point），如图 2.4 所示。低于光补偿点时，作物能量的消耗将大于能量积累。

作物群体的光饱和点与光补偿点都比单叶光饱和点高。在光照较强时，作物群体上层的叶片（单叶）虽已饱和，但下层叶片的光合作用仍随光强的增加而增加。另外，在同一自然光照下，上层叶片因方位与角度不同，并非全部达到了光饱和点。对于群体的光补偿点而言，代表了上层叶片光合作用的产物与下层叶片的呼吸消耗相抵消时的光照强度，其数值自然会比单叶的指标值高。在衡量光照强度对作物整体的影响时宜采用群体指标。

作物群体的光饱和点与光补偿点并不是一个常数，它随叶面积指数、CO_2 含量、温度、土壤有效水分等众多因子而变化。根据作物对光照强度的反应，将作物分为喜光作物和耐阴作物。最喜光作物的光合作用水平随光照强度可一直增加到等于全部太

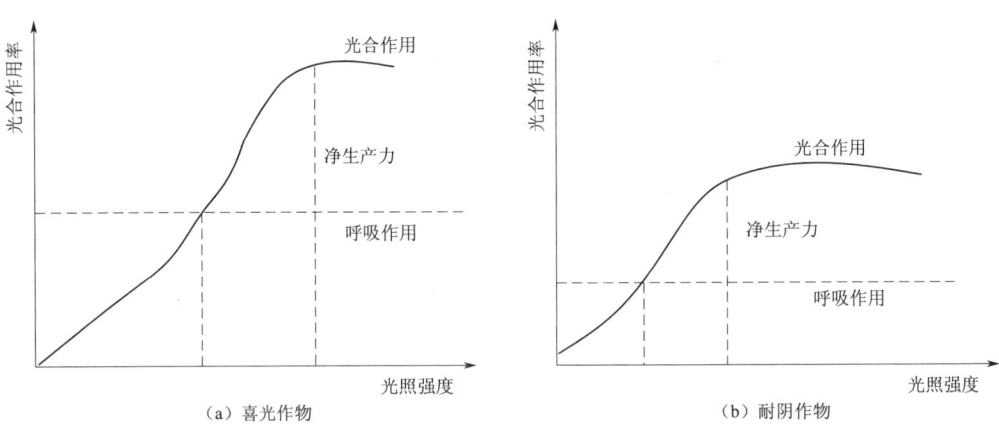

图 2.4 喜光作物和耐阴作物光补偿点和光饱和点位置示意

阳光照（即不存在光饱和现象）。而耐阴作物在光照强度仅及晴天的 10% 时，光合作用就不再增加。

栽培农作物多属喜光作物，如水稻、小麦、花生、玉米、棉花等，林果中如甘蔗、香蕉、荔枝、椰子、腰果、芒果、桦树、落叶松、樱树等。由于喜光作物的光饱和点较高，所以作物对太阳能的利用率也较高，生产潜力较大。另外，强光有利于作物果实和籽粒的生长，产品蛋白质、含糖量等也都较高。耐阴作物虽然也要求较充分的阳光，但可忍耐不同程度的荫蔽，对光照条件有较大适应性的作物包括茶叶、烟草、人参、柑橘、龙眼、菠萝、咖啡、胡椒、生姜、田七、橡胶树、竹柏、杉木等。相对较弱的光照条件有利于作物营养器官的生长，一般作物生长较细长、嫩弱，蛋白质含量较少，水分含量较高。这对于以作物营养部分为收获对象的作物是有利的。

2.1.4.5 光能利用与农业生产

作物产量的形成是作物利用光能，通过茎、叶、果实等光合器官进行光合作用，将吸收的 CO_2 和水合成碳水化合物的过程。

光能利用率（light energy utilization）是作物光合产物中储存的能量占所得到的能量的百分率，一般用单位土地面积上作物增加的干重换算成热量去除以同一时间内该面积上所得到的太阳辐射能总量来表示，即

$$E_p = \frac{hM}{\sum(S'+D)} \times 100\% \tag{2.22}$$

资源 2.5 影响光能利用率的因素

式中：E_p 为光能利用率；M 为单位面积上作物的干重，g/m^2；h 为单位干物质燃烧时产生的热量；$\sum(S'+D)$ 为一天之内的太阳直接辐射 S' 和散射辐射 D 总量之和。

作物在进行光合作用的同时进行着光呼吸作用（photorespiration），这种"光呼吸"与一般呼吸作用不同，只有在光合作用下才发生，而这种光呼吸作用不产生能量，而消耗了光合作用生产的一部分有机物质（有时可高达 1/3 以上）。水稻、小麦、棉花、油菜等作物的光呼吸作用较强，导致光合效率大为降低。玉米、高粱、甘蔗等作物的光呼吸作用却较弱，甚至没有光呼吸。因此在光、温、水、CO_2、矿物质营养适宜的条件下，将有利于创造高产。

2.2 空气温度及其变化特征

温度是表征物体冷热程度的一个宏观物理量。从分子运动理论来看，温度是物体分子热运动剧烈程度的标志，是分子运动平均动能大小的反映。

2.2.1 大气传热与热转化方式

除辐射外，大气传热与热转化方式还包括分子传导、对流、湍流、蒸发和凝结。

1. 分子传导

当物体内部存在温差（即物体内部能量分布不均）时，在物体内部没有宏观位移的情况下，热量会从物体的高温位置传到低温位置；此外，不同温度的物体相接触时，热量也会在相互之间没有物质转移的情况下，从高温物体传递到低温物体。这样一种热量传递的方式即为传导（conduction）。传导是通过分子的运动来传递热量的，又称为分子传导（molecular conduction）。

分子传导发生在物体表面很薄的一层，这一层称为片流边界层（简称片流层）。地表面与大气中的热量和水汽的交换最先都是在片流层以分子传导方式传导的，地表获得热量向土壤中输送则全部是通过分子传导完成的，动物和人体表皮与空气之间的热量和水汽交换首先是通过片流边界层的分子传导完成的，如图2.5所示。

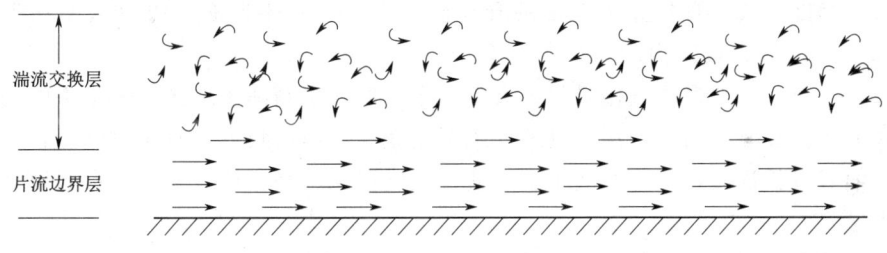

图 2.5　下垫面附近空气的分子传导和湍流交换

2. 对流

当流体在各部分之间流动时，由于发生相对运动而把热量由一处带到另一处的热现象称为对流（convection）。空气对流运动包括自由对流和强迫对流两种方式。一般地，白天当太阳照射地面受热升温，下层空气温度高于上层空气时发生自由对流。而在迎风坡上空气被迫抬升的现象则是强迫对流。

3. 湍流

流体的不规则运动称为湍流（turbulence），也称乱流。空气乱流是在空气层相互之间发生摩擦或空气沿粗糙不平的下垫面运动时产生的。当有乱流时，相邻空气团之间发生混合，热量也就得到了交换。乱流是大气摩擦层中热量交换的重要方式。

4. 蒸发和凝结

水是自然界中具有三相变化的物质。冰融化为水、水蒸发或冰升华为汽时要吸收热量；相反，水汽凝结为水、凝华为冰或水凝结为冰时，又会放出热量。在相变过程中，即使没有温度的变化，也同时伴随着能量的转换。这种热量称为潜热，这种热量交换方式则称为潜热交换。

水的相变潜热随温度而变化。例如，蒸发潜热与温度的关系是

$$L = 2500 - 2.4t \tag{2.23}$$

式中：L 为蒸发潜热，J/g。

当 $t=20℃$ 时，$L≈2500$J/g，当温度变化不显著时，L 的变化较小。在作物生长季节（15～25℃左右），一般取 $L≈2450$J/g。当水汽发生凝结时，这部分潜热又会全部释放出来。在冰升华的过程中也需消耗热量，消耗的热量包含两部分，即由冰融化为水所需消耗的融化潜热，以及由水变为水汽所需消耗的蒸发潜热。融化潜热为 334J/g，升华潜热为 $L_s=2500+334=2834$（J/g）。

2.2.2 气温日变化和年变化特征

1. 气温日变化（diurnal temperature variation）

一天中气温随时间的连续变化，称气温日变化。在一天中，气温最高值和最低值之差称为气温日较差（diurnal temperature range），也称气温日振幅。通常最高温度出现在每日 14～15 时，最低温度出现在日出前后的时刻。由于纬度不同，日出时间不同，所以最低温度出现时间随纬度的不同而有差异。

在农业生产上有时需要有较大的气温日较差，不仅有利于作物获得高产，而且可使作物获得优良的品质。影响气温日较差的因素主要有：

（1）纬度。气温日较差随纬度的升高而减小。一般热带地区约为 12℃；温带地区为 8.0～9.0℃；极圈内为 3.0～4.0℃。

（2）季节。一般夏季气温日较差大于冬季。但在中高纬度地区，一年中气温日较差最大值却在春季。由于中高纬度地区虽然夏季太阳高度角大，日照时间长，白天温度高，但其昼长夜短，冷却时间不长，使夜间气温也较高，所以夏季气温日较差不如春季大。

（3）地形。低凹地（如盆地、谷地）的气温日较差大于凸地（如小山丘）的气温日较差。对于低凹地形，空气与地面接触面积大，通风不良，获得热量较多，在夜间又常为冷空气下沉汇合之处，故气温日较差大。而凸地因风速较大，乱流作用较强，气温日较差小，平地则介于两者之间。

（4）下垫面性质。下垫面的热特性和对太阳辐射吸收能力的不同，气温日较差也不同。陆地上气温日较差大于海洋，且距海越远，日较差越大。沙土、深色土、干松土壤上的气温日较差分别比黏土、浅色土和潮湿紧密土壤大。

（5）天气。晴天气温日较差比阴（雨）天的气温日较差大，大风天的气温日较差较无风天或小风天要小。

2. 气温年变化（annual temperature variation）

在一年中，月平均气温也存在一个最高值和一个最低值。就北半球来说，中、高纬度内陆地区月平均温度最高值在 7 月出现，月平均温度最低值在 1 月出现。海洋上月平均气温以 8 月为最高、2 月为最低。

一年中月平均气温的最高值与最低值之差，称为气温年较差（annual temperature range）。其影响因素包括以下几方面：

(1) 纬度。气温年较差随纬度的升高而增大。例如，我国的西沙群岛（16°50′N）气温年较差只有 6℃，海拉尔（49°13′N）气温年较差达到 46.7℃。低纬度地区气温年较差很小，高纬度地区气温年较差可达 40～50℃。

(2) 海陆分布。对于同一纬度的海陆相比，大陆地区冬夏两季热量收入的差值比海洋大，所以大陆上气温年较差比海洋大得多，一般情况下，温带海洋上气温年较差为 11℃，大陆上气温年较差可达 20～60℃。

(3) 距海远近。由于水具有较大的热容量，海洋表面温度变化比较缓和，距海洋越近，受海洋影响越大，气温年较差越小，反之亦然，见表 2.5。

表 2.5　　　　　　　　　距海远近与气温年较差

纬度	39°N		40°N	
距海远近	远	近	远	近
地点	保定	大连	大同	秦皇岛
年较差/℃	32.6	29.4	37.5	30.6

我国属季风性气候区，冬夏气温分布差异很大。气温分布特点为：冬季气温普遍偏低，南热北冷，南北温差大，超过 50℃。我国各地的无霜期，一般来说，由南向北、由沿海向内地逐渐缩短，霜期长则作物的生长期也长，反之则短。

2.2.3　温度与农业生产

温度是作物生长的主要条件之一，作物的各种生命活动都与土壤温度和空气温度密切相关。作物生命活动中所发生的一切生理、生化作用，都须在一定的温度条件下才能进行。

2.2.3.1　作物生命活动的适宜温度

作物生命活动的每一过程都必须在一定的温度条件下才能进行。对一种作物而言，一般都存在三种基本温度，即生命温度（life temperature）、生长温度（growth temperature）和发育温度（developmental temperature）。保证作物正常生命、生长和发育活动的温度指标分别称为生命温度、生长温度和发育温度。如图 2.6 所示，维持作物生命的温度范围最大，一般为 -10～50℃；生长温度次之，一般为 5～40℃；发育温度最小，一般为 10～35℃。某些冬季作物，比上述范围稍低，而夏季作物一般稍高。

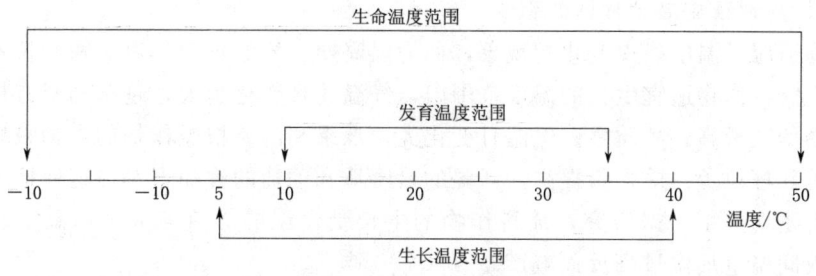

图 2.6　作物生命活动基本温度示意

对于作物的每一个生命过程而言，存在作物生长最适温度、最低温度和最高温度。在最适温度范围内，作物生命活动最强，生长、发育最快。在最低温度以下和最高温度以上，作物生长发育停止，但仍维持着生命活动。如果温度继续降低或升高，就会发生不同程度的危害，严重时致死。不同作物、不同生物学过程的三基点温度是不同的，表 2.6 显示了几种主要作物的三基点温度。

表 2.6　　　　　　　　　主要大田作物的三基点温度

作物种类	最低温度/℃	最适温度/℃	最高温度/℃
小麦	3～5	20～22	30～32
玉米	8～10	30～32	40～44
水稻	10～12	30～32	36～38
棉花	13～14	28	35
油菜	4～5	20～25	30～32

作物的不同生理过程，如光合作用和呼吸作用等对温度响应关系也不同。一般作物光合作用的最低温度为 0～5℃，最适温度为 20～25℃，最高温度为 40～45℃。而呼吸作用的最低温度为 0～10℃，最适温度为 36～40℃，最高温度为 50℃。据研究，马铃薯在 20℃时光合作用达最大值，而此温度下呼吸作用只有最大值的 12%；当温度上升到 48℃时，呼吸作用达到最大值，而光合作用却下降为零。由此可见，温度过高，光合作用制造的有机物质减少。在确定作物种植季节、分布区域，以及计算作物生长发育速度、光合生产潜力等方面都必须考虑作物适宜温度、最低温度和最高温度。

受害温度是指温度低到或高到作物的一些器官开始受害时的温度；致死温度是指温度低或高到作物体死亡且不能恢复时的温度。当温度低于低温受害温度或高于高温受害温度时，作物的一些器官开始受害，但不致死亡，其恢复时间取决于温度过低或过高的程度及其所持续的时间。作物遇低温而导致的受害或致死，称冷害或冻害。在 0℃以上低温称为冷害或寒害，在 0℃以下危害则称为冻害。作物因温度过高而造成的危害称为热害。经过驯化和抗逆性锻炼的作物，忍耐极端低温方面的能力加强，其受害温度和致死温度将发生改变，抗逆性锻炼是防止高、低温危害的重要方法。作物进行高温驯化后，其光合作用的最高温度可提高 3～40℃，即更加抗热害。

2.2.3.2　周期性变温对作物的影响

作物适应于温度昼夜变化的现象，称为温周期。气温日变化对作物生长发育有重要的意义。在作物适宜生长的温度范围内，气温的日变化越大，越有利于有机质的积累，作物的产量高、品质好。气温日变化大，瓜果和肉质根类作物的含糖量增加，小麦千粒重和籽粒蛋白质含量提高。新疆的哈密瓜和葡萄的香甜，都与这些地区温度日差较大有密切关系。据研究，茄科作物的生长受夜温的影响较大，如温室栽培的番茄，若夜间温室加温过高反而减产。

作物的温周期特性和原产地温度日变化有关。在陆地内部日较差大的地区，一般作物在日较差 10～15℃时生长发育最好；在中纬度沿海地区，受海洋调节的地区和海岛上温度日较差较小，原产该地区的作物在日较差 5～10℃ 时生长发育最好。某些热带作物，如甘蔗等，在日较差很小的情况下，仍能繁茂生长。

气温年较差也影响作物的生长发育，而且必要的高温对某些喜热作物是不可缺少的，如某些水稻品种，在湖北长得很好，而在积温相近但四季如春的云南，因其缺少夏季必要的高温而不能成熟。

2.2.3.3 农业界限温度

农业界限温度（agricultural boundary temperature）是指具有普遍意义、标志某些重要物候现象或农事活动的开始、终止或转折的温度。农业上常用的界限温度有 0℃、5℃、10℃、15℃ 等，一般均用日平均气温表示。

界限温度为 0℃，土壤冻结与解冻，农事活动开始或终止。日平均气温稳定在 0℃ 以上的持续日数称为农耕期。

界限温度为 5℃，早春作物开始播种，喜凉作物开始或停止生长。对冬小麦有人采用 3℃；春季多数树木开始萌动。5℃ 以上持续日数称为生长期或生长季。

界限温度为 10℃，春季喜温作物开始播种与生长，喜凉作物开始迅速生长。常称 10℃ 以上的持续时期为喜温作物的生长期。

界限温度为 15℃，喜温作物积极生长，春季棉花、花生等进入播种期，可开始采摘茶叶。稳定通过 15℃ 的终日为冬小麦适宜播种的日期；水稻此时已停止灌浆；热带作物将停止生长。在 20℃，水稻安全抽穗、开花的指标，也是热带作物橡胶正常生长、产胶的界限温度。

界限温度一般可用于分析与对比年代间、地区间稳定通过某界限温度日期之早晚差异，以比较其冷暖期到来的迟早及对作物的影响；分析与对比年代间、地区间稳定通过相邻或选定的两临界温度日期之间的间隔日数，以比较升温与降温之快慢缓急，分析其对作物之利弊等。如春季 0～10℃ 的间隔日数较长，对小麦穗分化有利；而秋季 5～0℃、−5～0℃ 的间隔日数太短，对小麦的越冬锻炼不利；分析与对比年代间、地区间春季和秋季稳定通过 5℃ 或 10℃ 之间的持续日数，作为鉴定生长季长短的标准之一，可与无霜冻期日数结合使用，相互补充。

2.2.3.4 积温及其在农业生产上的应用

人们在长期的生产实践中发现，在作物所需要的其他因素都得到基本满足时，在一定的温度范围内，温度与作物生长发育速度呈正相关，而且只有当温度累积到一定总和时，才能完成其发育周期，这一温度的总和称为积温（accumulated temperature）。它表明作物在某发育期或全生育期对热能的总要求。积温不足，作物不能正常发育。

1. 积温

积温是某一时段内逐日平均气温的总和，其单位为 ℃·d 或 ℃。农业生产中常用的积温有活动积温、有效积温、净效积温、界限有效积温、负积温等。

高于生物学下限温度（B）的日平均温度为活动温度。如某天的日平均温度为 15℃，而某作物的下限温度为 10℃，则当天对该作物的活动温度就是 15℃。活动积温则是作物在某活动期内活动温度的总和。其计算公式为

$$Y = \sum_{i=1}^{n} t_i \quad (t_i > B) \tag{2.24}$$

式中：Y 为活动积温，℃；t_i 为日平均温度，℃；B 为生物学下限温度，℃；n 为该生育期中 $t_i > B$ 的天数。表 2.7 显示了几种常见作物所需的活动积温值。

表 2.7　　　　　　　　　几种常见作物所需的活动积温值　　　　　　　　单位：℃

作物种类	早熟型	中熟型	晚熟型
水稻	2400~2500	2800~3200	—
棉花	2600~2900	3400~3600	4000
冬小麦	—	1600~2400	—
玉米	2100~2400	2500~2700	>3000
高粱	2200~2400	2500~2700	>2800
谷子	—	2200~2400	2400~2600
大豆	1700~1800	2500	>2900
马铃薯	1000	1400	1800

有效温度是指日平均温度与生物学下限温度之差。而有效积温是指作物在某时期内有效温度的总和，即

$$A = \sum_{i=1}^{n} (t_i - B) \tag{2.24}$$

式中：A 为有效积温；$t_i - B$ 为有效温度；n 为生育期中 $t_i > B$ 的天数。

生物在某一发育期或整个生育期中，净效温度的总和，称净效积温。净效积温学说认为，实际温度超过该生育期的最适温度时，其超过部分对生物学的发育是无效的，其活动温度应以最适温度代替，此时净效温度等于最适温度减去生物学下限温度，净效积温的表达式为

$$A' = \sum_{i=1}^{n} (t_i - B) + m(T_0 - B) \quad (B < t_i \leqslant T_0) \tag{2.25}$$

式中：A' 为净效积温；T_0 为最适温度；B 为下限温度；n 为 $B < t_i \leqslant T_0$ 的天数；m 为生育期内温度超过 T_0 的天数。

仅计算日平均温度在下限温度到最适温度之间的有效积温称界限有效积温。这是由于活动温度超过最适温度时，作物生长发育速度不再增加，反而有下降趋势，故不予考虑。

负积温（y^-）是指小于 0℃ 的日平均温度的总和，即

$$y^- = \sum_{i=1}^{n} t_i \quad (t_i < 0℃) \tag{2.26}$$

负积温可作为低温灾害的指标之一，它可以在一定程度上反映低温的强度与持续时间的综合影响。

2. 积温在农业生产中的应用

积温在农业生产中具有广泛的应用，如积温可以作为作物或品种特性的重要指标

之一，分析引进或推广地区的温度条件能否满足作物生长发育所要求的积温，为作物引种和品种推广提供科学依据，以避免引种和品种推广的盲目性。积温可作为物候期预报、收获期预报、病虫害发生发展时期预报等的重要依据。预报作物发育期的公式表示为

$$D = D_1 + \frac{T_t}{t-B} \tag{2.27}$$

式中：D 为所要预报的发育期日期；D_1 为前一发育期出现的日期；T_t 为 D_1 到 D 期间所要求的有效积温指标；t 为 D_1 到 D 期间的平均气温；B 为该发育期所要求的下限温度。

在农业气候分析与区划中，积温可作为热量资源的主要指标之一，根据积温大小确定某作物在某地能否成熟，并预计能否高产、优质。还可根据积温进行分析，为确定各地种植制度（如复种指数、前后茬作物的搭配等）提供依据，并以积温作为指标之一进行作物种植区划。

2.3 大气降水与蒸发

2.3.1 降水特性
2.3.1.1 降水量时空分配
1. 降水量地理分布

我国多年平均年降水量648mm，低于全球陆面平均年降水量800mm，也小于亚洲陆面平均年降水量740mm。全国大部分地区受东南和西南季风的影响，形成东南多雨、西北干旱的特点。按年降水量的多少，全国大致可分为十分湿润带、湿润带、半湿润带、半干旱带、干旱带等。

十分湿润带是指年降水量超过1600mm的地区，年降水日数平均在160d以上。包括广东、海南、福建、台湾、浙江大部、广西东部、云南西南部、西藏东南部、江西和湖南山区、四川西部山区。

湿润带是指年降水量800~1600mm的地区，年降水日数平均120~160d。包括秦岭—淮河以南的长江中下游地区、云南、贵州、四川和广西大部分地区。

半湿润带是指年降水量400~800mm的地区，年降水日数平均80~120d。包括华北平原、东北、山西、陕西大部、甘肃、青海东南部、新疆北部、四川西北部和西藏东部。

半干旱带是指年降水量200~400mm的地区，年降水日数平均60~80d。包括东北西部、内蒙古、宁夏、甘肃大部、新疆西部。

干旱带是指年降水量少于200mm的地区，年降水日数低于60d。包括内蒙古、宁夏、甘肃沙漠区、青海柴达木盆地、新疆塔里木盆地和准格尔盆地、藏北羌塘地区。

2. 降水量年内分配

我国大部分地区降水的季节分配不均匀，主要集中在春夏季。长江以南地区，雨

季较长,为3—6月或4—7月,雨量占全年的50%~60%。华北和东北地区,雨季为6—9月,雨量占全年的70%~80%,其中华北雨季最短,大部分集中在7—8月。西南地区降水主要受西南季风的影响,旱季雨季分明,一般5—10月为雨季,11月至次年4月为旱季。四川、云南和青藏高原东部,6—9月雨量占全年的70%~80%,冬季则不到5%。新疆西部终年在西风气流的控制下,降水量较小,但四季分配较均匀。台湾东北部,受东部季风的影响,冬季降水量约占全年的30%,也是我国降水量年内分配较均匀的地区。

3. 降水量年际变化

我国降水量的年际变化较大,且常有连续几年降水量偏多或偏少的现象。年降水量越小的地区,年际变化越大。以历年实测年降水量最大值和最小值之比来表示年际变化。西北地区可达8以上;华北为3~6;东北为3~4;南方一般为2~3,个别地方达4;西南最小,一般在2以下。

2.3.1.2 降水强度与降水变率

降水强度(precipitation intensity)表示单位时间内降雨或雪的数量。某地某年(月)降水量与同期多年平均降水量之差,称为降水距平(precipitation anomaly)。距平值可为正,也可为负。各年距平的绝对值的平均,称为降水量的绝对变率。它反映某地降水量的年际变动的平均情况。设 $\overline{x}$ 为 n 年的平均降水量,x_i 为 n 年中第 $i(i=1,2,3,\cdots,n)$ 年的降水量,降水的绝对变率(d)表示为

$$d = \frac{1}{n}\sum_{i=1}^{n} \mid x_i - \overline{x} \mid \tag{2.28}$$

降水的绝对变率与多年平均降水量的百分比,称为相对变率(D),表示为

$$D = \frac{d}{\overline{x}} \times 100\% \tag{2.29}$$

相对变率越大,表示降水量年际间变异大,容易造成水涝或干旱,是农业生产上不利的条件;相对变率越小,说明该地降水量的变化比较稳定。

2.3.2 大气蒸发

1. 蒸发过程

蒸发(evaporation)是指当温度低于沸点时,水分子从液态或固态水的自由面逸出,变成气态的过程或现象。单位时间单位面积上蒸发出水的质量称为蒸发通量密度(evaporation flux density),用 E 表示,单位为 $kg/(m^2 \cdot s)$。在气象观测中,常以某时段内(日、月、年),单位面积上因蒸发而消耗的水层厚度来表示蒸发量。蒸腾(transpiration)特指作物体内的水分,通过叶面上的气孔以气态水的形式向外界输送的过程。

2. 影响蒸发的因素

由于在自然条件下的水面蒸发是发生在湍流大气中,所以影响蒸发速度的主要因子有水源、热源、饱和差、风速与湍流扩散强度及溶质浓度等。

(1)水源。水源是蒸发的根源,开阔水域、雪面、冰面或潮湿土壤、植被是蒸发

产生的基本条件。

（2）热源。蒸发需要消耗热量，如果没有热量供给，蒸发面会逐渐冷却，使蒸发面上的水汽压降低，蒸发就会减缓或逐渐停止。从某种意义上讲，蒸发速度取决于热量的供给。实际上常以蒸发耗热多少来表示某地的蒸发速度。一般夏季和秋季蒸发耗热比较多。这是因为夏季和秋季土壤与水的温度比较高，因而有足够的热源供给蒸发。

（3）饱和差。蒸发速度与饱和差成正比，饱和差越大，蒸发速度也越快。

（4）风速和湍流扩散。大气中的水汽垂直和水平扩散能加快蒸发速度。无风时，蒸发面上的水汽主要靠分子扩散，水汽压减小得慢，饱和差小，因而蒸发缓慢。有风时，湍流加强，蒸发面上的水汽随风和湍流迅速扩散到广大的空间，蒸发面上水汽压很快减小，饱和差增大，蒸发加快。

2.3.3 气象干旱

为了定量分析气象干旱，提出了多种形式干旱指标用于气象干旱的定量分析。

1. 干燥指数（aridity index，K）

干燥指数是表征气候干燥程度的指数，又称干燥度，是指某地一定时段内的水面可能蒸发量（E）与同期降水量（P）的比值，具体表示为

$$K = \frac{E}{P} \tag{2.30}$$

常以 K 值为 1.0 的等值线来区分湿润地区和半湿润地区。$K<1$ 为湿润地区；$K=1\sim1.25$ 为半湿润地区；$K=1.25\sim4$ 为半干旱地区；$K>4$ 为干旱地区。

2. 湿润指数（wetting index，W_k）

湿润指数是降水量与蒸发量的比值，表示湿润状况，具体表示为

$$W_k = \frac{P}{E} \tag{2.31}$$

利用相对湿润指数（relative humidity index，RHI）对比分析不同地区气象干旱特征，具体表示为

$$RHI = \frac{P-E}{E} \tag{2.32}$$

2.4 农田小气候

小气候是指小范围的气候。任何一个地区内，由于其下垫面性质不同，在贴地气层和下垫面上层的小范围内形成一种与大气候不同特点的气候，通称小气候。小气候主要表现在个别气象要素和天气现象上的差异，如温度、空气湿度、风、降水以及某些天气现象（如霜、雾）的分布，但不影响整个天气过程。不同下垫面形成各种不同的小气候，如地形小气候、水域小气候、温室小气候、畜舍小气候、果园小气候等。

2.4.1 农田小气候概念及其特征

2.4.1.1 农田小气候概念

农田小气候（farmland microclimate）是指农田近地气层、土层与作物群体之间的物理过程和生物过程相互作用所形成的小范围气候环境。常以农田近地层中的辐射、空气、温度和湿度、风、二氧化碳以及土壤温度和湿度等农业气象要素的量值表示，是影响农作物生长发育和产量形成的重要环境条件。

不同作物、同一作物的不同品种、同一品种的不同生育期、种植方式以及栽培管理措施的小气候特征均不相同。一般农作物在2m左右的气层和0.5m左右的浅层土壤耕作层中，在整个生长期中受人工影响较大，因此农田小气候一方面有其固有的自然特征，属于低矮植被气候；另一方面它又是一种人工小气候，受人工措施的影响，如耕作方式、种植作物种类、灌溉等，均可直接或者间接影响农田小气候。

农田小气候的形成主要决定于地面对太阳辐射的吸收、近地气层的乱流运动和下垫面的热量交换。其中太阳辐射是小气候形成的热力基础，乱流运动和热量交换是小气候形成的动力基础。小气候随下垫面条件改变而变化，局地下垫面条件是造成各种小气候差异的根本原因，是其内因。而天气条件、太阳辐射条件则是施加在这些局部地段上的外加因素。

小气候是生物活动最重要的环境，它直接影响作物的生长发育和产量、品质的形成，也影响病虫害的发生和消长。目前对小气候的关注主要集中在小气候现象的形成、分布及其与人类活动、动植物生存的相互影响等方面。

2.4.1.2 农田小气候的一般特征

1. 农田中光分布

农田中因作物的存在，进入农田的太阳辐射到达作物表面后，一部分辐射被作物茎叶吸收，一部分被反射，还有一部分透过枝叶空隙或透过叶片到达下层或到达地面。作物对太阳辐射的吸收、反射和透射因作物种类、生育期及叶片特征不同而不同。

农田中光分布主要取决于作物群体结构、种类、发育期以及耕作方式等，同时还与太阳高度角有关。无论哪一层叶片，光线主要来自上方，而下方的反射光比较微弱。来自四方的侧光，在植株上层，受太阳方位角和高度角的影响是很明显的，越到植株下层，则越是均匀。对于茎叶分布上下均匀，植被相当稠密而且能吸收全部入射光能的群体，太阳辐射在株间的削弱过程符合比尔-朗伯定律（Beer - Lambert law），即

$$R_S = R_{S0} e^{-K_x L} \tag{2.33}$$

式中：R_{S0}为到达植被顶部的自然光强；R_S为到达植被层某高度处的光强；L为从植被顶部向下至某一高度的累计叶面积指数；K_x为植被对太阳辐射的消光系数。

K_x值因作物种类、品种而异，一般取值0.3～1.0。水平叶为主的作物种类和品种，K_x值为0.7～1.0；而垂直叶为主的，K_x值为0.3～0.5。在株间的光强分布与作物的光能利用有密切关系。直立型叶子群体的消光系数小，株间上下层间光强减弱

缓慢，群体的光能利用率高，群体结构有利于形成高产。而叶子平铺的群体，消光系数大，上下层间受光量差别大，有时甚至会出现上层叶片的光强在光饱和点以上，而中下部叶片的光强可能达不到光补偿点的极端现象。一般在作物生育初期，群体结构稀疏，所以在农田中，上下层间的相对光强差别不大，随着植株个体的增长，这个差别逐渐增大。在生育盛期，特别是封行后的生育关键期，尤其需要进入群体下层的光强适中，有利于群体光合作用进行。

2. 农田中温度分布

对于不同的下垫面，由于枝叶的参差、涡旋体的大小和形状等与裸地有明显差异，直接影响农田的乱流交换，温度的分布也不同。在稀疏植被地带，植被对地面的遮蔽小，其温度分布与裸地情况基本相同，即白天为日射型，夜晚为辐射型。

在作物生长茂盛期，由于枝叶繁茂，乱流较少，损失热量也较少。在作物生长后期，部分叶片枯落、外活动面逐渐消失，农田中温度垂直分布又与裸地相似。

在农田中，因作物的存在，湿度较大，白天的温度比裸地低，而夜间的温度又比裸地高。因此农田系统中的温度变化缓和，温度日较差较小，见表 2.8。

表 2.8　　　　　　　裸地与农田 20cm 高处气温差　　　　　　　单位：℃

时间	0h	4h	8h	12h	16h	20h
裸地—马铃薯地	−1.0	−0.9	1.1	2.0	2.9	2.3
裸地—玉米地	−0.9	−0.5	2.3	2.5	3.8	1.8

对于水田而言，由于水的存在，其温度与旱田有较大差异。白天水层温度低于气温，且越接近水面，温度越低。中部在茎叶密集处温度略高，上部随高度增加温度降低。因此，农业上常用放水烤田提升白天水田温度，促使作物生长，夜间用深水灌溉法防治低温危害。

3. 农田中湿度分布

农田中湿度分布取决于温度和农田蒸散以及乱流交换强度。作物生长初期，植株矮小，土壤表面是农田活动面，也是主要蒸发面。白天农田中的水汽压由地表向上随高度增加而减小，与裸地湿度分布类型相似，属于湿型分布；夜间近地层水汽随温度降低而发生凝结现象，则水汽压的分布随高度的增加而增大，这种湿度分布类型属于干型分布。

作物生长盛期，茎叶密集，地表由作物覆盖，农田活动面已经移到作物枝叶最密集的层次，农田蒸散量加大，外活动面是主要的蒸腾面。此时农田中水汽压的分布是：白天靠近外活动面附近的水汽压最大；夜间外活动面上有大量露生成，水汽压很小，但各高度平均水汽压都比裸地大。

相对湿度分布，受温度和水汽压的影响，一般在作物生长初期与裸地相似。作物封垄后，各高度上的相对湿度都比较接近，且都比裸地大。

农田中空气湿度大小，主要取决于总蒸发量和温度状况。在农田中，由于总蒸发量增大，而且湍流交换减弱，地面和作物表面蒸发的水汽不易散出，所以空气湿度比裸地大些，见表 2.9。

表 2.9　　　　　　　　　　　裸地和植被中的空气湿度

离地高度 /cm	裸　地		紫花苜蓿地		白花草木樨地	
	水汽压/hPa	相对湿度/%	水汽压/hPa	相对湿度/%	水汽压/hPa	相对湿度/%
5	14.5	49	16.9	62	17.5	64
10	13.7	48	15.7	57	17.2	59
15	13.5	47	14.8	52	16.4	58
20	13.2	47	14.7	51	16.2	57

注　紫花苜蓿高 35cm，覆盖度 85%；白花草木樨地高 185cm，覆盖度 95%。

农田中湿度同样存在日变化。相对湿度白天的分布与温度类似，但在夜间，茂盛植被地带不同高度上相对湿度比较接近。水田的绝对湿度不论昼夜，都是随高度增加而降低，但在紧贴水面的一薄层中，相对湿度白天随高度增加而降低，夜晚则随高度增加而增加。

4. 农田中风速分布

受植被对气流阻挡和摩擦作用，农（林）地中的风比裸地小。植被株间风速的分布，与作物的类型、密度、高度有关。通常在植株间某一高度以下，乱流交换几乎消失，各种物理属性的输送，主要靠分子扩散。只有在上层，才真正出现与上层空气之间的乱流交换。

农田风速的水平分布总是由边行向里不断递减，其大小与作物种类以及播种密度、生长期等都有关系。作物生长旺盛时期，农田风速在垂直方向上一般呈 S 形分布。

5. 农田中 CO_2 分布

农田中 CO_2 主要通过乱流交换从大气和土壤中获得，输送量取决于乱流交换系数的大小和田间上下两层间的 CO_2 浓度的差值。乱流交换系数越大，CO_2 浓度的差值越大，则 CO_2 输送量越多。

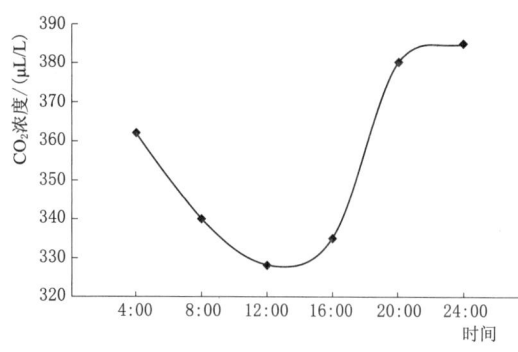

图 2.7　农田中 CO_2 浓度日变化

农田中的 CO_2 浓度有明显的日变化特征（图 2.7），在作物生长季，作物白天光合作用大量吸收 CO_2，使农田中 CO_2 的浓度降低，因而农田通过乱流交换从大气获得 CO_2 补充，此时大气是 CO_2 的源，农田是 CO_2 的汇；在夜间，作物因呼吸释放大量 CO_2，使作物群体内的 CO_2 浓度逐渐增加并向上层的大气输送，此时大气是 CO_2 的汇，农田是 CO_2 的源。在通风良好的农田中，由于水平交换和垂直输送较强，农田中的 CO_2 浓度保持在大气平均浓度的水平上，日变化较小。反之，通风不好（风小密植）时，日变化明显增大，在静稳的晴天可使农田中 CO_2 浓度降至最低，有时可使作物处于饥饿状态。短时间的积云影响,使光合有效辐射迅速减弱,农田中 CO_2 浓度相应增大;阴天、大风天可使作物群体内的 CO_2 浓度全天变少。

2.4.2 调控农田小气候的农业技术

我国西北和华北小麦产区在小麦灌浆中后期因干热风的危害会减产 5%~20%,春季的沙尘暴会影响小麦的生育进程,也给蔬菜生产带来了不可弥补的损失。改善农田小气候主要是通过调控土壤与大气或作物与大气的水热直接交换来改善下垫面性质,从而调节近地气层、作物冠层以及土壤层的温度和湿度。可在一定程度上改善农田气候条件,为作物生长发育营造良好的生活环境。改善农田小气候的措施主要包括农田灌排措施、施肥措施、地面覆盖、作物修剪与管理、轮作与间作、立体栽培、设施农业措施等。

典型调控农田小气候的方式是设施农业,通过建立温室或塑料大棚以及采用遮阳网,能有效改善小气候并较大程度地不受外界大气候的影响。遮阳网具有遮光、降温、保湿、防风、防暴雨、保持土壤良好团粒结构、优化作物生长环境等作用。设施大棚具有良好的增温效果及保温性能,为作物生长发育创造所需的小气候环境,可为反季节生产及获得优质高产农产品提供技术保障。

资源 2.6 改善农田小气候的措施

2.5 自然农业生产潜力

农业生态系统的生产力取决于环境能提供的物质和能量以及生物对资源的利用和转化效率。水、肥、气、热、光是作物生长的必需要素,而光、热主要来自太阳辐射,水、肥、气可以人工调控。通常将农业生产潜力分为自然生产潜力和人工调控生产潜力。一个地区自然农业生产潜力主要取决于光能、热量、降水和土壤条件。自然农业生产潜力分析是揭示作物产量与环境条件的相互作用机制,是定量评估自然资源利用程度的重要基础。由于作物产量的形成主要依靠太阳辐射,由叶片及其他光合器官将从空气中吸收的 CO_2 和从土壤中吸收的水分制成碳水化合物。因此,太阳总辐射能和光能利用率是表征光能利用程度的主要指标。对农业生产而言,气温是作物生长发育必需的条件之一,作物的整个生长发育过程均必须在合适的温度范围及其足够的持续时间条件下才能完成,否则作物的生长就会受到抑制。因此,温度也是制约作物将太阳能转化为化学能的重要因素。由于水是作物进行物质生产不可缺少的要素,降水多少和分布直接影响为作物生长提供水分的能力。土壤是陆地上能生长植物的疏松表层,表现出不同的理学性状和肥力特征。良好的土壤是作物有效利用其他因素的关键,也直接影响其他各项措施作用发挥的程度。因此,通常分析一个地区自然生产潜力主要考虑光、热、降水、土壤四大要素。自然农业生产潜力可以表示为

$$P(Q,T,W,S) = QF(Q) \cdot F(T) \cdot F(W) \cdot F(S) \tag{2.34}$$

式中:$P(Q,T,W,S)$ 为自然农业生产潜力,kg/hm^2;Q 为太阳总辐射,kJ/cm^2;$F(Q)$、$F(T)$、$F(W)$ 和 $F(S)$ 分别为光能、温度、水分和土壤影响系数。

国内外学者就光能、温度、水分和土壤影响系数进行了广泛研究,并给出了相应计算公式,可分析不同地区自然农业生产潜力,及其光热资源利用程度,为提高作物

生长环境营造技术提供指导。

思 考 与 练 习 题

1. 作物光合有效辐射的波长范围是多少？光合作用最强的光是什么光？
2. 在大田作物生产中，如何提高光能利用率？
3. 地-气系统中地面和大气的辐射平衡吗？
4. 作物单叶和群体的光饱和点与光补偿点有何差异？分析其原因。
5. 如何科学调控农田小气候？
6. 说明气候干旱特征及其定量表征方法。
7. 如何利用积温分析气候对作物生长的影响？
8. 如何高效利用光热资源促进作物生长？

第3章 土壤环境基本特性

土壤是地球表面的覆盖层，是生命体和非生命体有机融合和相互依存的复合体。土壤环境为人类和动物所需食物提供了生产基地，而人类和动物的生命活动也影响土壤环境的状态和功能。因此，理解土壤环境的物理、化学和生物特性是科学利用和保护土地资源的基础。

3.1 土壤形成与分类

土壤是位于地球表层，由矿物质、有机物质、水分等组成，能够生长植物的疏松物质。自然土壤形成是岩石风化与成土过程共同作用的结果，也是微生物和绿色植物在土壤母质上活动的结果。

3.1.1 土壤形成过程

地球表面坚硬的岩石通过岩石风化和成土过程，形成了可以生长绿色植物的土壤。

1. 岩石风化与土壤母质形成

在阳光、水分、空气等自然条件的作用下，地球表面的岩石发生崩解、破碎和分解等物理、化学、生物过程，使其成分和性质发生明显改变，从而形成岩石碎屑，这一过程称为岩石风化过程。岩石碎屑是形成土壤的材料，称为成土母质。

（1）物理风化。物理风化是指在自然因素作用下，岩石发生崩解、破碎等物理过程，使其形状大小等物理性质发生变化。物理风化过程主要是由地表温度变化、水流冲刷、冰冻挤压、风和冰川等自然动力引起的对岩石的磨蚀过程。物理风化增加了岩石的通气透水性，但不改变其矿物组成和化学成分。

（2）化学风化。化学风化是指在水、二氧化碳、氧气等物质参与下，破碎的岩石发生一系列化学过程，使其组成和性质发生变化，形成了新的矿物和细小颗粒。化学风化过程包括水解作用、水化作用、溶解作用、氧化作用等。

（3）生物风化。生物风化是指在生物作用下，岩石发生崩解、分裂、破碎的过程，主要包括生物机械破碎和生物化学分解作用，如生长在岩石裂隙中的根系对岩石的挤压作用、地衣分泌的有机酸对岩石表面的溶解作用等。

2. 自然土壤形成过程

自然土壤形成主要经历两大过程，即地质大循环和生物小循环，如图3.1所示。

（1）地质大循环。陆地高处的成土母质经过降雨径流作用被输移到海洋，沉积在海底，然后由地壳运动和海陆变迁，从海底上升到陆地，然后又从新的陆地流向海洋，不断循环的过程使成土母质中营养物质不断发生变化，这种由地质作用完成的循

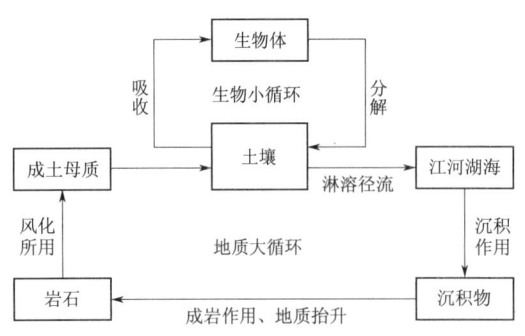

图 3.1 自然土壤形成过程中的大-小循环示意

环被称为营养物质的地质大循环。

（2）生物小循环。土壤中有限的无机营养物质通过植物、微生物的吸收利用，形成有机物质，累积在生物体内。随着生物的死亡，这些无机营养物质又被重新释放到土壤中，供其他生物再利用。营养物质通过生物媒介进行的吸收—固定—释放—再吸收过程，称为营养物质的生物小循环。

地质大循环也是植物营养物质地质淋溶过程，生物小循环是营养物质生物积累过程。在土壤形成过程中，两种循环过程互相联系，不可分割。

3. 土壤形成的主要影响因素

土壤形成及其物理、化学、生物性质受到母质、气候、地形、成土时间、生物五大自然因素和人类活动的影响。

（1）母质。母质是形成土壤的基础原料，母质的矿物组成影响成土过程的速度、性质和方向，决定土壤的矿物成分和机械组成等基本物理化学性状。

（2）气候。大气水分和热量是土壤物质迁移、转化的动力和条件，决定了土壤母质的风化过程、植物和微生物的生长发育，以及有机物的累积和分解过程。

（3）地形。地形显著影响土壤形成过程，包括地形引起热量和物质的重新分配，改变了土壤的形成、发育状态和进程。

（4）成土时间。成土时间决定了土壤形成发展的阶段和程度，一般自然成土因素对土壤形成的综合作用随着时间的延长而加强。土壤形成时间可利用绝对年龄和相对年龄来表示，绝对年龄是指土壤在当地新鲜风化层或新母质上开始发育起至目前所经历的时间，通常用"万年"表示；相对年龄是指土壤发育的某个阶段或土壤发育程度。土壤年龄通常是指相对年龄。

（5）生物。生物是土壤形成过程中最活跃和最重要的因素。植物利用太阳能、水、二氧化碳进行光合作用并吸取矿质养分形成了有机体。有机体死亡后回归大地，并直接被分解和转化为可被植物利用的氮、磷、钾等矿质元素，或形成难以分解的大分子腐殖质，成为土壤结构的胶黏物质。腐殖质也可进一步分解，被植物吸收利用。因此，在土壤形成过程中，通过生物参与，土壤具有了供应与协调植物营养的能力。

（6）人类活动。除上述五方面自然因素影响土壤形成过程外，人类活动也对土壤形成过程产生显著影响。人类可通过改变和调节某一自然因素或成土因素之间的关系，使土壤性状向农业生产有利方向演变，如通过精耕细作、合理施肥、灌溉排水等措施改良土壤，提升土壤肥力性状。

3.1.2 土壤分类与分布特征

由于土壤形成过程受到多种因素的影响，而这些因素在空间分布上存在显著差异，并引起土壤基本理化性质表现出明显的地域分布特征。

1. 中国土壤分类

我国地域辽阔，自然条件复杂多变，形成了不同类型的土壤。目前我国按照成土特征，将土壤设土纲、亚纲、土类、亚类、土属、土种、变种七级分类单元。

（1）土纲。是最高土壤分类级别，反映了不同发育阶段，土壤物质移动和累积所引起的重大属性差异，是土壤重大属性差异和土类属性共性的归纳和概括。

（2）亚纲。是在同一土纲中，根据土壤形成的水热条件和岩性及盐碱性的重大差异进行划分，反映了控制现代土壤形成过程的成土条件差异。

（3）土类。是发生分类中高级分类的基本分类单元，强调成土条件、成土过程和土壤属性三者统一和综合。

（4）亚类。体现了主导土壤形成过程后的其他附加成土过程。

（5）土属。根据成土母质成因、岩性及区域水分条件等地方性因素进行划分。

（6）土种。是基层分类的基本分类单元，处于一定景观部位，具有相似的土体构型。

（7）变种。是土种的辅助分类单元，在土种范围内根据耕层或表层性状差异进行划分。

资源 3.1
中国土壤分类系统

2. 土壤分布特征

土壤地理分布特征既与生物气候条件相适应，表现为广域的（地带性）水平分布规律和垂直分布规律；又与地域性的母质、地形、水文、成土年龄相适应，表现为局部地域性的分布规律。

（1）水平地带性。是指地带性土类（亚类）大致沿经线（东西）延伸，按纬度（南北）逐渐变化的分布规律，主要受成土过程中水、热条件控制。例如在我国温带内陆地区，土壤从东至西呈现黑钙土—栗钙土—棕钙土—灰钙土—灰漠土—棕漠土—戈壁大沙漠的分布规律，体现了因距海洋远近而产生的大气湿度差异；在我国东部沿海地区，土壤从北至南呈现暗棕壤—棕壤—黄棕壤—红壤—赤红壤—砖红壤的分布规律，体现了因纬度不同产生的气温和降雨差异。

（2）垂直地带性。是指沿垂直方向随地势增高而产生的土壤演替规律，是山地生物气候条件变化的必然反应，如喜马拉雅山南侧土壤从山底到山顶呈现出黄色砖红壤—黄壤—黄棕壤—棕壤—暗棕壤—灰化暗棕壤—棕毡土—棕黑毡土—草毡土—寒冻土的垂直分布规律。

（3）区域分布特征。由于受局部地形、水文地质、母质、人类活动等地方性因素影响，存在与广域土壤规律不同的局部区域，表现出土壤分布的中域规律和微域规律。

3.1.3 土壤生态系统和土壤肥力

1. 土壤生态系统

生态系统是指在一定时间和空间内的生物和非生物成分之间，通过不断的物质循环和能量流动而形成了相互作用、相互依存的统一体。

以土壤为中心，由土壤与其环境条件组成的系统称为土壤系统。在一个地区的自然环境中，由植物、土壤动物和微生物、土壤中的非生物体构成的生态系统称为土

资源 3.2
喜马拉雅山南侧土壤分布示意图

生态系统。土壤生态系统具有土壤肥力、土壤净化能力和自动调节能力，为植物生长提供基本物质和能量。

2. 自然土壤与农业土壤

（1）自然土壤。自然条件下，未经人类开垦的土壤，称为自然土壤。自然土壤的土体构型一般可分为四个基本层次，即覆盖层、淋溶层、淀积层和母质层。

资源3.3
自然土壤
土体构型

（2）农业土壤。农业土壤是指在自然土壤的基础上，经人类生产活动形成的土壤。农业土壤是自然因素与人为因素共同作用的结果，其中人为因素占主导作用，包括耕作、施肥、灌溉、排水、改良等农业生产活动。由于自然因素和人类生产活动的作用，农业土壤形成了特有的剖面分布特征。

旱地土壤的土体构型主要包括耕作层、犁底层、心土层和底土层，如图3.2所示。其中耕作层（A）又称表土层或熟化层，是受生产活动影响最剧烈的层次；根系分布多，占总根量的50%以上；有机质含量高、疏松多孔，理化生物性状好。犁底层（P）位于耕地层之下，与耕作层分界明显，有机质含量显著降低。由于长期受农机具作用的影响，土层紧实，呈片状或层状结构。具有保水、保肥作用，但阻碍根系伸展和土体的通透性，影响耕作层与心土层间的物质和能量交换。心土层（B）位于犁底层以下，受上部土体压力，较为紧实，存在不同物质的沉积现象。由于受外界环境条件影响较弱，温度、湿度比较稳定，通透性较差，微生物活动弱，有少量作物根系分布，有机质含量低，物质转化和移动比较缓慢。底土层（G）位于心土层以下，一般距土表50~60cm，受外界气候、作物和耕作措施的影响很小，但受降雨、灌排的影响仍较大，也称为深土层。底土层的性状对土体水分的保蓄、通气状况、物质转运、土温变化都仍有一定程度的影响。

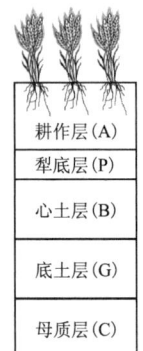

（a）旱地　　（b）水田

图3.2　农业土壤土体构型

水田土壤由于长期种植水稻，受水浸渍，经历频繁的水旱交替，形成了不同于旱地的土壤剖面形态和土体构型。水田的土体构型主要包括耕作层、犁底层、潴育层、潜育层等，如图3.2所示。其中耕作层（A）又称淹育层或水耕熟化层，直接受耕作、施肥、灌溉、排水等农业技术措施的影响，是水稻根系分布的主要土层；水稻田的犁底层（P）十分明显，较紧实，呈片状结构，有铁锰锈斑和胶膜，对水稻土保水、保肥有重要作用；潴育层（W）又称斑纹层，由灌溉水下渗或地下水上升引起物质淋溶、淀积而成，多为棱块结构，土体内常有铁锈、锈点，含有较多的黏粒、有机质、铁、锰与盐基等；潜育层（G）又称青泥层，是土壤长期渍水下形成的，此层中还原性物质聚积，不利于水稻生长。

3. 土壤肥力与生产力

（1）土壤肥力。土壤肥力是指土壤能够满足作物生长发育所需要的水、肥、气、热等要素的供给和协调能力，是土壤物理、化学、生物等性质的综合反映。

土壤肥力按形成过程分为自然肥力和人工肥力。自然肥力是由自然因素作用下形成的土壤所具有的肥力，如森林土壤、草原土壤等。自然肥力决定于成土过程中诸成土因素的相互作用，特别是生物作用。人工肥力是在耕作、施肥、灌溉、改土等人为因素作用下形成的土壤肥力。

土壤肥力按照功能可分为有效肥力和潜在肥力。有效肥力是指在当季生产中发挥出来并产生经济效果的那一部分肥力。潜在肥力是指受环境条件和科技水平限制不能被作物利用，但在一定生产条件下可转化为有效肥力的那部分肥力。潜在肥力与有效肥力之间没有截然界限，在一定环境条件下，可以相互转化。

有效肥力不仅标志着土壤肥沃程度，也反映了社会经济状况。自然土壤只具有自然肥力，农业土壤兼具自然肥力和人工肥力。

（2）土壤生产力。土壤生产力是指在特定的耕作管理情况下，土壤生产特定的某种（或一系列）作物的能力。

土壤生产力与土壤肥力不同，土壤肥力是指土壤本身属性，而生产力不仅取决于土壤肥力，而且取决于发挥肥力作用的外部条件。

3.2 土壤环境的物理性质

3.2.1 土壤物理组成

土壤是由固、液和气三相组成的疏松多孔体，如图3.3所示。一般土壤固相物质的体积约占50%，其中包括38%矿物质和12%有机质。液相体积占15%~35%，主要包括土壤水和溶于水的物质。气相体积占15%~35%，其中包括氧气、二氧化碳、氮气和其他气体。土壤液相与气相共同存在于固体颗粒间的孔隙中，形成一个互相联系、互相制约的统一体，为作物提供必要的生境条件，是土壤肥力的物质基础。

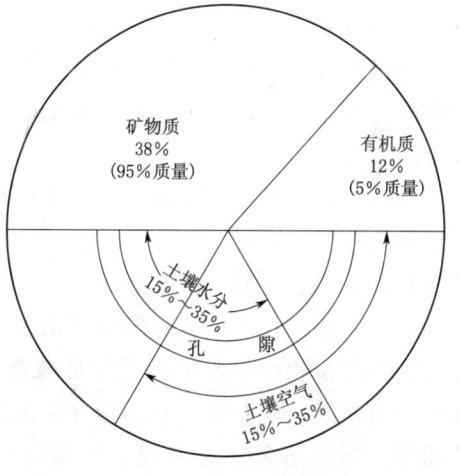

图3.3 土壤物质组成

1. 土壤矿物质

土壤矿物质一般占土壤固相部分质量的95%左右，是构成土壤"骨架"和植物养分的重要来源。土壤矿物质包括原生矿物和次生矿物以及一些分解彻底的简单无机化合物。

原生矿物是指地壳上最先存在的经风化作用后保留在土壤中的一些原始成岩矿物，如常见的石英、长石、云母、角闪石和辉石等。在原生矿物中，石英最难分解，常以较粗的颗粒保留在土壤中，构成土壤砂粒。黑云母、角闪石、辉石等则容易风化成为土壤黏粒。

次生矿物是指原生矿物经风化和成土作用，逐渐改变其形态、性质和成分而重新形成的一类矿物。如高岭石、蒙脱石、伊利石等铝硅酸盐矿物（次生黏土矿物），一般粒径小于 5μm，是土体中最活跃的部分。

土壤矿物几乎含有全部化学元素，主要包括氧（O）、硅（Si）、铝（Al）、铁（Fe）、钙（Ca）、镁（Mg）、钾（K）、钠（Na）、硫（S）、碳（C）等多种元素，约占矿物质总量的 99% 以上。化学组成中 SiO_2、Al_2O_3、Fe_2O_3、FeO、CaO、MgO 等含量较多，其中以 SiO_2 最多，Al_2O_3 次之，Fe_2O_3 再次之，三者之和常占化学组成总量的 75% 以上。

土壤中养分种类与含量常因矿物的化学组成、风化强度及气候条件差异而不同。如正长石、云母等是易风化的含钾丰富的矿物，磷灰石、橄榄石等是土壤中 P、Mg、Ca 等营养元素的来源。我国南方红壤地区土壤中以高岭石和铁铝氧化物为主，北方土壤中蒙脱石和伊利石含量较高。

2. 土壤有机质

广义的土壤有机质是指存在于土壤中所有含碳的有机物质，包括土壤中各种动植物残体、微生物分解和合成的有机化合物。狭义的土壤有机质一般是指有机残体经微生物作用后，形成的一类特殊的、复杂的、性质比较稳定的高分子有机化合物，即腐殖质。不同土壤中有机质的含量差异较大，高的有机质含量可达 20%（200g/kg）或 30% 以上（如泥炭土、一些森林土壤等），低的有机质含量不足 0.5%（如一些荒漠土和砂质土壤）。一般表层土壤有机质含量低于 5%。虽然土壤有机质占土壤质量的较小比例，但其在土壤肥力等方面发挥着非常重要的作用。土壤有机质是植物和微生物营养的重要来源，可促进植物和微生物的生理活动；可增强土壤保水保肥能力和缓冲性能，改善土壤物理、化学和生物性质；可减少农药、重金属等各种有机、无机污染物的毒性。此外，土壤有机质对全球碳平衡也发挥着重要作用，被认为是影响全球温室效应的主要因素。

资源 3.4 土壤有机质的作用

在微生物作用下，土壤有机质进行着复杂的转化过程，主要包括有机质矿化过程和腐殖化过程。通过矿化过程，土壤中有机物质被逐步分解为简单的无机化合物（如二氧化碳、氨、磷酸、硝酸盐等），并释放出矿物营养。土壤中有机质在进行矿化过程的同时，还进行土壤有机质腐殖化过程。土壤有机质腐殖化过程是指有机质分解产生的简单有机化合物及中间产物形成新的、更为复杂、较为稳定的高分子有机化合物——腐殖质，使有机质及其养分保蓄起来的过程。土壤有机质转化主要受有机质碳氮比（C/N）、土壤水分状况、土壤通气性、土壤温度和 pH 值等的影响。土壤有机质矿化和腐殖化过程相互联系不可分割，随着环境条件的变化而相互转化。合理调节土壤有机质的矿化与腐殖化过程，可以保障养分的不断积累和持续供应，有利于改善土壤理化性状，提高土壤肥力。

资源 3.5 土壤有机质的矿化过程和腐殖化过程

资源 3.6 土壤有机质转化的影响因素

由于有机质在土壤中的重要作用，人类采取多种措施对土壤有机质数量、状态及其转化过程进行调节。通常采用增施有机肥料、种植绿肥、秸秆还田、保留树木凋落物等措施，提高土壤有机质含量。采取农田灌溉、排水、晒地、翻耕、落干、覆膜种植、施加微生物肥料等方式，改变土壤水、肥、气、热状况，以及微生物数量和活力，调节有机质转化过程和强度。

3. 土壤溶液

土壤溶液是指土壤水分及其所含溶质的总称。土壤溶质是指土壤中可溶性物质，包括无机物质、有机物质、胶体物质。土壤溶液占土壤总体积的 20%～30%，含有 Na^+、K^+、Mg^{2+}、Ca^{2+}、Cl^-、NO_3^-、SO_4^{2-}、HCO_3^- 等无机离子和有机物。土壤溶液的组成和浓度受各种因素影响而不断变化，如灌溉、降雨、排水、施肥、生物活动等都会改变土壤水分和溶质含量及组成。

4. 土壤气体

非饱和土壤的部分孔隙充满气体，土壤气体主要来自大气，其次来自土壤生物化学过程。由于土壤中植物根系呼吸作用、微生物活动中有机物降解及合成时消耗 O_2 而释放 CO_2，使土壤中 CO_2 含量一般高于大气，而 O_2 含量则低于大气。土壤气体一般比大气含有较高水分，土壤含水量适宜时，相对湿度接近 100%。此外，在通气不良情况下，厌氧微生物产生少量还原性气体，如 CH_4、H_2S、H_2。

3.2.2 土壤颗粒与质地

自然界土壤是由大小不同的土粒，以不同比例组合而成的，这种不同粒级组合的相对比例，称为土壤机械组成。土壤质地是根据不同机械组成所产生的特性而划分的土类。在生产实践中，土壤质地常被作为认土、用土和改土的重要依据。

3.2.2.1 土壤颗粒

土壤固相由大小不同的单个颗粒组成，这些颗粒称为土壤颗粒，简称土粒。土壤颗粒按结合状态可分为单粒和复粒，单粒是在岩石矿物风化、母质搬运和土壤形成过程中生成的，包括各种矿物碎片、屑粒、胶粒以及有机残体碎屑。复粒是由各种单粒在物理、化学和生物作用下复合而成的，包括黏团、有机-矿质复合体和微团聚体。单粒和复粒可通过物理、化学、生物作用进一步黏结成大小、形状和性质不同的团聚体和结构体。

由于土壤中土粒的大小不同，所表现的理化性质差异性也较大。人们按土粒大小将土粒分为若干级别，每一个级别范围称为粒级，同一粒级的土壤颗粒具有相似的性质和组成。尽管土壤中可能含有一些直径较大的砾石，然而这些砾石并不是土壤。土壤定义为直径小于 2mm 或 5mm 的颗粒。图 3.4 所示为美国农业部（United States Department of Agriculture，USDA）、国际土壤科学学会（International Society of Soil Sciences，ISSS）等相关机构的土壤粒级分类标准。

（1）砂粒（sand）。砂粒是指直径为 50～2000μm（USDA 分类）或 20～2000μm（ISSS 分类）的颗粒。砂粒可再分为粗砂、中砂和细砂。砂粒通常由石英组成，也可能由长石、云母组成，有时也由重矿物如锆石、电气石和角闪石等组成。

（2）粉粒（silt）。粉粒是指粒径大小处于砂粒和黏粒之间的颗粒。在矿物学和物理学中，粉粒与砂粒性质相似。但由于粉粒较小并且有较大比表面积，因而其表面往往有较强的黏性，并在一定程度上表现有黏土的理化属性。

（3）黏粒（clay）。黏粒是指粒径小于 2μm 的颗粒，在形状上表现为片状或针状。一般由次生矿物（如铝硅酸盐）组成，在某些情况下黏粒可能包括相当数量的不属于铝硅酸盐类矿物的细颗粒，例如氧化铁、碳酸钙等。由于黏粒有较大的比表面积和物

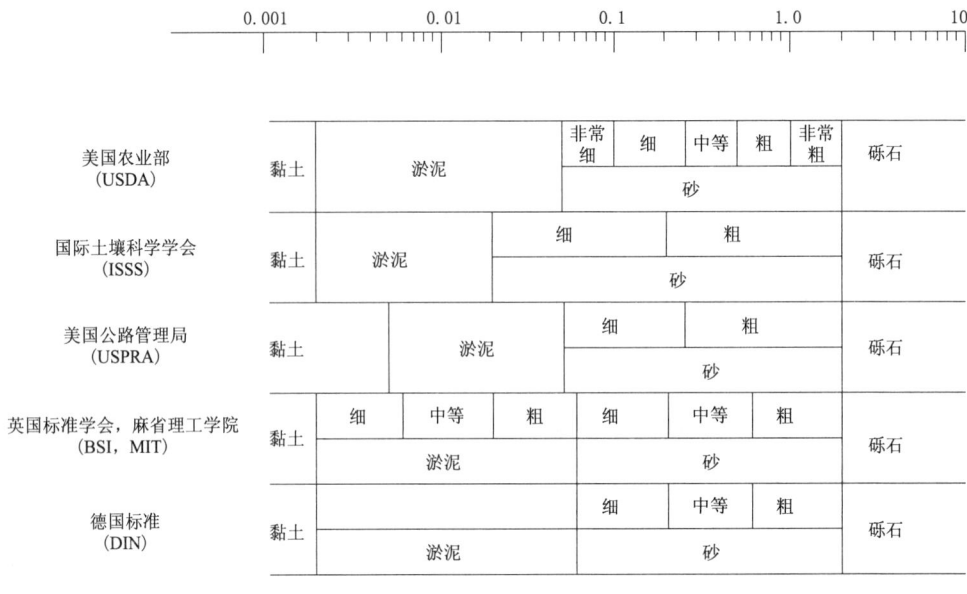

图 3.4 土壤粒级分类标准

理化学活性,所以黏粒对土壤的物理和化学性质起到了决定性作用,对土壤行为的影响也极为显著。

将粒径小于 0.01mm 的颗粒称为物理性黏粒,粒径大于 0.01mm 的颗粒称为物理性砂粒。土壤的物理特性如可塑性、膨胀性、吸湿性、渗透性及最大分子持水量等均与小于 0.01mm 的黏粒存在密切关系。

3.2.2.2 土壤质地

土壤中各种粒级的相对含量称为土壤机械组成。按照土壤机械组成对土壤所作的分类称为土壤质地分类,一般分为砂土、壤土和黏土三大类。质地是土壤自然属性,反映土壤母质来源及相关成土过程特征,被广泛用于表征土壤的物理性质。

目前常用的土壤质地分类方法包括美国农业部分类标准、国际分类方法和卡庆斯基分类法等。

以 USDA 土壤粒级分类标准为例,对土壤质地分类进行说明。以等边三角形的三个边分别表示砂粒、粉粒、黏粒含量,如图 3.5 所示。根据土壤中砂粒、粉粒、黏粒含量,在图中查出其点位再分别对应其底边作平行线,三条平行线的交点即为该土壤质地。

资源 3.7
美国 USDA
标准对土壤
质地分类

【例 3.1】 利用 USDA 土壤粒级分类标准(图 3.4)以及土壤粒径分布三角形(图 3.5),对 4 种土壤进行质地分类:①砂粒含量为 40%,粉粒含量为 45%,黏粒含量为 15%;②砂粒含量为 25%,粉粒含量为 60%,黏粒含量 15%;③砂粒含量为 20%,粉粒含量为 30%,黏粒含量为 50%;④砂粒含量为 60%,粉粒含量为 30%,黏粒含量为 10%。

【解】 以①为例,土壤由 40%砂粒、45%粉粒、15%黏粒组成。首先在三角形的左边线上确定砂粒含量40%的点,并从这一点斜向右下做平行于砂粒含量0%(也就是三角形的右边线)的平行线。然后,确定粉粒含量为45%线,同样画平行于粉粒含量0%(也就是三角形的左边线)的平行线,这两条线相交于一点,该点在对应于黏粒含量15%线上。这个点在壤土界限内,故①为壤土。同理,②为粉质壤土,③为黏土,④为砂质壤土。

土壤质地是影响土壤水、肥、气、热等土壤肥力的重要因素,不同质地土壤具有独特的肥力特征。

(1) 砂土。土壤骨架松散,砂粒含量高而黏粒含量少,颗粒间孔隙大,水分易运动,但保水能力差,抗旱能力弱。养分含量低,保肥性能差,易漏水漏肥。热容量低,昼夜温差大。通气性好,好氧微生物活动强烈,有机质难积累,矿化速率高,本底肥力低。

(2) 黏土。土壤骨架紧实,黏粒含量高而砂粒含量少,小孔隙数量多,大孔隙数量相对少,水分运动慢,排水较困难。有机质含量高,矿质养分丰富,阳离子吸附能力强,保肥性能好。蓄水量多,热容量大,昼夜温差小。通气条件差,好氧微生物活性低,有机质分解慢。

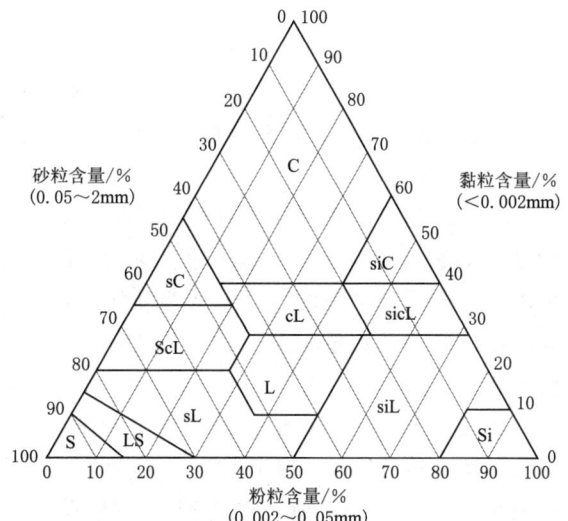

图3.5 土壤粒径分布三角形(USDA)
C—黏土(clay);sC—砂质黏土(sandy clay);
ScL—砂质黏壤土(sandy clay loam);
sL—砂质壤土(sandy loam);LS—壤质砂土
(loamy sand);S—砂土(sand);
cL—黏质壤土(clay loam);L—壤土(loam);
siC—粉质黏土(silty clay);sicL—粉质黏壤土
(silty clay loam);siL—粉质壤土(silt loam);
Si—粉土(silt)

(3) 壤土。具有砂土和黏土的优点,保水保肥和供水供肥能力协调,是较为理想的土壤,适宜耕作。

3.2.2.3 土壤密度、容重和孔隙度

(1) 土壤密度(soil density)。土壤密度是指单位体积土壤固体颗粒(不含孔隙)的质量,单位为g/cm^3。土壤密度与土壤矿物质种类、数量和有机质含量等有关,一般土壤密度约为$2.65g/cm^3$($2.60\sim2.75g/cm^3$)。

(2) 土壤容重(bulk density)。土壤容重是指单位体积土壤(含孔隙)的烘干重量,与土壤矿物质、有机质含量和孔隙状况有关,一般矿质土壤的容重为$1.00\sim1.65g/cm^3$。

(3) 土壤孔隙度(porosity)。土壤孔隙度是指单位体积土壤中孔隙体积所占的百分率。总孔隙度既可直接测定,也可以计算获得,总孔隙度=(1-容重/密度)×100%。

【例 3.2】 证明孔隙度（f）、土壤容重（ρ_b）及土壤密度（ρ_s）存在如下关系：
$$f=(\rho_s-\rho_b)/\rho_s=1-\rho_b/\rho_s$$

【证】 分别将 f、ρ_b、ρ_s 的定义代入式中，有 $V_f/V_t=1-(M_s/V_t)/(M_s/V_s)$。其中，$V_f$ 为土壤孔隙体积，V_t 为土壤总体积，V_s 为土壤颗粒体积，M_s 为土壤质量。

简化方程右边得
$$V_f/V_t=1-V_s/V_t=(V_t-V_s)/V_t$$

由于 $V_t-V_s=V_f$，故 $V_f/V_t=V_f/V_t$，因此
$$f=(\rho_s-\rho_b)/\rho_s=1-\rho_b/\rho_s$$

3.2.3 土壤结构性与土壤孔隙性

3.2.3.1 土壤结构

土壤结构是指土壤颗粒的排列组合形式，而土壤结构体是指土壤颗粒的排列状况以及复合团聚成大小、形状不同的土块和土团。土壤中的矿物质颗粒与无机胶体、有机胶体通过一系列物理的、化学的相互作用形成了大小不同、形状各异的团聚体。将结构体在土壤中的数量、大小、形状及其排列状况及孔隙状况等综合特性统称为土壤结构性。

土壤结构与土壤矿物组成、有机质含量、土壤胶体及其吸附的阳离子种类有关，良好的土壤结构有助于土壤中水分、养分、热与空气的自动调节，能提供植物机械支持和根系生长的良好环境，也能较大程度地满足植物对水分、养分、热量和空气的要求。

资源 3.8
土壤结构类型
示意图

1. 土壤结构类型

按照结构体的大小、形状或者根据结构体三轴发育状况将土壤结构体分为四类：片状结构、柱状结构、块状结构和团粒结构。

（1）片状结构。片状结构体的水平轴发育显著超过纵轴，结构体呈扁平状，其厚度为 1～5mm，常见于森林土壤的灰化层（亚表层）、耕地土壤的犁底层以及降雨后或灌溉后的地表结壳。结构体厚度小于 1mm 的称为鳞片状结构，常见于耕作土壤的犁底层和雨后地表结壳。

（2）柱状结构。柱状结构形成时纵轴发育大于水平轴，在土体中直立，常见于北方干旱、半干旱地区富含粉砂或黏重质地、干湿交替明显的心、底土中，以碱土、碱化土中的碱化层最为典型。

（3）块状结构。在结构体形成时纵轴与水平轴同时发育，边面不明显，结构体内部紧实。常见于有机质含量低的瘠薄而黏重的土壤中，土壤过干或过湿时耕作时也易形成块状结构。

（4）团粒结构。是指在土壤有机质丰富的自然土壤和耕作层中形成的近似球形的疏松多孔的小土团。颗粒直径在 0.25～10mm 之间，尤其是粒径 2～3mm 的团粒为农业生产理想的团粒。粒径小于 0.25mm 的称为微团粒结构，是组成团粒的基础。团粒结构是在腐殖质或其他有机胶体参与下发生了多级团聚过程，经历了单粒—复粒（初级微团聚体）—微团粒（二级、三级微团聚体）—团粒（大团聚体）的形成过程。每一级复合和团聚产生相应大小的一级孔隙，团粒具有多级孔性，总孔隙度大，

大小孔隙兼备。

2. 团粒结构对土壤肥力的作用

团粒结构具有良好的保存、调节和供应水分和养分的能力,如在团粒结构中,团粒间的大孔隙与空气接触,好氧微生物活性较强,有机质矿化速率快,有效养分供给多。团粒内部小孔隙多,通气不良,利于有机质的累积和储存。

(1) 团粒结构对孔隙协调作用。团粒具有多级孔隙,在各级(复粒、微团粒、团粒)结构体之间形成了大小不同的孔隙通道,可满足蓄水(毛管孔隙)、透水、通气(非毛管孔隙)要求。团粒结构增大,总孔隙度和非毛管孔隙度也同样增加,对土壤水分的调蓄能力随之增强。

(2) 团粒结构改善了气水传输和调蓄条件。在团粒结构中,团粒与团粒之间形成了通气孔隙,可以透水通气;同时在团粒内部又有大量毛管孔隙,可以保存水分。土壤中的毛管水运动较快,可以不断供应植物根系吸收的需要。

(3) 团粒结构协调土壤的保肥与供肥能力。在团粒结构中微生物活性强,可供应的土壤养分多且有效养分供应能力高,有效协调了土壤养分的保存与供应间关系。

(4) 具有团粒结构的土壤宜于耕作。由于团粒之间接触面较小,黏结性较弱,因而耕作阻力小,宜耕时间长。

(5) 团粒结构土壤具有良好的耕层构造。含有大量团粒结构的旱地土壤,具有良好的耕层构造。对于肥沃的水田土壤,如耕层有一定数量的水稳性微团粒,在一定程度上可以解决水、气并存的矛盾。

3. 土壤结构评价

土壤结构评价一般包括形态、团聚体数量、土壤孔隙性和稳定性评价等。

土壤结构的形态评价包括观察团聚体的大小、形状、表面粗糙度以及根系穿插等情况。良好的结构体,团聚体外形圆润,棱角小,表面粗糙度大,有较多裂痕,直径在 0.5~3mm。

常用的土壤团聚体评价指标包括土壤团聚体的平均重量直径 MWD(mm)、几何平均直径 GMD(mm) 和大于 0.25mm 团聚体质量比 $R_{0.25}$。MWD、GMD 和 $R_{0.25}$ 计算公式分别为

$$MWD = \sum_{i=1}^{n} \overline{X}_i w_i \tag{3.1}$$

$$GMD = \exp\left(\sum_{i=1}^{n} m_i \frac{\sum_{i=1}^{n} m_i \ln \overline{X}_i}{\sum_{i=1}^{n} m_i}\right) \tag{3.2}$$

$$R_{0.25} = \frac{M_{T>0.25}}{M_T} \tag{3.3}$$

式中:$\overline{X}_i$ 为 i 粒级团聚体平均的直径,mm;w_i 为 i 粒级团聚体所占的质量比,%;m_i 为 i 粒级团聚体的质量,g;$M_{T>0.25}$ 为粒径大于 0.25mm 团聚体的质量,g;M_T 为团聚体总质量,g。大于 0.25mm 水稳性团聚体数量大于 70% 时可以认为土壤结构

性较好。

通常利用总孔隙度和土壤中大小孔隙的比例等指标评价土壤结构性和孔隙性。结构性理想的土壤耕作层总孔隙度应为50%～56%，其中通气孔隙度应大于8%～10%，理想通气孔隙度达到15%～20%。

机械稳定性、水稳定性和生物稳定性等指标用于评价土壤结构稳定性。机械稳定性是指抵抗因机械耕作而破坏的能力，水稳定性是指抵抗因雨滴冲击和水分散而破坏的能力，生物稳定性是指抵抗因生物分解而破坏的能力。团粒结构具有良好的机械稳定性、水稳定性和生物稳定性。

4. 土壤结构改良

为了营造良好的土壤结构，通常可采取如下措施改善土壤结构：

（1）合理耕作是创造适宜农作物生长的土壤结构的重要措施之一，包括在宜耕期内耕作、留茬覆盖、少耕或免耕。

（2）进行合理作物轮作，特别引入豆科作物或牧草进行轮作，可增加土壤腐殖质和氮的含量，有利于土壤结构的改善。

（3）施用有机肥增加土壤中的有机质含量，促进土壤团聚作用，改良土壤结构。

（4）合理的土壤水分管理可以促进团粒结构形成和减少土壤结构体的破坏。水田采用水旱轮作、减少土壤的淹水时间能明显改善水稻土的结构状况。

（5）酸性土壤合理施用石灰和碱性土壤施用石膏，可有效增加土壤Ca^{2+}含量，促进土壤良好结构体的形成。

（6）施加人工结构改良剂，特别是腐殖质和多糖等物质，可有效改善土壤结构。土壤结构改良剂是用于促进土壤团粒形成、改良土壤结构的高分子化合物的总称，包括矿物、腐殖质和人工合成剂等类型的制剂，有人工合成的高分子聚合物制剂、自然有机制剂和自然无机制剂。

（7）利用磁化和去电子水进行灌溉，可以改善土壤团粒结构组成比例，培育保水保肥与透水透气能力协同的土壤结构。

3.2.3.2 土壤孔隙性

土壤孔隙性是土壤固体颗粒间所形成的不同形状和大小的孔隙数量、比例及分布状况的总称。土壤孔隙性取决于土壤三相物质组成的协调程度，可根据土壤孔隙的大小和性质，将土壤孔隙分为三级。

（1）无效孔隙：也称非活性孔隙，孔隙直径小于0.002mm，常被束缚水充满。由于水分被土粒牢固吸持，不能自由移动，作物无法吸收利用。

（2）毛管孔隙：孔径为0.002～0.06mm的孔隙，水分可借助毛管力作用而保持、储存和运动，容易被作物吸收利用。

（3）通气孔隙：孔径大于0.06mm的孔隙，常被空气占据，通气和透水性强，不具有毛管作用，故也称为非毛管孔隙。

实践证明，一般适宜的土壤孔隙度为50%左右，通气孔隙在10%以上，通气孔隙与毛管孔隙之比以1:1或1:2为宜。

土壤孔隙分布与土壤颗粒组成以及土壤容重密切相关，可以利用土壤颗粒组成和容重确定孔隙的分布，为营造适宜作物生长的土壤孔隙分布提供理论依据。

3.3 土壤环境的化学性质

资源3.9 土壤颗粒组成与土壤孔隙分布间关系

在自然因素和人类活动作用下，土壤中发生一系列化学反应，改变了土壤中化学物质形态和数量。特别是农业生产活动，如种植、灌溉、排水和施肥，改变了土壤中物质的类型、状态和数量，进而影响土壤环境的化学性质。

3.3.1 土壤酸碱反应

土壤酸碱反应是指土壤溶液呈酸性、中性和碱性的程度，反映土壤溶液 H^+ 浓度和 OH^- 浓度比例，决定于土壤胶体上致酸离子（H^+ 或 Al^{3+}）或碱性离子（Na^+）的数量及土壤中酸性盐和碱性盐类的数量。一般土壤胶体上吸收性 H^+ 或 Al^{3+} 是土壤酸性的根源，碳酸钙是维持中性至弱碱性反应的物质基础，碳酸钠是土壤表现碱性与强碱性反应的主要原因。

土壤酸碱性与土壤盐基状况有关，由母质、生物、气候以及人为作用等多种因子控制。常用 pH 值表示土壤酸碱性，我国土壤 pH 值一般为 4～9，呈现南酸北碱的趋势。在地理分布上由南向北 pH 值逐渐增加，长江以南的土壤为酸性和强酸性，长江以北的土壤多为中性或碱性，少数为强碱性。我国土壤的酸碱度一般分为五级，见表 3.1。

表 3.1　　　　　　　　　　我国土壤酸碱度分级

土壤 pH 值范围	土壤酸碱性	土壤 pH 值范围	土壤酸碱性
<5.0	强酸性	7.5～8.5	碱性
5.0～6.5	酸性	>8.5	强碱性
6.5～7.5	中性		

3.3.1.1 土壤酸性来源与类型

1. 土壤酸性来源

土壤酸性不仅与溶液中 H^+、Al^{3+} 浓度相关，也与土壤胶体上吸附的致酸离子（H^+ 或 Al^{3+}）密切相关。

在高温高湿地区，降雨量大于蒸发量，土壤及其母质淋溶作用强烈，土壤溶液中盐基离子易随水下移，使 H^+ 取代金属离子被土壤胶体吸附，土壤盐基饱和度下降，氢饱和度增加，引起土壤酸化。此外，土壤溶液中 H^+ 也来源于弱酸强碱盐的水解和土壤胶体吸附的 H^+ 的解吸；土壤中有机物的分解和植物根系、微生物的呼吸作用，产生大量二氧化碳，溶于水形成碳酸，解离出的氢离子；土壤有机质分解时产生的各种有机酸（如乙酸等）都可以解离出氢离子；将硫酸铵、氯化铵等生理酸性肥料施入土壤，阳离子被植物吸收，酸根离子进入土壤溶液，使土壤酸化；酸性污水灌溉、酸雨等也增加土壤酸性。

当土壤铝硅酸盐黏土矿物表面吸附的 H^+ 超过一定范围，胶体晶体结构遭到破坏，铝氧八面体解体，产生活性 Al^{3+}，被吸附在黏土颗粒表面形成交换性 Al^{3+}。

2. 土壤酸性类型

一般依其存在方式将土壤酸度分为活性酸度和潜在酸度。活性酸度是指由土壤溶液中氢离子所引起的酸度，常用 pH 值表示。潜在酸度是指土壤胶体上吸附的 H^+ 或 Al^{3+} 所造成的酸性，只有其进入溶液后才会显示出酸性，常用 100g 烘干土中氢离子的毫摩尔数表示，潜在酸包括交换性酸和水解性酸。

（1）交换性酸：用过量中性盐（氯化钾、氯化钠等）溶液，与土壤胶粒发生交换作用，土壤胶粒表面的氢离子或铝离子被浸提剂的阳离子所交换，使溶液的酸性增加，表示为

$$\boxed{土壤胶粒} - H^+ + KCl \Longleftrightarrow \boxed{土壤胶粒} - K^+ + HCl \tag{3.4}$$

$$\boxed{土壤胶粒} - Al^{3+} + 3KCl \Longleftrightarrow \boxed{土壤胶粒} - 3K^+ + AlCl_3 \tag{3.5}$$

（2）水解性酸：用过量强碱弱酸盐（CH_3COONa）浸提土壤，胶粒上氢离子或铝离子释放到溶液中所表现出来的酸性。如 CH_3COONa 水解产生 $NaOH$，Na^+ 可以把绝大部分的代换性氢离子和铝离子代换下来，形成乙酸，表示为

$$CH_3COONa + H_2O \Longleftrightarrow CH_3COOH + NaOH \tag{3.6}$$

$$\boxed{土壤胶粒} - Al^{3+} + 3CH_3COONa + 3H_2O \Longleftrightarrow \boxed{土壤胶粒} - 3Na^+ + 3CH_3COOH + Al(OH)_3 \tag{3.7}$$

$$\boxed{土壤胶粒} - H^+ + NaOH \Longleftrightarrow \boxed{土壤胶粒} - Na^+ + H_2O \tag{3.8}$$

活性酸度和潜在酸度总和称为土壤总酸度，土壤活性酸和潜在酸属于一个平衡系统中的两种酸，它们能相互转化。活性酸是土壤酸度的起源，代表土壤酸度的强度。潜在酸是土壤酸度的主体，代表土壤酸度的容量。

3.3.1.2 土壤碱性来源和表示方法

1. 土壤碱性来源

土壤中的碱性物质主要是钙、镁、钠的碳酸盐和重碳酸盐，以及胶体表面吸附的交换性钠，碱性反应主要是碱性物质的水解。

（1）碳酸钙水解。在石灰性土壤中，碳酸钙通过水解作用产生 OH^-，反应式表示为

$$CaCO_3 + H_2O \Longleftrightarrow Ca^{2+} + HCO_3^- + OH^- \tag{3.9}$$

（2）碳酸钠水解。碳酸钠在水中发生碱性水解，使土壤呈强碱性反应。土壤中碳酸钠的主要来源包括以下三个方面：

土壤矿物中的钠在碳酸作用下形成碳酸氢钠，碳酸氢钠失去一半的 CO_2 形成碳酸钠，反应式表示为

$$2NaHCO_3 \longrightarrow Na_2CO_3 + H_2O + CO_2 \tag{3.10}$$

土壤矿物风化过程中形成的硅酸钠与含碳酸的水作用，生成碳酸钠和 SiO_2，反应式表示为

$$Na_2SiO_3 + H_2CO_3 \longrightarrow Na_2CO_3 + SiO_2 + H_2O \tag{3.11}$$

盐渍土水溶性钠盐（如氯化钠、硫酸钠）与碳酸钙共存时，可形成碳酸钠，反应

式表示为

$$CaCO_3 + 2NaCl \rightleftharpoons CaCl_2 + Na_2CO_3 \quad (3.12)$$

$$CaCO_3 + Na_2SO_4 \rightleftharpoons CaSO_4 + Na_2CO_3 \quad (3.13)$$

（3）交换性钠的水解。碱化土的重要特征表现为交换性钠水解呈现的强碱性反应，碱化土形成的条件包括如下两个方面：

有足够数量的 Na^+ 与土壤胶粒吸附的 Ca^{2+}、Mg^{2+} 进行交换，在土壤胶体上形成交换性钠，反应式表示为

$$Ca^{2+} - \boxed{土壤胶粒} - Mg^{2+} + 2Na^+ \longrightarrow \boxed{土壤胶粒} - 2Na^+ + Ca^{2+} + Mg^{2+} \quad (3.14)$$

土壤胶体上的交换性钠水解并产生苏打盐类，交换水解产生 NaOH，使土壤呈碱性反应，反应式表示为

$$\boxed{土壤胶粒} - xNa^+ + yH_2O \rightleftharpoons (x-y)Na^+ - \boxed{土壤胶粒} - yH^+ + yNaOH \quad (3.15)$$

由于土壤不断产生 CO_2，水解所产生的 NaOH 实际上以 Na_2CO_3 或 $NaHCO_3$ 形态存在，反应式表示为

$$2NaOH + H_2CO_3 \rightleftharpoons Na_2CO_3 + 2H_2O \quad (3.16)$$

$$NaOH + CO_2 \rightleftharpoons NaHCO_3 \quad (3.17)$$

2. 土壤碱性表示方法

土壤碱性的高低用 pH 值表示外，通常还利用总碱度和碱化度表示。

（1）总碱度。总碱度是指土壤溶液中 CO_3^{2-} 和 HCO_3^- 总和，单位为 cmol/L，表示为

$$总碱度 = [CO_3^{2-}] + [HCO_3^-] \quad (3.18)$$

（2）碱化度（Na^+ 饱和度，ESP）。碱化度是指土壤胶体吸附的交换性钠离子占阳离子交换量的百分数，表示为

$$碱化度(\%) = (交换性钠/阳离子交换量) \times 100\% \quad (3.19)$$

土壤碱化度常被用作碱土分类的依据，一般认为碱化度小于 5% 为非碱化土壤，5%～10% 为轻度碱化土壤，10%～15% 为中度碱化土壤，15%～20% 为强碱化土壤，大于 20% 为碱土。

3.3.1.3 土壤的酸碱性与作物生长

土壤酸碱性对土壤结构性、土壤养分有效性、微生物活动及作物生长等均有明显的影响，各种养分有效性与 pH 值有关，而且微生物和作物有其各自最适宜的 pH 值范围。在酸性条件下，土壤中氢离子和铝离子易置换钙离子，破坏团粒结构；在碱性土壤中，钠离子含量高，破坏团粒结构，导致土壤透水透气性降低。

有些植物可在较宽的 pH 值范围内正常生长，大多数植物在 pH 值大于 9.0 或小于 2.5 的情况下难以生长。植物有其适宜的土壤酸碱度，表 3.2 列出了适应于酸、碱土壤下的典型植物，表 3.3 列出了主要栽培作物适宜的 pH 值范围。

表 3.2　　　　　　　　　　典型适应酸碱性的植物

类型	典型植物
适应于酸性土壤的植物	杜鹃属、越橘属、茶花属、杉木、松树、橡胶树、帚石南等
适应于碱性土壤的植物	柽柳、沙枣、枸杞等

表 3.3　　　　　　　　　主要栽培作物适宜的 pH 值范围

作物	最适 pH 值范围	作物	最适 pH 值范围
萝卜	7.0～7.5	黄瓜	5.5～7.6
南瓜	6.5～7.5	冬瓜	5.5～7.6
芹菜	6.0～7.6	茄子	6.8～7.3
葱	7.0～7.4	魔芋	6.5～7.5
棉花	6.5～8.0	水稻	6.0～7.5
大麦	6.8～7.5	山药	6.5～7.5
葡萄	6.0～7.5	苹果	7.0～7.5
桃	6.0～8.0	杏	6.5～8.0
小麦	5.5～7.5	玉米	5.5～7.5
向日葵	6.0～8.0	甜菜	6.0～8.0
紫花苜蓿	7.0～8.0	豌豆	6.0～8.0
梨	6.0～8.0	洋槐	6.0～8.0
白杨	6.0～8.0	桑	6.0～8.0
泡桐	6.0～8.0	油桐	6.0～8.0

3.3.1.4　土壤缓冲性能

在自然条件下，土壤 pH 值不因土壤酸碱条件改变而发生剧烈的变化，并能保持在一定的范围内，这种抵抗酸碱度变化的能力称为土壤的缓冲性。

土壤缓冲性产生机制可以概括为四个方面，包括土壤胶粒上的交换性阳离子、土壤溶液中的弱酸及其盐类的存在、土壤中两性物质的存在、酸性土壤中铝离子的缓冲作用。

3.3.1.5　土壤酸碱性调节

在自然条件下，使土壤 pH 值不因外界条件改变而剧烈变化，形成有利于营养元素平衡供应，维持适宜的植物生活环境，通常称为土壤酸碱性调节。

1. 酸性土壤调节

通常采用施加石灰粉调节土壤酸性，具体调节机制如下：

$$\boxed{土壤胶粒}-2H^+ + Ca(OH)_2 \rightleftharpoons \boxed{土壤胶粒}-Ca^{2+} + 2H_2O \quad (3.20)$$

$$\boxed{土壤胶粒}-2Al^{3+} + 3Ca(OH)_2 \rightleftharpoons \boxed{土壤胶粒}-3Ca^{2+} + 2Al(OH)_3\downarrow \quad (3.21)$$

石灰需要量可通过交换性酸量或水解性酸量进行大致估算，也可以根据土壤阳离子交换量及盐基饱和度、土壤潜性酸量进行估算。依据阳离子交换量和盐基饱和度的

资源 3.10
土壤缓冲性
产生机制

计算公式为

$$石灰需要量(kg/hm^2) = 土壤体积 \times 容重 \times 阳离子交换量 \times (1 - 盐基饱和度) \tag{3.22}$$

2. 碱性土壤调节

通常采用施加石膏、含硫酸化合物、有机肥等方式调节土壤碱性。施用石膏方法作用原理是通过离子代换作用把土壤中有害的钠离子代换出来，灌水使之淋洗。具体调节机制如下：

$$\boxed{土壤胶粒} - 2Na^+ + CaSO_4 \rightleftharpoons \boxed{土壤胶粒} - Ca^{2+} + Na_2SO_4 \tag{3.23}$$

$$Na_2CO_3 + CaSO_4 \rightleftharpoons Na_2SO_4 + CaCO_3 \downarrow \tag{3.24}$$

对于重度碱化土壤，除施用石膏外，还可施用其他的化学物质，如硫黄（经土壤中硫细菌的作用氧化生成硫酸）和明矾（硫酸铝钾）、磷石膏、亚硫酸钙、硫酸亚铁、工业废料等降低土壤碱性。

3.3.2 土壤吸收性能与土壤离子交换吸收

土壤能以各种方式对进入土壤溶液中的分子、离子、悬浮的颗粒、气体和微生物等进行吸收、交换或保存。由于具有较强的吸收性能，土壤不仅能持续不断为作物提供养分，同时也可以消除有害物质，维持土壤可持续利用。

3.3.2.1 土壤吸收能力

土壤吸收能力是指土壤能够吸收和保持土壤溶液中的分子和离子、悬液中的悬浮颗粒、气体及微生物的能力，包括机械性吸收、物理性吸收、化学性吸收、物理化学性吸收、生物性吸收。

（1）机械性吸收。机械性吸收是指土壤对物体的阻留性能。如施有机肥时，其中大小不等的颗粒均可被保留在土壤中。当利用污水、洪淤灌溉时，其土粒及其他不溶物也可因机械吸收性而被保留在土壤中。机械吸收性主要决定于土壤结构和孔隙状况。

（2）物理性吸收。物理性吸收是指土壤对分子态物质的保持能力，表现在某些养分聚集在胶体表面，其浓度比在溶液中更大。

（3）化学性吸收。化学性吸收是指易溶性盐在土壤中转变为难溶性盐而沉淀保存在土壤中的过程，这种吸收作用是以化学作用为基础的。

（4）物理化学性吸收。物理化学性吸收是指土壤对可溶性物质中离子态养分的保持能力。由于土壤胶体带有正电荷或负电荷，能吸附溶液中带异号电荷的离子，被吸附的离子又可与土壤溶液中的同号电荷离子交换而达到动态平衡。这一作用是以物理吸附为基础，又呈现化学反应相似的特性，通常也称为土壤离子交换吸收。

（5）生物性吸收。生物性吸收是指土壤中植物根系和微生物对营养物质的吸收性能。这种吸收作用具有选择性，并且具有累积和集中养分的作用。

3.3.2.2 土壤交换吸附性能

土壤含有带电胶体物质，与土壤中化学物质发生物理化学吸附作用，影响土壤化学物质状态、功能等。

1. 土壤胶体

胶体是指一种或多种物质以极细（颗粒直径一般在 1~100nm 范围内）的分割状态分散在另一种物质中的两相或多相体系。土壤胶体是指土壤中 1~100nm 的微细土粒（即胶粒）分散在微粒间溶液（土壤溶液）所组成的体系。

土壤胶体由胶核和双电子层组成，具体构造如图 3.6 所示。中间的胶体微粒核（胶核）由无机物、有机物或有机无机复合体组成，外部由决定电位离子层（吸附层）和补偿离子层（扩散层及非活性离子补偿层）组成，决定电位离子层和补偿离子层合称为双电子层。

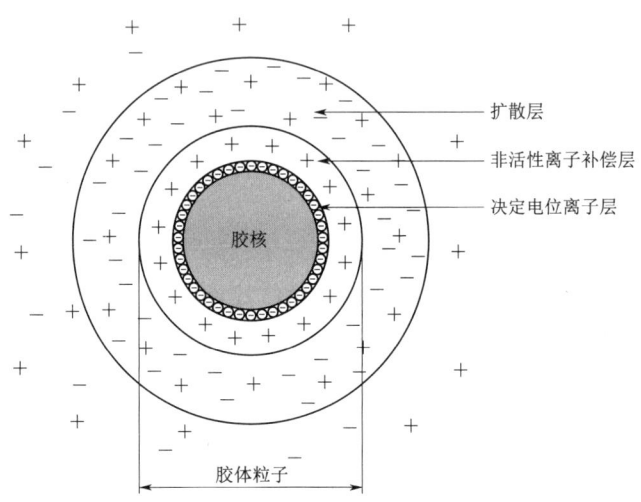

图 3.6 土壤胶体结构

2. 土壤胶体类型

土壤胶体分为有机胶体、无机胶体以及有机无机复合胶体，见表 3.4。

表 3.4 胶体的类型和尺度范围

胶体	典型物质	尺度范围/m
有机胶体	大分子类（腐殖质、多糖、蛋白质）	$10^{-5} \sim 10^{-8}$
	氨基酸、肽、富里酸、腐殖酸	$10^{-8} \sim 10^{-10}$
无机胶体	铝硅酸盐、碳酸盐、磷酸盐	$10^{-4} \sim 10^{-8}$
	金属氧化物/羟基（氢氧化铁、氧化锰）、金属硫化物	$10^{-5} \sim 10^{-9}$
	硅酸盐聚合物、人造纳米颗粒	$10^{-4} \sim 10^{-9}$
有机无机复合胶体	细胞碎片、病毒、细菌、藻类	$10^{-4} \sim 10^{-8}$

有机胶体由高分子有机化合物组成，主要包括土壤腐殖质（胡敏酸、富里酸、胡敏素等），含有羧基、羟基、醌基、醛基、甲氧基和氨基等多种功能团。有机胶体具有高度亲水性，带有负电荷，阳离子交换量大，保肥性强，但不稳定（因受微生物作用而分解）。

无机胶体主要是土壤中极微小的黏粒部分，包括成分简单的非晶质次生含水氧化铁（如 $Fe_2O_3 \cdot 3H_2O$）、含水氧化铝（如水铝石 $Al_2O_3 \cdot H_2O$）、含水氧化硅（如 $SiO_2 \cdot H_2O$）及次生硅铝酸盐等黏土矿物（如高岭石、蒙脱石及伊利石）。

土壤中无机胶体和有机胶体很少独立存在，大多相互结合成有机无机复合胶体。有机胶体以薄膜状紧密盖覆于黏土矿物表面，通过阳离子与—COOH、—OH 等官能团结合形成复合体。

3. 土壤胶体性质

土壤胶体是土壤中物理化学性质最活泼的部分，尽管胶体物质在多数土壤中含量较少，但土壤的保肥供肥性、酸碱性、缓冲性能以及土壤的结构性和物理机械性能等都与土壤胶体密切相关，主要由于土壤胶体具有以下方面的重要特性。

（1）巨大的比表面积和表面能。比表面积指单位重量或单位体积物体的总表面积（cm^2/g 或 cm^2/cm^3）。粗砂粒和细黏粒总表面积相差达 1000 倍，土壤中很多黏土矿物的粒径小于 0.1mm，其总表面积相差可达到 10000 倍以上。一般土壤中有机质含量高，2∶1 型黏粒矿物多，则比表面积较大，如黑土；如果有机质含量低，1∶1 型黏粒矿物较多，则其表面积就较小，如红壤、砖红壤。

土壤胶体物质由于颗粒细小，具有巨大的比表面积和表面能以及阳离子交换量（表 3.5），能吸附大量的水分子、养分和其他分子态物质，甚至一些微生物。

表 3.5 土壤中常见胶体矿物的比表面积和阳离子交换量

胶体的组成	内表面面积 /(m^2/g)	外表面面积 /(m^2/g)	比表面积 /(m^2/g)	阳离子交换量 /(mmol/100g)
蒙脱石	700~750	15~150	700~850	80~120
海泡石	>80	>70	>150	20~45
蛭石	400~750	1~50	400~800	100~150
水云母	0~5	90~150	90~150	10~40
高岭石		5~40	5~40	3~15
伊利石	—	—	65~180	10~40
埃洛石	0	10~45	10~45	40~50

（2）带电性。在土壤环境中，各类土壤胶体都带有一定种类和数量的电荷。土壤电荷按电性可分为正电荷和负电荷，按电荷产生的机制可分为永久电荷和可变电荷。永久电荷是指土壤黏土矿物形成过程中矿物晶格发生同晶替代作用而产生的电荷。同晶替代作用是指组成矿物的中心离子被电性相同、大小相近的离子替代而晶格构造保持不变的现象，不受 pH 值的影响。可变电荷是指土壤胶体所携带的数量和性质随土壤环境的 pH 值变化而发生变化的电荷。胶体电荷数量决定于土壤质地、胶体种类、pH 值等。一般而言，土壤质地越黏，土粒越细，其电荷总量也越多，如黏土的电荷数量要比壤土类和砂土类高。土壤胶体的带电性影响土壤对各种带电养分离子的保持与供应、土壤酸碱性和缓冲性、土壤团聚性以及其他物理化学特性。

（3）分散与凝聚性。在一定的 pH 值或电解质条件下，土壤胶体可以分散在介质中，呈溶胶状态；也可以相互凝聚，呈凝胶状态，溶胶和凝胶在一定条件下可以互相转化。凝聚作用促使物质聚集，减少淋失，同时增强土壤的结构性，增加保持养分能力，并可间接调节土壤水、气、热状况。分散作用使土壤养分有效性增加，但易引起养分流失和胶体物质淋移，破坏土壤结构。

（4）离子交换性。由于胶粒的带电性，胶粒可吸附一定数量的带相反电荷的离子，同时胶体表面吸附的离子与介质其他离子之间可以发生交换作用。

4. 阳离子交换吸附

土壤胶体表面吸附的阳离子与土壤溶液中的阳离子发生交换的过程，称为阳离子交换作用，如图3.7所示。在阳离子交换反应中，溶液中的阳离子代换胶体表面阳离子的过程为吸附过程，胶体表面的阳离子进入溶液的过程为解吸过程，能发生交换作用的阳离子称为交换性阳离子。

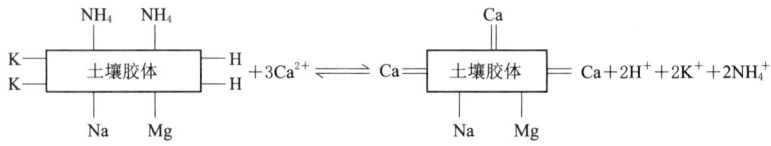

图 3.7 阳离子交换作用示意

阳离子交换作用是一种可逆反应，遵循等价离子交换原则，并受质量作用定律支配。阳离子交换能力是指一种阳离子将另一种阳离子从胶体表面交换下来的能力。决定阳离子交换能力的主要有离子价态、离子半径、水合程度和离子浓度等。根据库仑定律，离子价态越高，受胶体表面的静电吸附作用越强，高价阳离子的交换能力大于低价阳离子，即三价阳离子的交换能力大于二价阳离子，二价阳离子又大于一价阳离子。对于同价的阳离子，其交换能力是依其离子半径及离子的水化程度的不同而异。离子半径越大，离子外围电场强度越弱，对极性水分子的引力越小，水化膜越薄，容易接近胶粒表面，受胶体吸附强，因而具有较强的交换能力；相反，离子半径小的离子水化膜厚，受胶体吸附力弱，交换能力较低。土壤中主要阳离子的交换力大小排列次序大体如下：

$$Fe^{3+} > Al^{3+} > H^+ > Ca^{2+} > Mg^{2+} > NH_4^+ > K^+ > Na^+$$

虽然 H^+ 为一价阳离子，但因离子半径极小，只与一个水分子结合形成 H_3^+O，移动迅速，且与胶体之间引力大，因而具有比钙、镁离子更强的交换能力。即使是交换能力较弱的离子，如果其浓度较高，同样也可以交换出交换能力强、浓度较低的其他阳离子。

5. 土壤阳离子交换量与盐基饱和度

土壤阳离子交换量（cation exchange capacity，CEC）是指在中性条件下，单位土壤中所吸收的阳离子总量，通常用每千克土壤所能吸附的全部交换性阳离子的厘摩尔数来表示[cmol(+)/kg]。阳离子交换量受到多种因素的影响，如胶体数量（土壤质地）、胶体类型和土壤pH值，见表3.6。土壤胶体物质越多（包括矿质胶体、有机胶体和复合胶体），则CEC越大。就矿质胶体而言，CEC随着质地黏重程度增加而增加。不同类型土壤胶体阳离子交换量存在显著差异，一般有机胶体比无机胶体交换量大。阳离子交换量也是评价土壤肥力的指标之一,反映了土壤可以提供速效养分的数量,也能表示土壤保肥能力和缓冲能力。如阳离子交换量大,则保存养分的能力高,通常保肥能力低、中、高分别用 $CEC<10$、$10\sim20$、>20 进行确定。

表3.6 阳离子交换量

质地	阳离子交换量/[cmol(+)/kg]	质地	阳离子交换量/[cmol(+)/kg]
砂土	1~5	壤土	7~18
砂壤土	7~8	黏土	25~30

盐基饱和度（base saturation，BS）是指土壤胶体上的交换性盐基离子总量占交换性阳离子总量的百分比,表示为

$$\text{盐基饱和度}=\text{交换性盐基离子总量}/\text{阳离子交换量} \tag{3.25}$$

土壤交换性阳离子包括致酸离子（H^+、Al^{3+}）和盐基离子（K^+、Na^+、Ca^{2+}、Mg^{2+} 等）。对于盐基饱和土壤,土壤胶体吸附的阳离子都是盐基离子,并具有中性或碱性反应。对于盐基不饱和土壤,土壤胶体上吸附的阳离子中一部分是 H^+、Al^{3+},为酸性土壤。盐基饱和度与 pH 值有关,从我国西北、华北到东南、华南逐渐降低。

6. 阴离子交换吸附

在某些条件下,土壤胶体带有正电荷,对阴离子具有交换吸收作用。如含水氧化铁、铝等两性胶体在酸性条件下带正电荷（在碱性条件下则可带负电荷）。一般来说,阴离子交换作用比阳离子交换作用要弱。

（1）阴离子交换吸附特点。易于被土壤吸附的阴离子包括磷酸根（$H_2PO_4^-$、HPO_4^{2-}、PO_4^{3-}）、硅酸根（$HSiO_3^-$、SiO_3^{2-}）及某些有机酸的阴离子（如草酸根、柠檬酸根等）。通常这些酸根离子是与阳离子反应生成不溶性化合物而沉淀在土粒表面,并不是真正的离子交换作用。

很少或不被吸附的阴离子有如氯离子（Cl^-）、硝酸根（NO_3^-）、亚硝酸根（NO_2^-）等。它们不能和溶液中的阳离子形成难溶性盐类,而且不被土壤带负电胶体所吸附,甚至出现负吸附,极易随水流失,一般水田不施用硝态氮肥。

介于上述两者之间的阴离子如 SO_4^{2-}、CO_3^{2-}、HCO_3^- 及某些有机酸的阴离子,土壤吸收它们的能力很弱。

（2）阴离子吸收的影响因素。影响土壤对阴离子吸收的因素主要包括如下几个方面：

阴离子的价数：一般价数越大,吸收力越强。土壤对一些常见阴离子的吸收力的大小顺序为 $NO_3^-<Cl^-<SO_4^{2-}<CH_3COO^-<H_2BO_3^-<HCO_3^-<PO_4^{3-}<OH^-$。虽然 OH^- 为一价离子,但 OH^- 离子半径小,并能与带正电荷胶粒的双电层中的铁、铝离子结合,生成解离度很小的化合物。

胶体组成成分：随着土壤胶体中铁、铝氧化物增多,土壤吸收阴离子的能力也逐渐增大。

土壤酸碱度变化也会引起胶体电荷改变,碱性增强,增大负电荷量;而酸性增强,则正电荷增多。在酸性条件下,土壤胶体吸收阴离子能力增大;在碱性条件下,

吸收力则减弱。

3.3.2.3 土壤等温吸附

在一定温度下，被吸附的物质量（吸附量）与溶液中物质浓度（平衡浓度）之间的关系被称为等温吸附关系，它是土壤中溶解的化学物质的一个基本特征。通常利用吸附公式定量表达等温吸附关系，最常见的公式有朗谬尔（Langmuir）等温吸附公式、弗罗因德利希（Freundlich）等温吸附公式和线性等温吸附公式。

资源 3.11
土壤等温吸
附定量表达

3.3.2.4 土壤磷素吸附和解吸作用

土壤磷素是作物主要营养元素之一，土壤磷素吸附解吸具有其独特的特征，其吸附解析过程直接影响其有效性。土壤溶液中磷酸离子可以被土壤固相所吸持，也可以进行解吸。土壤磷素解吸的机理包括化学平衡反应和竞争吸附两个方面。土壤溶液中磷浓度因作物吸收而降低，从而失去了原有的平衡，使反应向解吸方向进行；所有能进行阴离子吸附的阴离子，在理论上都可与磷酸根进行竞争吸附作用，以致使吸附态磷不同程度地解吸，竞争吸附的强弱主要决定于磷和竞争阴离子间的相对浓度。在浓度相同的情况下，磷酸离子比大多数阴离子具有更大的竞争吸附能力。

资源 3.12
土壤磷素吸附
和解吸作用

3.3.3 土壤氧化还原反应

3.3.3.1 土壤氧化还原反应特点

土壤氧化还原反应是指土壤中某些无机物质的电子得失过程。氧化反应为失去（或放出）电子的反应，还原反应则为得到（或吸收）电子的反应。在土壤溶液中，氧化和还原反应同时进行。某一物质以能得到电子的状态存在时为氧化剂（oxidizing agent），以失去电子状态存在时为还原剂（reducing agent），氧化剂和还原剂构成了氧化还原体系。例如土壤 FeO 与水反应后生成 FeOOH，释放出 2 个电子，其中还原剂提供电子，而氧化剂接收电子。

$$2\text{FeO} + 2\text{H}_2\text{O} \rightleftharpoons 2\text{FeOOH} + 2\text{H}^+ + 2e^- \quad (3.26)$$
$$(\text{Fe}^{2+}) \qquad\qquad (\text{Fe}^{3+})$$

土壤中最主要氧化剂来自大气中氧，它进入土壤后参与化学与生物化学反应，获得电子被还原为 O^{2-}。当土壤中 O_2 被耗竭，其他氧化态物质如 NO_3^-、Mn^{4+}、Fe^{3+}、SO_4^{2-} 依次作为电子受体被还原，这种依次被还原的现象称为顺序还原作用。土壤中主要还原性物质是有机质，尤其是新鲜易分解的有机质，在适宜的温度、水分和 pH 值条件下还原能力极强。表 3.7 列出了土壤中一些离子氧化态、还原态和元素形式。

表 3.7 土壤中重要元素的氧化态与还原态形式

元 素	还 原 态	氧 化 态
C	CH_4、CO	CO_2
N	NH_3、N_2、NO	NO_2^-、NO_3^-
S	H_2S	SO_4^{2-}
P	PH_3	PO_4^{3-}
Fe	Fe^{2+}	Fe^{3+}
Mn	Mn^{2+}	Mn^{7+}
Cu	Cu^+	Cu^{2+}

3.3.3.2 氧化还原电位

土壤的氧化还原状况通常用氧化还原电位 Eh (mV) 表示，其决定于土壤中氧化剂性质与浓度。通常利用铂电极作为指示电极，甘汞电极作为比照电极来进行氧化还原电位测定。当两个电极插入土壤时就产生电位差，两极连通时就会有电流通过，其电位差就是土壤的氧化还原电位，土壤中不同氧化还原状态下的化学反应，如图 3.8 所示。

3.3.3.3 土壤氧化还原反应的影响因素

（1）土壤通气性。土壤通气性是影响土壤氧化还原状况的最主要因素。由于土壤通气性好，土壤空气中含氧量高，氧分压大，与之相平衡的土壤溶液中氧浓度高，从而影响溶液中氧化还原物质的转化，使氧化态的物质增加，土壤 Eh 值升高。如土壤通气性差，则土壤空气的氧压降低，使土壤溶液中氧的浓度减少，还原态物质增加，土壤的 Eh 值降低。因此，土壤氧化还原电位也是衡量土壤通气性的指标之一。

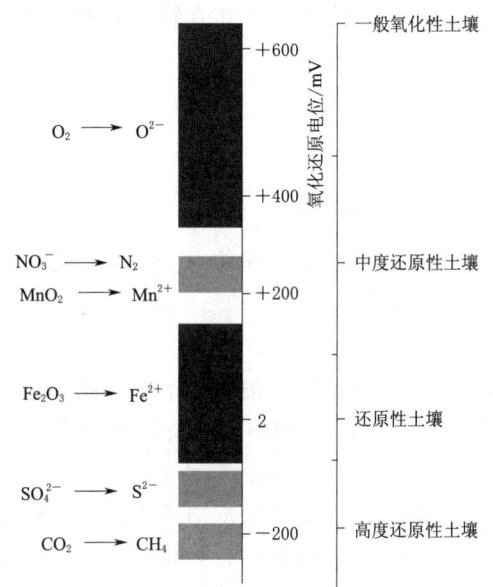

图 3.8 土壤氧化还原状态及化学过程

（2）土壤水分状况。由于土壤氧化还原电位主要取决于土壤通气性，而土壤含水量则是影响土壤空气状况的主要因素。如土壤含水量高，通气性差，氧化还原电位降低，反之则升高。其次由于土壤含水量也影响生物活度，特别影响微生物的生物化学强度，从而影响土壤空气中氧压高低，使土壤 Eh 发生变化。

（3）植物根系代谢作用。植物根系能分泌有机酸等物质，部分分泌物质参与根际土壤的氧化还原反应。如水稻根系具有分泌氧的能力，使根际土壤 Eh 值较根外土壤升高；稻田开始淹水后氧化还原电位、溶解氧浓度和 pH 值均随着淹水过程的持续而不断发生变化，如图 3.9 所示。

3.3.4 土壤溶液沉淀溶解反应

土壤溶液中物质与土壤固相中矿物质、有机质以及土壤空气处于实时交换、动态平衡之中。如施肥、排水、土壤蒸发和植物蒸腾等均可引起土壤溶液中的溶质浓度升高，并可能形成沉淀；植物吸收、降雨、灌溉等均可引起土壤溶液中溶质浓度下降，固相

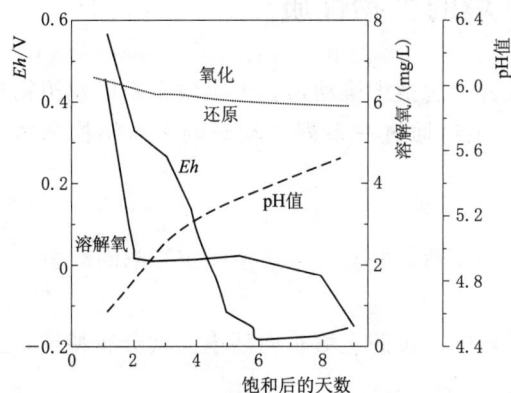

图 3.9 稻田开始淹水后氧化还原电位、
溶解氧浓度和 pH 值的变化

物质发生溶解。

1. 溶度积常数

溶度积是土壤固相化合物与其饱和溶液平衡时的平衡常数,沉淀和溶解反应的平衡式表示为

$$A_aB_b\cdots(\text{固}) \rightleftharpoons aA(\text{液}) + bB(\text{液}) + \cdots$$

$$K = \frac{[A]^a[B]^b\cdots}{A_aB_b\cdots} \quad (3.27)$$

式中:K 为平衡常数。

在标准状况下,固体 A_aB_b 的活度为 1,因此,平衡常数 K 就是该化合物的溶度积(K_{sp}),即

$$K_{sp} = [A]^a[B]^b\cdots$$

如果溶液中阴、阳离子浓度乘积大于 K_{sp},将发生沉淀析出;如果阴、阳离子浓度乘积小于 K_{sp},则固相化合物将继续溶解,直至达到新的平衡状态。

2. 沉淀溶解反应的影响因素

土壤溶解沉淀平衡反应除受温度、压力影响外,还包括如下几个方面:

(1) 离子效应和络合效应。一般土壤中离子效应、盐效应、络合效应同时发生,难溶性固体物质的溶解度随着体系中可溶性物质的浓度增加而增加。

(2) 土壤 pH 值和 Eh。土壤中的阳离子浓度很大程度受土壤 pH 值和 Eh 的控制。例如,在 pH 值较高的情况下,Fe^{3+} 产生水解并生成水解离子如 $FeOH^{2+}$、$Fe(OH)_2^+$ 等,这些离子的生成会增加 $Fe(OH)_3$ 的溶解度。

(3) 土壤矿物结晶的缺陷和杂质。在溶度积计算中,一般把固相的活度作为 1,但由于结晶的不完善,实际活度并不相同,且结晶状态不同,溶解度情况也不同。另外,矿物中常含有杂质,如磷铝石中常含有少量铁,使磷铝石的溶度积降低;相反,粉红磷铁矿中常含有少量的铝,使粉红磷铁矿的溶度积增加。

(4) 颗粒粒径。在质量相同时,颗粒越小,其总表面积越大,溶解度越大。

3.4 土壤环境的生物性质

土壤生物是土壤生命力的重要组成成分,包括土壤动物、土壤微生物以及植物根系等。土壤为生物提供生存场所和食物,生物通过一系列活动影响土壤结构和物质组成。

3.4.1 土壤动物

土壤动物是指一段时间或定期在土壤中生活,并对土壤产生一定影响的动物。

3.4.1.1 土壤动物分类

动物在土壤中的分布受到环境因子的影响,按照土壤垂向环境要素分布特征,土壤动物分成如下三类:

(1) 真土居动物。是指生活在较深层矿质土壤之中的动物,这些动物常具有挖掘、钻孔的能力,如蚯蚓等。

(2) 表土居动物。是指生活在地表或枯枝落叶层的类群,如蜗牛等。

(3) 半土居动物。是指生活在土壤的上层,枯枝落叶层和腐叶层的类群,如螨类。

土壤动物包含众多的动物类群,其体形和大小差别显著,功能和作用也不相同。通常按动物身体的大小分为微型动物、中型动物、大型动物和巨型动物四类,如图3.10所示。

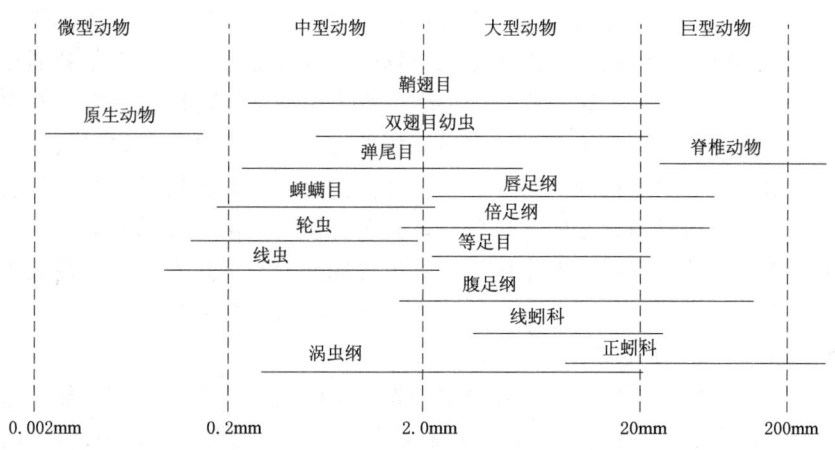

图 3.10 土壤动物按体形大小分类示意

3.4.1.2 土壤动物的作用

土壤动物的作用通常可分为两类,即机械活动和化学活动。机械活动是指地表和土壤中动植物残体经过土壤动物的机械粉碎的过程;而化学活动除了由土壤动物代谢直接产生外,有时也由动物起触媒作用,其效果比动物本身代谢量所产生的效果更大。动物对土壤的作用主要表现在以下方面:

(1) 植物和动物残体粉碎与分解。大量的植物残体,包括落叶、落枝、落花和落果等从植物上落到地面上,以及埋在土壤中的枯根、动物残体和粪便等,受到动物的粉碎作用和微生物的分解作用。在场所、气候和土壤及植物残体的形状与种类等不同情况下,土壤动物粉碎残体的顺序和速度也不同,参与作用的动物也有差别。如在温带,蚯蚓、跳虫和螨等起主要作用;在亚热带,除蚯蚓外等足类起重要作用;在热带,白蚁和蚂蚁代替了蚯蚓起主要作用。

(2) 土壤疏松与混合。自然界土壤的疏松与混合由土壤动物来完成,主要是由蚯蚓、蚂蚁、白蚁和哺乳动物等较大型的、有较大挖掘能力的动物来进行。例如蚯蚓通过其消化道而排出的泥土(粪冢)每年为数吨/公顷以上。除了疏松土壤以外,蚯蚓把深层土壤搬运到地表形成粪冢,同时又把地面上的落叶或其他有机物拖到孔穴中取食,并在消化道内将有机物与无机物混合。在蚯蚓数量多的土壤中,一年搬到地面的土壤层厚0.5~6.0mm,通常为0.76mm厚,每公顷可达75t。除蚯蚓外,白蚁和食虫类、啮齿类等小型哺乳动物也起疏松土壤和混合搅拌土壤的作用。

(3) 改变土壤物理化学性质。土壤无脊椎动物对维护土壤生态系统的物理化学特

资源 3.13
典型动物对土壤物理化学性质的影响

性和生物的种群繁衍起着极为重要的作用。在物理性质方面包括土壤质地变化、团粒构造的发展及通气性、透水性、孔隙数量、含水量等的变化。化学性质方面包括土壤pH值、碳含量、有机质含量、氮含量、碳氮比以及钠、钙、锰、钾等含量的变化。

3.4.2 土壤微生物

微生物是土壤中数量巨大的生命形式，参与生物地球化学循环的各个重要过程，是地球生命存在的基础。土壤微生物的活性与土壤质量密切相关。土壤中固定态或难溶态养分需要通过微生物的转化，生成可被植物吸收利用的形式。大气中氮气需要通过固氮微生物进行生物固氮，才能转化成植物的有效氮源，既能减少肥料的投入，又能避免环境污染，且能提高作物产量。科学利用土壤微生物可以减少害虫对农作物的危害，成本低且能维持生态平衡，减少对环境的污染和有害物质富集对人体带来的危害。可以利用微生物发酵机制，将农业生产和生活废弃的有机物料作为原料制作成含有大量有机质和多种营养元素的有机肥料，实现资源再利用，以达到改土、培肥、增产和改善品质的目的。因此，对土壤微生物资源的开发利用是农业绿色高效发展的有效途径之一。

3.4.2.1 土壤微生物种群

依据形态学原理，土壤微生物划分为原核微生物（如细菌、古菌、放线菌、蓝细菌等）、真核微生物（如真菌、藻类、原生动物等）以及无细胞结构的病毒等。

1. 细菌（bacteria）

细菌是最小的单细胞原核生物（$0.5\sim1\mu m \times 1.0\sim2.0\mu m$），是土壤中最丰富的微生物类群，占土壤微生物总数的70%～90%。细菌个体小、代谢强、繁殖快、与土壤接触表面积大，是土壤中最活跃的微生物。土壤中常见的细菌包括：

（1）节杆菌属（*Arthrobacter*）是典型的土壤细菌，分布极为广泛，具有很强的抗旱性，土壤经过15d干燥，芽孢杆菌仅剩1/3左右，其他细菌几乎全部消失，而节杆菌仍保持90%的存活率。在营养十分贫乏的条件下节杆菌属能存活较长时间，能利用各种有机物碳源和能源，并可降解土壤中难分解的物质和多种化学农药。

（2）芽孢杆菌属（*Bacillus*）也是土壤中分布广泛、数量甚多的一类细菌，除个别种为病原菌外，绝大部分种都是对动植物无害的腐生菌，一般具有很强的分解蛋白质和复杂多糖的能力，对土壤有机质的分解起着重要作用。

（3）假单胞菌属（*Pseudomonas*）在土壤中广泛分布，具有代谢多种化合物的能力，在降解土壤中的农药和除草剂等方面发挥重要作用。

（4）土壤杆菌属（*Agrobacterium*）中有些种有致病性，如根癌土壤杆菌，能在植物根部形成肿瘤或毛状根。有些种没有致病性，如放射土壤杆菌，它们在根际附近富集，常在土壤中越冬，在34℃以上或酸性土壤中存活率降低。

（5）产碱杆菌属（*Alcaligenes*）广泛分布于土壤等环境中，大多产碱杆菌为腐生菌，但真养产碱杆菌为兼性化能自养菌，既能利用有机物作为能源和碳源，又能在与H_2、O_2和CO_2同时存在时，转化为无机营养，固定CO_2。

2. 古菌（archaea）

古菌是一大类形态各异、生理功能明显不同的微生物群，发现初期被认为大多生活在超高温、高酸碱度、高盐浓度、无氧状态等极端环境或生命出现初期的自然环境。近年来，人们采用分子生物学手段发现古菌也能在一些普通的环境中存在，甚至占旱地土壤微生物10%左右。古菌在物质转化中扮演着重要的角色，如产甲烷古菌，可在严格厌氧环境下利用简单二碳和一碳化合物生存；硫酸盐还原古菌可在极端高温、酸性条件下还原硫酸盐；氨氧化古菌可将土壤中的铵转变为亚硝酸盐，参与硝化作用。

3. 放线菌 (actinomycetes)

土壤放线菌在形态学特征上是细菌和真菌间过渡的单细胞微生物，分类学上属于细菌。放线菌具有直径 0.5～0.8μm 呈分枝状的菌丝。典型丝状放线菌主要属于链霉菌属（*Strephomyces*）和小单孢菌属（*Micromonospora*）两类，均属好气性异养型，能够广泛利用纤维素、半纤维素、蛋白质、木质素等含碳和含氮化合物。最适宜pH值为 6.8～7.5，最适宜温度为 25～30℃，农田土壤中检出的放线菌主要是链霉菌属。据测定，每克土壤中含有数万乃至数百万个孢子，放线菌产生的代谢产物往往使土壤具有特殊的泥腥味。

资源3.14
放射菌表观特征

4. 真菌 (fungi)

土壤中真菌数量仅次于细菌，拥有由单个菌丝组成的丝状菌丝体。存在于大多数通气或栽培土壤中，其直径和菌丝网粗大，占微生物总生物量的主要部分，每克干土中真菌的数量从 10^3～10^6 不等。

真菌的菌体没有根茎叶，大多数是多细胞个体，细胞有成型的细胞核，不含叶绿素，不能进行光合作用制造有机物，只能进行腐生寄生生活，用孢子进行繁殖。真菌从有机物、活的动物（包括原生动物、节肢动物、线虫等）及活的植物中获取营养。

真菌具有降解土壤中有机质和促进土壤团聚体形成的功能，有助于土壤磷和氮向植物中的迁移，以及帮助植物营造良好的生长条件。

5. 土壤藻类 (algae)

土壤藻类具有光合色素，能够在光照下合成碳化合物并利用二氧化碳形成氧气。由于对光的需求，主要存在于土壤表层。蓝藻是土壤中最常见的一类藻类，具有固定空气中氮的能力，是土壤中氮富集的重要组成部分，许多土壤蓝藻可以抵御长期干旱。同时，土壤藻类也可用于土壤的修复，如改良碱性土、处理被污水污染的土壤等。

3.4.2.2 植物根际促生菌

植物根际促生菌（plant growth promoting rhizobacteria，PGPR）指自由生活在土壤或附生于植物根系，可促进植物生长及其对矿质营养的吸收和利用，并能抑制有害生物的有益菌类。植物根际促生菌主要包括芽孢杆菌属（*Bacillus*）和假单胞菌属（*Pseudomonas*），其中荧光假单胞菌（*Pseudomonas fluorescens*）在许多植物的根际都占了绝对优势，可达 60%～93%；其他根际促生菌还包括黄杆菌属（*Flavobacterium*）、固氮菌属（*Azotobacter*）、固氮螺菌属（*Azospirillum*）、肠杆菌属（*Enterobacter*）、欧文氏菌属（*Erwinia*）、哈夫尼菌属（*Hafnia*）、沙雷氏菌属（*Serratia*）、产碱杆菌属（*Alcaligenes*）、节杆菌属（*Arthrobacter*）、黄单胞菌属（*Xan-*

thomonas）、克雷伯氏菌属（*Klebsiella*）和慢生根瘤菌属（*Bradyrhizobium*）等。

植物根际促生菌促进植物生长作用主要体现在如下几方面。

1. 改善植物营养状况

资源3.15
植物根际促生菌对主要营养元素作用机理

在根际土壤中储存着各种营养资源，植物根际促生菌不仅可以提高资源利用率，还能转化一些潜在的不可利用资源。如肠杆菌（*Enterobacter* spp.）、芽孢杆菌（*Bacillus* spp.）、类芽孢杆菌（*Paenibacillus* spp.）等能产生胞外聚合物（extracellular polymeric substances，EPS）、铁载体、有机酸等物质，增加土壤通透性、改善土壤结构，并提供营养元素，从而促进根和芽生长和营养元素利用效率。

2. 分泌影响植物生长的激素

植物激素是能在低浓度（<1mmol/L）下修饰、抑制或促进植物生长发育的调节剂，除了植物自身可以分泌激素，植物根际促生菌也能通过合成植物激素或影响植物激素的产生促进植物生长，主要包括生长素、赤霉素、脱落酸等。

生长素（auxins）作为最重要的植物激素，其主要化学形态为吲哚-3-乙酸（IAA），在植物细胞分裂、扩张、分化和减轻非生物胁迫等方面发挥着重要作用，也可增加植物中总氮、碳、可溶性糖和有机酸含量，显著提高植物的生物量。

在植物中赤霉素（gibberellins）能调节种子休眠、静止、发芽、开花、果实成熟，促进根系生长和根毛丰度。此外，赤霉素信号系统、信号传导相关的蛋白和基因与植物非生物胁迫密切相关。部分PGPR能分泌赤霉素，从而通过外源添加赤霉素的方式刺激枝条生长、木质部发育和抑制根系生长。

脱落酸（abscisic acid，ABA）作为植物生长和代谢活性抑制剂，在作物种子发育、休眠诱导等方面发挥着重要作用，尤其在作物面对生物胁迫和非生物胁迫时，ABA下调赤霉素信号，激活抗逆性的基因表达。植物根际促生菌也能合成ABA，并以外源添加的方式影响植物发育，维持植物中ABA的稳态，缓解植物压力，并促进植物生长。

3. 缓解植物压力

植物根际促生菌通过分泌植物激素和促进营养循环，以缓解各种环境胁迫导致的营养失衡；通过激活植物防御机制，减少各种环境胁迫导致的氧化应激；通过分泌EPS、渗透调节剂等缓解渗透失调和阻止水分流失，维持由于干旱、盐胁迫、高温等导致的植物内稳态失调；通过分泌各种代谢产物吸附、转化各种重金属，从而缓解植物重金属胁迫。

病原微生物入侵是植物常面临的生物压力，植物可以通过招募植物根际促生菌改变根际微生物组成，诱导形成对抗性微生物结构，从而抑制植物病原体的生长。此外，还可以通过细胞壁裂解、营养竞争等方式抑制病原体生长，缓解植物受到的生物压力。

3.4.2.3 土壤微生物生存环境的影响因素

微生物生长需要适宜的环境条件，环境条件变化会直接或间接改变微生物代谢途径，影响微生物生长繁殖，甚至引起微生物的遗传突变。影响微生物的主要因素包括温度、水分、酸碱度和氧化还原状态等。

3.4 土壤环境的生物性质

1. 温度

温度是影响微生物生长和代谢最重要的环境因素。微生物生长需要一定的温度，温度过低或过高均会导致微生物生长停止或死亡。根据微生物的最适宜生长温度，将微生物划分为高温型、中温型和低温型三类。

（1）高温型微生物的最适生长温度为45～60℃，包括芽孢杆菌和某些高温放线菌，通常存在于堆肥、厩肥、干草堆和土壤中，参与厩肥、堆肥、干草堆等高温阶段有机质的分解。

（2）中温型微生物的最适生长温度为25～40℃，占土壤微生物的绝大部分，其中腐生性微生物的最适宜生长温度在25～30℃，在土壤有机质分解和养分转化中起着重要作用。

（3）低温型微生物的最适生长温度为10～15℃，包括发光细菌、铁细菌及一些常见于寒带冻土和冷藏仓库中的微生物，冷藏食品的变质是这类微生物参与的结果。

在最适宜温度范围内，随温度升高，生长速度加快，代谢活性增强；超过最适宜温度时，生命活动减慢；温度超过最高界限后，生长和代谢停止、死亡。在最低温度界限以下时，微生物虽停止生长和代谢，但通常不会死亡。

2. 水分

水分是微生物细胞生命活动最重要的基本条件，土壤水分状况不仅会直接影响微生物细胞的渗透状态，还会通过改变土壤中养分的可利用性、通气性、Eh值、pH值等间接对微生物产生影响。土壤持续湿润条件下，土壤微生物丰度与活性高于干旱条件，良好的水分条件有利于微生物群落的发展；土壤水分过多或过少都会严重影响微生物的数量与多样性，水分充足情况下的微生物活性与丰度高于缺水处理，同时细菌丰度在通气性好的土壤中较高；土壤微生物生物量碳与土壤大孔隙显著相关，增加土壤大孔隙的数量，有利于土壤微生物的活动。淹水使土壤溶解氧量减少，进而降低了好氧的真菌和放线菌丰度。

灌溉排水改变土壤含水量分布和土壤温度状况，影响土壤微生物活动条件及微生物生长过程。一般来说，灌溉可提高土壤中碱解氮、速效磷、速效钾含量，但不同灌溉方式所特有的孔隙水流速度和含水量等也影响土壤养分的迁移，从而影响微生物的活动。

3. 酸碱度

酸碱度对微生物生命活动有很大影响，每种微生物都有其最适宜的pH值和一定的pH值适应范围。大多数细菌、藻类和原生动物的适宜pH值为6.5～7.5，在pH值=4.0～10.0时也可以生长。放线菌一般可以生活在微碱性的条件（pH值=5.0～8.0），酵母菌和霉菌适宜于pH值=5.0～6.0的酸性环境。大多数土壤pH值为4.0～9.0，能维持各类微生物生长发育。只有少数微生物要求极低或极高的pH值条件，把这类微生物分别称为嗜酸菌（acidophile）或嗜碱菌（alkalinophile）。

4. 土壤通气性和氧化还原状态

通气状态或氧化还原电位（Eh）对微生物生长有一定影响。好氧微生物需要在有氧气或氧化还原电位高（100mV以上）的条件下生长，最适宜值为300～400mV。

厌氧微生物必须在缺氧或氧化还原电位 Eh 在 100mV 以下的条件下生长。兼性厌氧微生物适应范围广，在有氧或无氧，氧化还原电位较高或较低的环境中都能生长。因此，结构和通气良好的旱作土壤有较丰富的好氧微生物生长发育。在淹水下层土壤、覆盖作物秸秆土壤或施用新鲜有机肥的土壤中，常常是厌氧微生物占优势。

3.4.3 土壤中作物根际和菌根

1. 根际（rhizosphere）

根际是受植物根系生长的影响，在物理、化学和生物学特性上不同于原土体的特殊土壤微区。根际范围通常是指距根表 1~4mm 的土壤微区，因作物种类和土壤性质不同，根际范围变异较大。根际是作物与微生物相互作用的中心，是作物与土壤物质和能量交换的活跃区域。作物通过根系分泌物为根际微生物生长提供基质和信号分子，根际微生物能提高根际养分的有效性，增加作物对养分的吸收。作物根系释放的一系列有机物能改变根际的生物学和化学过程，直接影响土壤中水分和养分向根的迁移、转化和有效性、作物根的吸收和生理活性、有益和有害微生物的生存繁殖，以及污染物质的聚集和降解。

2. 菌根（mycorrhiza）

菌根共生是典型的根际互作过程，菌根共生体的形成是菌根发挥生态功能的基础，而共生体系的建立是一个复杂的生物相互识别和生理互动过程，作物及菌根真菌都能产生和识别多种信号分子，从而引起双方一系列的生理生化反应。如在养分吸收利用方面，菌根真菌可以通过扩大根系吸收表面积、活化土壤有机磷及难溶性无机磷，以及利用菌根真菌对磷的高效吸收运转系统来提高作物对磷的获取能力。菌根真菌可以长期稳定作物群落。一定程度上，菌根真菌的多样性决定了作物群落的物种多样性、生产力及稳定性。菌根真菌与作物的共生需要作物供应光合产物供应真菌生长，作物光合产物一部分分配到真菌。

干旱胁迫条件下，菌根共生体依靠其高效的营养物质吸收和转运系统，提高作物养分吸收效率，缓解了干旱胁迫对宿主植物造成的伤害。然而，菌根共生体提高宿主作物抵御干旱胁迫的机制并不仅仅局限于养分的吸收和转运方面。它对宿主作物和生态系统的积极影响还包括提高作物净光合速率；改变进出作物的水流速率，提高根系导水性，增加叶片水势；促进宿主作物某些新陈代谢过程，增强生长素合成，影响胁迫响应因子脱落酸（ABA）的合成，改善土壤结构，提高其稳定性等。

真菌根外菌丝可以从周围环境中吸收不同形态的氮素。当 NH_4^+ 和 Na^+ 并存时，菌根真菌更容易吸收同化 NH_4^+。此外，菌根真菌还可以吸收利用有机氮，如尿素、甘氨酸（Gly）、谷氨酰胺（Gln）和谷氨酸（Glu）等，其中吸收尿素和 NH_4^+ 比其他氮源速度更快。菌根真菌吸收 N 后往往是先将 N 整合入有机 N 载体——氨基酸，再以氨基氮的形式向作物输送 N。

菌根真菌能够帮助宿主作物有效获取土壤中的矿质养分，尤其是对移动性较差的磷及微量元素铜、锌等。增强作物对土壤磷的摄取能力是菌根共生体的最重要功能，菌根真菌对土壤磷的吸收和传输机制是特异高效的，庞大的根外菌丝网络不仅大幅度地延伸了根系吸收范围，而且对土壤理化性质产生影响，从而促进难溶性无机磷的释放；根外菌丝中表达的磷转运蛋白可能直接参与了从土壤中获取磷的过程；菌丝吸收的磷以聚磷酸盐颗粒形式向宿主作物的根部输送；在作物—真菌交换界面—丛枝结构—聚磷酸盐解体释放出磷酸根离子传输给根细胞。

内生菌根（VA菌根）是部分真菌与作物根形成的共生体系。其特点是真菌的菌丝体主要存在于根的皮层细胞间和细胞内，共生的作物仍保留有根毛。大多数农作物、木本植物和野生草本植物均具有内生菌根。VA菌根的少数根外菌丝有厚壁的粗菌丝和薄壁的细小分枝菌丝两种，在粗菌丝上还可以形成薄壁小囊、厚垣孢子、接合孢子等。

思 考 与 练 习 题

1. 土壤有机质存在哪两个转化过程？这两个过程对土壤肥力的形成有何意义？
2. 比较砂质土、黏质土和壤质土在土壤肥力诸因素方面的特点。
3. 为什么说土壤团粒结构既是"小水库"又是"小肥料库"？
4. 土壤胶体的性质有哪些？受哪些环境因素影响？
5. 简述土壤中常见的氧化还原体系。
6. 土壤微生物的生长受哪些环境因素影响？
7. 土壤团聚体怎样影响土壤生物的分布？

第4章 土壤环境中物质传输基本原理

土壤中物质传输过程与土壤水分和养分状态及其有效性密切相关，决定着土壤向作物供给水分和养分的能力。理解土壤环境中物质传输的基本原理，对营造适宜作物生长的土壤环境，提升水土资源生产和生态效能具有决定性的意义。

4.1 土壤水分运动基本原理

4.1.1 土壤水物理性质

通常水以气态、液态和固态形式存在于土壤中，土壤水自身的特殊物理性质，影响土壤中其他物质传输转化过程。

1. 水分子结构与极性（molecular structure and polarity of water）

水分子（H_2O）是由两个氢原子与一个氧原子共用电子形成共价键而构成的。虽然氧原子和氢原子达到8个电子稳定结构，但分子排列不对称，呈 V 形排列，H—O—H 键夹角为105°。由于水分子呈现一定的极性而产生电场。因此，水分子与水分子、溶液中离解态离子以及土壤中固体矿物和有机质的电荷间相互作用，并影响土壤物质传输和水分有效性。近年来，基于此原理发展的灌溉水磁化和去电子技术，为提高灌溉水生产效能提供了新的方法。

2. 水表面张力与毛细管现象（surface tension and capillary phenomenon of water）

表面张力是指液面作用于单位长度气水界面的张力，常用表面张力系数 σ 表征。气-液接触面的分子一方面受到液体内部分子作用力，另一方面受到液体外部气体分子作用。接触面的单位表面积上分子具有与水分承受的内部净拉力相反的力就是表面张力。表面张力与液体本身性质有关，并受温度影响，温度越高，液体表面张力越小。

如图 4.1 所示，将一根很细的管子插入水中，假定毛管截面是圆形，毛管内水面上升或下降高度与大气压、水温和管径有关。由于上下表面承受的压强均等于大气压强，所以表面张力和达到最大上升高度时水体的重力相平衡。如果水体积用毛管横断面内表面积和最大上升高度之积表示，有

$$2\pi R\sigma\cos\varphi = \pi R^2 \rho_w H g \qquad (4.1)$$

式中：ρ_w 为水的密度，kg/m^3；H 为最大毛管上升高度，m；g 为重力加速度，m/s^2；φ 为水面与管壁的接触角，(°)；R 为孔隙的当量孔径，m。

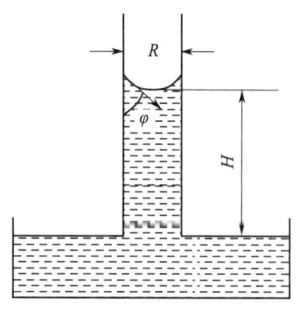

图 4.1 毛管上升现象

最大毛管上升高度表示为

4.1 土壤水分运动基本原理

$$H = \frac{2\sigma\cos\varphi}{\rho_w g R} \tag{4.2}$$

当管壁完全浸润时，气水接触面为球面，接触角为0，式（4.2）变为

$$H = \frac{2\sigma}{\rho_w g R} \tag{4.3}$$

4.1.2 土壤水分含量

土壤骨架由不同尺寸的固体颗粒组成，土壤颗粒之间存在相互连接的大小和形状各异的孔隙，如图4.2所示。农田土壤孔隙通常被水和空气共同占有。在完全干燥的土壤中，所有孔隙都被空气填充，而在完全湿润的土壤中，所有孔隙均被水填充。

土壤水分含量常用体积含水量、质量含水量（或重量含水量）表示，也可用等效深度或相对饱和度表示。为了便于理解土壤含水量的表征方法间的关系，将一定体积的土壤中固、液、气三相所占有的空间进行概化，如图4.3所示。

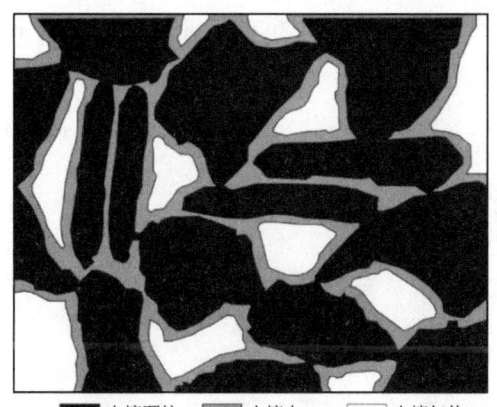

图 4.2 土壤孔隙

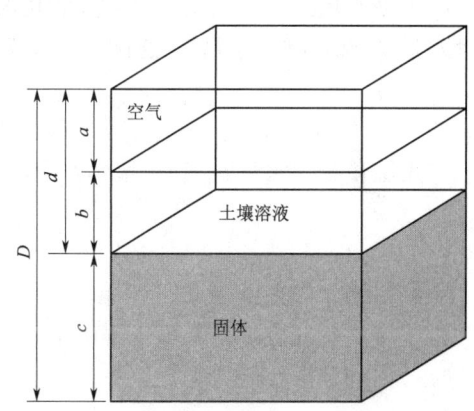

图 4.3 土壤三相物质比例示意

1. 质量含水量

质量含水量 θ_m 是指单位质量土壤所含水分的质量。通常利用烘干土样前后质量变化进行计算，烘干后土样质量为干土质量 m_s，烘干前后土样质量差为所含有水的质量 m_w，质量含水量计算公式为

$$\theta_m = \frac{\text{水的质量}}{\text{干土的质量}} = \frac{m_w}{m_s} = \frac{\rho_w b A}{\rho_p c A} = \frac{\rho_w b}{\rho_p c} \tag{4.4}$$

式中：ρ_w 为水的密度，kg/m^3；b 为水分的等效深度，m。

2. 体积含水量

体积含水量 θ_v 是指土壤水分体积占土体体积的百分比，表示为

$$\theta_v = V_w / V_t = \frac{bA}{DA} = \frac{b}{D} \tag{4.5}$$

式中：θ_v 为土壤体积含水量，m^3/m^3；V_w 为土壤水分体积，m^3；V_t 为土壤总体积，m^3。

土壤中所含有的水分可用水等效深度与土壤深度 D 的比值表示，如在1m的土壤

中水等效深度是 0.26m，则土壤体积含水量 $\theta_v=0.26\text{m}^3/\text{m}^3$。土壤水等效深度 b 表示为

$$b=\theta_v D \tag{4.6}$$

3. 饱和度

饱和度 s_e 是指土壤水分体积与孔隙体积之比，表示为

$$s_e=V_w/V_f=V_w/(V_a+V_w) \tag{4.7}$$

式中：V_f 为土壤孔隙体积，m^3；V_a 为土壤空气体积，m^3。

当土壤为干土时，饱和度为 0；当土壤完全饱和时，饱和度达到 100%。对于饱和土壤，土壤中所有孔隙均被水分填充，即饱和体积含水量 θ_s 等于土壤总孔隙率。

土壤中总孔隙度 f 是指土壤总孔隙体积占土壤体积的比例，即

$$f=\frac{总孔隙体积}{土壤体积}=\frac{(a+b)A}{DA}=\frac{a+b}{D} \tag{4.8}$$

土壤水填充孔隙程度，也可以利用相对饱和度 θ_{vf} 表示。相对饱和度 θ_{vf} 是指体积含水量 θ_v 和饱和含水量 θ_s 的比值，表示为

$$\theta_{vf}=\frac{bA}{(a+b)A}=\frac{b}{a+b}=\frac{\theta_v}{\theta_s} \tag{4.9}$$

土壤质量含水量 θ_m 和土壤体积含水量 θ_v 间关系表示为

$$\theta_v=\frac{\rho_b}{\rho_w}\theta_m \tag{4.10}$$

4. 土壤空气孔隙度

土壤空气孔隙度是衡量土壤中空气含量的指标，定义为

$$f_a=V_a/V_t=\frac{aA}{DA}=\frac{a}{D} \tag{4.11}$$

空气孔隙度是土壤透气性的重要指标，与饱和度 s_e 的关系为：$f_a=f-s_e$。

土壤含水量表示方法间可以相互转化，可根据需要选择适宜的含水量表示方法。

4.1.3 土壤水分类型与水分常数

4.1.3.1 土壤水分类型

通常根据土壤水分所受的力的不同，将土壤水分划分为四种类型。

（1）吸湿水。吸湿水也称束缚水，指干燥土粒从空气中吸附的水汽分子。吸湿水依靠土壤固体颗粒表面分子力对土壤空气中水汽进行吸附。吸湿水含量受到土壤质地、含盐量、盐分类型、有机质含量、空气湿度等影响。由于作物根系的渗透压一般只有 15 个大气压，吸湿水对作物是无效的。

（2）薄膜水。土粒吸持空气中水汽达到饱和后，土粒表面还有剩余的分子引力，土粒能进一步吸附液态水。土粒依靠分子引力吸持的液态水，并在土粒吸湿水外围形成薄的水膜，称为薄膜水。薄膜水虽不能在重力作用下移动，但可以从水膜厚处向水膜薄处移动，速度非常缓慢，一般为 $5.56\times10^{-8}\sim1.11\times10^{-7}\text{m/s}$。薄膜水含量主要取决于土壤质地和有机质含量，土壤质地越黏重，有机质含量越高，薄膜水含量也越高。

资源 4.1
土壤含水量表示方法间转化

(3) 毛管水。毛管水是指土壤孔隙借毛管力而保持的水分。毛管水可全部被作物所吸收利用,是土壤中有效的水分。毛管水基本上与自由水有相同的移动速度,可达 $2.78\times10^{-6}\sim8.33\times10^{-5}$ m/s,对作物根系吸水补给迅速。

根据土壤中毛管水与地下水连接性和水分来源,毛管水可分为上升毛管水和悬着毛管水。上升毛管水是指土壤中受地下水源补给并上升到一定高度的毛管水。当表层土壤水分被蒸发、蒸腾而消耗后,地下水沿毛管上升,使地表水不断得到补充。上升毛管水的含量取决于地下水位及土壤孔隙特征,可为作物提供一定水分。

悬着毛管水是指农田灌溉后,悬着在上层土壤毛管孔隙中的水分。由于悬着毛管水受到土壤孔隙状况的影响,因此其含量不仅与土壤质地有关,而且与土壤结构和孔隙分布密切相关。

(4) 重力水。土壤中所有毛管孔隙充满水后,多余水分不能被毛管所吸持,并在重力作用下沿大孔隙向下移动,这种水分称为重力水。重力水主要存在于大孔隙中,可被作物吸收利用。但在土壤中保持的时间较短,作物难以充分吸收。

4.1.3.2 土壤水分常数

按照土壤形态学理论,土壤中各种类型水分都可用数量表示。在一定条件下,土壤中各种类型水分的最大含量常保持相对稳定的数量。将土壤各种类型水分达到最大时的含水量称为土壤水分常数。

(1) 吸湿系数。干燥的土粒能吸收空气中的水汽而成为吸湿水,当空气相对湿度接近饱和时,土壤的吸湿水达到最大时的土壤含水量称为土壤的吸湿系数,又称最大吸湿量。

(2) 凋萎系数。凋萎系数指作物产生永久凋萎时的临界土壤含水量,包括全部吸湿水和部分薄膜水。由于此时土壤水分处于不能补偿作物耗水量的状况,通常将凋萎系数作为作物可利用水分的下限。凋萎系数一般是吸湿系数的 1.0~2.0 倍,可通过实测获得,也可利用土壤对水分子引力为 153m 时的土壤含水量进行确定。

(3) 最大分子持水量。最大分子持水量是指当薄膜水的水膜达到最大厚度时的土壤含水量,包括全部吸湿水和薄膜水。一般土壤的最大分子持水量为最大吸湿量的 2~4 倍。

(4) 毛管断裂含水量。当地表蒸发时,下层土壤水分沿毛管向上移动,补充上层水分损失,当含水量降低到一定程度,毛管中水分就失去了连续性,一些较大孔隙充有空气阻隔水分移动,这时的土壤含水量称为毛管断裂含水量。毛管断裂含水量相当于田间持水量的 60%~70%,被认为作物正常灌溉的下限。

(5) 田间持水量。田间持水量是指土壤中悬着毛管水达到最大量时的土壤含水量,包括全部吸湿水、薄膜水和悬着毛管水。田间持水量是在不受地下水补给和地表蒸发影响的情况下土壤所能保持水分的最大数量,作为作物有效水的上限,常用于确定充分灌溉条件下的灌水上限和灌水定额。一般田间持水量为饱和含水量的 65% 左右,相应的土壤水吸力为 1~2m。

(6) 毛管持水量。毛管持水量是指土壤所有毛管孔隙都充满水分时的含水量。毛管持水量包括吸湿水、薄膜水和上升毛管水,约为 1.02m 土壤水吸力对应的含水量。

(7) 饱和含水量。饱和含水量是指土壤所有孔隙全部充满水分时的含水量,单位为 cm³/cm³。

4.1.3.3 土壤水分有效性

土壤水分有效性是指土壤水分是否能被作物利用及其被利用的难易程度。土壤水分有效性主要取决于土壤水分存在的形态、性质和数量,以及土壤持水能力和作物吸水能力,土壤水分有效性与土壤水分常数间关系如图 4.4 所示。

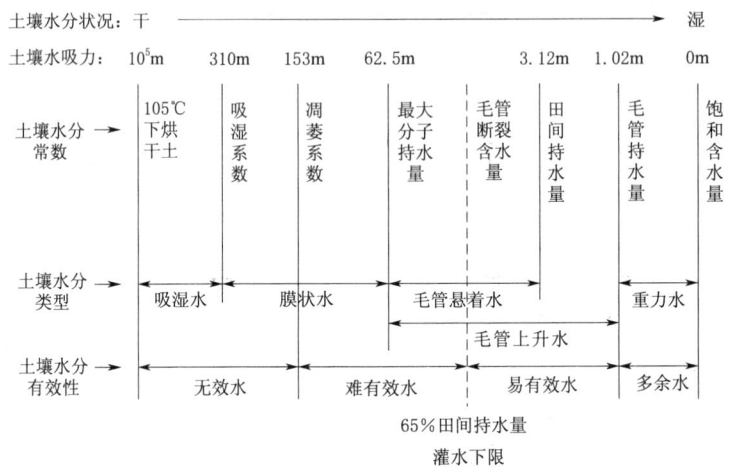

图 4.4 土壤水分有效性与土壤水分常数间关系

由于凋萎系数 θ_p 是作物根系可吸收的最低土壤含水量,而田间持水量 θ_F 是大多数作物可利用的土壤水的上限,θ_F 与 θ_p 之间的差值称为土壤有效水,是作物从土壤中所能够吸收利用的水量。

为了保证作物正常生长,通常将毛管断裂含水量作为农田灌溉的含水量下限,并将田间持水量至毛管断裂含水量间水分称为易有效水含量,表示为

易有效水含量(%) = 田间持水量(%) − 毛管断裂含水量(%)

土壤水分有效性与土壤质地密切相关,图 4.5 显示了不同质地土壤水分有效性变化情况,壤土有效水分高于砂土和黏土。

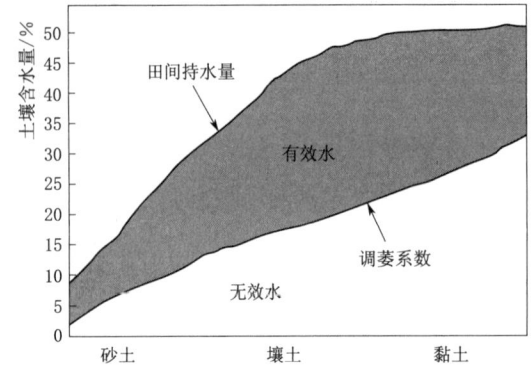

图 4.5 土壤水分有效性与土壤质地间关系

4.1.4 土壤水分能态

按照经典物理理论,物质具有动能和势能。但由于土壤水分运动速度比较慢,一般不考虑其动能,仅考虑其势能,通常将土壤水分的势能称为土水势。

4.1.4.1 土水势(soil water potential)

土水势是指在土壤和水的平衡系统中,在恒温条件下,单位数量的水移动到参照状态所需做的功。参照状

态是指在一个大气压下,与土壤水具有相同温度的情况下(或某一特定温度下),某一高度的纯自由水。土水势可以利用单位体积和单位重量所具有的能量来表示,相应的土水势的单位为 J/kg、Pa 和 m 或 mm。

土水势包括基质势、溶质势、重力势和压力势等分势,表示为

$$\psi_w = \psi_m + \psi_s + \psi_g + \psi_p \tag{4.12}$$

式中:ψ_w 为土壤水势,即土壤水的总势能,m;ψ_m 为基质势,m;ψ_s 为溶质势(渗透势),m;ψ_g 为重力势,m;ψ_p 为压力势,m。

(1) 基质势(matric potential)。基质势是由土壤基质对水的吸持作用和毛管作用所引起的,将单位重量的水从非饱和土壤中的一点移到标准参考状态,在土壤基质作用下土壤水所需做的功。由于参考状态是自由水,土壤水需克服土壤基质的吸持作用,所以土壤水势为负值。对于饱和土壤,基质势为 0。

(2) 溶质势(solute potential)。溶质势也称渗透势(osmotic potential),是由于可溶性物质(如盐类)溶解于土壤水中,降低了土壤水的自由能。当土-水系统中存在半透膜(只允许水流通过而不允许盐类等溶质通过的材料)时,水将通过半透膜扩散到溶液中去,这种溶液与纯水之间产生的势能差为溶质势。溶质势形成的条件为存在半透膜。如不存在半透膜时,不考虑溶质势。作物根系吸水时,根系具有半透膜性质,需考虑溶质势。溶质势为负值,决定于土壤溶液的浓度,当土壤溶液浓度为 0 时最大,表示为

$$\psi_s = -\frac{c}{\mu g} RT \tag{4.13}$$

式中:ψ_s 为溶质势,m;R 为热力学常数,8.314J/(mol·K);T 为热力学温度,K;c 为单位体积溶液中所含溶质质量,kg/m³;μ 为溶质的摩尔质量,kg/mol;g 为重力加速度,m/s²。

(3) 重力势(gravitational potential)。物体从基准面移至某一位置时,需要克服地球引力产生的重力作用,而必须对物体做功,这种能量以重力势能的形式储存于物体中。重力势取决于观测点与参照基准面的相对位置,在基准面以上 Z 处的单位重量的水所具有的重力势 $\psi_g = Z$;在基准面以下 Z 处,重力势 $\psi_g = -Z$。

(4) 压力势(pressure potential)。压力势是土-水系统中的压力超过参照状态下的压力而引起的土水势。当土壤水分饱和时,任一点上的静水压力均超过参照压力,压力势大于 0;在非饱和土壤中,由于土壤孔隙与大气相通,土-水系统中各点均受到与参照压力相同的大气压力,因此,压力势为 0。压力势包含静水压力势和封闭气体产生压力势,一般静水压力势在饱和情况下才会发生。

由于土水势是一个相对值,土壤水势计算时首先要选取参考面,然后逐步进行计算。

【例 4.1】 图 4.6 显示了处于能量平衡状态的土柱,计算图中 A、B、C、D、E、F 点的土壤水势及各分势。

【解】 (1) 首先选取参考面。选取水池底部为参考面,且坐标向上为正。

(2) 由于系统处于平衡状态,所以系统中各点土水势相等。由于土壤半透膜作用

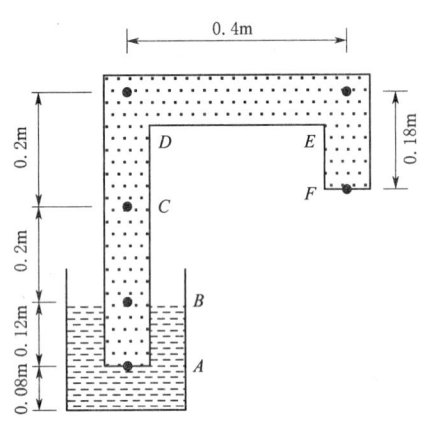

图 4.6 土柱示意

较小，溶质势可以不考虑。土水势主要包括基质势、重力势和压力势。

(3) 通常先计算处于饱和状态位置的土壤水势，因此先计算 A 点土壤水势。

A 点：土壤处于饱和状态，基质势为 0m，重力势为 0.08m，压力势等于水体静水压力 0.12m，土水势为 0.20m。

B 点：土壤处于饱和状态，基质势为 0m，重力势为 0.20m，压力势为 0m，土水势为 0.20m。

C 点：土壤处于非饱和状态，压力势为 0m，重力势为 0.40m。由于土水势为 0.20m，计算得到基质势为 -0.20m。依此类推，分别计算其他点的土水势。

D 点：压力势为 0m，重力势为 0.60m，基质势为 -0.40m，土水势为 0.20m。

E 点：压力势为 0m，重力势为 0.60m，基质势为 -0.40m，土水势为 0.20m。

F 点：压力势为 0m，重力势为 0.42m，基质势为 -0.22m，土水势为 0.20m。

在自然界，土壤水分大多处于非平衡状态，在未给定基质势情况下，无法计算土体各点的土水势，但对于一些特殊位置也可以计算土水势及其分势。如进行垂直一维积水入渗实验时，土壤表面保持恒定的积水深度，土体表面处的压力势、重力势、基质势和土水势都可以进行计算。当土体被饱和后，水分从土体下端流出，处于稳定自由出流，出流处压力为大气压，水分流动过程要消耗一定能量，各点的压力势并非按照静水压力势进行计算，需要考虑能量消耗。

4.1.4.2 土壤水分特征曲线

1. 土壤水分特征曲线定义

土壤水分特征曲线是表示土壤含水量与土壤基质势间关系的曲线。由于土壤基质势为负值，为了便于应用，将负的基质势称为土壤水吸力。因此，土壤水分特征曲线也表示了土壤含水量与土壤水吸力间关系曲线，如图 4.7 所示。

2. 土壤水分特征曲线的影响因素

土壤水分特征曲线受到多种因素的影响，如土壤质地、土壤结构、土壤温度、有机质含量、土壤溶质含量等。

土壤质地对土壤水分特征曲线具有显著的影响，主要由于黏土小孔隙较多，孔隙分布较均匀，当吸力增加时，含水量减少比较缓慢，曲线坡度比较缓；对于砂质土，大孔隙相对多，孔隙中的水分排出快，土壤含水量急剧下降，因此土壤水分特征曲线变化比较陡。

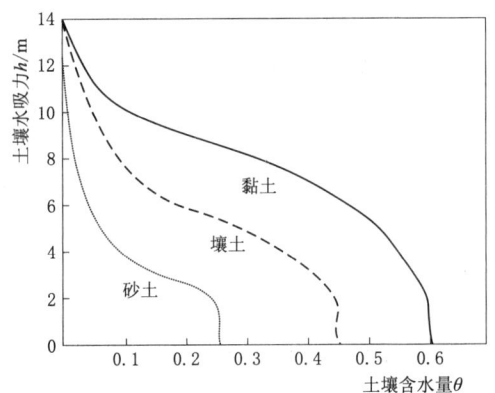

图 4.7 土壤水分特征曲线

土壤结构直接影响土壤孔隙分布，结构良好的土壤的团聚体含量高，土壤大孔隙相对多，土壤水分特征曲线形状变化较大，在基质势高时显得尤为明显。

土壤容重增加主要是降低了团聚体间的大孔隙，中等大小的孔隙略有增加，小孔隙受影响较小，高吸力段的土壤水分特征曲线基本不变。

温度升高时，水的黏滞度和表面张力下降，土水势升高，土壤水吸力降低。

土壤溶质类型和数量直接决定着土壤溶质势，影响了土壤水分特征曲线。此外，当外加溶质进入土壤后，与土壤发生物理、化学作用，改变土壤结构和孔隙分布，进而影响土壤水分特征曲线。

当向土壤中施入结构改良物质，包括施加结构改良剂和有机肥、秸秆还田等，都会改变土壤容重、结构和孔隙分布，进而影响土壤水分特征曲线。

3. 常用土壤水分特征曲线模型

通常用经验公式来描述土壤含水量与吸力间关系，常用的公式有

$$\frac{\theta-\theta_r}{\theta_s-\theta_r}=\left(\frac{h_d}{h}\right)^N \tag{4.14}$$

式中：θ_s 为饱和土壤含水量，m^3/m^3；θ_r 为残余土壤含水量，m^3/m^3；h_d 为进气吸力，m；h 为土壤吸力，m；N 为形状系数。

式（4.14）是 Brooks-Corey（1964）提出的土壤水分特征曲线表达式。当土壤处于饱和状态时，土壤吸力等于进气吸力，因此该公式描述了脱水过程的土壤水分特征曲线。

$$\frac{\theta-\theta_r}{\theta_s-\theta_r}=\left[\frac{1}{1+(\alpha h)^n}\right]^m \tag{4.15}$$

式中：α 为与进气吸力相关的参数，$1/m$；n 和 m 为形状系数，$m=1-1/n$。

式（4.15）是 van Genuchten（1980）提出的描述土壤水分特征曲线公式。当土壤含水量处于饱和状态时，土壤水吸力为零。由于该公式能够适合大部分土壤水分特征曲线的形状，得到广泛应用。

4. 土壤水分特征曲线作用

土壤水分特征曲线可用于土壤水吸力与含水量间转化，分析土壤孔隙的直径分布状况、土壤蓄水量和土壤水分有效性。应用土壤水分运动基本方程分析土壤水分运动特征时，土壤水分特征曲线是必不可少的参数，并可用于确定非饱和导水率。

4.1.5 土壤水分运动

土壤水分运动遵循物质和能量守恒定律，土壤水分运动的内在动力是水势梯度，土壤水从水势高处往水势低处流动。

4.1.5.1 达西定律（Darcy law）

法国水力学家达西（Darcy）为了确定水在砂体中的流动规律，在直立均质砂柱中进行稳定渗流试验，发现流量 q 与过水断面面积 A 和水头差（H_1-H_2）成正比，与渗流长度 L 成反比，得出了稳定水流的达西定律：

$$q=K_s\frac{H_1-H_2}{L}=K_s\frac{\Delta H}{\Delta L} \tag{4.16}$$

式中：q 为单位截面积上的水分流量（通量），m/s；K_s 为土壤导水率，m/s；

(H_1-H_2)/L 为平均渗流长度的水头损失,称为水头梯度。

Edgar Buckingham 认为达西定律不仅适用于饱和土壤,也适用于非饱和土壤,非饱和土壤水运动的达西定律为

$$q=-K(\psi)\frac{\mathrm{d}\psi}{\mathrm{d}L} \tag{4.17}$$

式中:$K(\psi)$ 为非饱和土壤导水率,m/s;ψ 为土水势,m。

【例 4.2】 图 4.8 所示的土柱中 A 与 B 间长度为 0.6m,其中 A 点土壤基质势 $\psi_m(A)=-1\mathrm{m}$,B 点基质势 $\psi_m(B)=-2\mathrm{m}$,土柱平均水力传导度 $K=5.79\times10^{-6}\mathrm{m/s}$,水流为稳态流。分别计算土柱垂直、水平、倾斜状态(夹角为 30°)下从 A 点流向 B 点的水流通量。

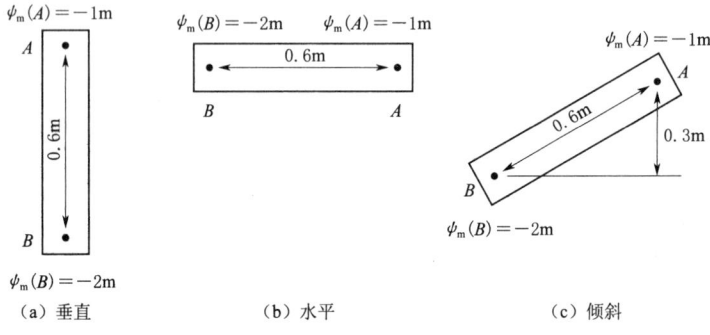

图 4.8 水流通量计算示意

【解】 选择 B 点为参考面,土水势仅考虑重力势和基质势。根据达西定律,水流通量表示为

$$q=-K(\psi)\frac{\mathrm{d}\psi}{\mathrm{d}L}$$

情况 1:垂直流动

$$\psi_w(A)=\psi_m+\psi_g=-1+0.6=-0.4(\mathrm{m}),\ \psi_w(B)=-2+0=-2(\mathrm{m})$$

则 A 点到 B 点的水流通量为

$$q=-K(\psi)\frac{\psi_w(B)-\psi_w(A)}{0.6}=-5.79\times10^{-6}\times\frac{-2+0.4}{0.6}=1.544\times10^{-5}(\mathrm{m/s})$$

情况 2:水平流动

$$\psi_w(A)=-1\mathrm{m},\ \psi_w(B)=-2\mathrm{m}$$

则 A 点到 B 点的水流通量为

$$q=-K(\psi)\frac{\psi_w(B)-\psi_w(A)}{0.6}=-5.79\times10^{-6}\times\frac{-2+1}{0.6}=9.65\times10^{-6}(\mathrm{m/s})$$

情况 3:土柱为倾斜状态

$$\psi_w(A)=-1+0.3=-0.7(\mathrm{m}),\ \psi_w(B)=-2+0=-2(\mathrm{m})$$

则 A 点到 B 点的水流通量为

$$q=-K(\psi)\frac{\psi_w(B)-\psi_w(A)}{0.6}=-5.79\times10^{-6}\times\frac{-2+0.7}{0.6}=1.25\times10^{-5}(\mathrm{m/s})$$

4.1.5.2 土壤水分运动特征

1. 土壤水分运动基本特点

土壤水分从势能高的地方向势能低的地方运动,土壤水分运动通道主要为土壤孔隙。

2. 土壤水分运动基本方程

达西定律描述了土壤水分通量,只有与质量守恒定律相结合,才能描述任一时刻和位置处的土壤水分变化过程。因此,可将达西定律与质量守恒方程相结合,建立土壤水分运动基本方程。

不考虑源汇项,垂直一维土壤水分运动基本方程表示为

$$\frac{\partial \theta}{\partial t} = \frac{\partial}{\partial z}\left[D(\theta)\frac{\partial \theta}{\partial z}\right] + \frac{\partial K(\theta)}{\partial z} \tag{4.18}$$

水平一维土壤水分运动基本方程表示为

$$\frac{\partial \theta}{\partial t} = \frac{\partial}{\partial x}\left[D(\theta)\frac{\partial \theta}{\partial x}\right] \tag{4.19}$$

资源 4.2 土壤水分运动基本方程

式中:θ 为土壤体积含水量,m^3/m^3;$K(\theta)$ 为非饱和土壤导水率,m/s;$D(\theta)$ 为非饱和土壤扩散度。

常用 Brooks-Corey(1964)和 van Genuchten(1980)模型描述土壤非饱和导水率,表示为

$$K = K_s \left(\frac{\theta - \theta_r}{\theta_s - \theta_r}\right)^{\frac{2+3N}{N}} \tag{4.20}$$

$$K = K_s \left\{1 - \left[1 - \left(\frac{\theta - \theta_r}{\theta_s - \theta_r}\right)^{1/m}\right]^m\right\}^2 \left(\frac{\theta - \theta_r}{\theta_s - \theta_r}\right)^{0.5} \tag{4.21}$$

式中:K_s 为土壤饱和导水率,m/s;其他符号意义同前。

为了便于分析不同情况下土壤水分运动,引入了比水容量 $C(\psi_m)$ 的概念,即单位基质势的变化所引起的土壤含水量的变化,反映土壤供水能力,表示为

$$C(\psi_m) = \frac{d\theta}{d\psi_m} \tag{4.22}$$

土壤水分扩散率为单位含水量梯度下土壤水的通量,即

$$D(\theta) = \frac{K(\theta)}{C(\theta)} = K(\theta)\frac{d\psi_m}{d\theta} \tag{4.23}$$

式中:$C(\psi_m)$ 为比水容量,1/m;$D(\theta)$ 为土壤水分扩散率,m^2/s。

通常将土壤水分特征曲线、非饱和导水率和土壤水分扩散率称为土壤水力参数,用于土壤水分运动和有效性分析。

3. 土壤水分运动基本方程求解方法

土壤水分运动基本方程描述了普遍意义的土壤水分运动过程,给定具体定解条件,就可描述特定的土壤水分运动情况。土壤水分运动基本方程属于非线性偏微分方程,常采用两种方法进行求解,即近似分析法和数值计算法。近似分析法主要通过概化土壤水分运动参数、土壤含水量或吸力剖面和土壤水分通量,对土壤水分运动基本

方程进行求解。其中概化土壤水分运动参数主要是依据微分中值定理,假定非饱和导水率为含水量线性函数。土壤含水量或吸力剖面概化主要是认为任一时刻土壤含水量分布或吸力分布随距离符合幂函数分布,代入基本方程进行求解;概化土壤水分通量方法是假定某一时刻土壤剖面水分通量相等,但不同时刻水分通量不同。数值计算方法包括有限差分法、有限元、边界元等方法,可利用HYDRUS等软件模拟分析土壤水分运动过程。

4.1.6 土壤入渗

4.1.6.1 土壤入渗基本特征

入渗是指水分通过土壤表面垂直或水平进入土壤过程,土壤入渗过程受控于供水强度和土壤入渗能力。土壤入渗过程常用土壤入渗率 i 和累积入渗量 I 表示。入渗率指单位时间、单位面积土壤表面进入的水量。开始入渗阶段,土水势梯度大,入渗率较大,随着时间延续,入渗率逐渐减小并趋于稳定,将趋于稳定的入渗率称为稳定入渗率,如图4.9所示,通常将积水入渗条件下土壤入渗率称为土壤入渗能力。

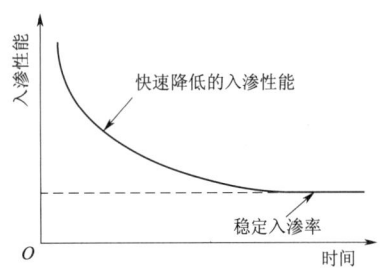

图4.9 土壤入渗速率变化曲线

累积入渗量是指一定时段内通过土壤表面进入土壤的累积水量。累积入渗量 I 与入渗率 i 存在函数关系,也体现了土壤入渗与质量守恒间关系,表示为

$$i = \frac{dI}{dt} \tag{4.24}$$

入渗过程中,基于土壤含水量分布的差异,将土壤含水量分布分成四个区,即饱和区、过渡区、传导区和湿润区,如图4.10所示。饱和区是指积水入渗后,土壤表层存在薄的饱和层,可能数毫米或厘米;过渡区是指土壤含水量由饱和明显下降的区域;传导区是指土壤含水量无明显变化的区域;湿润区是指含水量迅速减少至土壤初始含水量的区域,湿润区的前缘称为湿润锋。

土壤入渗过程受到多种因素的影响,如土壤质地、土壤构造、土壤前期含水量、供水方式与强度、土壤温度等。

图4.10 入渗过程的土壤水分剖面

资源4.3
土壤入渗影响因素

资源4.4
物理基础入渗模型

资源4.5
垂直一维入渗代数模型

4.1.6.2 土壤入渗公式

描述土壤入渗过程的数学模型可分成三种类型,即物理入渗公式、经验公式和概念公式。由于物理入渗公式是依据土壤水分运动基本方程和达西定律建立的,入渗公式中参数与土壤水力参数建立了函数关系,便于公式推广应用。目前常用的物理入渗模型包括Green-Ampt入渗公式和Philip入渗公式,但两个入渗公式仅能计算土壤

入渗率和累积入渗量。在农业生产中,人们不仅关心土壤入渗量,而且需要确定土壤含水量。为了获得既可计算土壤入渗率和累积入渗量,又可分析土壤含水量分布的综合入渗公式,通过对土壤水分运动过程的优化,利用 Brooks – Corey 提出的土壤水分特征曲线和非饱和导水率,建立了土壤入渗代数模型,具体表示为

$$i = \frac{a h_d k_s}{(2+3N) z_f} + k_s \tag{4.25}$$

$$I = \frac{(2+3N)(\theta_s - \theta_i)}{2+4N} z_f \tag{4.26}$$

$$\theta = \left(1 - \frac{z}{z_f}\right)^{\frac{N}{2+3N}} (\theta_s - \theta_i) \tag{4.27}$$

$$t = \frac{(\theta_s - \theta_i)(2+3N)}{k_s(2+4N)} \left[z_f - \frac{a h_d}{2+3N} \ln\left(1 + \frac{(2+3N) z_f}{a h_d}\right) \right] \tag{4.28}$$

式中:a 为湿润锋面吸力分配系数,$a \geqslant 1$;z_f 为湿润锋深度,m;z 为任意土壤深度,m;t 为时间,s;其他符号意义同前。

土壤入渗率和累积入渗量公式表明,土壤入渗过程取决于土壤水分特征曲线和非饱和导水率及土壤初始含水量。土壤含水量分布取决于土壤水分特征曲线的形状系数,而式(4.26)中 $[(2+3N)/(2+4N)](\theta_s - \theta_i)$ 代表了湿润土体的平均土壤含水量的增加量。因此,土壤水力参数及土壤初始条件直接决定着土壤水分运动特征。

4.1.7 土面蒸发

土壤中水分以水汽形式扩散到大气中的现象即为土面蒸发。土面蒸发强度主要取决于两个因素:一是大气蒸发能力,即气象条件所决定的可能蒸发强度(常以水面蒸发来表征);一是土壤输水能力,其数值随含水量的降低而减小。土面蒸发强度决定于两者的较小值,当土壤输水能力大于外界蒸发能力时,土面蒸发强度等于外界蒸发能力;当外界蒸发能力大于土壤输水能力时,土面蒸发强度以土壤的输水能力为限。根据土面蒸发特点,将土面蒸发分为三个阶段。

1. 稳定蒸发阶段

在这一阶段,表土含水量较高(某一定值以上),土壤水汽压力基本不随含水量的变化而改变,其数值趋近于饱和水汽压力,土壤水分蒸发主要取决于大气蒸发能力,与土壤含水量无关。因此,这一阶段称为稳定蒸发阶段,蒸发强度可用下式表示

$$E_1 = \beta_0 (P_1 - P_0) \tag{4.29}$$

式中:E_1 为稳定蒸发阶段土壤蒸发强度,m/s;β_0 为质量交换系数,1/s;P_1 为土壤表层的水汽压力,m;P_0 为大气中的水汽压力,m。

2. 蒸发强度随土壤含水量变化阶段

在土壤含水量降低至临界含水量以下时,土壤输水能力减弱,表层土壤蒸发消耗的水量得不到充分补充,使表面土壤含水量逐渐降低,蒸发量随之减少,土壤蒸发进入第二阶段。土面蒸发与土壤含水量和外界蒸发能力有关,可表示为

$$E/E_0 = \begin{cases} 1, & \theta \geqslant \theta_c \\ a\theta_c + b, & \theta < \theta_c \end{cases} \tag{4.30}$$

式中：E 为表土蒸发强度，m/s；E_0 为水面蒸发强度，m/s；θ_c 为表土蒸发两个阶段的分界点含水量，即临界含水量，m^3/m^3；a、b 为与土质有关的常数。

3. 水汽蒸发阶段

当土壤含水量在凋萎系数与最大吸湿水之间时，土壤表层的水汽压力显著降低，土壤水分主要以薄膜水形式存在，输水能力极低，下层土壤水分对上层土壤的补给很少，表层逐渐形成干燥土层。此时，土壤水分蒸发不是发生在土壤表层，而是发生在土壤内部，即干燥层以下。干土层以下土壤水分的运动以液态水为主，水分以气态扩散运动的形式，穿过干燥层，进入大气。图 4.11 和图 4.12 显示了砂壤土蒸发系数（土面蒸发强度与水面蒸发强度之比）与干土层厚度变化过程。

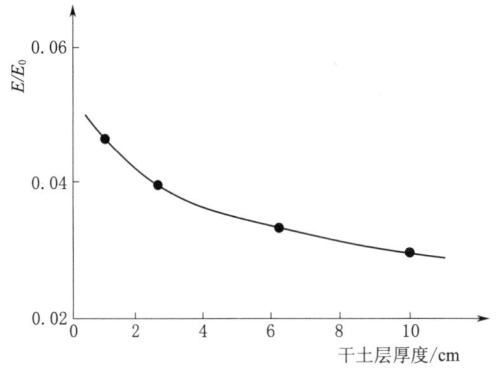

图 4.11 蒸发系数（E/E_0）与干土层厚度关系　　图 4.12 干土层厚度随时间变化过程

4.2 土壤溶质迁移的基本原理

土壤溶质是指土壤中可溶性化学物质，土壤环境中溶质迁移理论研究始于 19 世纪，最初着眼于土壤盐碱化或次生盐碱对农业生产的影响。随着环境与生态问题的日益突出，对土壤环境中溶质迁移研究范围逐步扩大，涉及土壤环境中溶质迁移各个方面。

4.2.1　土壤溶质迁移质量守恒

土壤溶质迁移如同其他物质一样，服从质量守恒定律。对于任意单元体而言，在 Δt 时间内，单元体内溶质质量变化可表示为

$$M_{in} = M_{out} + M_s \pm M_d \tag{4.31}$$

式中：M_{in} 为在 Δt 时间内进入单元体的溶质量，kg；M_{out} 为在 Δt 时间内流出单元体的溶质量，kg；M_s 为在 Δt 时间内单元体增加的溶质量，kg；M_d 为在 Δt 时间内由于化学和生物等作用生成或消耗的溶质量。

4.2.2　土壤溶质穿透曲线

土壤溶质穿透曲线是研究土壤溶质迁移机制的重要方法，也是土壤溶质迁移的一种简单形式。土壤溶质穿透曲线也称混合置换现象，与农田中盐分和养分及污染物的迁移密切相关，如盐碱地中盐分淋洗、土壤中化学物质对地下水污染等问题。

4.2.2.1 土壤溶质穿透曲线特点

设有一长为 L、直径为 D 的水平（或垂直）土柱，按一定容重将土样均匀装入土柱。首先利用某种溶液将土样饱和（或维持某一含水量），并使溶液流速维持恒定，然后利用另一种浓度为 c_0 的溶液去置换原始溶液，同时测定出流溶液浓度 $c(t)$，以及出流体积或时间。根据测定的资料点绘相对浓度 $c(t)/c_0$ 与孔隙体积数 N（出流溶液体积与土柱被溶液所充满的孔隙体积之比）间关系曲线，如图 4.13 所示，称为土壤溶质穿透曲线（breakthough curve，BTC）。把置换原始溶液的溶质或离子称为示踪元素或置换溶液，把原始溶液称为

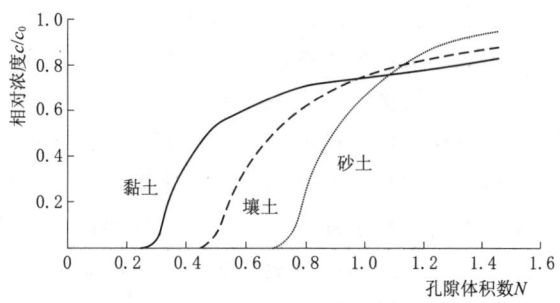

图 4.13 土壤溶质穿透曲线

被置换溶液。将土柱长度 L 除以溶液流速 v 所得的时间 t_0（或相应的穿透孔隙体积数）称为平均穿透时间（平均穿透孔隙体积数），将示踪元素刚被检测到的时间（或相应的穿透孔隙体积数）称为最小穿透时间（或最小穿透孔隙体积数）。

当两种溶液先后进入完全饱和的土体时，如果两种溶液的接触界面上没有发生其他物理化学反应（包括分子扩散），溶质仅随水分整体运动而迁移，这种置换方式称为活塞流，如图 4.14 所示；如果在这两种溶液的接触面上发生分子扩散和置换作用等物理过程，则置换溶液的浓度分布不同于活塞流，这种置换方式称为混合置换，如图 4.15 所示。实际土壤溶质迁移时，土壤溶质既随着土壤水分运动而迁移，也存在分子（或离子）扩散。实际土壤溶质穿透曲线不同于理想的活塞流，而呈 S 形曲线分布（如图 4.13 所示）。图 4.13 所示的不同质地土壤的典型穿透曲线表明，土壤质地等因素直接影响土壤溶质迁移过程。同时，土壤溶质穿透曲线是一个相对概念，反映

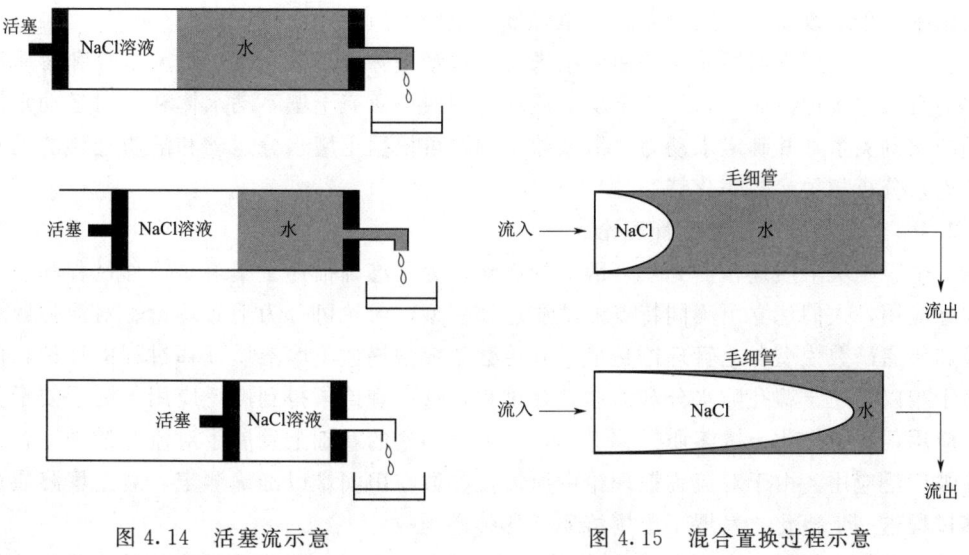

图 4.14 活塞流示意　　图 4.15 混合置换过程示意

了传输土壤溶质孔隙相对分布特征及其溶质迁移速率,并非表示绝对溶质迁移过程。如砂土最小穿透孔隙体积数小于壤土或黏土,说明仅是比较孔隙相对溶质传输速率。

4.2.2.2 土壤溶质穿透曲线作用及其影响因素

根据土壤溶质输入方式可将土壤溶质穿透曲线分为连续输入型和脉冲输入型土壤溶质穿透曲线;根据土壤含水量划分,则可分为饱和和非饱和土壤溶质穿透曲线;根据土壤结构,又可分为扰动土和原状土土壤溶质穿透曲线。不同类型土壤溶质穿透曲线有其各自独特的作用,无论哪种形式的土壤溶质穿透曲线都受到多种因素的影响。

(1) 土壤溶质穿透曲线用于研究土壤含水量、容重、土壤质地以及溶质化学特性对土壤溶质迁移特性的影响。随着土壤含水量增加,土壤溶质穿透曲线变化变缓。容重增加,大孔隙数量降低,土壤溶质穿透曲线变陡。随着土壤质地由沙质土向黏质变化,土壤溶质穿透曲线由陡变缓。对于吸附和非吸附溶质而言,吸附性溶质最小穿透孔隙体积数比非吸附性溶质大。

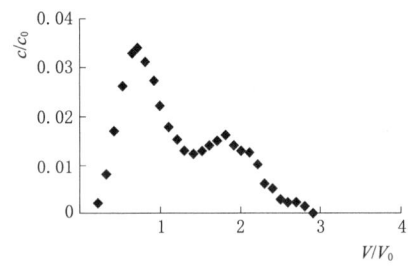

图 4.16 脉冲输入型穿透曲线

(2) 利用原状土与扰动土土壤溶质穿透曲线研究土壤结构对土壤溶质迁移的影响。特别是土壤大孔流问题的出现,土壤溶质穿透曲线又成为研究大孔流的一个重要工具。当大孔隙存在时,引发土壤溶质迁移路径和速度分布变化,导致土壤溶质穿透曲线发生改变。对于脉冲输入型穿透曲线,大孔隙存在会引起土壤溶质穿透曲线出现双峰或多峰现象,如图 4.16 所示。

(3) 运用饱和土壤溶质穿透曲线和非饱和土壤溶质穿透曲线可研究饱和条件和非饱和条件下土壤孔隙导水能力的差异,以及孔隙分布所起的作用。由于土壤溶质穿透曲线是体现不同孔隙对溶质迁移作用相对贡献,随着含水量变化,大小孔隙作用相对贡献率发生了改变。一般随着含水量降低,土壤溶质穿透曲线变陡。

(4) 可利用土壤溶质穿透曲线推求土壤水动力弥散系数。对于土壤水分和溶质迁移的对流弥散理论而言,利用土壤溶质穿透曲线可研究土壤不动水体和相对运动水体间的比例关系,并确定水动力弥散系数。同时可根据土壤水分运动和溶质迁移的毛管理论来分析相关参数变化特征。

4.2.3 土壤溶质迁移的毛管理论

由于土壤溶质迁移受到众多因素的影响,为了准确描述土壤溶质迁移过程和便于实际应用,人们建立了不同特点的溶质迁移模型,大致可分为毛管理论、对流弥散理论和传递函数模型。毛管理论是最早利用数学模型描述土壤溶质迁移过程的理论,但由于难以描述土壤孔隙水分和溶质迁移过程,这一理论未得到广泛应用。为了便于实际应用,通过概化土壤溶质迁移过程,在毛管理论的基础上发展了对流弥散理论,目前被广泛应用。由于对流弥散理论中所涉及参数在田间难以准确测定,对土壤溶质迁移过程进一步概化,发展了土壤溶质迁移传递函数。

为了便于理解土壤溶质迁移的微观机制,重点介绍土壤溶质迁移的毛管理论的基

4.2 土壤溶质迁移的基本原理

本原理,也是深刻理解土壤溶质迁移对流弥散理论的基础。毛管理论是依据土壤孔隙分布及水分和溶质在其中的迁移特征,将土壤溶质迁移看作对流与分子扩散作用而推求土壤溶质迁移模式,如单毛管模型(Taylor,1951)、等直径毛管束模型(Danel,1952)、单元系列模型(Bear and Todd,1960)和毛管束模型(王全九等,2002)。其优点在于其将土壤孔隙和流速分布与溶质迁移有机结合,展示了比较清晰的溶质迁移轨迹,便于理解土壤溶质迁移的微观机制。

4.2.3.1 土壤溶质迁移的物理过程

毛管理论将土壤溶质迁移物理过程概化为对流和分子扩散。

(1) 对流。对流是指在土壤水分运动过程中,携带土壤中溶质而迁移过程。对流作用所引起的土壤溶质迁移通量与土壤水分通量和溶液浓度有关,可表示为

$$J_c = qc \tag{4.32}$$

式中:J_c 为对流引起的溶质通量,$kg/(m^2 \cdot s)$;q 为土壤水流通量,m/s;c 为溶质浓度,kg/m^3。

(2) 分子扩散。分子扩散是由于分子热运动所引起的盐分混合和分散作用,其运移方向是由浓度高处向浓度低处运移。土壤溶质扩散服从菲克(Fick)第一定律,即

$$J_{ds} = -D_s \frac{\partial c}{\partial z} \tag{4.33}$$

式中:J_{ds} 为在土壤中溶质扩散通量,$kg/(m^2 \cdot s)$;D_s 为在土壤溶质扩散系数,是土壤含水量的函数,m^2/s;z 为垂向坐标,m。

4.2.3.2 土壤溶质穿透曲线的活塞流模型

活塞流是一种最为简单而理想的溶质迁移模式,将土壤孔隙概化成为一个直径为 D 的圆形直管,圆管为水分所充满,不考虑管内水分流速分布,水与溶质的迁移速度为 v。活塞流模型认为土壤溶质迁移不受土壤孔隙分布特性的影响,仅有对流作用,并不考虑分子扩散作用。对于饱和土壤溶质穿透曲线(图 4.13),示踪元素的出流浓度表示为

$$\begin{cases} c(t) = 0, L > vt \\ c(t) = c_0, L \leqslant vt \end{cases} \tag{4.34}$$

式中:L 为试验土柱长度,m;c_0 为示踪元素浓度,kg/m^3;$c(t)$ 为示踪元素出流浓度,kg/m^3;t 为输入溶质时间,s。

活塞流在实际中并不存在,但其可以作为认识土壤溶质迁移机制的对比形式。即以活塞流为对照,分析孔隙流速分布和分子扩散对土壤溶质迁移的作用程度。

4.2.3.3 土壤溶质穿透曲线的单毛管模式

Taylor(1951)将土壤孔隙概化成为相当于直径为 D 的直毛管。根据层流理论,任意断面水流速分布为

$$v = 2v_0 \left(1 - \frac{r^2}{R^2}\right) \tag{4.35}$$

式中:v 为任意半径 r 所对应的流速,m/s;v_0 为管流平均流速,m/s;R 为毛管的半径,m。

对于饱和土壤的易混置换过程，如不考虑分子扩散作用，对于任意断面溶质质量平衡方程表示为

$$\pi R^2 v_0 c(t) = c_0 \int_0^{r_1} 2\pi r v \mathrm{d}r \tag{4.36}$$

土壤溶质穿透曲线表示为

$$\frac{c(t)}{c_0} = 1 - \left(\frac{L}{2tv_0}\right)^2 = 1 - \left(\frac{T_e}{2t}\right)^2 = 1 - \left(\frac{B_e}{2}\right)^2 \tag{4.37}$$

式中：$c(t)$ 为出流溶质浓度，kg/m^3；c_0 为输入溶质浓度，kg/m^3；L 为试验土柱长度，m；T_e 为平均穿透时间，s；B_e 为孔隙体积数。

式（4.37）中的平均穿透时间 T_e 为 L/v_0，最小穿透时间 $T_{\min}$ 为 $T_e/2$，即最小穿透时间是穿透时间的一半。单毛管模型所描述的最小穿透时间和出流浓度与土壤特性无关，这与实际情况不相符。但该模型也提示人们需要进一步分析土壤孔隙流速分布，建立相应土壤溶质迁移模型。Taylor（1953）提出了考虑分子扩散作用的模式，认为对于圆形水平土柱溶质在迁移过程中存在轴向扩散，为对流弥散理论发展奠定基础。

4.2.3.4 土壤溶质穿透曲线的毛管束模型

假定土壤孔隙是由一系列大小不同的毛管所组成，毛管直径分布服从土壤水分特征曲线。同时，土壤中存在相对不动水体和可动水体，并且两者的质量交换是一个瞬时质量交换过程。土壤溶质迁移主要由对流作用引起，同时分子扩散作用可忽略。利用 Brooks-Corey（1964）公式描述土壤含水量与土壤吸力间的关系：

$$S = \frac{\theta - \theta_r}{\theta_s - \theta_r} = \left(\frac{h_d}{h}\right)^N \tag{4.38}$$

式中：S 为饱和度；其他符号意义同式（4.14）。

根据 Hagen-Poiseuille 理论，某一尺寸毛管的导水率可表示为

$$k_h = \frac{Te^2 S^{\frac{2}{N}}}{2ugh_d^2} \tag{4.39}$$

式中：k_h 为与饱和度相应的毛管导水率，m/s；e 为表面张力，kg/s^2；u 为水动力黏滞系数，$kg \cdot s/m$；g 为重力加速度，m/s^2；T 为孔隙的弯曲系数，是土壤水饱和度的函数。

$$T = \lambda S^\gamma \tag{4.40}$$

式中：λ 为一个常数；γ 为与土壤孔隙连接性有关的参数。

根据毛管导水率与土壤饱和导水率间关系，将任意毛管导水率表示为

$$k_h = \frac{[2 + (\gamma + 1)N]k_s S^{\frac{2}{N} + \gamma}}{N(\theta_s - \theta_r)} \tag{4.41}$$

式（4.41）可变为

$$\frac{k_h}{k_s/(\theta_s - \theta_r)} = \frac{[2 + (\gamma + 1)N]S^{\frac{2}{N} + \gamma}}{N} \tag{4.42}$$

式中：$k_s/(\theta_s-\theta_r)$ 代表土壤孔隙平均流速，m/s；其他符号意义同前。

由于 k_h 代表毛管流速，土壤毛管流速分布为

$$v = \frac{[2+(\lambda+1)N]v_0 S^{\frac{2}{N}+\gamma}}{N} \tag{4.43}$$

其中 $v=k_h, v_0=k_s/(\theta_s-\theta_r)$

对于易混置换过程（图 4.15），在饱和土柱中任意距离 x，土壤溶质质量平衡方程可表示为

$$c(x,t)v_0 = c_0\int_s^1 k_h dS = c_0\int_s^1 \frac{[2+(\gamma+1)N]v_0 S^{\frac{2}{N}+\gamma}}{N}dS = c_0 v_0 - c_0 v_0 S^{\frac{2+(\gamma+1)N}{N}} \tag{4.44}$$

式中：$c(x,t)$ 为任意一点溶质浓度，kg/m^3；c_0 为示踪溶液浓度，kg/m^3。

由于 $v=x/t$，因而有

$$\frac{c(x,t)}{c_0} = 1 - \left\{\frac{Nx}{[2+(\gamma+1)N]tv_0}\right\}^{\frac{2+(\gamma+1)N}{2+\gamma N}} \tag{4.45}$$

当 x 等于土柱长度 L，令 $B_e = tv_0/L$，土壤溶质穿透曲线表示为

$$\frac{c(t)}{c_0} = 1 - \left\{\frac{N}{[2+(\gamma+1)N]B_e}\right\}^{\frac{2+(\gamma+1)N}{2+\gamma N}} \tag{4.46}$$

令 $D_1 = N/\{[2+(\gamma+1)N]B\}$，$D_2 = [2+(\gamma+1)N]/(2+\gamma N)$，式 (4.46) 变为

$$\frac{c(t)}{c_0} = 1 - \left(\frac{D_1}{B_e}\right)^{D_2} \tag{4.47}$$

在毛管束模型中包含两个特征参数，即最小穿透体积数和形状系数，其中 D_1 为最小体积数，D_2 为形状系数。D_1 和 D_2 是参数 γ 和 N 的函数，其中 N 反映了土壤孔隙分布特征，而 γ 与土壤孔隙连接有关。对于确定的土壤而言，N 可以通过土壤水分特征曲线来确定，m 一般认为是常数，根据 Mualem (1978) 研究结果，取 $\gamma = -2$，式 (4.45) 变为

$$\frac{c(t)}{c_0} = 1 - \left[\frac{N}{(2-N)B_e}\right]^{\frac{2-N}{2-2N}} \tag{4.48}$$

这样 $D_1 = N/(2-N)B$，$D_2 = (2-N)/(2-2N)$，其中 N 可通过土壤水分特征曲线确定。为了分析参数 B 对土壤溶质穿透曲线的影响，将不同 N 所对应的 c/c_0 点绘在图 4.17 上，由图 4.17 可知，最小穿透孔隙体积数随着 N 的增加而增加，而达到最大相

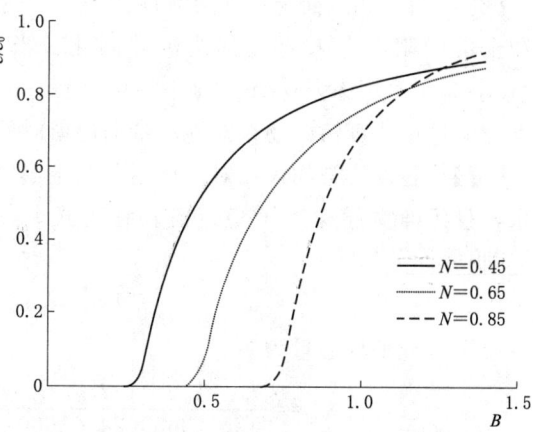

图 4.17 参数 N 对土壤溶质穿透曲线的影响

对浓度的体积数随 N 的增加而减小。随着土壤质地由粗变细，N 由大变小，相应的最小穿透体积数也随质地由粗变细而逐渐减小。

由毛管束模型可以看出，土壤溶质迁移与水分运动密切相关，如能准确描述土壤孔隙流速分布，就可以较好地描述土壤溶质迁移过程。但由于目前仍未建立非饱和土壤水分运动毛管束模型，直接影响了非饱和土壤溶质迁移模型的构建。因此，目前溶质迁移毛管模型仅限于饱和土壤情况下溶质迁移。

4.2.4 土壤溶质迁移对流弥散理论

4.2.4.1 土壤溶质迁移物理过程

为了发展可描述不同情形下土壤溶质迁移过程，对土壤溶质迁移过程进行概化，利用达西定律所描述水分通量表征对流过程，将孔隙流速分布所引发土壤溶质分散作用认为是机械弥散引起的。按照对流弥散理论假定，土壤溶质迁移的物理过程主要包括对流、分子扩散和机械弥散三个物理过程。

1. 对流

溶质对流通量与其在水流中的浓度成正比，即

$$J_c = qc \tag{4.49}$$

式中：J_c 为单位时间内通过土壤单位横截面的溶质通量，$kg/(m^2 \cdot s)$；q 为土壤水流通量，m/s；c 为单位体积溶液中溶质质量（浓度），kg/m^3。

溶质通量可表示为

$$J_c = v\theta c \tag{4.50}$$

式中：v 为土壤孔隙水流速，m/s；θ 为体积含水量，m^3/m^3。

综合式（4.49）和式（4.50），土壤孔隙水流速可表示为

$$v = q/\theta \tag{4.51}$$

在一些情况下可以利用对流作用近似估算溶质在土壤中停留时间，如溶质在厚度为 L 的土层中的平均停留时间 t_r 可表示为

$$t_r = L/v \tag{4.52}$$

【例 4.3】 如地面上存在溶解性污染物，污染物不可降解、不挥发、不被作物吸收和土壤吸附，也未通过其他机理固化。当地每年的降水量为 1.5m，蒸发量为 1.25m，地下水埋深为 0.2m，地下水位以上的非饱和带平均体积含水量为 $0.25m^3/m^3$，根据对流过程估算污染物在非饱和带的停留时间及到达地下水所需要的时间。

【解】 假设污染物仅在对流作用下在土壤中垂直向下运动，流经非饱和带到达地下水，且污染物迁移属于稳定流。利用式（4.51）计算污染物的平均孔隙水速度 v_m，即

$$v_m = q/\theta$$

土壤水分平均通量为

$$v_m = \frac{1.5 - 1.25}{0.25 \times 365 \times 24 \times 3600} = 3.17 \times 10^{-8} (m/s)$$

污染物在非饱和带中平均停留时间 t_r

$$t_r = \frac{L}{v_m} = \frac{20}{3.17\times 10^{-8}} = 6.3\times 10^8 (\text{s})$$

因此,污染物在 20 年后会到达地下水。

2. 分子扩散

在土壤中,分子扩散路径受到土壤含水量和孔隙弯曲性影响,土壤中的溶质扩散系数小于自由水中的扩散系数 D_0。土壤溶质扩散系数 D_s 与土壤体积含水量和孔隙弯曲性有关,并随着含水量的降低而减小。由于土壤孔隙弯曲性取决于土壤含水量,土壤溶质分子扩散系数可以表示为含水量的函数,即

$$D_s = D_0 a e^{b\theta} \tag{4.53}$$

式中:a 和 b 为经验系数。

Olsen 和 Kemper 认为土壤水吸力为 $30\sim1500\text{kPa}$,$b=10$,$a=0.001\sim0.005$,并且随着土壤黏性增大,a 值减小。

根据 Fick 第一定律,土壤中溶质的分子扩散通量可表示为

$$J_d = -D_s(\theta)\frac{dc}{dx} \tag{4.54}$$

3. 机械弥散

土壤中存在大小不一、形状各异的孔隙。水溶液在其流动过程中,流速大小和方向各不相同,使溶质分散并扩大运移范围,这种迁移现象称为机械弥散。机械弥散所引起的溶质迁移通量表示为

$$J_h = -D_h\frac{\partial c}{\partial z} \tag{4.55}$$

式中:J_h 为溶质机械弥散通量,$\text{kg}/(\text{m}^2\cdot\text{s})$;$D_h$ 为溶质机械弥散系数,m^2/s。

Bear(1972)认为在非团聚多孔介质中,机械弥散系数与平均孔隙水流速成正比,即

$$D_h = \omega v \tag{4.56}$$

式中:ω 为弥散度。

4. 水动力弥散

机械弥散和分子扩散作用在土壤中均引起溶质分散,但因微观流速不易测定,弥散与扩散作用也很难区别,同时两者所引起溶质迁移通量表达式的形式相同,在实际中常把两种作用联合考虑,称为水动力弥散作用。把分子扩散系数和机械弥散系数合称为水动力弥散系数 D_{sh},即

$$D_{sh}(\theta,v) = D_s(\theta) + D_h(v) \tag{4.57}$$

水动力弥散引起的溶质迁移通量表示为

$$J_{dh} = -D_{sh}\frac{\partial c}{\partial x} \tag{4.58}$$

式中:J_{dh} 为动力弥散所引起的溶质通量;D_{sh} 为动力弥散系数,$D_{sh} = aD_w e^{b\theta} + \omega v$。

5. 土壤溶质迁移通量

综合对流、分子扩散及机械弥散作用,土壤溶质迁移通量表示为

$$J = v\theta c - \left[D_{sh}(\theta,v)\frac{dc}{dx}\right] \tag{4.59}$$

式中：J 为单位时间内通过土壤单位横截面的迁移溶质的质量，$kg/(m^2 \cdot s)$；其他符号意义同前。

相对毛管理论可以看出，对流弥散理论中对流作用是指水流平均通量所携带的溶质，类似于活塞流，而毛管理论中对流是指每个毛管携带的溶质，因此毛管理论中对流作用包括对流弥散理论中对流和机械弥散。也就是对流弥散理论是借助达西定律，将土壤溶质迁移物理过程进行概化，有利于将现有土壤水分运动理论与土壤溶质迁移模型有机结合，便于实际应用。

4.2.4.2 土壤溶质迁移的对流弥散方程

将质量守恒原理和土壤溶质迁移通量方程相结合，建立土壤溶质迁移对流弥散方程。一维土壤溶质迁移的传统对流弥散方程表示为

$$\frac{\partial}{\partial t}(\rho c_s + \theta c) = \frac{\partial}{\partial z}\left(D_{dh}\frac{\partial c}{\partial z}\right) - \frac{\partial}{\partial z}(qc) \pm R_s \tag{4.60}$$

式中：ρ 为土壤容重，kg/m^3；θ 为土壤体积含水量，m^3/m^3；R_s 为溶质源汇项，$kg/(m^3 \cdot s)$。

对于饱和土壤或土壤水分运动处于稳定状态下，如不考虑汇源项，仅考虑线性等温吸附作用，对流弥散方程变为

$$\left(1+\frac{\rho K}{\theta}\right)\frac{\partial c}{\partial t} = D\frac{\partial^2 c}{\partial z^2} - v\frac{\partial c}{\partial z} = R\frac{\partial c}{\partial t} \tag{4.61}$$

式中：K 为线性等温吸附系数，m^3/kg；R 为滞留因子（$R=1+\rho K/\theta$），土壤溶质迁移速率为土壤水分运动速率除以 R。

对于稳定条件下的土壤溶质迁移的对流弥散方程大多可以获得其解析解，而非稳定土壤溶质迁移对流弥散方程通常采用数值计算方法进行求解，可以利用 HYDRUS 等软件进行模拟分析。

4.3 土壤热传递的基本原理

地球上热量来源于太阳辐射，太阳辐射使土壤表层温度上升，并向土壤传递热量，使下层土壤温度逐步提高。在冬季或夜间，辐射能较少，土壤温度相对地表或空气温度高，所形成的温度梯度使土壤向空气中传递热量，导致土壤温度降低。通常将土壤吸收和散发热量过程称为土壤热流或热量交换，土壤热交换是决定土壤温度变化的基本过程。因此，土壤热传递特征和温度变化不仅取决于外部因素，还与土壤热特性与热传递密切相关。

4.3.1 土壤热性质

土壤热性质主要包括土壤热容量、导热率和热扩散率。

4.3.1.1 土壤热容量（soil heat capacity）

土壤热容量是指单位质量或单位体积土壤的温度升高或降低 1℃时土壤热量的变

化量，也称土壤的比热容。有两种表达方式：一是土壤质量热容量，二是土壤体积热容量。其大小与土壤固、液、气相组成及各自热容量有关，土壤中不同成分的密度和热容量见表 4.1。土壤体积热容量 C 是不同成分的体积热容量之和，表示为

$$C=\sum f_s C_s + f_w C_w + f_a C_a \tag{4.62}$$

式中：C 为土壤体积热容量；f_s 为土壤中固体的体积含量；f_w 为土壤中液体的体积含量；f_a 为土壤中气体的体积含量；C_s 为土壤中固体的体积热容量；C_w 为土壤中液体的体积热容量；C_a 为土壤中气体的体积热容量。水、空气和土壤固体中的组成物质的体积热容量定义为物质的密度与质量热容量的乘积（如 $C_w = \rho_w c_{mw}$，$C_a = \rho_a c_{ma}$，$C_s = \rho_s c_{ms}$）。

表 4.1　　　　　　　　土壤不同成分密度以及热容量

成分	密度		热容量	
	g/cm³	kg/m³	cal/(cm³·℃)	J/(cm³·K)
石英	2.66	2.66×10³	0.48	2.0×10⁶
其他矿物质	2.65	2.65×10³	0.48	2.0×10⁶
有机质	1.30	1.30×10³	0.6	2.5×10⁶
水	1.00	1.00×10³	1.0	4.2×10⁶
冰	0.92	0.92×10³	0.45	1.9×10⁶
空气	0.00125	1.25	0.003	1.25×10³

土壤中大部分矿物组成的密度（约为 $2.65\times10^3 \text{kg/m}^3$）以及热容量 [约为 $2.0\times10^6 \text{J/(cm}^3\cdot\text{K)}$] 几乎相同。由于很难将土壤中不同有机物区分开，因此通常将有机质作为一个整体计算其热容量（土壤有机质平均密度为 0.5g/cm^3 或 $1.3\times10^3 \text{kg/m}^3$），平均热容量为 $2.5\times10^6 \text{J/(cm}^3\cdot\text{K)}$。水的热容量比土壤固体矿物质热容量的 2 倍还要大，为 $4.2\times10^6 \text{J/(cm}^3\cdot\text{K)}$。空气密度仅为水的 1/1000，对土壤的热容量贡献不大，一般可以忽略不计。因此有

$$C = f_m C_m + f_o C_o + f_w C_w \tag{4.63}$$

式中：下角 m、o 和 w 分别表示矿物质、有机质及水，且 $f_m + f_o + f_w = 1 - f_a$。总孔隙度为液态水所占的体积和土壤空气所占的体积之和，$f = f_a + f_w$。C_m、C_o 和 C_w 的近似平均值分别为 $1.92\text{MJ/(cm}^3\cdot\text{K)}$、$2.4\text{MJ/(cm}^3\cdot\text{K)}$ 和 $4\text{MJ/(cm}^3\cdot\text{K)}$。

土壤体积热容量也可以根据土壤质量热容量进行计算，土壤体积热容量和质量热容量间关系为

$$C_v = \rho_{ws} c_p \rho_b (1 + \theta_m) \tag{4.64}$$

式中：C_v 为土壤体积热容量；c_p 为质量热容量；ρ_b 为土壤容重；θ_m 为质量含水量。

土壤体积热容量进一步表示为

$$C_v = \rho_b (c_{pav} + \theta_m c_{pw}) \tag{4.65}$$

式中：c_{pav} 和 c_{pw} 分别为土壤固体组成成分的平均质量热容量 [$837\text{J/(kg}\cdot\text{℃)}$] 和水的质量热容量 [$4190\text{J/(kg}\cdot\text{℃)}$]。

式 (4.65) 可表示为

$$C_v = \rho_b(0.837 + 4.19\theta_m) \quad [MJ/(m^3 \cdot ℃)] \tag{4.66}$$

【例4.4】 分别计算土壤密度为 $1.46g/cm^3$、完全干燥时及饱和时的体积热容量。假设土颗粒的密度为 $2.60g/cm^3$，有机质体积占固体体积的10%。

【解】 土壤孔隙率为

$$f = (\rho_s - \rho_b)/\rho_s = (2.60 - 1.46)/2.60 = 0.44$$

因此固体体积含量为 $1 - 0.44 = 0.56$，有机质含量占固体体积的10%，矿物质含量为

$$f_m = 0.56 \times 0.9 = 0.504$$

有机质体积含量为 $\quad f_o = 0.56 \times 0.1 = 0.056$

$$C = \sum f_{si} C_{si} + f_w C_w + f_a C_a$$

$$C = f_m C_m + f_o C_o + f_w C_w$$

式中：f_m、f_o 和 f_w 分别为矿物质、有机质及水的体积含量；C_m、C_o 和 C_w 分别为每种成分的热容量，即矿物质 $0.48cal/(cm^3 \cdot ℃)$，有机质 $0.6cal/(cm^3 \cdot ℃)$，水 $0.48cal/(cm^3 \cdot ℃)$，土壤完全干燥情况下：

$$C = (0.48 \times 0.504) + (0.60 \times 0.056) = 0.27 [cal/(cm^3 \cdot ℃)]$$

土壤饱和情况下，水分体积含量等于孔隙率，因此

$$C = (0.48 \times 0.504) + (0.44 \times 1) = 0.6823 [cal/(cm^3 \cdot ℃)]$$

空气在体积热容量的计算中所占比重很小，可以忽略不计。

4.3.1.2 土壤导热率（soil thermal conductivity）

土壤导热率 κ 是指单位时间单位温度梯度作用下通过单位面积土壤的热量。不同质地的土壤导热率相差较大，见表4.2。其大小取决于矿物组成及含量以及有机质、水和空气的体积含量。由于空气的导热率比固体及水小得多，空气含量高时对应的土壤导热率低，见表4.3。

表4.2 土壤组成成分的导热率

成 分	土 壤 导 热 率	
	$J/(cm \cdot s \cdot K)$	$J/(m \cdot K)$
石英	87.9（10℃）	36.84
其他矿物质	29.3（10℃）	12.14
有机质	2.51（10℃）	1.05
水	5.73（10℃）	2.39
冰	21.77（0℃冰）	9.21
空气	0.25（10℃）	0.10

表4.3 不同类型土壤的平均导热率

类型	孔隙率	体积含水量 /(cm^3/cm^3)	导热率 /$[10^{-3}J/(cm \cdot s \cdot ℃)]$	体积热容量 /$[J/(cm^3 \cdot ℃)]$	阻尼深度 /cm
砂土	0.4	0.0	2.93	1.26	8.0
		0.2	17.58	2.09	15.2
		0.4	21.77	2.93	14.3

4.3 土壤热传递的基本原理

续表

类型	孔隙率	体积含水量 /(cm³/cm³)	导热率 /[10⁻³J/(cm·s·℃)]	体积热容量 /[J/(cm³·℃)]	阻尼深度 /cm
黏土	0.4	0.0	2.51	1.26	7.4
		0.2	11.72	2.09	12.4
		0.4	15.91	2.93	12.2
泥质土壤	0.8	0.0	0.59	1.47	3.3
		0.4	2.93	3.14	5.1
		0.8	5.02	4.81	5.4

4.3.1.3 土壤热扩散率 (soil thermal diffusivity)

土壤热扩散率 D_h 定义为单位时间内单位温度梯度单位体积土壤温度的变化。土壤热扩散率和热容量存在一定关系,具体表示为

$$D_h = \kappa/\rho c_s = \kappa/C_v \tag{4.67}$$

4.3.1.4 土壤热特性确定方法

随着对土壤热特性认识的深入,发展了不同方式的土壤热特性确定方法,概括起来可分为直接测定法和间接推求法。直接测定法是利用相关设备直接测定土壤热容量、导热率和热扩散率。近年来发展的热脉冲技术,为田间快速测定土壤热特性提供了有效方法。同时,为了利用土壤基础理化性质,如颗粒组成、容重和有机质含量,估算土壤热特性,建立了土壤热特性与颗粒组成、容重和有机质含量间关系。

4.3.2 土壤热传递

土壤热传递 (soil heat transfer) 主要包括两种物理过程:①在温度梯度作用下,引起的土壤热传递;②由水和气传输引起的热对流过程。为了了解土壤自身热传输特征,着重介绍热传递基本特征。

资源 4.6
土壤热容量
和传导参数
测定方法

根据热传导第一定律(傅里叶定律),热量在均匀介质中的传播方向与温度梯度相同,大小与温度梯度成正比

$$q_h = -\kappa \nabla T \tag{4.68}$$

式中:q_h 为热通量(单位时间内通过单位横截面的热量),J/(s·m);κ 为导热率,J/(s·m·K);∇T 为温度梯度,K/m。一维形式热传递通量为

$$q_h = -\kappa_x \frac{dT}{dx} \text{ 或 } q_h = -\kappa_z \frac{dT}{dz} \tag{4.69}$$

式中:$\frac{dT}{dx}$ 为温度在 x 方向的梯度,K/m;$\frac{dT}{dz}$ 为土壤深度垂直方向的温度梯度,K/m。

式(4.68)和式(4.69)中的负号表示热量流动方向与温度梯度方向相反。

根据能量平衡原理,在与外界热量隔绝时,单位体积元导热介质中热量随时间的变化率等于热通量随距离的变化:

$$\rho c_m \frac{\partial T}{\partial t} = -\nabla q_h \tag{4.70}$$

式中：ρ 为质量密度（单位体积的总质量，在湿润土壤中包括水的质量）；c_m 是不同物质的单位质量热容量；ρc_m（常用 C 表示）为体积热容量。式（4.70）的三维形式为

$$\rho c_m \frac{\partial T}{\partial t} = -\left(\frac{\partial q_x}{\partial x} + \frac{\partial q_y}{\partial y} + \frac{\partial q_z}{\partial z}\right) \tag{4.71}$$

式中：x、y、z 为坐标方向。热传导第二定律可表示为

$$\rho c_m \frac{\partial T}{\partial t} = \nabla(\kappa \nabla T) \tag{4.72}$$

一维热传递方程为

$$\rho c_m \frac{\partial T}{\partial t} = \frac{\partial}{\partial x}\left(\kappa \frac{\partial T}{\partial x}\right) \tag{4.73}$$

如利用热扩散形式表现，则热传递方程表示为

$$\frac{\partial T}{\partial t} = \frac{\partial}{\partial x}\left(D_h \frac{\partial T}{\partial x}\right) \tag{4.74}$$

如 D_h 为常数，并不随距离而变化，方程（4.74）可简化为

$$\frac{\partial T}{\partial t} = D_h \frac{\partial^2 T}{\partial x^2} \tag{4.75}$$

【例 4.5】 土样上部 10cm 厚的土层中热通量维持在 10^{-3} cal/(cm^2·s)，土样底部是绝热的，计算温度随时间的变化率及当土样的密度为 1.2g/cm^3，热容量是 0.6cal/(g·℃) 时每小时上升的温度。

【解】 采用方程 $\rho c_m \frac{\partial T}{\partial t} = -\nabla q_h$ 的离散形式 $\frac{\partial T}{\partial t} = \frac{\Delta q_h}{\Delta x} \frac{1}{\rho c_m}$ 进行求解。温度随时间的变化率为

$$\frac{\partial T}{\partial t} = \frac{10^{-3}}{10} \times \frac{1}{1.2 \times 0.6} = 1.39 \times 10^{-4} (\text{℃/s})$$

4.3.3 土壤温度变化

1. 土壤温度变化特征

田间土壤热量主要来自太阳辐射，而太阳辐射随时间和季节变化而变化，引起土壤温度呈现日内、月内和年内变化。虽然土壤温度变化受到多种因素影响，但表现出有规律的波动。通常可利用正弦或余弦波来描述土壤任意深度温度日内或年内变化过程，具体公式为

$$T(z,t) = T_A(z) + A(z)\sin[\omega t + \phi(z)] \tag{4.76}$$

式中：T_A 为日或年平均温度，℃；$A(z)$ 为温度变幅，℃；$\phi(z)$ 为相位；ω 为角频率；z 为深度，m。

假定平均温度为表面土壤温度，不随深度变化，根据土壤热传导方程可以获得任意时刻和深度土壤温度变化的表达式：

$$T(z,t) = T_A + A\exp\left(\frac{z}{d}\right)\sin\left(\omega t + \phi + \frac{z}{d}\right) \tag{4.77}$$

其中
$$d = \sqrt{\frac{2\alpha_T}{\omega}} \qquad (4.78)$$

式中：d 为特征深度，m；α_T 为热扩散系数。

2. 土壤温度影响因素

土壤温度变化受到太阳辐射、植被状况、农田耕作、种植模式、灌溉排水等的影响。土壤温度与气温之间存在密切关系，气温高土壤温度也相应增加。土壤温度状况也受到土壤水分状况的变化而改变，灌溉水温度会引起土壤温度的变化，因此可以通过灌溉调节土壤温度。地面覆盖改变了大气热量与土壤热量交换，一般塑料膜覆盖增加土壤温度 2℃ 左右，而秸秆覆盖会降低土壤温度。同时，土壤温度随深度变化而变化，一般随着深度增加，土壤温度日变化幅度减小，而且外部因素对其作用相对减弱。

4.3.4 土壤热状况调控方法

土壤温度随气象因子的变化而发生变化，例如早春低温、夏季热害、秋季寒露以及冬季冻害等不良气候都会影响作物生长的适宜土壤温度。因此，当不良气候尤其是灾害性天气出现时，就应采取各种措施，有效调节和改善土壤温度。

常用的土壤热状况调控方法有镇压、松土、中耕、覆盖、灌溉、排水等。镇压、灌溉等措施，改变了浅层土壤的热特性，可使土壤的热容量增大，导热性增加，因而可缓和土壤温度的变化幅度。松土、中耕加速了土壤温度的变化，如早春时节松土层的温度更易升高，利于种子和幼苗的生长，中耕也有利于提高地温。覆盖可分为地膜覆盖、秸秆覆盖及砂石覆盖等。地膜覆盖具有增温、保温和保水功能，防止土壤板结等作用；秸秆（稻草、树叶等）覆盖缓和了土壤温度的快速变化，具有抑蒸、保水、促进气体交换等作用；砂石覆盖具有增温快、通气性良好等特点。

4.4 土壤气体传输基本原理

土壤空气主要存在于土壤孔隙中，不断在土壤孔隙中运动，并与大气间进行气体交换。土壤空气是影响土壤肥力的主要因素之一，并直接影响作物的种子萌发、出苗及后期生长与成熟。同时土壤中的物理、化学和生物过程大多与土壤空气密切相关。

4.4.1 土壤空气组成及物理状态

土壤空气组成取决于微生物与作物根系的呼吸速率、二氧化碳和氧气在水中的溶解度以及土壤与近地大气之间的气体交换速率。由于根系呼吸、耗氧微生物代谢等过程消耗了土壤中的氧气，土壤空气中的氧含量低于大气。由于二氧化碳是作物根系呼吸及微生物对土壤中含碳有机化合物分解的产物，因此土壤空气中二氧化碳浓度大于大气中二氧化碳浓度。对于透气性较好的土壤，土壤空气组成与近地大气组成相近。当透气性较差时，土壤中还会产生硫化氢和甲烷等还原性气体。

4.4.2 土壤气体传输方程

气体在土壤中传输主要包括两个物理过程，即对流和扩散。对于对流过程，动力由总气压梯度组成，空气由高压区向低压区运动。对于扩散过程，动力是混合空气组分间浓度梯度，气体从高浓度区向低浓度区传输，直到气体作为一个整体时才达到等压和静止状态。

1. 气体对流（gas convection）

由于土壤空气与近地大气压力差，土壤内部气压差而引起空气进入或逸出土体及其在土壤内部传输过程称为对流。土壤气体对流过程是由气体压力梯度引起的，气体对流通量表示为

$$J_c = -K_a \frac{dP}{dz} \tag{4.79}$$

式中：J_c 为空气通量，m/s；P 为空气压力，m；K_a 为导气率，m/s；z 为坐标，m。

气体通量与压力梯度和导气率成正比，式（4.79）描述了以质量为单位的对流通量方程，而体积通量方程表示为

$$J_c = -\rho K_a \frac{dP}{dz} \tag{4.80}$$

式中：ρ 为土壤空气密度，kg/m^3。

土壤空气对流通量与气压差和导气率成正比，与温度成反比。在近地面，由于气温、灌溉、排水和农业耕作措施改变大气和土壤温度及土壤内部气体压力分布，进而也会引起气体对流作用的改变。土壤导气率体现了土壤本身的导气特征，与充气孔隙数量和连通性密切相关。

2. 土壤气体扩散（soil gas diffusion）

气体扩散通量常用菲克定律描述，表示为

$$J_d = -D_a \frac{\partial C_g}{\partial z} \tag{4.81}$$

式中：D_a 为空气扩散率，m^2/s；J_d 为空气扩散通量，m/s。

土壤通气孔隙的弯曲性和连通性，增加了空气扩散路径，因此土壤空气的扩散系数比大气小。利用土壤孔隙弯曲系数 ξ_g 校正大气扩散系数，获得土壤空气扩散通量方程：

$$J_g = \xi_g D_a \frac{\partial C_g}{\partial z} = -D_s \frac{\partial C_g}{\partial z} \tag{4.82}$$

式中：$D_s = \xi_g D_a$ 为土壤气体扩散率，m^2/s。

3. 气体传输方程

气体传输基本方程同样由质量守恒原理与气体通量方程联合获得。如果仅考虑气体的对流作用，可压缩气体的连续方程表示为

$$\frac{\partial \rho}{\partial t} = -\frac{\partial J_c}{\partial z} \tag{4.83}$$

变换为

$$\frac{m}{RT} \frac{\partial \rho}{\partial t} = \frac{\partial}{\partial z}\left(\rho K_a \frac{\partial P}{\partial z}\right) \tag{4.84}$$

如果 ρK_a 视为常数，则上式简化为

4.4 土壤气体传输基本原理

$$\frac{m}{RT}\frac{\partial \rho}{\partial t} = \rho K_a \frac{\partial}{\partial z}\left(\frac{\partial P}{\partial z}\right) \tag{4.85}$$

如果仅考虑土壤气体扩散过程，连续方程可以表示为

$$\frac{\partial ac_g}{\partial t} = -\frac{\partial J_g}{\partial z} \tag{4.86}$$

将气体扩散通量方程代入，得到考虑扩散作用的连续方程：

$$\frac{\partial ac_g}{\partial t} = \frac{\partial}{\partial z}\left(D_s \frac{\partial c_g}{\partial z}\right) \tag{4.87}$$

4.4.3 土壤中的气体扩散率

土壤气体扩散率 $D_g^s = \xi_g D_g^a$ 受到弯曲系数 ξ_g 的影响。为了分析弯曲系数 ξ_g 的变化特征，通常将弯曲系数 ξ_g 与土壤空气含量 a 建立关系。Buckinghan（1904）提出的公式为 $\xi_g = \varepsilon a$，ε 为常数，Penman（1940）建议 ε 取 0.66。Flegg（1953）研究了 $0.35 < a < 0.73$ 范围内的透气特性，得到的 ε 值在 $0.35 \sim 0.89$ 范围内。van Bavel（1952）用孔隙度为 0.355 的土壤测得 ε 的值为 0.61。Marshall（1958）得到风干土的非线性关系 $\xi_g = \varepsilon^{3/2}$，而 Wesseling（1962）建议 $\varepsilon = 0.9a - 0.1$。

4.4.4 土壤导气率

4.4.4.1 土壤导气率影响因素

土壤导气率是土壤通气能力的表征指标之一，受到众多因素影响，如土壤质地、容重、结构、含水量、碎石、温度、改良剂、生物结皮、根系、植被群落等。

（1）土壤含水量和质地对导气率影响。土壤水分的增加必然导致土壤孔隙中气体含量下降，导气孔隙减少，从而影响土壤的通气状况。土壤导气率随含水量的增大而减小；含水量相同的情况下，土壤导气率随容重的增大而减小。随着土壤砂粒含量增加，土壤导气率增大。

（2）土壤结构对导气率的影响。原状土的导气率显著高于扰动土的导气率，原状土导气率的变化幅度明显高于扰动土，如图 4.18 所示。这说明扰动土的土壤孔隙结构破坏，导致对导气率起关键作用的孔隙显著减少。

（3）气温对导气率的影响。当地表温度低时，表层土壤导气率变化微小，当地表温度高时，土壤导气率变化稍大。一定程度上地表温度影响了地表土壤导气率，地表的导气率随温度的变化而变化，如图 4.19 所示。

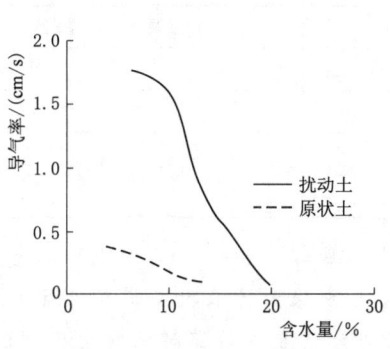

图 4.18 扰动土与原状土导气率

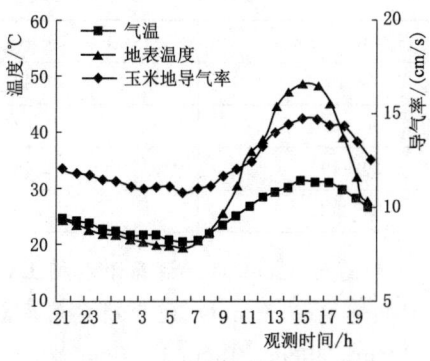

图 4.19 气温对导气率的影响

4.4.4.2 土壤导气率的调节

黏粒可通过改变作物（如根系）生长、土壤结构和微生物活动场所等方法调控土壤空气质量或土壤通气性，常见的方法包括灌溉与排水、施肥、耕作与作物栽培等。

(1) 灌溉与排水。灌溉与排水通过改变土壤的含水量、温度、盐分离子组成和含量、透气性，改善了根系和微生物生长环境，影响土壤气体交换过程。合理的灌溉与排水为作物生长营造了良好环境，作物根系和地上生物量增长加快，消耗的二氧化碳数量多也控制了甲烷等温室气体排放。

(2) 施肥。施肥增加了土壤N、P、K等营养元素含量，促进了作物根系生长和微生物活动，增加了土壤呼吸。而耕作通过改变土壤结构、孔隙分布和有机质含量，影响土壤与近地面气体交换过程。如地面覆膜阻碍了土壤气体交换，土壤微生物数量、植株根系数量大幅增加，根际CO_2含量达2.6%~5.5%，是裸地相应土层的3~5倍。

(3) 耕作与作物栽培。耕作改变了土壤容重和孔隙分布，进而影响土壤导气能力和气体交换能力。作物类型及其配套的栽培管理技术主要通过改变地表覆盖度、土壤有机质含量及其土壤结构和养分类型，影响了土壤气体的交换及排放过程。

思 考 与 练 习 题

1. 简述土壤水分类型与水分常数，说明土壤水分有效性与土壤水分常数之间关系。
2. 土壤体积含水量、土壤孔隙度与饱和度如何计算，相互之间如何换算？
3. 说明土水势的定义及其各分势的计算方法。
4. 某粉壤土农田的田间持水量平均为$0.42m^3/m^3$，灌溉前测定农田土壤剖面的容重和质量含水量随土层深度的变化见表4.4，请计算7.5cm灌水量在不造成地表径流的情况下，灌溉水所能浸湿的土壤厚度。如需要湿润的土壤厚度为50cm时，需要多少灌溉水量。

表4.4　　灌溉前不同土层的土壤容重和质量含水量测定结果

土壤深度/cm	土壤容重/(g/cm³)	土壤质量含水量/%
0~10	1.38	0.08
10~20	1.42	0.10
20~40	1.46	0.11
40~200	1.45	0.09

5. 一个高为60cm的土柱置于水槽上，此土柱底部（$z=0$）处于饱和状态（$h=0$），土柱顶部（$z=60cm$）处于稳定蒸发状态，5支张力计依次安装在土柱上（$z=10cm$、20cm、30cm、40cm和50cm处），待张力计读数不再随时间发生变化时，由下至上依次记录张力计的水柱高度读数为−20cm、−30cm、−50cm、−80cm、

−100cm，这时土柱顶部蒸发率（$E=0.60\text{cm/d}$）等于通过土柱的水流通量。请计算非饱和导水率$K(h)$。

6. 参考土壤水分运动基本方程的推导方法，请推导垂向一维土壤溶质迁移基本方程。

7. 土面蒸发过程受哪些因素影响，如何定量描述？

8. 简述土壤热特性主要影响因素。

第 5 章 作物水分生理与作物养分

作物生长发育不仅需要从土壤中吸收水分，还需吸收矿质元素，并加以同化利用。因此，理解作物水分生理及其对水分和养分的吸收利用，有利于合理调控土壤水肥状况，为作物生长营造适宜的土壤水肥条件。

5.1 水分对作物生长发育的作用

水分是植物体的主要组成物质，如原生质平均含水量为80%～90%，富含脂类和蛋白质的细胞器（如叶绿体和线粒体）中含有50%的水分。植物体中的水分含量也较高，如嫩叶的水分含量为80%～90%，根系含水量也达70%～95%，肉质果中水分占鲜重的85%～95%。即使成熟的种子（通常10%～15%）和某些脂肪含量高的种子（5%～7%）中也含有一定水分。因此，只有在一定的水分条件下，植物生命活动才能正常进行，否则植物生命活动就会受阻。将作物对水分的吸收、运输、利用和散失的过程称为作物水分关系。

5.1.1 水分对作物的生理作用

水分对作物的生理作用主要体现为以下几个方面：

（1）水分是细胞质的主要组成成分。植物细胞质的含水量一般达到80%以上才能使细胞质保持为溶胶状态，保障各种生理活动的正常进行。如含水量过低，会使细胞质由溶胶状态变为凝胶状态，细胞生命活动就会受到严重影响。

（2）水分是作物代谢作用的主要物质。水分是作物光合作用的主要物质，没有水分参与，光合作用就难以进行。同时，水分参与了作物体内各种生理生化过程，如作物细胞的分裂与延伸等生长过程都需要水分参与。

（3）水分是作物吸收和运输营养物质的溶剂。水分是良好的溶剂，不仅溶解土壤中营养物质，而且在水分传输同时将土壤中营养物质输送到作物的不同部位。

（4）水分使作物保持固有形态。植物细胞只有含有足够的水分才能保持一定的紧张度，使作物叶枝挺直，利于作物进行各种生理和生化过程。

5.1.2 水分对作物的生态作用

生态作用是指利用水分的特殊理化性质，为作物生长营造良好的环境条件。水分对作物生态作用主要体现在以下几个方面：

（1）水分是作物体温度的调节器。水的特殊理化性质为作物生命活动营造良好温度条件，如水的高比热有利于稳定作物体温，水的高汽化热有利于降低体温和避免高温危害，水的高介电常数有利于离子的溶解等。

（2）水分对可见光有良好的通透性。水良好的透光性有利于阳光通过无色的表层细胞进入叶肉组织细胞,并进行光合作用。

(3) 水分对作物生长环境的调节作用。水分可以增加大气湿度,改善土壤和近地面土壤的温度,有利于营造适宜作物生长的农田小气候。水分也是土壤有机质分解、养分转化、土壤微生物活动和盐分调控的主要参与者。同时,土壤水分状况也影响土壤耕作和生长环境。

5.1.3 作物生长发育对水分的需求

为了补偿农田作物蒸腾蒸发所需消耗的水量定义为作物需水量,为作物生长发育所需消耗的水量,可用作物生物产量和蒸腾系数的乘积表示,量纲为 kg/hm^2。由于作物生长发育与水分具有密切关系,作物需水量包括生理需水和生态需水,作物生长发育对水分的需求具有如下特点。

1. 不同作物对水分的需求量不同

由于作物生长特征及其对环境要求不同,对水分需求也不同。即使同一作物,生物量不同,需水量也不同。通常利用蒸腾系数来评估作物对水分的需要量,即以作物的生物产量乘以蒸腾系数作为作物生长的理论最低需水量。作物需水量不仅与实际生物量有关,而且与其水分生产效率有关。

【例 5.1】 一种作物的生物产量为 $1.5\times10^4 kg/hm^2$,其蒸腾系数为 500;另一种作物的生物产量为 $1\times10^4 kg/hm^2$,其蒸腾系数为 600,计算两种作物的最低需水量。

【解】 作物需水量 (kg/hm^2)=作物生物产量 (kg/hm^2)×蒸腾系数

作物 1 需水量=$1.5\times10^4\times500=7.5\times10^6 (kg/hm^2)$

作物 2 需水量=$1\times10^4\times600=6\times10^6 (kg/hm^2)$

2. 同一作物不同生育时期的需水量不同

在不同作物生育时期,同一作物对水分的需要量也存在较大差异。例如在早稻苗期,由于蒸腾面积较小,水分消耗量小。早稻进入分蘖期后,蒸腾面积增大,气温也逐渐升高,水分消耗量明显增大。在早稻孕穗开花期,蒸腾量达到最大值,耗水量也最大。早稻进入成熟期后,叶片逐渐衰老、脱落,水分消耗量又逐渐减少。因此,随着作物生长发育过程的进行,对水分需求量也在不断变化。

3. 作物水分存在临界期

作物水分临界期 (critical period of water) 是指作物在生命周期中,对水分缺乏最敏感、最易受害的时期。一般作物水分临界期多处于花粉母细胞四分体形成期,这个时期一旦缺水,会引起作物性器官发育不正常和产量减少。由于水分临界期缺水对作物产量产生显著影响,应确保农作物水分临界期的水分供应。

5.2 作物水分生理与水分传输

5.2.1 作物细胞与水分关系

作物细胞主要由无机物和有机物组成,有机物主要包括蛋白质、核酸、脂类和糖类;无机物主要包括水及少量其他的无机物。细胞中的无机物以离子状态或与某种有机分子结合形式存在。

5.2.1.1 作物体内细胞中水分存在状态

水分以束缚水和自由水形式存在于作物细胞内,其存在形式与细胞质密切相关。细胞质主要由蛋白质组成,占总干重60%以上。由于蛋白质分子大,其水溶液具有胶体的性质。同时,蛋白质分子的疏水基(如烷烃基、苯基等)存在于分子内部,而亲水基(如—NH_2、—COOH、—OH等)则存在于分子表面。亲水基对水具有较强的亲和力,易发生水合作用,使细胞质的胶体微粒具有显著的亲水性,并在其表面吸附大量的水分子,形成一层厚的水层。因此,水分子距离胶粒越近,受到的吸附力越强。靠近胶粒而被胶粒吸附束缚,不易自由流动的水分,称为束缚水;距离胶粒较远而可以自由流动的水分,称为自由水。事实上,这两种状态水分的划分是相对的,它们之间并没有明显的界限,如图5.1所示。自由水参与各种代谢活动,其含量影响作物的代谢强度。自由水占总含水量的比例越大,作物代谢越旺盛。虽然束缚水不参与代谢作用,但作物具有低微的代谢强度才能抵抗不良外界条件影响。因此,束缚水含量与作物抗性密切相关。

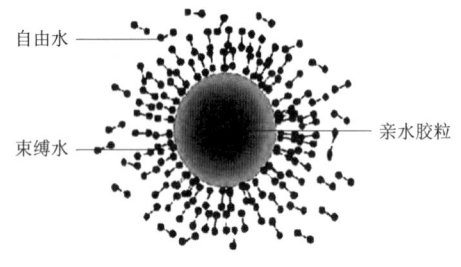

图 5.1 细胞胶粒的自由水和束缚水

5.2.1.2 作物细胞水分的能态

在正常生理状态下,作物细胞不断地进行着水分的吸收和散失,并在不同组织细胞间进行水分分配和调节。因此,水分总是在作物细胞内和细胞间不断地运动,并参与作物导管中的物质运输、气孔运动等生理活动。同时,水分运动也受到作物细胞生理活动的调节和控制。

细胞中水分运动如同其他情况下水分运动一样,具有一定的能量。细胞水势 ψ_{cw} 由四个分势组成,表示为

$$\psi_{cw} = \psi_{cs} + \psi_{cp} + \psi_{cg} + \psi_{cm} \tag{5.1}$$

式中:ψ_{cs} 为渗透势,m 或 MPa;ψ_{cp} 为压力势,m 或 MPa;ψ_{cg} 为重力势,m 或 MPa;ψ_{cm} 为基质势,m 或 MPa。

1. 渗透势(osmotic potential)

渗透势亦称溶质势,由于溶质分子或离子的存在,增加了系统的无序性,降低了水自由能,使其水势低于纯水的水势。对于非解离物质的稀溶液,渗透势可由范特霍夫(Van't Hoff)方程计算,表示为

$$\psi_{cs} = -RTC_s \tag{5.2}$$

式中:R 为气体常数,8.32J/(mol·K);T 为热力学温度,K;C_s,溶质的浓度,mol/L;负号表示溶解的溶质降低溶液的水势;1kJ/L=1MPa。

在计算溶质势时,要区别离子或者分子存在的状态,如果溶质溶解为两个或多个离子,其渗透效应数将相应地以溶解后的离子数进行计算。

【例5.2】 将0.1mol的葡萄糖溶于1L水后,浓度为0.1mol/L;将0.2mol的

NaCl溶于1L水后，浓度为0.2mol/L。计算温度在20℃（293K）时，葡萄糖溶液和NaCl溶液的渗透势。

【解】 葡萄糖溶液：$\psi_s = -8.32\text{J}/(\text{mol}\cdot\text{K}) \times 293\text{K} \times 0.1\text{mol/L} = -244\text{J/L} = -0.244\text{MPa}$

NaCl溶液：$\psi_s = -8.32\text{J}/(\text{mol}\cdot\text{K}) \times 293\text{K} \times 0.2\text{mol/L} = -0.488\text{MPa}$

2. 压力势（pressure potential）

压力势是由于溶液静水压力（hydrostatic pressure）所增加的溶液的水势。静水压依据溶液压强与周围压强的差值来确定。压力势可为正值也可为负值。在作物细胞内，正的静水压强常称为膨压（turgor pressure）。作物细胞的膨压是由细胞吸水后，相对较为刚性的细胞壁对细胞体积的限制所造成的，此时作物细胞的$\psi_{cp} > 0$。作物细胞脱水过程中，原生质体萎缩至与细胞壁相互作用消失，即膨压丧失，此时$\psi_{cp} = 0$。但某些情况下压力势也可以是负值，如蒸腾作用较强的作物中，死的木质部导管中溶液处于负压力状况，这是水的长距离运输的重要动力之一。

3. 重力势（gravity potential）

重力势是由于重力作用所引起的水势变化量。重力势增加了细胞水分的自由能，提高水的势能，表示为

$$\psi_{cg} = h \tag{5.3}$$

式中：h为细胞水的相对参考状态时的高度，m或MPa。

考虑到水分在细胞之间的移动较慢，与渗透势和压力势相比，重力势通常省略不计。

4. 基质势（matric potential）

基质势是由于亲水衬质与水分子的相互作用使水的自由能降低的那部分水势。例如，当水分子附着在细胞壁、细胞内亲水蛋白质或其他物质表面时，会形成一到两个水分子厚度的薄层，并在细胞壁中的微小孔道内形成毛细管，毛细管作用使水的自由能降低。一般情况下，特别是水合的细胞和细胞壁的基质势常可忽略或者作为压力势被扣除。

在叶片蒸发表面细胞壁的微毛细管中，所保持的水分具有负压，称为壁基质势。而干种子的基质势很低，可达-100MPa。

在大多数情况下，细胞水势只考虑渗透势和压力势。对于具有液泡的细胞，水势可以表示为

$$\psi_{cw} = \psi_{cs} + \psi_{cp} \tag{5.4}$$

【例5.3】 当纯水和0.1mol/L蔗糖溶液同时置于大气压力条件时，分别计算纯水和0.1mol/L蔗糖溶液的水势。

【解】 当纯水置于大气中时，其静水压与大气压力相同，因此$\psi_{cp} = 0$，$\psi_{cs} = 0$，这样水势$\psi_{cw} = \psi_{cs} + \psi_{cp} = 0$；而0.1mol/L蔗糖的$\psi_{cs}$为-0.244MPa，$\psi_{cp}$为0，此时溶液的水势$\psi_{cw} = \psi_{cs} + \psi_{cp} = -0.244\text{MPa}$。

因此，当溶液置于大气压力条件时，$\psi_{cw}=\psi_{cs}$，即水势等于渗透势。

5.2.1.3 细胞间水分运动

1. 水分运动的物理过程

水分总是从水势高的位置向水势低的位置移动，细胞间水分运动主要包括三方面物理过程：分子扩散、渗透和集流。

（1）分子扩散（diffusion）。由热力学运动或随机的动力学活性所引起的分子从某一位置移动到另一位置的运动称为分子扩散。作物内水分子是从水势高的部位向水势低的部位扩散，其分子扩散通量符合菲克第一定律，即

$$J_s = -D_s \frac{dC_s}{dx_s} \tag{5.5}$$

式中：J_s 为分子扩散通量，指单位时间内水分扩散通过单位面积的数量，$mol/(m^2 \cdot s)$；D_s 称为分子扩散系数，m^2/s，是物质在一定系统中扩散的比例常数。一般分子质量较大的分子，具有较小的扩散系数。此外，分子扩散系数也与扩散介质有关。

在作物细胞尺度距离内，分子扩散作为物质运输的有效方式，但在作物体长距离运移中，分子扩散作用相对较小。例如，一个葡萄糖分子扩散通过直径为 $50\mu m$ 的细胞大约需要 $2.5s$。然而，相同的葡萄糖分子在水中扩散 $50\mu m$，则需要 32 年左右。

（2）渗透（osmosis）。当溶液被半透膜分隔为两个部分，溶质无法跨膜运动时，溶剂的跨膜扩散运动称为渗透，如图 5.2 所示。水的跨膜运动——渗透是沿自由能梯度或水势梯度进行的。如果用半透膜将浓度不同的两种溶液分隔开，经过一段时间就会发现水从浓度较低的溶液透过膜进入浓度较高的溶液。在这个系统中，溶液的水势主要由溶液的渗透势所决定，即溶质浓度较低的溶液具有较高的水势，而溶质浓度较高的溶液具有较低的水势。因此水是从低浓度溶液转移到高浓度溶液，水跨半透膜的渗透过程主要是扩散运动。

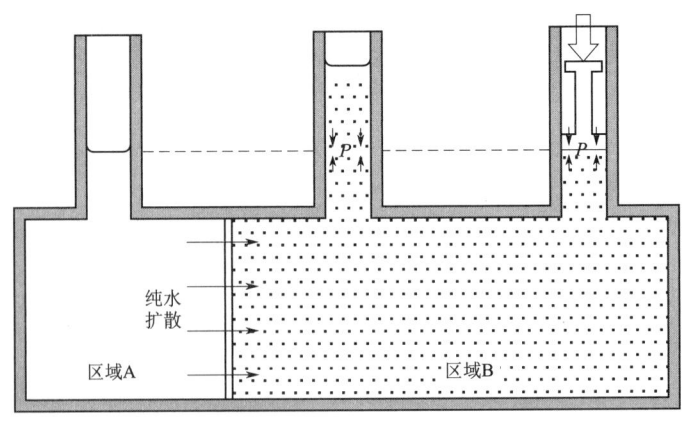

图 5.2 渗透现象（改自 Nobel，2020）

（3）集流（bulk flow）。由于压力势差的存在而形成的大量水分子集体的运动称为集流。这种压力势差可以由重力势或压力势产生，如水分从高处流向低处，以及用

力压迫针筒的推杆使溶液从针尖流出等。集流是作物进行长距离运输的重要方式。此外，水分在细胞壁的微小间隙中的流动通常也是通过集流的方式。木质部导管和韧皮部筛管中溶液的流动是作物体中最常见的溶液的集流现象。

在一个管道中的集流速率取决于管道的半径、溶液的黏度及推动集流的压力势差，可利用泊肃叶方程（Poiseuille equation）表示：

$$Q = \frac{\pi r^4}{8\eta} \cdot \frac{\Delta\psi_p}{\Delta x} \tag{5.6}$$

式中：Q 为集流速率，m^3/s；r 为管道半径，m；η 为溶液黏度，$Pa \cdot s$；$\Delta\psi_p/\Delta x$ 为压力势梯度，Pa/m。

从式（5.6）可以看出，集流流速与管道大小密切相关，如果管道直径增加一倍，体积流速将增加 16 倍。同时，集流的速率与压力势差成正比。

2. 细胞中水分运动特点

成熟的作物细胞中央大液泡内液体被看作细胞的内部溶液，包围液泡的液泡膜、原生质和细胞膜所组成的原生质层允许水分子通过，但其他物质分子则较难或不能通过。因此，原生质层被认为是细胞的半透膜，并与细胞外的溶液发生渗透现象。细胞内外的渗透势梯度对作物的水分吸收具有重要的作用。一般而言，大多数温带生长作物的叶细胞的渗透势为 $-2\sim-1MPa$，沙漠地区旱生作物叶细胞的渗透势可达 $-10MPa$。

水分跨细胞膜包括水分子跨脂双层膜的扩散及水通过膜上蛋白通道（水通道）的渗透运动。细胞膜上存在的蛋白质（水孔蛋白，aquaporin）所形成的对水分具有特异通透性的孔道，称为水通道（water channel）。水通道促进水分的跨膜运动，但不能改变水分运动的方向。或者说水势梯度是水跨细胞膜进行渗透的动力，并决定了水分跨膜运动方向。水分通道跨膜运输水的能力可以被磷酸化所调节，在水通道蛋白的氨基酸残基上增加或除去磷酸，就可以改变其对水的通透性。

资源 5.1
水跨膜运输形式

在一些跨膜的短距离运输或者韧皮部的长距离运输中，水分会与一些溶质共同运输，而这种运输也有可能是逆水势梯度进行的。例如，在韧皮部，汁液从叶到根的流动是逆水势梯度进行的。在另一些情况下，糖、氨基酸及其他小分子由膜蛋白进行运输时，其与水分子的运输偶联进行，运输 1 个分子溶质的同时运输 260 个水分子。

无论水分采用何种方式运动，水分运输的速率取决于驱动力和导水率（hydraulic conductance）。例如，在集流运动中，压力梯度是水分运输的驱动力，压力梯度越大，水分的运输速率也越高；影响导水率的因素较复杂，包括溶液的黏滞度、集流系统的形状等。

如果细胞含水量改变，细胞体积会发生变化，渗透势和压力势也发生改变。由于作物细胞具有坚硬的细胞壁，很小的细胞体积和水势的变化都会引起细胞膨压的较大变化，这种关系可以利用 Hofler 图解进行表示，如图 5.3 所示。

在 Hofler 图中，以细胞的水势、膨压 ψ_{cp} 和溶质势 ψ_{cs} 分别对细胞相对体积作图。如细胞体积变化 50% 时，水势从 0 降低为 $-1.8MPa$，这种变化主要由膨压的变化引起。膨压增加 1.5MPa，溶质势仅下降了 0.3MPa。这种变化的幅度取决于细胞壁的

第 5 章 作物水分生理与作物养分

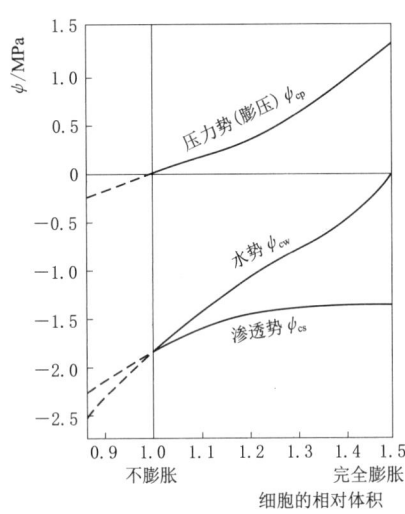

图 5.3 作物细胞水势 ψ_{cw}、渗透势 ψ_{cs} 和膨压 ψ_{cp} 与细胞相对体积的关系（改自 Jones，2014）

刚性，细胞壁越坚硬，曲线的斜度越大，细胞体积变化引起的细胞膨压的变化也就越大。通常细胞的坚硬度可由体积弹性模量（volumetric elastic modulus）ε 来度量，表示为

$$\varepsilon = \frac{\Delta \psi_p}{\Delta V / V} \qquad (5.7)$$

式中：$\Delta\psi_p$ 为膨压改变值，MPa；$\Delta V/V$ 为细胞相对变化体积。

体积弹性模量 ε 用压力单位表示，假设 ε 为 10MPa，当细胞体积改变 1% 时，细胞膨压变化为 0.1MPa；对于具有 1MPa 膨压的细胞而言，相当于膨压变化了 10%，而此时细胞溶质势仅增加了 1%。因此，当细胞吸水时，水势的增加主要由膨压增加所致。当细胞体积缩小 10%~15% 时，细胞的膨压降至 0（对于细胞壁弹性较大的细胞，如保卫细胞，这一数值可能会大得多）。同时，ε 并非常数，当细胞体积变小时，该值也减小；当 ε 和膨压较小时，细胞水势的变化主要是由溶质数量的改变来决定的。

5.2.2 蒸腾作用

作物吸收的水分，少部分（1%~5%）用于代谢，绝大部分散失到体外。水分从作物体中散失到体外的方式有两种：①以液体状态散失到体外，如吐水和伤流现象；②以气体状态散失到体外，常称为蒸腾作用，是作物水分散失的主要方式。

蒸腾作用是指水分以气体形式，通过作物体的表面（主要是叶片），从体内散失到体外的现象。蒸腾作用虽然类似于蒸发过程，但是与物理学上的蒸发不同，蒸腾过程还受作物气孔结构和气孔开度的控制。

资源 5.2 叶片中水分蒸腾途径

5.2.2.1 蒸腾作用的生理意义

作物在进行光合作用的过程中，必须与周围环境发生气体交换，在气体交换的同时，又会引起作物散失大量水分。作物蒸腾作用与作物光合过程密切相关，并通过调节生理活动，调控蒸腾过程。蒸腾作用的生理意义主要体现在以下三个方面：

（1）蒸腾作用是作物对水分吸收和运输的主要动力。特别是对于高大的作物，如果没有蒸腾作用，由蒸腾拉力引起的吸水过程将无法进行，植株较高部位也无法获得水分。

（2）蒸腾作用促进了作物对矿物质和有机物的吸收及在体内的运输。当矿物质溶于水中，在蒸腾作用驱动水分吸收和流动的过程中，矿物质随水分的吸收和流动而被运输到作物体各部分。同样，作物对有机物的吸收和有机物在体内的转运特征也是如此。

（3）蒸腾作用能够降低叶片温度。当太阳光照射到叶片上时，大部分光能转变为热能，如没有蒸腾作用，叶温就会过高并导致叶片被灼伤。在蒸腾过程中，液态水变为水蒸气时需要消耗热量（1g 水转化水蒸气需要消耗一定的能量，在 20℃时约为 2445J，30℃时约为 2430J）。因此，蒸腾作用能够降低叶片的温度。

5.2.2.2 蒸腾作用的发生部位

作物蒸腾作用绝大部分是在叶片上进行的，叶片的蒸腾作用存在两种方式：①通过角质层的蒸腾，称为角质层蒸腾（cuticular transpiration）；②通过气孔的蒸腾，称为气孔蒸腾（stomatal transpiration）。角质层本身不易使水分通过，但角质层中间含有吸水能力大的果胶质；同时，角质层也有裂隙，可允许水分通过。角质层蒸腾在叶片蒸腾中所占比重与角质层厚薄有关。一般作物成熟叶片的角质层蒸腾，占总蒸腾量的 5%~10%。因此，气孔蒸腾是作物蒸腾作用的最主要形式。

在作物幼小的时候，暴露在空气中的全部表面都能进行蒸腾作用。作物生长到一定时期后，茎枝形成木栓，此时茎枝上的皮孔可以进行蒸腾，这种通过皮孔的蒸腾过程称为皮孔蒸腾（lenticular transpiration）。一般木本作物具有这种现象，但皮孔蒸腾量非常微小，约占全部蒸腾的 0.1%。

气孔是由一对特化的表皮细胞围绕而成的，这对特化的细胞称为保卫细胞（guard cell）。保卫细胞存在于所有的维管作物及一些更原始的作物中，如苔藓类作物。保卫细胞虽然在结构上存在较大的差异，但可将其分为两大类：肾型和哑铃型。肾型存在于大部分双子叶作物及许多单子叶作物、苔藓类作物、蕨类作物和裸子作物中。这类保卫细胞是一对肾形的细胞，并列形成椭圆的外形，中间为通气的小孔。哑铃型存在于许多草本作物和某些单子叶作物（如棕榈）中。这类作物的保卫细胞是一对并列的呈哑铃状的细胞，两端是哑铃的球状体，把两个哑铃之间的缝隙称为通气小孔。在两个保卫细胞的外侧各有一个分化的表皮细胞，称为副卫细胞（subsidiary cell），协助保卫细胞控制小孔。虽然在具有肾形保卫细胞的作物种属中大都有副卫细胞，但是仍有许多植物并没有副卫细胞。因此把与保卫细胞毗连、在形态上与表皮细胞相同的细胞称为邻近细胞（neighboring cell）；而把形态上分化的细胞称为保卫细胞、副卫细胞或邻近细胞及保卫细胞中间的小孔统称为气孔复合体（stomatal complex）。

资源 5.3 肾形（A）和哑铃型（B）气孔复合体

5.2.2.3 蒸腾作用的表征指标

表征蒸腾作用常用的指标有下列三种。

(1) 蒸腾速率（transpiration rate）是指在单位时间内单位作物叶面积蒸腾的水量。一般用每小时每平方米叶面积蒸腾水量的质量（g）表示 [g/(m²·h)]。通常白天的蒸腾速率为 15~250g/(m²·h)，夜间为 1~20g/(m²·h)。

(2) 蒸腾系数（transpiration coefficient）是指作物制造 1g 干物质所需要水分的克数。蒸腾系数越大说明作物需水量越多，水分利用率越低。在生产实际中，通常利用作物蒸腾系数进行合理灌溉量和灌溉制度的确定。

(3) 水分利用效率（water use efficiency）是指作物蒸腾消耗单位水量所制造的干物质量，是蒸腾系数的倒数。

5.2.2.4 蒸腾作用的主要影响因素

蒸腾速率取决于水蒸气向体外扩散的驱动力和扩散路径。叶内（即气孔下腔）和外界之间的蒸气压差（vapor pressure deficit）是蒸腾的驱动力，如蒸气压差大，水蒸气向外扩散量大，蒸腾速率快。气孔阻力通常用于表征气孔特征水分扩散的影响，影响气孔阻力的因素主要有气孔下腔和气孔的形状和体积以及气孔的开度，其中以气孔开度为主。气孔阻力大，蒸腾速率慢；气孔阻力小，蒸腾速率快。

1. 外界条件

蒸腾作用取决于叶内外的蒸气压差，凡影响叶内外蒸气压差的外界条件，都会影响蒸腾作用。

光照是影响蒸腾作用最主要的外界条件，它不仅提高了大气的温度，同时也提高了叶温。大气温度的升高，增加了水分蒸发速率。如叶片温度高于大气温度，使叶内外的蒸气压差增大，蒸腾速率增加。此外，光照促使气孔开放，减少内部阻力，从而增强蒸腾作用。

空气相对湿度和蒸腾速率存在密切的关系。由于靠近气孔下腔的叶肉细胞的细胞壁表面水分不断转变为水蒸气，所以气孔下腔的相对湿度高于空气湿度，保证了蒸腾作用顺利进行。但当空气相对湿度增大时，叶内外蒸气压差变小，蒸腾速率会降低。

温度对蒸腾速率也存在较大影响。当相对湿度相同时，温度越高，蒸气压越大。当大气温度增高时，气孔下腔蒸气压的增加量大于空气蒸气压的增加量。同时，引起叶内外的蒸气压差加大，有利于水分从叶内逸出，促使蒸腾速率增加。

风对蒸腾作用的影响比较复杂，一般微风促进气孔外边的水蒸气运动，增强了蒸腾作用，而强风反而不如微风增强作用显著。由于强风可能引起气孔关闭，内部阻力加大，蒸腾就会减小。

蒸腾作用的昼夜变化取决于外界环境条件。在天气晴朗、气温适当、水分供应充分的天气，随着太阳的升起，气孔渐渐张大；同时，随着温度增高，叶内外蒸气压差变大，蒸腾速率逐渐增加。在中午12时至下午1~2时达到高峰，随后随太阳降落而蒸腾速率下降，以至接近停止。

2. 内部因素

气孔密度（单位面积叶片的气孔数）和气孔孔径大小直接影响气孔内部阻力。在一定范围内，气孔密度和气孔孔径大时，蒸腾作用较强。如气孔下腔容积大，即暴露在气孔下腔的湿润细胞壁面积大，可以不断补充水蒸气，保持较高的相对湿度，蒸腾速率也较大，否则蒸腾速率较小。

叶片内部面积大小也影响蒸腾速率。由于叶片内部面积（指内部暴露的面积，即细胞间隙的面积）增大，细胞壁的水分转化为水蒸气的面积就增大，细胞间隙充满水蒸气，叶内外蒸气压差大，有利于蒸腾作用。

5.2.3 根系吸水

虽然作物的叶片被雨水或露水浸润时，也能吸收水分，但吸收水分数量有限。作物主要依赖根系从土壤中吸收水分，以满足作物体对水分的需要。

5.2.3.1 根系吸水过程与动力

1. 根系吸水途径

根尖是根的生命活动中最活跃的部分，也是作物根系吸收水分的主要部位。从根的尖端起，依次可分为根冠（root cap）、分生区（meristematic zone）、伸长区（elongation zone）和成熟区（maturation zone）四个部分。其中，成熟区因为有根毛又被称为根毛区（root hair zone），而根毛是根系吸水的主要部位。根系吸水的途径主要包括三个方面，即质外体途径（apoplast pathway）、跨膜途径（transmembrane pathway）和共质体途径（symplast pathway）。质外体途径是指水分通过细胞壁、细胞间隙等没有细胞质的部分移动，水流阻力小，移动速度快。跨膜途径指水分从一个细胞移动到另一个细胞，同时水分需两次通过质膜，并经过液泡膜。共质体途径是指水分从一个细胞的细胞质经过胞间连丝，移动到另一个细胞的细胞质，形成一个细胞质的连续体，移动速率较慢。共质体途径和跨膜途径统称为细胞途径（cellular pathway）或共质体途径。水分可以经质外体途径和细胞途径通过外皮层，这三条途径共同作用下，使根系吸收水分。

资源 5.4
作物根系吸水途径

值得注意的是根系内皮层细胞壁上的凯氏带（Casparian strip），它环绕在内皮层径向壁和横向壁上，存在木栓化和木质化，阻碍了水分通过质外体途径运输。即使在相邻的皮层和中柱鞘细胞分离时，内皮层细胞的质膜仍牢牢地附在凯氏带上，所以水分只能通过共质体和跨膜通道运输。这样，内皮层就起了障碍物的作用。根尖附近的内皮层不存在木栓化，水分和矿物质易通过。而内皮层已存在木栓化的区域，水分只有通过共质体途径进入木质部，也可通过凯氏带破裂的地方进入中柱。

2. 根系吸水动力

根系吸水存在两种动力，即根压和蒸腾拉力。

在正常情况下，因根部细胞生理活动的需要，皮层细胞中水分和其他物质离子不断地通过内皮层细胞进入中柱（内皮层细胞相当于皮层与中柱之间的半透膜）。由于中柱内细胞的离子浓度升高，渗透势降低，并从皮层吸收水分。这种依靠根部水势梯度使水分沿导管上升的动力称为根压（root pressure）。根压把根部的水分压到地上部，土壤中的水分便不断补充到根部，形成根系吸水过程。这种吸水过程是由根部所形成能量梯度引起的主动吸水。各种作物的根压大小不同，大多数作物的根压为 $0.05\sim0.5\mathrm{MPa}$。

一些简单现象可以展示根压所引起的根系吸水，如从作物茎的基部把茎切断，由于根压作用，切口处不久流出液滴。通常从受伤或折断的作物组织溢出液体的现象，称为伤流（bleeding）。伤流液除了含有大量水分外，还含有各种无机盐、有机物和作物激素。因此，伤流液的数量和成分可作为判断根系活动能力强弱的指标。

没有受伤的作物如处于土壤水分充足、天气潮湿的环境中，叶片尖端或边缘的水孔（hydathode）也有液体外泌的现象。这种从未受伤叶片尖端或边缘向外溢出液滴的现象，称为吐水（guttation），吐水也是由根压所引起的根系吸水现象。在自然条件下，当作物吸水量大于蒸腾量时（如早晨、傍晚），往往可以看到吐水现象。在生产实际中，吐水现象可作为判断根系生理活动的指标。

在叶片蒸腾时,气孔下腔附近的叶肉细胞因蒸腾失水而水势下降,并从周围细胞获得水分。同理,周围细胞又从另一个细胞获得水分,如此下去,便从导管取水,最后根部就从环境吸收水分。这种吸水的能力完全是由蒸腾拉力(transpiration pull)所引起的,由枝叶形成的向上力量传到根部而引起的被动吸水。

根压和蒸腾拉力在根系吸水过程中所占的比重因植株蒸腾速率而异。通常蒸腾作用强的作物的吸水主要是由蒸腾拉力引起的。只有春季叶片未展开时,蒸腾速率较低的植株,根压才成为主要吸水动力。

5.2.3.2 根系吸水的影响因素

根系吸水主要在根尖进行,其中根毛区的吸水能力最大,根冠、分生区和伸长区较小。后三个部分之所以吸水能力低,与细胞质浓度、输导组织不发达、对水分移动阻力大等因素有关。根毛区存在诸多根毛,增大了吸收面积;同时根毛细胞壁的外部由果胶质组成,黏性强,亲水性也强,有利于与土壤颗粒黏着和吸水;根毛区的输导组织发达,对水分移动的阻力小,因此根毛区吸水能力最大,如图5.4所示。由于根部吸水主要在根尖部分进行,在移植幼苗时应尽量避免损伤细根。此外移栽幼苗时,要压紧疏松的泥土,使土壤与根部表面紧密接触,有利根系吸水。

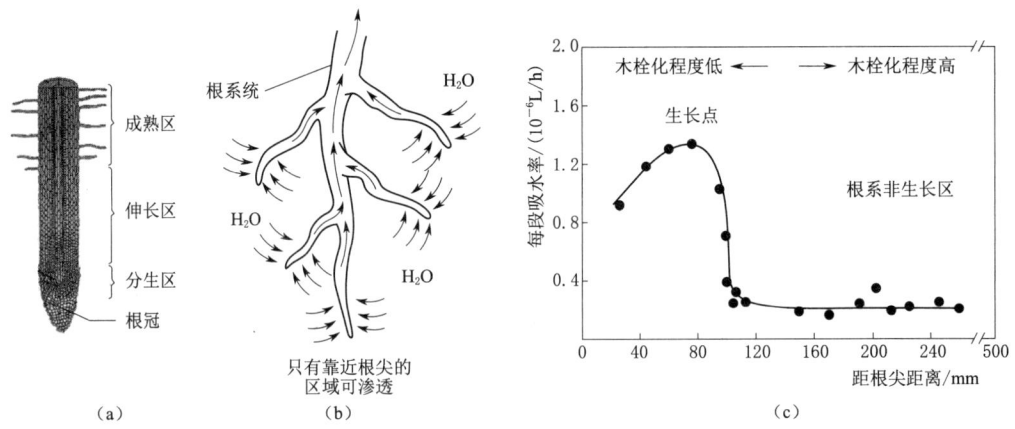

图 5.4 作物根系不同部位吸水速率(改自 Taiz et al.,2015)

通常根系生长在土壤中,土壤环境状况直接影响根系吸水过程。

(1)土壤中有效水分。作物只能吸收利用土壤中有效水分(available water),因此土壤有效水分的数量影响根系吸水强度和数量。

(2)土壤通气状况。根系吸水能力与通气状况有关,如土壤通气不良,土壤缺氧和 CO_2 浓度过高,短期内可使细胞呼吸减弱,进而阻滞吸水;如时间较长,就会形成无氧呼吸,产生和累积较多乙醇和有机酸,根系中毒受伤,吸水能力降低。

(3)土壤温度。如土壤温度较低,根系的吸水速率会降低。主要由于水分本身的黏滞性增大,扩散速率降低;细胞质黏性增大,水分不易通过细胞质;呼吸作用减弱,影响根系吸水能力;根系生长缓慢,有碍吸水表面的增加。如土壤温度过高对根系吸水也不利,高温加速根老化过程,使根的木质化部位几乎达到尖端,吸收面积减少,吸收速率也下降。同时,温度过高使酶钝化,也影响根系的主动吸水能力。

(4) 土壤溶液浓度。根系从土壤中吸收水分,须根部细胞的水势低于土壤溶液的水势。土壤溶液中所含盐分的数量直接影响土壤水势的高低,如土壤溶液浓度较低,土壤水势较高,根系易吸水;如土壤溶液中的盐分浓度高,土壤水势较低,作物根系吸水困难。因此,施用化学肥料时不宜过量,特别是在砂质土上,以免造成根系吸水受阻,产生"烧苗"现象。

5.2.4 作物体内水分传输

5.2.4.1 水分传输的路径

水分从土壤传输到作物体,再到大气的运动过程中,形成一个土壤-植物-大气连续体(soil-plant-atmosphere continuum,SPAC)。

维管束是作物中进行长距离水分运输的输导组织,由木质部和韧皮部组成。在大多数作物中,木质部(xylem)是水分运输的主要通道。木质部通常包括管胞(tracheid)、导管分子(vessel element)、木质部薄壁细胞(xylem parenchyma)及纤维(fiber)四种细胞,其中只有木质部薄壁细胞是活细胞。

资源 5.5
导管和管胞结构

木质部中输导水分的细胞具有特化结构,这样的结构可有效地运输大量的水分。木质部中的输导细胞称为管状分子(tracheary element),主要包括管胞和导管分子两类。导管分子存在于被子作物和某些裸子作物中,管胞都存在于被子作物和裸子作物中。具有功能的管胞和导管分子都是死的细胞,它们没有膜和细胞器,就像中空的管子,它们的壁通常被木质化而加强。

管胞是伸长的纺锤形细胞,其侧壁有许多小凹坑作为相邻管胞间的通道,称为纹孔(pit)。纹孔是管胞壁上多孔的微小区域,不具有次生壁,初生壁也较薄。两相邻管胞间的纹孔常成对形成,称为纹孔对(pit pair)。纹孔对是相邻管胞间水分转移的低阻通道,其间包括两层初生壁及中间的一薄层纹孔膜(pit membrane)。裸子作物管胞的纹孔膜中央常有一加厚部位称为纹孔塞(torus)。纹孔塞如同一个阀门,当其插入边缘加厚的圆形或椭圆形的纹孔中就会导致纹孔关闭,有利于防止气泡的进入。

相比导管分子,管胞短而宽,在导管分子的侧壁上也有纹孔。导管分子通过穿孔板(两端的壁上形成孔或洞的区域)相连接,所形成的导管(vessel)可长达数米。位于导管端部的导管分子顶端是封闭的,导管分子之间可以通过纹孔进行交换。

5.2.4.2 水分传输的动力机制

根压可使水分沿导管上升,但根压一般不超过 0.2MPa。许多树木的高度远超出根压,因此,根压不是高大乔木水分上升的主要动力。

一般情况下,蒸腾拉力是水分上升的主要动力。蒸腾拉力要使水分在茎内上升,导管的水分必须形成连续的水柱。如果水柱中断,蒸腾拉力便无法把下部的水分拉上去。

作物在顶部的蒸腾作用会产生很大的负静水压,这个负压可以将导管中的水柱向上拖动形成蒸腾拉力,即水分向上运输的主要动力。内聚力-张力学说(cohesion-tension theory)认为,水分子间具有很强的相互吸引力,即内聚力,使水柱可以抵抗—30MPa的张力,远远高于作物木质部可能具有的负压,进而维持导管中水柱的完整性。

一些研究表明,木质部确实存在负压状态。例如,在正在蒸腾的植株的茎表面滴上墨汁,然后刺破木质部,可以看到墨汁立刻被吸入木质部。如果精确地测量树木的直径,可以发现当快速蒸腾时,树木的直径会变小。这是由于大气压力和导管负压间的压力差使导管变细。采用压力室方法可以对木质部压力进行直接的精确测量,一些测量的结果表明在导管中确实存在负的压力。由于木质部内部的负压,导管分子和管胞的外壁将承受一定的压力。如果细胞壁不够牢固,大气压力会将它们压破或压扁。事实上,导管分子和管胞的壁都被加厚并木质化以适应木质部在水分运输时所处的负压状态。

当导管中水处于负压时,溶解在水中的气体从水中释放,空气从侧壁纹孔进入导管或管胞的可能性也增加。一旦空气进入,导管或管胞中就会形成空穴或小气泡,称为空穴化(cavitation)。大的气泡会堵塞管道,称为栓塞(embolism)。由于空气不能抵抗张力,如果导管或管胞中形成栓塞,水柱的连续性就会遭到破坏,水分的向上运输便会中断。

资源5.6
导管和管胞形成气泡方式

木质部的空穴化如果不能恢复,作物的水分运输就会中止,而作物体就会因缺水而死亡。作物可以通过若干途径避免木质部空穴化和栓塞的影响。当木质部的导管分子或管胞中形成气泡时,气泡的扩张会被阻挡在导管分子和管胞的两端。主要由于空气难以通过纹孔膜,而水却可以通过侧壁的纹孔进入相邻的导管或管胞。当夜晚蒸腾很弱时木质部的负压会消失,甚至形成根压以产生正压力,导管或管胞中的气泡会缩小以至消失。另外,在许多作物中会生成新的有功能的木质部以取代被空气或其他分泌物闭塞的导管。

5.2.4.3 合理灌溉的作物生理基础

在生产实践中,应尽可能地维持作物的水分平衡(water balance)。水分平衡是指作物吸水量足以补偿蒸腾失水量的状态。如水分平衡破坏,常使作物发生萎蔫现象,通常采用农田灌溉方式调节作物水分平衡。

如作物缺水时,幼嫩的茎叶就会凋萎(水分供应不上);叶、茎颜色暗绿(可能是细胞生长缓慢,细胞累积叶绿素)或变红(干旱时,糖类的分解大于合成,细胞中积累较多可溶性糖就会形成较多红色色素);生长速率下降(代谢减慢,生长也慢)和水势下降,如图5.5所示。

由于叶片水势、细胞汁液浓度、渗透势和气孔开度都能比较灵敏地反映作物体的水分状况,可作为灌溉生理指标。合理灌溉可改善作物各种生理作用,既满足"生理需水",还能改变作物生长的环境(特别是土壤环境),即满足"生态需水",间接地对作物生长产生影响。例如,早稻秧田在寒潮来临前深灌,起保温防寒作用;对于盐碱农田的灌溉,具有洗盐和抑制盐分上移的功能;旱田施肥后灌水,水分还具有溶解肥料的溶肥作用。

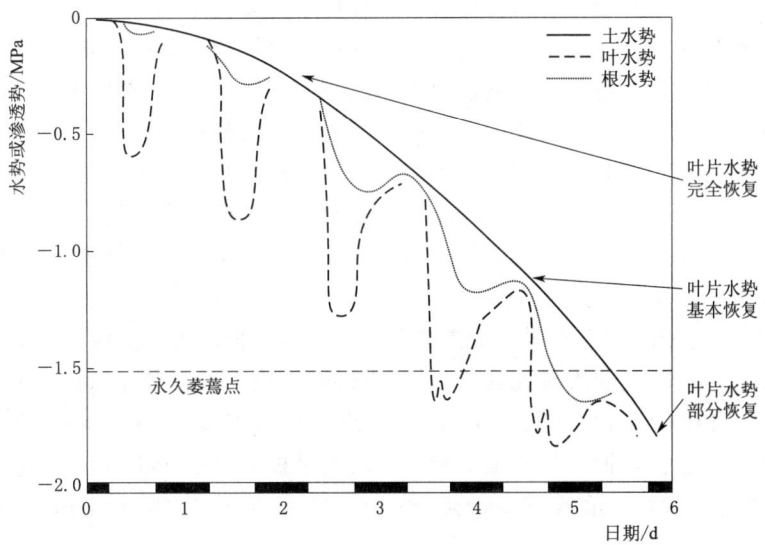

图 5.5　一周干旱期间叶、根和土壤的水势逐渐降低的示意

注　图中显示最大的日变化出现在叶水势中,它全天受到蒸腾胁迫的影响。夜间(黑影块)水分平衡不能完全恢复以致黎明水势逐日减少。

5.3　作　物　养　分

土壤养分是指由土壤提供给作物生长所必需的营养元素,是土壤中能直接或经转化后被作物根系吸收的矿质营养成分。一些养分是作物体组成成分,一些养分具有调节作物生理的功能,也有些养分兼有这两种功能。

作物必需的营养元素包括碳、氢、氧、氮、磷、钾、钙、镁、硫、铁、硼、钼、锌、锰、铜、氯和镍等17种。其中,除碳、氢、氧外的14种元素均可由土壤供给。在自然土壤中,土壤养分主要来源于土壤矿质的转化和土壤有机质的分解,其次是来自大气降水和地下水。在耕作土壤中,土壤养分的主要来源是施肥。

根据作物对营养元素吸收利用的难易程度,土壤养分可分为速效性养分和缓效性养分。速效性养分是指当季作物能够直接吸收的养分,包括水溶态养分和吸附在土壤胶体颗粒上容易被交换的养分,其含量可作为土壤养分供给的强度指标。缓效性养分是指某些土壤矿物在一般情况下无法被作物吸收利用,但是在长时间的自然风化和离子交换等作用下,也会逐渐释放出的营养物质。一般而言,速效性养分仅占土壤养分较小部分,不足养分含量的1%。速效性养分和缓效性养分的划分是相对的,两者处于动态平衡。

5.3.1　作物必需的矿质元素

矿质元素主要存在于土壤中,由根系吸收进入作物体内,运输到作物不同部位,加以同化,以满足作物生长需要。能被作物吸收、转运和同化的矿物质称为矿质营养(mineral nutrition)。

作物体中含有许多种化合物,也含有各种离子。无论是化合物还是离子,都是由不同的元素所组成的。将烘干的作物体充分燃烧,有机体中的碳、氢、氧、氮等元素以二氧化碳、水、分子态氮和氮的氧化物形式散失到空气中,剩余的一些不能挥发的残留称为灰分(ash)。矿质元素(mineral element)以氧化物形式存在于灰分中,也称为灰分元素(ash element)。氮在燃烧过程中散失而不存在于灰分中,氮不是灰分元素。氮通常是以硝酸盐(NO_3^-)和铵盐(NH_4^+)的形式被吸收,通常也将氮归并于矿质元素一起说明。一般来说,作物体中含有5%~90%的干物质,而干物质中有机化合物超过90%,无机化合物不足10%。

来自水和二氧化碳的作物养分元素有碳、氧、氢3种;来自土壤的有氮、磷、钾3种作物需要量相对较大的大量元素(macroelement)或大量营养素(macronutrient)和钙、镁、硫3种中量元素(mediumelement)或中量营养素(mediumnutrient),以及铁、硼、钼、锌、锰、铜、氯和镍8种作物需要量极微(小于10mmol/kg干重)、稍多即发生毒害的微量元素(microelement)或微量营养素(micronutrient),见表5.1。

表5.1　陆生高等作物的必需元素(改自Taiz et al., 2015)

元素	符号	干重/%	相对于钼的原子数*
来自水和二氧化碳的大量元素			
氢	H	6	60000000
碳	C	45	40000000
氧	O	45	30000000
来自土壤的大量元素和中量元素			
氮	N	1.5	1000000
钾	K	1	250000
钙	Ca	0.5	125000
镁	Mg	0.2	80000
磷	P	0.2	60000
硫	S	0.1	30000
硅	Si	0.1	30000
来自土壤的微量元素			
氯	Cl	100	3000
铁	Fe	100	2000
硼	B	20	2000
锰	Mn	50	1000
锌	Zn	20	300
铜	Cu	6	100
镍	Ni	0.1	2
钼	Mo	0.1	1

注　相对于钼的原子数是指以作物体内钼元素的原子数为1时该元素的相对原子数量。

在作物体内必需矿质元素的生理作用可概括为四个方面：①细胞结构物质的组成成分，如 N、S、P 等；②作物生命活动的调节者，参与酶的活动，如 K、Mn、Ca 等；③起电化学作用，即离子浓度的平衡、氧化还原、电子传递和电荷中和，如 K^+、Fe^{2+}、Cl^- 等；④作为细胞信号传导的第二信使，如 Ca^{2+}。有些大量元素同时具备上述两三个作用，大多数微量元素具有酶促进功能。

5.3.2 养分对作物生长发育的作用

土壤提供作物生长发育过程中所需要的各种养分，可以直接被作物吸收利用，影响作物生长发育和产量。

5.3.2.1 大量元素对作物生长发育的作用

大量元素是指作物正常生长发育需要量或含量较大的必需营养元素。一般指碳、氢、氧、氮、磷和钾 6 种元素。在正常生长条件下，这些元素的含量占作物干物质质量的 1% 以上。而磷素一般仅占 0.2%～1%，超过 1% 可能会出现磷中毒现象。碳、氢、氧主要来自空气和水，是作物有机体的主要成分，占作物干物质总质量的 90% 以上，是作物中含量最多的元素。

碳（C）、氢（H）、氧（O）是作物体内各种重要有机化合物的组成元素，如糖类、蛋白质、脂肪和有机酸等。作物光合作用的产物糖是由碳、氢、氧组成的，而糖是作物呼吸作用和体内一系列代谢作用的基础物质，同时也是代谢作用所需能量的原料；氢和氧在作物体内的生物氧化还原过程中也起着很重要的作用。

氮（N）是蛋白质的基本组成部分，参与作物体内叶绿素的形成，具有提高光合作用的强度和增加碳水化合物含量和作物产量的作用，作物组织平均氮素含量为 2%～4%。由于氮在作物生命活动中占有极其重要的地位，通常将氮称为"生命元素"。当作物缺氮时，作物的碳素同化能力降低，作物生长明显受抑制；叶颜色由绿变黄，下部老叶提早枯黄，叶片窄小，新叶生长慢，叶数少；茎秆矮短，分蘖少，根少而细短；籽粒不饱满，成熟早，产量低。

磷（P）是作物细胞核的重要成分，对作物分裂和作物各器官组织的分化发育，特别是开花结实有着重要的作用。它是作物体内生理代谢活动不可缺少的一种元素，作物组织中含磷约 0.2%。磷对提高作物的抗病性、抗寒和抗旱能力也有重要的作用。对于豆科作物，磷能促进根瘤的发育，提高根瘤的固氮能力，间接地改善作物的营养状况。磷还具有促进根系发育的作用，特别是促进侧根和细根的生长，增强抗倒伏能力，以及加速花芽分化，提早开花，提早成熟的作用。作物缺磷时生长缓慢，植株矮小，根系不发达，叶片出现暗绿色或灰绿色，严重时呈紫红色。禾谷物类作物缺磷时，分蘖迟或不分蘖，开花成熟延迟，成穗率低，籽粒不饱满；玉米果穗秃顶，油菜脱荚，果树落花和落果，甘薯薯块变小、耐储藏性差等。

钾（K）能加速作物对二氧化碳的同化过程，能促进碳水化合物的转化、蛋白质的合成和细胞分裂，并能提高光合作用的强度，作物组织中含钾约 1.0%。如土壤中钾素供应充足，作物体内形成的糖、淀粉、纤维素和脂肪等多，不仅产量高，而且产品的品质好。钾能促进甘薯、甜菜、水果、西瓜的含糖量增多，甘薯和马铃薯淀粉含量增加，棉花的纤维增长，黄麻的拉力增强，油菜作物的籽粒含油量增加等。

5.3.2.2 中量元素对作物生长发育的作用

中量元素是指作物生长过程中需要量次于氮、磷、钾而高于微量元素的营养元素。中量元素一般占作物体干物质重的 0.1%~1%，通常主要包括钙、镁、硫三种元素。

在作物干物质中，钙（Ca）元素的正常含量为 0.2%~1.0%。在作物体内钙与特定蛋白结合在一起形成钙调蛋白，作为作物体内的信号物质控制、传递或指令信息，引起作物生长信息的基因表达。钙在作物体内不易流动，一旦形成钙盐会在作物体内沉淀下来，不能再被作物吸收利用。大多数钙存在于茎叶中，幼叶少于老叶，叶子多于果实。钙在作物体内通过蒸腾作用，借助蒸腾拉力由下往上运输。作物缺钙时，幼叶表现得特别明显，枝、叶徒长质地变软，前端根部变为褐色；果实糖分积累少，果粉少，口感差，树势变弱。

镁（Mg）是叶绿素的组成成分，具有提高叶片光合作用和新陈代谢功能，在作物干物质中镁元素的含量一般为 0.1%~0.4%。作物缺镁首先表现在中下部老叶片上，对于双子叶作物，表现为脉间失绿，并逐步由淡绿色变成黄色或者白色，还会出现大小不一的褐色或者紫红色斑点，严重时出现叶片的早衰与脱落。

硫（S）是作物生长发育不可缺少的营养元素之一，在作物生长发育及代谢过程中具有重要的生理功能，是生命物质结构组分，并且参与生物体内许多重要的生化反应。在作物干物质中硫元素的正常含量为 0.1%~0.4%，缺硫条件下作物的正常生长会严重受阻，甚至枯萎、死亡。因此，硫又被称为是继氮、磷、钾之后第四位作物生长必需的营养元素。

5.3.2.3 微量元素对作物生长发育的作用

微量元素是指占生物体总质量 0.01% 以下，且作物体必需但需求量很少的一些营养元素。在土壤中缺少这些元素或不能被作物利用时，作物生长不良；如这些元素过多，又容易引起作物中毒。

硼（B）对作物的生长、繁殖，特别是对开花结实具有重要的作用。对豆科作物根瘤的固氮活性、固氮量具有良好的促进作用。在作物干物质中硼元素的正常含量为 6~60ppm（1ppm=10^{-6}），如作物缺硼时，顶端停止生长并逐渐死亡，根系不发达，叶色变绿，叶片肥厚，皱缩，植株矮化，茎及叶柄易开裂，脆而粗，花发育不全，华而不实，花蕾易脱落。

铁（Fe）是细胞色素、血红素、铁氧还蛋白及多种酶的重要组分，在作物体内起传递电子的作用，是叶绿素合成必不可少的物质。在作物干物质中铁元素的正常含量为 50~250ppm，如作物缺铁时首先表现在幼叶上，表现为脉间失绿，严重时整个幼叶呈黄白色，缺铁常在高 pH 值土壤中发生。

锰（Mn）是叶绿体的组成成分，促进种子发育和幼苗早期生长，对光合作用和蛋白质的形成有重要作用。在作物干物质中锰元素的正常含量为 20~500ppm，如作物缺锰的症状从新叶开始，叶片脉间失绿，叶脉仍为绿色，叶片上出现褐色或灰色斑点，逐渐连成条状，严重时叶色失绿并坏死。

在作物干物质中铜（Cu）的正常含量为 5~20ppm，是多种酶的组成成分，参与蛋白质和糖代谢，稳定叶绿素功能，防止叶绿素过早破坏；参与呼吸代谢；参与固氮根瘤的形成。各种作物缺铜症状表现不同：玉米缺铜幼叶变黄、收缩，随着缺素加剧，幼叶变白且茎叶老化死亡，更严重时沿叶尖和叶缘出现死亡组织，许多蔬菜作物缺铜则叶片失去膨压，并出现蓝色、失绿、卷曲、不开花等现象。

锌（Zn）是多种酶的组分和活化剂，已发现80多种含锌酶，参与生长素的合成。作物干物质中锌的正常含量为25～150ppm，作物缺锌常出现的症状主要表现为：在叶脉间，尤其是底位老叶的叶脉间出现浅绿、黄色或白色区域，失绿叶片部分组织死亡；茎与茎节间变短，出现许多叶片丛生，呈莲座状外观；叶片小，又窄又厚，通常叶片上部叶组织不断生长造成畸形叶片早落，生长受阻，极易发生病毒病。

钼（Mo）是作物需要量最少的必需元素。MoO_4^{2-}是硝酸还原酶、固氮酶的组成成分，是黄嘌呤脱氢酶及脱落酸合成中的某些氧化酶的成分。豆科作物根瘤菌的固氮特别需要钼，固氮酶是由铁蛋白和铁钼蛋白组成的。在作物干物质中钼元素的正常含量为0.3～1ppm，如作物缺钼时，新叶畸形，有斑点，散布于叶片上，生长不良，植株矮小，豆科作物缺钼会影响固氮，荚粒不饱满。

氯（Cl）具有与阳离子保持电荷平衡、维持pH值、维持细胞膨大、与钾一起调节气孔关闭、平衡光合作用和水分蒸腾等方面的作用。在作物干物质中氯元素的正常含量为0.2%～2.0%，但许多作物都达到10%的含量。如氯元素过量对作物的危害视作物对其耐受力而异，如烟草、桃、梨、瓜类作物对氯最敏感。

5.3.3 土壤养分形态与转化

土壤养分循环是土壤圈物质循环的重要组成部分，也是陆地生态系统中维持生物生命周期的必要条件。土壤中的营养元素可循环利用，以满足作物的生长需求。典型养分循环过程包括生物从土壤中吸收养分生物的残体归还土壤、在土壤微生物的作用下分解生物残体、释放养分、养分再次被生物吸收等。土壤养分循环是指在生物参与下，营养元素从土壤传输到生物，再从生物回到土壤的循环过程，是一个复杂的生物地球化学过程。由于不同养分元素的化学、生物化学性质不同，故其循环过程各有特点。

5.3.3.1 土壤中氮素形态及其转化过程

土壤中氮素主要以与腐殖质相联系的有机氮、被土壤胶体所吸附的无机氮和溶解于土壤水中的无机氮三种形式存在。施加化肥和有机肥以及作物残留的分解、共生或非共生细菌的固氮作用、降水和灌溉水携带氮素等都会增加土壤氮素。而作物的吸收、氮素向地下水的淋失、氨挥发和反硝化作用会导致土壤中的氮素以气态的形式向大气中扩散，以及在土壤侵蚀驱动下，以悬移态和溶解态的形式向地表水体的移动等都会降低土壤中的氮素含量，土壤中氮素的循环过程如图5.6所示。

土壤中无机氮主要以铵态氮（NH_4^+）和硝态氮（NO_3^-）两种形式存在。土壤中的有机氮则通常以三种形式存在：与土壤中作物残留和微生物生物量有关的新鲜的有机氮、与土壤腐殖质有关的活性以及稳定性的有机氮。与土壤腐殖质有关的活性和稳定性有机氮的划分是依据其矿化能力。土壤中的主要氮素转化过程包括以下几个方面：

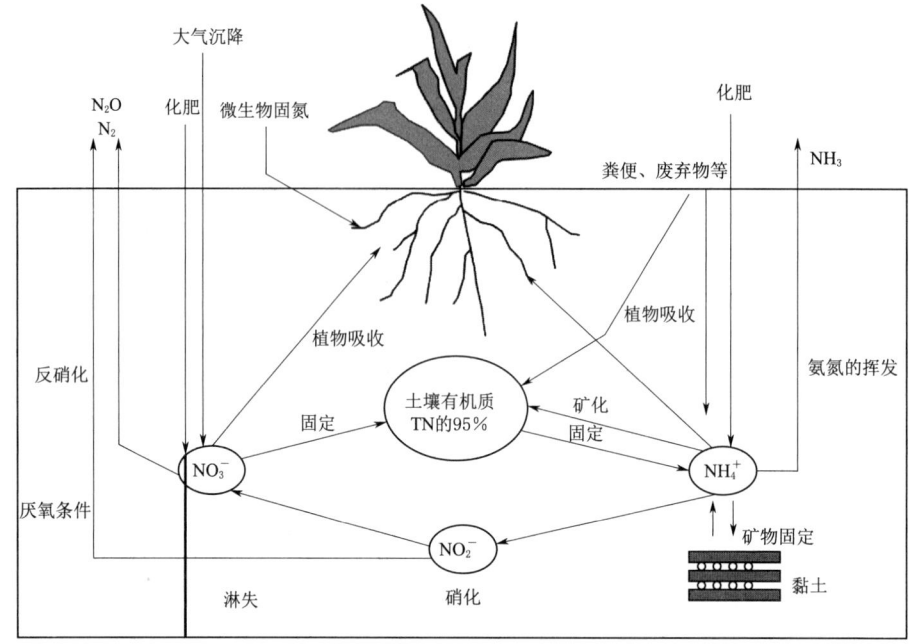

图 5.6 土壤中的氮素循环

1. 分解、矿化和固持

分解是指土壤中的新鲜有机残留物分解为简单的有机化合物的过程；矿化是指通过微生物将不能被作物所吸收的有机氮转化为能被作物吸收的无机氮的过程；固持是指土壤中能被作物吸收的无机氮在微生物的作用下转化为不能被作物吸收的有机氮的过程。

土壤中细菌分解有机物以获得能量，并用于其生长过程。作物残留物首先被分解成为葡萄糖，在葡萄糖转化为 CO_2 和水的过程中释放出的能量，用于细菌的各种细胞过程，其中包括蛋白质的合成。蛋白质的合成则需要氮，如果作物残留物中有足够的氮，细菌将使用这些氮用于蛋白质的合成。如果作物残留物中的氮素数量较少，不足以满足蛋白质合成的需求，则细菌吸收土壤溶液中的铵态氮和硝态氮用于蛋白质的合成。在作物残留的氮超过了蛋白质合成的需求的情况下，细菌将以铵态氮的形式向土壤溶液释放多余的氮。矿化和固持作用的通用碳氮比关系为：如 $C:N>30:1$，发生固持作用，土壤中的铵态氮和硝态氮数量减少；如 $20:1 \leqslant C:N \leqslant 30:1$，矿化和固持作用相互平衡，土壤中无机氮不发生明显变化；如 $C:N<20:1$，发生矿化作用，土壤中的铵态氮和硝态氮数量增加。

2. 硝化和氨氮的挥发

土壤中的细菌将 NH_4^+ 氧化为 NO_3^- 的过程称为硝化过程。

首先将 NH_4^+ 氧化为亚硝氮，表示为

$$2NH_4^+ + 3O_2 \xrightarrow{-12e} 2NO_2^- + 2H_2O + 4H^+$$

然后将亚硝氮氧化为硝态氮，表示为

$$2NO_2^- + O_2 \xrightarrow{-4e} 2NO_3^-$$

氨氮挥发是指 NH_3 以气态的形式发生的损失,主要发生在铵态氮肥或尿素被施用在石灰性土壤中。NH_3 的挥发包括以下两个过程:

(1) 氨氮添加到石灰性土壤中的挥发过程。

首先 $$CaCO_3 + 2NH_4^+ X \longleftrightarrow (NH_4)_2CO_3 + CaX_2$$

然后有 $$(NH_4)_2CO_3 \longleftrightarrow 2NH_3 + CO_2 + H_2O$$

(2) 施加尿素的挥发过程。

首先 $$(NH_2)_2CO + 2H_2O \longleftrightarrow (NH_4)_2CO_3$$

然后有 $$(NH_4)_2CO_3 \longleftrightarrow 2NH_3 + CO_2 + H_2O$$

反硝化是指细菌将硝酸盐(NO_3^-)中的氮(N)通过一系列中间产物(NO_2^-、NO、N_2O)还原为氮气(N_2)的生物化学过程。参与这一过程的细菌统称为反硝化菌。土壤中的反硝化包括以下四个过程:

(1) 硝酸盐(NO_3^-)还原为亚硝酸盐(NO_2^-)。

$$2NO_3^- + 4H^+ + 4e^- \longrightarrow 2NO_2^- + 2H_2O$$

(2) 亚硝酸盐(NO_2^-)还原为一氧化氮(NO)。

$$2NO_2^- + 4H^+ + 2e^- \longrightarrow 2NO + 2H_2O$$

(3) 一氧化氮(NO)还原为氧化亚氮(N_2O)。

$$2NO + 2H^+ + 2e^- \longrightarrow N_2O + H_2O$$

(4) 氧化亚氮(N_2O)还原为氮气(N_2)。

$$N_2O + 2H^+ + 2e^- \longrightarrow N_2 + H_2O$$

3. 大气沉降

氮沉降是指大气中的氮元素以 NH_x(包括 NH_3、RNH_2 和 NH_4^+)和 NO_x 的形式,降落到陆地和水体的过程。

根据氮降落方式分为大气氮干沉降和大气氮湿沉降。大气氮干沉降即通过降尘的方式,而大气氮湿沉降即通过降雨的方式使氮返回到陆地或水体。随着矿物燃料燃烧、化学氮肥的生产和使用以及畜牧业的迅猛发展等人类活动向大气中排放的活性氮化合物激增,大气氮素沉降也呈快速增加的趋势。人为干扰下的大气氮素沉降已成为全球氮素生物化学循环的一个重要组成部分。作为营养源和酸源,大气氮沉降数量的急剧增加将严重影响陆地及水生生态系统的生产力和稳定性。

雨水中氮素以 NH_4^+、NO_3^- 和 NO_2^- 的形式发生沉降。此外,由于闪电造成的 NO_3^- 占土壤中硝酸盐的 10%~20%。20 世纪后半叶,在大气氮的来源及其沉降量中,来自生物源的 N 占总的大气沉降 N 的 20%左右,见表 5.2。

表 5.2　　20 世纪后半叶大气中的氮的来源以及沉降量

生物	$10^6 tN/a$	非生物	$10^6 tN/a$
农业		工业	70
豆类作物	35	燃烧	61~251
水稻	4	大气沉降	131~321

续表

生物	$10^6 tN/a$	非生物	$10^6 tN/a$
草地	45		
其他作物	5		
森林	40		
其他	10		
合计	139		262~642

4. 淋失（Leaching）

淋失通常是指土壤中的营养物质透过非饱和区，进入地下水的过程。土壤中的 NH_4^+ 带有正电荷，能够被土壤吸附，且具有与其他带有正电荷的离子进行交换的能力。由于大部分土壤具有离子交换能力，NH_4^+ 通常被土壤离子所吸附而难以运动，因而由于淋失所形成的 NH_4^+ 损失较小。与 NH_4^+ 相反，NO_3^- 则由于本身带有负电荷，与土壤颗粒相互排斥，不易被土壤吸附，在土壤中的移动能力较强，因而进入地下水的潜势也比较大。NO_3^- 进入地下水，不仅仅会造成土壤中养分的流失，而且 NO_3^- 进入地下水也会引发严重的环境风险。在降雨强度较大、灌溉较为频繁，以及砂性质地的土壤情况下，NO_3^- 更容易发生淋失进入地下水。

5.3.3.2　土壤中磷素形态及其转化过程

尽管作物对于磷的需求量小于氮，然而在作物生长中重要的功能中磷是不可缺少的元素。土壤中磷主要以三种形式存在，包括与腐殖质有关的有机磷、不易溶解的无机磷，以及溶解于土壤水溶液能够被作物直接吸收的无机磷。与氮相同，土壤中的磷由磷肥、粪便的施入，以及作物残留的分解而增加，由于作物吸收以及土壤侵蚀等原因而减少。土壤中磷的循环如图5.7所示。

磷在土壤中的可移动性远小于氮，在多数土壤中磷的溶解性受到限制。磷与其他离子形成不能溶解的化合物后从土壤溶液中析出，这些性质使得磷易于在土壤表层聚集，并且易随地表径流发生迁移。

有机磷和无机磷可以进一步划分为不同的形态，如有机磷可分为与作物残留和微生物生物量有关的新鲜有机磷，以及与土壤腐殖质有关的活动态有机磷和稳定态有机磷。活动态和稳定态的划分标准与氮相同，取决于有机磷是否易于转化为无机磷。土壤中的无机磷可分为溶解态无机磷、活动态无机磷和稳定态无机磷三种形式。各种形式无机磷之间的转化如图5.8所示。土壤中溶解态的无机磷较快与活动态的无机磷达到平衡状态，而活动态和稳定态的无机磷之间的平衡则要慢得多。

土壤中磷的转化包括以下几个过程：

（1）磷的分解、矿化与固定。新鲜含磷有机物残留分解为简单的含磷有机物的过程称为磷的分解；矿化作用则是将有机磷通过生物作用转化为可供作物吸收的无机磷的过程；而固定则与矿化相反，为土壤中的可被作物吸收利用的无机磷在生物的作用下转化为有机磷的过程。

（2）无机磷的吸附。磷肥施入土壤后，土壤溶液中磷的浓度随时间迅速下降，这

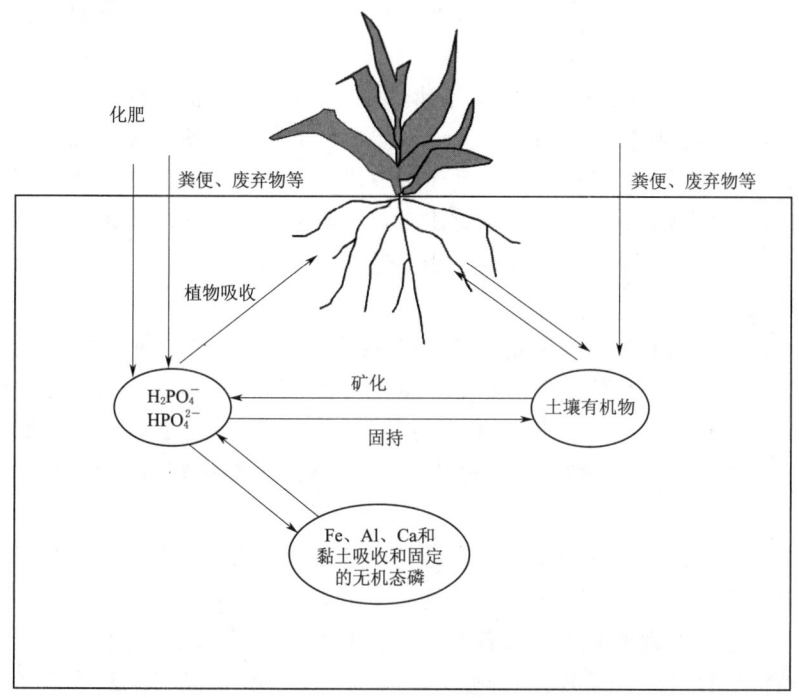

图 5.7　土壤中的磷循环

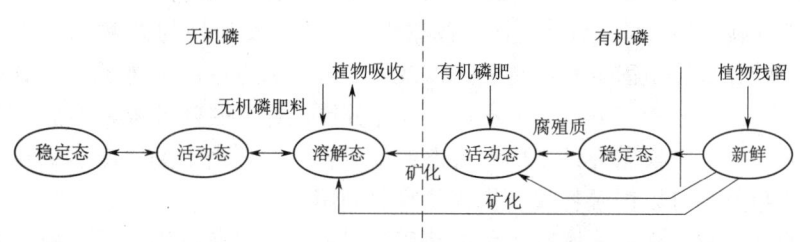

图 5.8　土壤中各种形态的磷的转化

种浓度的下降与磷和土壤发生反应有关。当迅速下降之后，土壤溶液中磷的浓度的变化相当缓慢。一些研究认为，开始阶段磷浓度的迅速下降是由溶解态磷和活动态磷之间的平衡过程所造成的；而随后的磷的浓度的缓慢变化则主要由于活动态磷和稳定态磷之间的均衡过程比较缓慢而决定的。

（3）土壤中的磷移动和转化的影响因素。土壤中磷的迁移的主要动力是由于土壤溶液中磷浓度梯度的存在而形成扩散作用。通常情况下，土壤中磷的浓度梯度是由于作物根系从土壤溶液中吸收磷后造成根系周围磷浓度降低所形成的。因此，影响这两方面的因素都会影响土壤中的磷移动和转化。

5.3.3.3　土壤中钾素形态及其转化过程

钾是土壤中常因供应不足而影响作物产量的主要元素之一。虽然多数土壤富钾，但是对作物有效的钾所占比例较小。我国缺钾土壤主要集中在质地偏砂的土壤以及南方淋溶强烈的强酸性土壤，如海南、广东、广西、江西等省的缺钾土地面积在75％

以上,其次是福建、浙江、湖南、湖北和四川,东北、西北和西藏等地区缺钾所占比例小于25%。

耕地土壤中钾素含量一般为5~25g/kg。土壤钾含量不仅受成土母质和成土条件的影响,而且也与耕作施肥等措施有关。对于相同的土壤母质条件,在高温、多雨地带,风化和淋溶强度大,矿物中的钾易于释放出来而随雨水淋失,土壤含钾较少。寒冷、干旱地带,矿物中的钾既难于风化出来,也不易淋失,土壤含钾量较高。一般土壤中各粒级土粒的钾含量,随粒径的减小而递增。在同一地区,黏性质地土壤钾含量一般高于砂质土。

长期种植作物而不施加钾肥,土壤中的钾含量尤其是速效钾含量就会下降。棉花、薯类作物、烟草、甘蔗以及甜菜等,都是喜钾、耗钾较多的作物,这些作物的多年连作往往会导致土壤缺钾。生产中实行秸秆还田,以及经常施用农家肥,如堆沤肥、粪肥、草木灰;或者增施化学钾肥,如硫酸钾、氯化钾等,则可以补充土壤钾素。

土壤中的钾素绝大部分为无机形态存在,包括以下四种形态:

(1) 矿物态钾:是指存在于含钾矿物晶格结构中的钾离子。一般占土壤全钾量的90%~98%。土壤中含钾矿物主要有钾长石、钾微斜长石、白云母和黑云母等。这部分钾属于难溶性钾(或称无效钾),通常对作物无效。矿物晶格中的钾离子只有经过风化作用,结构破坏后,才能逐渐释放出钾离子,转化为作物可以吸收利用的钾素。不同矿物抗风化能力差别较大,因而在供应作物钾素营养中的作用也不相同。

(2) 非交换态钾:指进入黏土矿物晶格中,丧失了交换性的钾离子。主要是2∶1型层状铝硅酸盐矿物中固定的钾离子,以及黑云母和云母中的钾离子。一般占土壤全钾的2%~8%,含量达50~750mg/kg。这部分钾也称为缓效性钾,不能很快释放出来被作物吸收。非交换态钾是土壤交换态钾的后备库源,当土壤供钾不足和速效钾耗竭时,非交换态钾可以缓慢释放,供作物吸收利用。

(3) 交换态钾:指为土壤胶体负电荷所吸附的钾,以及位于云母、蛭石等矿物风化边缘楔形带上存在的钾。这部分钾素容易被其他交换性阳离子代换成为水溶态钾。交换态钾在某些条件下也可进入层状硅酸盐矿物晶层间,发生固定作用而转化为非交换态钾,有效性下降。

(4) 水溶态钾:指存在于土壤溶液中的钾。在土壤中以这种形式存在的钾离子较少,是最易于为作物吸收利用的钾,当然也容易发生淋失。

交换态钾和水溶态钾都属于速效性钾,可被当季作物吸收利用,总量一般占土壤全钾的0.1%~2%。

5.3.3.4 土壤中的微量元素

微量元素是指作物需求量非常少的必需元素,微量元素虽然在作物体内含量很少,但是其生理生化功能却是不可替代的。土壤中微量元素有铁、锰、铜、锌、钼、硼、氯、镍等。这些元素除了铁和锰外,在土壤中的含量一般很低。

土壤中微量元素的形态主要包括有机态和无机态两种形式。

(1) 有机态是指土壤有机物中所含的微量元素,其形态大致和作物体内相似。在有机体和土壤腐殖质中，大多以络合或吸附状态存在。这些有机物在分解的过程中释放出微量元素，因此有效性比较高。

（2）无机态是指土壤中以无机形态存在的微量元素，可分为矿物态、吸附态和水溶态等。

1）矿物态是指存在于土壤矿物结构中而不能被其他离子交换出来的微量元素。土壤中含微量元素的矿物种类较多，除原生矿物外，次生黏土矿物和金属氧化物中也常常含有一定数量的微量元素。这些矿物一般很难溶解，多数矿物的溶解度随着土壤酸性的增强而增加。

2）吸附态的阳离子包括电性吸附态（交换态）和专性吸附态（非交换态），除 Fe^{3+}、Fe^{2+}、Mn^{2+}、Zn^{2+}、Cu^{2+}，还包括其水解离子，如 $Fe(OH)^{2+}$、$Fe(OH)_2^+$、$Mn(OH)^+$、$Zn(OH)^+$、$Cu(OH)^+$ 等。吸附态的阴离子包括 Cl^- 及 Mo 和 B 的含氧酸根阴离子，如 $HMoO_4^-$、MoO_4^{2-}、$H_2BO_3^-$ 等。其中，由于土壤胶体表面所带电荷而吸附反号微量元素离子，保持在胶体表面上，并可被其他离子交换出来的这部分微量元素属于交换态，对作物吸收而言是有效的，在一般土壤中含量较低，少的不足 1mg/kg，多的也仅有几十 mg/kg。在具有大量可变电荷物质的土壤中，包括含有大量氧化物类矿物以及高岭石类黏土矿物的土壤中，以上离子还可以发生在可变电荷表面的专性吸附，这种吸附发生在胶体双电层的内层，难以被其他离子代换，因而有效性很低。

3）水溶态是指在土壤溶液中大多微量元素以离子态存在，含量甚微。在酸性土中硼酸（H_3BO_3）解离度低，也有相当数量呈分子态存在。微量元素还能与土壤溶液中小分子有机物发生络合，形成有机络离子。例如铜离子可与氨基酸形成络合物，硼离子也能与多元有机酸形成络离子。水溶态微量元素离子移动性强，有效性高，并与胶体表面吸附态离子处于动态平衡。

5.3.4 作物体对养分的吸收

细胞除了吸收水分外，还要从环境中吸收养分。作物细胞与外界环境进行的一切物质交换，都必须通过各种生物膜，特别是质膜（图 5.9）进行，这就是养分跨膜运输。关于离子跨膜运输的方式目前有两种分类法，一是根据离子跨膜运输过程是否需要提供能量，可分为被动运输（passive transport）和主动运输（active transport）；二是根据跨膜运输蛋白的结构及其运送离子或分子的方式，一般将跨膜运输蛋白分为离子通道（ion channel）、载体蛋白（carrier protein）、离子泵（ion pump）三类。

作物体对矿质元素吸收是在细胞吸收矿质元素的基础上进行的。作物体吸收矿质元素主要是通过根部，也可通过叶片。

5.3.4.1 作物吸收矿质元素的特点

作物对矿质元素的吸收是一个复杂的生理过程，它一方面与吸水有关；另一方面又具有独立性，同时对不同离子的吸收还具有选择性。

1. 对水分和矿质元素的相对吸收

作物对水分和矿质元素的吸收关系是相对的，既有联系又存在相对独立性。由于仅有溶解在水中的矿质元素才能被根部吸收，但根系吸收水分和矿质元素的内在机理

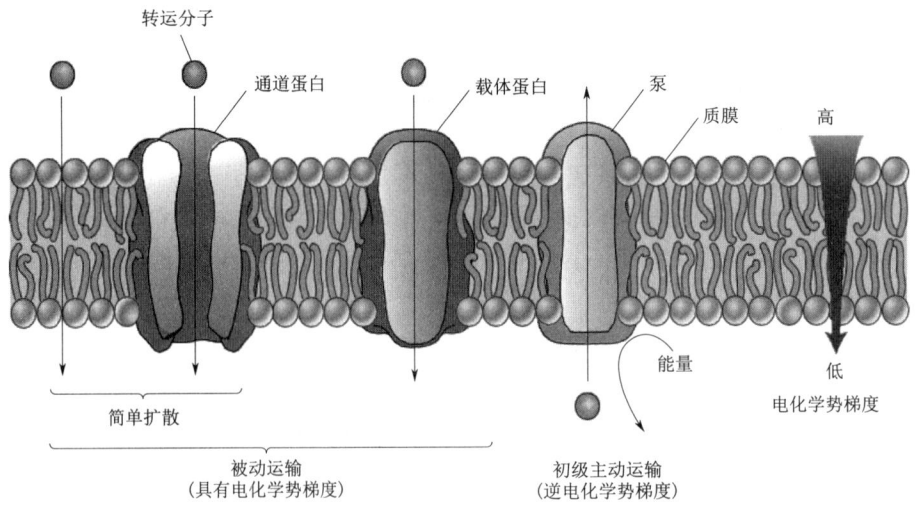

图 5.9 离子跨膜运输示意（改自 Taiz et al., 2015）

有所区别。根部吸水主要是因蒸腾而引起的被动过程，并需通过膜上的水孔蛋白；而吸收矿质元素则是以消耗能量的主动吸收为主，有相应的膜运输蛋白（如离子通道、离子载体和离子泵），把离子送入细胞，具有饱和效应。因此，作物吸收矿质元素的速度与吸水速度也存在差异，作物吸收矿质元素量与吸水量不存在直接的依赖关系。

2. 离子的选择吸收

离子的选择吸收（selective absorption）是指作物对同一溶液中不同离子或同一矿物质中的阴、阳离子吸收比例不同的现象。例如，番茄吸收钙和镁的速度比吸水速度快，从而使培养液中的钙和镁的浓度下降；但水稻培养液中的钙、镁浓度反而增高，这说明水稻吸收钙和镁的速度慢。就硅来说，水稻吸收硅酸，而番茄几乎不吸收。这些差异说明了作物对不同离子的吸收速度不一样，也说明作物吸水和吸收矿质元素的比例不完全一致。

3. 单盐毒害和离子拮抗

将作物培养在单一盐类溶液中，无论这种盐是否为必需营养元素，即使浓度很低，不久作物就受害。这种溶液中只有一种金属离子时，对作物起有害作用的现象称为单盐毒害（toxicity of single salt）。在发生单盐毒害的溶液中（例如 NaCl）再加入少量其他金属离子（例如 $CaCl_2$），即能减弱或消除这种单盐毒害，离子之间这种作用称为离子拮抗（ion antagonism）。作物只有在含有适当比例和浓度的多种盐分配制成的溶液中才能正常生长发育，这样的溶液称为平衡溶液（balanced solution）。对陆生作物来说，绝大多数土壤溶液是平衡溶液；对海洋作物而言，海水也是平衡溶液。

5.3.4.2 根部对土壤中矿质元素的吸收

1. 根部对溶液中矿质元素吸收的特点

存在于土壤溶液中的养分迁移到根表才能被作物吸收利用。养分在土壤中的迁移过程可分为根系截获、集流和扩散。根系截获是指根系生长时，根系接触到养分的过程。集流是由蒸腾引起水和土壤溶液养分向根表移动的过程。扩散是养分随土壤溶液梯度迁移到根表的过程。

根部可以从土壤溶液中吸收矿物质，也可以吸收被土粒吸附着的矿物质。根尖是根部吸收矿物质的主要部位，根毛区是吸收离子最活跃的部位。根部吸收溶液中的矿物质经过以下几个过程：

(1) 离子吸附。在根部细胞吸收离子的过程中，同时进行着离子的吸附与解吸，总有一部分离子被其他离子所置换。由于细胞吸附离子具有交换性质，故称为交换吸附(exchange adsorption)。根部之所以能进行交换吸附，是由于根部细胞的质膜表层有阴、阳离子，其中主要是 H^+ 和 HCO_3^-，这些离子主要是由呼吸释放出的 CO_2 和 H_2O 生成的 H_2CO_3 解离出来的。H^+ 和 HCO_3^- 迅速地分别与周围溶液的阳离子和阴离子进行交换吸附，盐类离子即被吸附在细胞表面，这种交换吸附是不需要能量的，吸附速度很快（几分之一秒）。

(2) 离子进入根的内部。离子从根部表面进入根的内部有两种途径：一种是经过质外体途径；另一种是共质体途径。质外体途径的离子运输是扩散方式，速度快。当离子从皮层迁移到达内皮层时，内皮层的凯氏带阻止离子从质外体直接扩散入中柱。不过根尖的凯氏带尚未完全发育好，内皮层没有完全栓质化，离子和水就能通过。此外，根部成熟区分化出侧根，突破内皮层，离子和水可能通过凯氏带破损处进入中柱。共质体途径的运输速度慢，因为细胞到细胞间的共质体径向运输要经过胞间连丝。

(3) 离子进入导管或管胞导管。对于离子从木质部薄壁细胞释放到导管或管胞，目前有两种解释。一是认为是被动扩散过程。如将玉米根浸在含有 1mmol/L KCl 和 0.1mmol/L $CaCl_2$ 的溶液中，用离子微电极插入根部不同横切部位，测定不同部位离子的电化学势。结果表明，表皮和皮层细胞的 K^+、Cl^- 等的电化学势很高，说明这两个部位细胞主动吸收离子，而导管的电化学势急剧下降，说明离子是顺着浓度梯度被动地扩散入导管的。二是主动过程。如同时测定根尖端吸收示踪离子和离子进入导管的情况，用蛋白质合成抑制剂环己酰亚胺处理后，抑制了离子流入导管，但不抑制表皮和皮层细胞吸收离子，由此说明离子进入导管是代谢控制的主动过程。近年来，越来越多的证据表明离子向木质部导管的释放受主动运输控制。

2. 影响根部吸收矿质元素的因素

影响根部吸收矿质元素的因素主要包括温度、通气状况、溶液浓度、氢离子浓度等。

在一定范围内，根部吸收矿质元素的速率随土壤温度的增高而加快。由于温度影响了根部的呼吸速率，即影响主动吸收。但温度过高（超过40℃），一般作物吸收矿质元素的速率下降，这可能是高温使酶钝化，影响根部代谢。高温也使细胞透性增大，矿质元素被动外流，导致根部净吸收矿质元素量减少。温度过低时，根吸收矿质元素量也减少。因为低温时，代谢弱，主动吸收慢；细胞质黏性也增大，离子进入困难。

由于根部吸收矿物质与呼吸作用存在密切关系，土壤通气状况直接影响根吸收矿物质。在一定范围内，氧气供应越充足，根系吸收矿质元素就越多。土壤通气良好，除了增加氧气外，还具有减少二氧化碳的作用。二氧化碳过多，必然抑制呼吸，影响盐类吸收和其他生理过程。

在外界溶液浓度较低的情况下，随着溶液浓度的增高，根部吸收离子的数量也增多。但是，外界溶液浓度持续增加时，离子吸收速率与溶液浓度不再存在紧密关系，通常认为是离子载体和通道数量所限。

外界溶液的pH值对矿物质吸收有影响。组成细胞质的蛋白质是两性电解质，在弱酸性环境中，氨基酸带正电荷，易于吸附外界溶液中的阴离子；在弱碱性环境中，氨基酸带负电荷，易于吸附外界溶液中的阳离子。

土壤溶液的pH值对作物矿质营养的间接影响比上述的直接影响还要严重。首先，土壤溶液发生物理化学反应可以引起溶液中养分的溶解或沉淀，如图5.10所示。例如，在碱性逐渐增强时，Fe、Mn、B、Cu、Zn等逐渐形成不溶解物质，可被作物利用的量便减少。在酸性环境中，PO_4^{3-}、K、Ca、N、Mg、S等易溶解，但作物来不及吸收，易被雨水冲掉，因此酸性的土壤（如红壤）往往缺乏这些元素和离子。在酸性环境中（如咸酸田，一般pH值可达2.5～5.0），Al、Fe和Mn等的溶解度增加，作物易受害。其次，土壤溶液物理化学反应也影响土壤微生物的活动。在酸性反应中，根瘤菌会死亡，固氮菌失去固氮能力；在碱性反应中，对农业有害的细菌如反硝化细菌发育良好。一般作物生长生育的最适宜的pH值为6～7，但有些作物（如茶、马铃薯、烟草）适于较酸性的环境，有些作物（如甘蔗、甜菜）适于较碱性的环境。

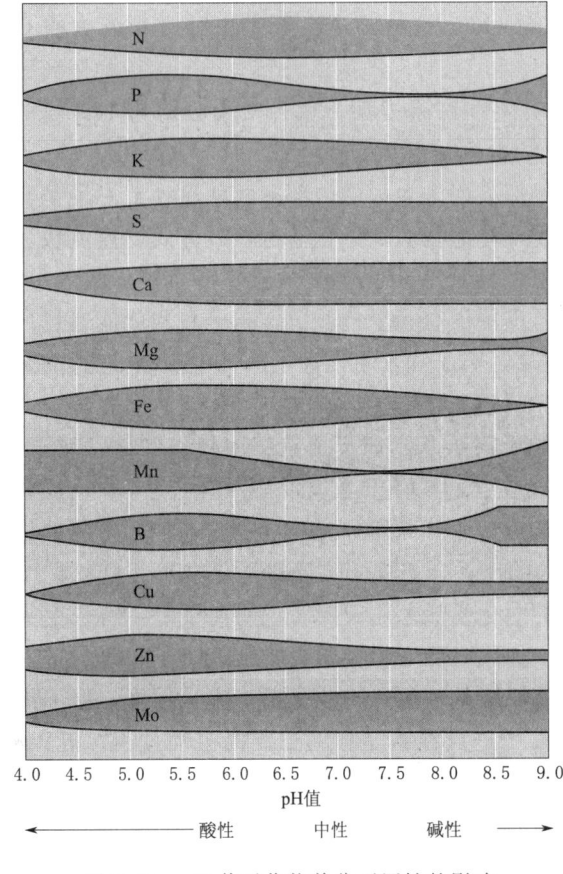

图5.10　pH值对作物养分可用性的影响
（改自 Taiz et al.，2015）
注　阴影宽度代表供作物吸收的溶解度。

5.3.4.3　叶片对矿质元素的吸收

作物叶片也可以吸收矿物质和小分子有机物质，如尿素、氨基酸等养分，这个过程称为根外营养，或称根外施肥、叶面施肥。

气孔是气体交换场所，也是养分进入叶肉细胞的一个途径。对于气态养分（如CO_2、SO_2）来说，气孔是营养物质进入作物体内的必经之路。一些离子态的养分也可以扩散方式进入气孔之中，然后传输到叶肉细胞。

营养物质可以通过气孔进入叶内，但主要从角质层进入叶内。角质层无结构、不易透水，但角质层有裂缝，呈微细的孔道，溶液可以通过。溶液到达表皮细胞的细胞壁后，经过细胞壁中的外连丝到达表皮细胞的质膜。在电子显微镜下可以观测到，外连丝是表皮细胞的通道，它从角质层的内侧延伸到表皮细胞的质膜。当溶液由外连丝抵达质膜后，转运到细胞内部，最后到达叶脉韧皮部。

营养元素进入叶片的数量与叶片的内外因素有关，嫩叶吸收营养元素比成熟叶迅速而且量大，这是由于两者的角质层厚度不同和生理活性不同。由于叶片只能吸收液体，固体物质是不能透入叶片的，所以溶液在叶面上的时间越长，吸收矿物质的数量就越多。凡是影响液体蒸发的外界环境，如风速、气温、大气湿度等，都会影响叶片对营养元素的吸收量。因此，根外追肥的时间以傍晚或下午4时以后较为理想，阴天则例外。溶液浓度宜在2.0%以下，以免烧伤作物。

根外施肥的应用及优点主要体现为：在生育后期作物根部吸肥能力衰退时或营养临界时期，可根外喷施尿素等以补充营养；某些矿质元素（如 Fe、Mn、Cu）易被土壤固定，而根外喷施无此弊端，且用量少；补充作物所缺乏的微量元素，效果快，用量省。喷施杀虫剂（内吸剂）、杀菌剂、作物生长调节剂、除草剂和抗蒸腾剂等措施，都是根据根外营养的原理进行的。

与叶部营养吸收相比，根部具有更大更完善的吸收系统，尤其是对大量元素。因此根部营养是作物吸取养分的主要形式，而根外施肥是根部营养补充的一种辅助手段。

5.3.5 作物体内矿质元素的传输和利用

根部吸收的矿物质，有一部分留存在根内，大部分运输到作物体的其他部位。广义地讲，矿物质在作物体内的运输，包括矿物质在作物体内向上、向下的运输，以及在地上部分的分布和此后的再次分配利用等。

1. 矿质元素运输形式

根部吸收的无机氮化物，大部分在根内转变为有机氮化物，所以氮的运输形式是氨基酸（主要是天冬氨酸，还有少量丙氨酸、甲硫氨酸、缬氨酸等）和酰胺（主要是天冬酰胺和谷氨酰胺）等有机物，还有少量以硝态氮的形式向上运输。磷主要以正磷酸形式运输，但也有些在根部转变为有机磷化物（如磷酰胆碱、甘油磷酰胆碱），然后向上运输。硫主要以硫酸根离子形式运输，但有少数是以甲硫氨酸及谷胱甘肽之类的形式运输。金属离子则以离子状态运输。

2. 矿质元素运输途径

矿质元素被根系吸收进入木质部导管后，随水流沿木质部向上运输，这是矿质元素在作物体内纵向长距离运输的主要途径。在矿质元素沿木质部上运的同时，也存在部分矿质元素发生横向运输至韧皮部的现象。当然，在作物体内也存在矿质元素经韧皮部自地上部分（如叶片）向下运输的现象，特别是在作物的特殊生长发育阶段。如多年生作物在秋冬季叶片脱落前，叶片中的矿质元素大量向根部和茎秆转移，即所谓作物体内物质的再分配和再利用。

3. 矿质元素的利用

被根系吸收并经木质部运输至作物各器官和组织（主要是生长部位或代谢活动较

为旺盛的部位)的矿质元素,其中一部分与体内的同化物合成有机物质,如氮参与合成氨基酸、蛋白质、核酸、磷脂、叶绿素等,磷参与合成核苷酸、核酸、磷脂等,硫参与含硫氨基酸、蛋白质、辅酶 A 等的合成;另一部分不参与有机化合物合成的矿质元素,有的作为酶的活化剂,如 Mg^{2+}、Mn^{2+}、Zn^{2+} 等,有的作为渗透物质调节作物细胞的渗透势及水分的吸收,如 K^+、Cl^- 等。

被作物吸收利用的矿质元素在作物生长发育的某些阶段也可被再次运输到其他部位被重复利用。不同元素被重复利用的情况不尽相同,氮、磷、钾、镁等易被多次重复利用,铜、锌则可部分被重复利用,硫、锰较难被重复利用,而钙、铁则几乎不能被重复利用。氮、磷、钾等易被重复利用元素,有的从衰老器官转到幼嫩器官(如从老叶转到上部幼叶芽);有的从衰老叶片转入休眠芽或根茎,以供来年再被利用;有的从叶、茎、根转入种子。

4. 作物单位产量的养分需求量

养分平衡法是确定田间施肥量的常用方法,养分平衡法是指作物的养分吸收量等于土壤与肥料两者养分供应量之和。作物所需的部分养分,是通过施肥方式提供。作物施肥量与肥料养分供应量不完全相同,在农田养分中,仅有部分养分被当季作物吸收,因此计算施肥量时需考虑肥料利用率等因素。

养分平衡法的计算公式为

计划作物施肥量(kg)=(计划产量所需养分总量-土壤养分供应量)÷[肥料养分含量×肥料利用率(%)]

(1) 计划产量所需养分总量 (kg)=(计划产量/100)×每形成 100kg 产量所需养分数量。计划产量则是当地作物 3 年平均产品产量再增加 10%~15%。

(2) 土壤养分供应量 (kg)=(无肥区产量/100)×每形成 100kg 产量所需养分数量。在没有化验条件的情况下,可通过不施肥时的产量(空白产量)来进行估算。

另外,也可以通过简单的土壤取样化验来估算,土壤养分的供应量=土壤测定值×0.16。

(3) 肥料养分含量:可以在肥料的包装上看到。

(4) 肥料利用率:一般情况下,化肥的当季利用率为氮肥 30%~35%,磷肥 20%~25%,钾肥 25%~35%。

【例 5.4】 计算亩产 600kg 的春小麦所需要的氮肥、磷肥、钾肥施用量。

【解】 第一步:查找作物养分需求量。比如:春小麦每生产 100kg 籽粒需要吸收:氮(N)3kg、磷(P)1kg、钾(K)2.5kg。

第二步:计划产量所需养分总量。计划产量则是当地作物 3 年平均产品产量再增加 10%~15%,比如春小麦的产量是 600kg,则

氮(N):(600/100)×3=18kg;磷(P):(600/100)×1=6kg;钾(K):(600/100)×2.5=15kg

第三步:计算土壤养分供应量。实测该地块速效氮含量为 64mg/kg、有效磷 14mg/kg、有效钾 60mg/kg,则土壤养分供应量分别是

氮(N):64×0.16=10.24(kg);磷(P):14×0.16=2.24(kg);钾(K):

$60×0.16=9.6(kg)$

第四步：计算作物的需肥量

氮（N）：$18-10.24=7.76(kg)$；磷（P）：$6-2.24=3.76(kg)$；钾（K）：$15-9.6=5.4(kg)$

第五步：计算作物的施肥量。如施用 15‐15‐15 的复合肥，该用多少呢？接着计算。以需求量最低的磷肥为基础，肥料施用量：$3.76/(15\%×25\%)=100(kg)$。然后再额外补充其他两种养分的不足。

补充尿素：$(7.76-3.76)/(46\%×35\%)=24.8(kg)$

补充硫酸钾：$(6.4-3.76)/(44\%×35\%)=17.1(kg)$

注意：尿素氮的含量为 46%，硫酸钾的钾含量为 44%。所以：亩产 600kg 的春小麦需要复合肥 125kg、尿素 28.9kg、钾肥 24kg。

5.4 土壤水分和养分有效化

土壤保蓄水分和养分是保证适时供应作物营养的基础，土壤养分有效化与其在土壤中的转化过程及影响条件有关，其中水分是最活跃的重要影响因素。

首先，作物从土壤中吸收养分，必须在有水分的条件下才能进行。作物所需的养分中，大多以"向根液流"的方式进行。其次，土壤溶液是养分迁移转化最集中的场所。只在土壤水分适宜的情况下，有机质才可能因好气微生物作用而较迅速地分解，矿化率才高，中间产物及有毒有害物质才少，释放出呈氧化态的养料才可以及时被作物吸收利用。再者，土壤养分的有效化过程，实际上是生物过程和化学过程。这两个过程都受温度的制约，而温度的变化主要又决定于土壤含水量。因此调节土壤水分状况，适时、适量灌水（一般要求控制土壤含水量为田间持水量的 60%～80%），以水调气、调温，调节土壤的其他特征，创造良好的土壤环境，才有利于促进土壤养分的不断有效化。

5.4.1 土壤水分调节

为了充分满足作物生长发育对水分的要求，避免水分过多或过少引起的危害，在作物生长期间需对土壤水分进行调节，水分调控措施主要有以下几个方面：

(1) 耕作措施。采取秋耕改善耕层的理化性质和生物状况，保蓄雨水，提高肥力，清除杂草和减少病虫发生。采取中耕疏松表土，增加土壤通气性，提高地温，促进好氧微生物活动和养分有效化，去除杂草，促使根系伸展，调节土壤水分状况。采取镇压措施，压紧播种后的垄或植株行间的土壤。

(2) 地面覆盖。采取地面覆盖方式，如温室大棚、地膜以及草垫子和秸秆等，可以有效防止水分蒸发、改善土壤水热状况。特别利用秸秆覆盖可以补充土壤有机质。

(3) 采用适宜灌溉和排水措施。采取适宜灌溉和排水措施，调节土壤水分、热和气状况。水分不但是作物吸收矿物质营养的重要溶剂，而且是矿物质在作物体内运输的主要媒介，同时还能强烈地影响生长。在干旱地区，水分亏缺影响肥效，适当供应水分，可达到"以水促肥"的效果。

(4) 发展生物节水。生物节水是节水农业发展的重要内容，潜力巨大。生物节水可利用现代生物技术使作物适应干旱环境，提高产量和水分利用效率。生物节水可从以下方向发展：一是建立定量评价作物生命忍耐干旱能力的技术，以便从生命本质上科学、量化、可靠地筛选出抗旱优良品种；二是从作物生命需水信号研究入手，实现农林业按作物需水信号及时灌水和停水，实现节水精准灌溉技术的新突破；三是开发利用作物耐旱基因资源，通过生物工程和技术培育耐旱作物新品种。

5.4.2 土壤养分调节

土壤养分调控措施主要有以下几个方面：

(1) 增施有机和无机肥，提高土壤供肥性能。建立以有机肥为基础，与无机肥相结合，并配合多种肥料的施肥体系。在农业生产实践中，应改变传统施肥模式，调整施肥结构，提倡平衡施肥，提高肥料利用率，以达到滋养作物、改善土壤物理性状、提升土壤的保肥和供肥能力。

(2) 采取合理耕作和灌溉排水措施，促进养分的转化与供应。合理耕作可以调节土壤固、液、气比例，增强土壤渗透性，加速土壤熟化。深耕是培肥和改良土壤的重要措施。深耕可以增强微生物的活性，加速土壤矿质养分的风化释放和有机质的分解转化，增加土壤有效养分的含量。但如果翻耕过于频繁，容易使有机质分解过快，导致速效养分流失。因此，在满足有效养分供应的前提下，应减少频繁耕作。其次，采取合理的灌溉排水措施时，要注意与其他增产措施相结合，改进灌溉技术，节约用水，保护地下水资源，防止次生盐分淡化和二次孵化。

(3) 改进肥料施用技术，如基肥、种肥和追肥，提高肥料的生产效能。同时注重深层施肥，以往施肥都是表施，氧化剧烈，容易造成铁态氮转化，氮、钾肥分流失，某些肥料分解挥发，磷素被土壤固定等，所以被植株吸收利用的效率不高。深层施肥是施于作物根系附近土层 5～10cm 深，挥发少，铵态氮的硝化作用也慢，流失少，供肥稳而久；加上根系生长有趋肥性，根系深扎，活力强，植株健壮，增产显著。

思 考 与 练 习 题

1. 说明作物水分生理和生态功能。
2. 土-作系统水分基本运动形式有哪些？
3. 作物细胞的水势包括哪些基本组成？
4. 细胞膜和细胞壁在水分进出细胞过程中有什么作用？
5. 水是如何通过作物的根进入作物体的？
6. 水是通过什么机制经木质部向上运输？
7. 何谓蒸腾作用？影响蒸腾作用的因素有哪些？
8. 什么是气孔复合体？气孔如何控制叶片的气体交换？
9. 作物进行正常生命活动的必需矿质元素有哪些？如何区分大量元素、微量元素和有益元素？
10. 作物对水分和矿质元素的吸收有何联系？

第6章 作物生长发育基本特征

作物生长通过细胞分裂和扩大来完成。发育则是指作物体的构造和机能从简单到复杂的变化过程，表现为细胞、组织和器官的分化。在作物体的发育过程中，细胞逐渐向不同方向分化，从而形成了具有各种特殊构造和机能的细胞、组织和器官，这个过程也称为形态建成。了解作物生长和发育基本特征有利于调控作物生长过程，实现作物提质增产。例如，种植以收获种子为目的的粮食作物，要使作物生长健壮，适时开花，才可获得高产；种植以收获营养体为主的作物，就要控制开花过程，使之不开花或延迟开花，以提高营养体产品的数量和质量。

6.1 作物光合作用

6.1.1 光合作用的意义

光合作用（photosynthesis）是指作物利用光能将二氧化碳同化为碳水化合物并储存能量的过程。光合作用将太阳光能转化为可用于生命过程的化学能，并合成有机物。

作物光合过程表示为

$$CO_2 + H_2O \xrightarrow[\text{光}]{\text{绿色植物}} (CH_2O) + O_2$$

光合作用实际上是氧化还原的过程，H_2O被氧化，提供电子。CO_2是电子受体被还原，最后形成碳水化合物（CH_2O）。

光合作用通常可以分为光反应（light reaction）和碳反应（carbon fixation reaction）两个阶段。光反应是在有光情况下进行的光化学反应；碳反应是在暗处或有光情况下都能进行的、由若干酶催化的化学反应，如图6.1所示。

6.1.2 光合作用的细胞器——叶绿体

作物体的绿色部分都具有进行光合作用的能力，叶片是进行光合作用的主要器官，而叶肉细胞中的叶绿体（chloroplast）是进行光合作用的主要细胞器。

6.1.2.1 叶绿体结构和成分

1. 叶绿体结构

显微镜下观察到的作物体中叶绿体一般为扁平的椭圆形，呈凸镜状，平均直径为 $4\sim6\mu m$，厚 $2\sim3\mu m$。大多数作物的叶肉细胞含有 $50\sim200$ 个叶绿体，占细胞体积的 40%。叶绿体的大小和数目因物种、细胞种类、生理状态和环境而不同。

2. 叶绿体成分

叶绿体主要由水分、蛋白质、色素、脂质和无机盐组成。其中，水分占叶绿体质

资源6.1
叶绿体结构

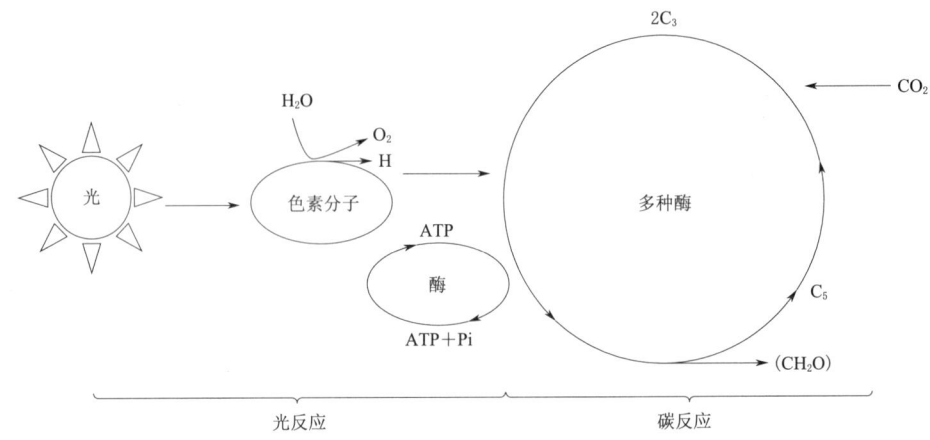

图 6.1 作物叶绿体中的光反应和碳反应

量的 75%；蛋白质占叶绿体干重的 30%～45%，是叶绿体的结构基础成分；色素占叶绿体干重的 8%。叶绿体还含有 20%～40%的脂质，是膜的主要组成成分之一。叶绿体中还含有 10%～20%的储藏物质（如淀粉等），以及 10%左右的灰分元素（铁、铜、锌、钾、磷、钙、镁等）。此外，叶绿体还含有各种核苷酸（如 NAD^+ 和 $NADP^+$）和醌（如质体醌），在光合过程中，发挥传递质子（或电子）的作用。

6.1.2.2 光合色素的化学特性

在光合作用过程中，光合生物吸收光能的色素统称为光合色素。光合色素主要有叶绿素、类胡萝卜素和藻胆素三大类，其中以叶绿素和类胡萝卜素为主。

1. 叶绿素

资源 6.2
光合色素的
分子结构

叶绿素（chlorophyll）主要包括叶绿素 a 和叶绿素 b。它们不溶于水，但能溶于乙醇、丙酮和石油醚等有机溶剂。在颜色上，叶绿素 a 呈蓝绿色，叶绿素 b 呈黄绿色。叶绿素 a 的化学组成为 $C_{55}H_{72}O_5N_4Mg$，叶绿素 b 的化学组成为 $C_{55}H_{70}O_6N_4Mg$。

叶绿素具有一个复杂的环形结构，与细胞色素中的卟啉类基团的化学结构相近。另外，环形结构上常常附有一条长的碳水化合物尾巴，将叶绿素锚定在环境中的疏水部分。环形结构含有一些松散结合的电子，是叶绿素分子发生电子跃迁和氧化还原反应的基础。

2. 类胡萝卜素

叶绿体中的类胡萝卜素（carotenoid）分为两种，即胡萝卜素（carotene）和叶黄素（xanthophyll）。类胡萝卜素不溶于水，但能溶于有机溶剂。胡萝卜素呈橙黄色，而叶黄素呈黄色。类胡萝卜素具有收集和传递光能的作用，也具有防护叶绿素免受多余光照伤害的功能。

胡萝卜素是不饱和的碳氢化合物，分子式是 $C_{40}H_{56}$，具有 3 种同分异构物（α-、β-及 γ-胡萝卜素）。植物叶片中常见的是 β-胡萝卜素。叶黄素是由胡萝卜素衍生的醇类，分子式是 $C_{40}H_{56}O_2$。

3. 藻胆素

藻胆素（phycobilin）是存在于红藻及蓝藻中的一种光合作用辅助色素（仅存在

于藻类中）。藻胆素包括藻蓝素（phycocyanobilin）、藻红素（phycoerythrobilin）和别藻蓝素，也存在于隐藻和一些甲藻中。

6.1.2.3 光合色素的光学特性

植物光合色素对光能的吸收和利用是植物光合作用的基础，因此需要了解各种光合色素（特别是叶绿素）的光学性质。

1. 两个吸光强区

太阳光不是单一的光，到达地表的光波大约从300nm的紫外光到2000nm的红外光，其中只有波长在390～770nm的光是可见光（具体地，蓝光400～500nm，红光600～700nm），波长大于740nm的光为红外光，如图6.2所示。

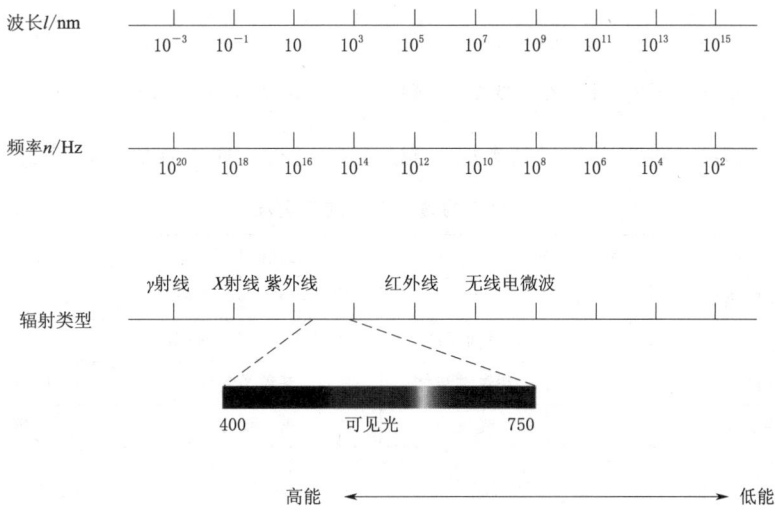

图6.2 太阳光的光谱（改自Jones，2014）

叶绿素的最强吸收光谱有两个：一个为波长640～660nm的红光部分，另一个为波长430～450nm的蓝紫光部分。在白光中，红、蓝光被叶绿素大量吸收，而绿光则很少被吸收。类胡萝卜素的吸收光谱与叶绿素不同，它们的最大吸收带在蓝紫光部分，不吸收红光等长波光。

资源6.3
太阳光的光谱
（彩图）

2. 激发态

叶绿素分子吸收光子后，由最稳定的、最低能量的基态升级到不稳定的、高能状态的激发态。激发态极不稳定，停留时间不超过几纳秒（10^{-9}s），之后就迅速向较低能状态转变。具有三方面转变途径：①吸收的光能以热的形式消耗回到基态；②分子吸收的光能以光能形式（可分荧光和磷光两种）释放回到基态；③激发态的叶绿素参与能量转移，迅速把光能传递给邻近的分子，推动光化学反应的进行，具体转变过程如图6.3所示。

6.1.3 光合作用过程

光合作用是积蓄能量和形成有机物的过程，光合作用大致可分为三大过程：①原初反应，包括光能吸收、传递和转换；②电子传递和光合磷酸化，形成活跃化学能（ATP和NADPH）；③碳同化，把活跃的化学能转变为稳定的化学能（固定

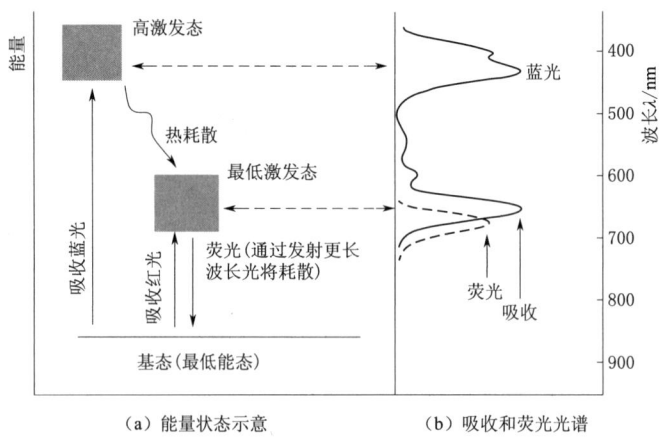

(a) 能量状态示意　　　　(b) 吸收和荧光光谱

图 6.3　叶绿素的吸收和发射光谱（改自 Taiz et al.，2015）

CO_2，形成糖类）。过程一和二基本属于光反应，过程三属于碳反应，见表 6.1。

表 6.1　　　　　光合作物各种能量转变概况

能量转变	光能	光化学反应	活跃的化学能	稳定的化学能
储存能量的物质	量子	电子	ATP、NADPH	糖类
完成能量转变的过程		原初反应	电子传递、光合磷酸化	碳同化
进行转变的部位		基粒类囊体	基粒类囊体	叶绿体基质
光、碳反应		光反应	光反应	碳反应

6.1.3.1　原初反应

原初反应是指光合作用中从叶绿素分子受光激发至引起第一个光化学反应为止的过程，即色素分子捕获光能后呈激发态，能量在色素分子间传递，最终引起一个光化学反应，是由光能推动进行的氧化还原反应。该过程进行的速度极快，可在 $10^{-15} \sim 10^{-12}$ s 时间内完成，如图 6.4 所示。

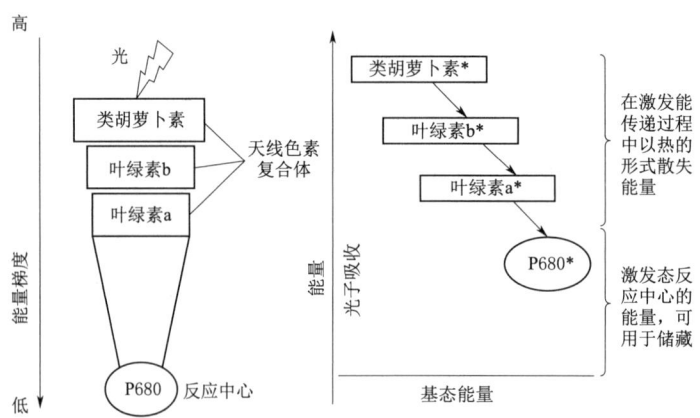

图 6.4　叶绿体色素间的能量传递（改自 Taiz et al.，2015）

6.1.3.2 电子传递和光合磷酸化

反应中心（图 6.5）的色素分子受光激发而发生电荷分离，实现了将光能转变为电能。这种状态的电能极不稳定，生物体无法利用。电子必须经过一系列电子传递，引起水的裂解释放氧，将 $NADP^+$ 还原为 NADPH，并通过光合磷酸化形成 ATP，把光能转化为活跃的化学能。

位于类囊体膜上的光合电子传递体是由光系统Ⅰ（PSⅠ）、光系统Ⅱ（PSⅡ）和细胞色素等单位组成的，它们的排列及电子和质子传递过程如图 6.5 所示。光合电子传递是指在原初反应中产生的高能电子经过一系列的电子传递体，传递给 $NADP^+$，产生 NADPH 的过程。在类囊体膜上进行电子传递的传递体组成的总轨道称为光合链。各种电子传递体具有不同的氧化还原电位，负值越大说明还原势越强，正值越大说明氧化势越强。根据氧化还原电势高低排列，呈 Z 形电子空间转移，并称之为光合作用电子传递的 Z 方案。

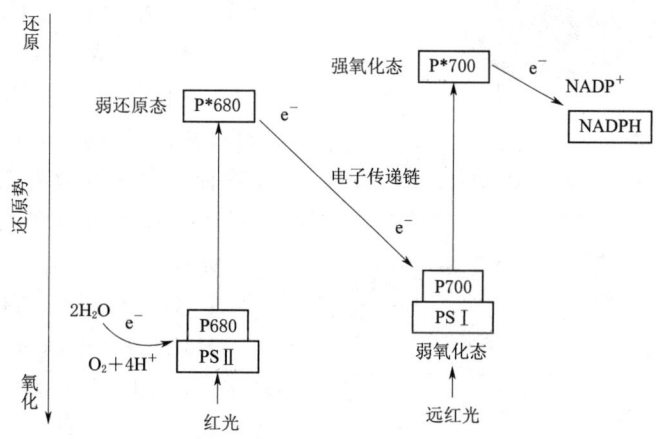

图 6.5　光合作用的电子传递过程（改自 Taiz et al.，2015）

光合磷酸化（photosynthetic phosphorylation）是指叶绿体利用光能驱动电子传递，建立跨类囊体膜的质子动力势，质子动力势把 ADP 和无机磷酸合成 ATP。由于光合磷酸化与光合电子传递偶联在一起，电子传递一旦停止，光合磷酸化就不能进行。光合磷酸化分为三种类型：非环式光合磷酸化、环式光合磷酸化和假环式光合磷酸化。

综上所述，电子传递和光合磷酸化首先将光能转变为电能，然后形成活跃的化学能，暂时储存在 ATP 和 NADPH 中。ATP 高能磷酸键是储藏能量的场所，水解时可释放出较多能量。ATP 是生物储能和换能的"通货"，生命活动所需的能量大多由 ATP 直接供给或转化。NADPH 也带有能量，在被还原的物质再氧化时，会释放出能量。

6.1.3.3 碳同化

CO_2 同化（CO_2 assimilation）是光合作用过程中的一个重要方面，是利用光反应形成的同化力（ATP 和 NADPH），将 CO_2 还原形成糖类物质的过程。植物体干重90%以上的有机物质都是通过碳同化转化而成的。作物固定CO_2的生化途径有三条,即C_3途径、C_4途径和景天酸代谢途径(CAM)。C_3途径为最基本途径,具备合成淀粉等产物的能力;其他两条途径只能起固定和运转CO_2的作用,不能形成淀粉。

1. C_3途径——卡尔文循环

在20世纪60年代,卡尔文(Calvin)等利用放射性同位素示踪和纸层析等方法,提出了CO_2同化的循环途径,称为卡尔文循环(Calvin cycle)。由于循环过程中的CO_2受体是一种戊糖,故又称为还原磷酸戊糖途径(reductive pentose phosphate pathway)。同时,由于CO_2固定的最初产物是一种三碳化合物,故又称为C_3途径。水稻、小麦、棉花、大豆等大多数植物都实行C_3途径,故称为C_3植物。卡尔文循环是所有植物光合作用碳同化的基本途径,大致可分为三个阶段,即羧化阶段、还原阶段和更新阶段,如图6.6所示。

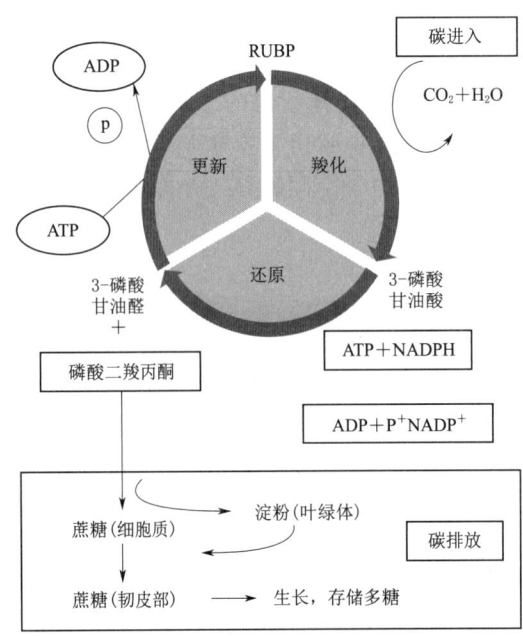

图6.6 卡尔文循环的三个阶段和光合产物分配
(改自Taiz et al.,2015)

2. C_4途径——四碳二羧酸途径

Hatch和Slack研究发现,甘蔗和玉米的CO_2固定最初稳定产物是四碳二羧酸化合物(苹果酸和天冬氨酸),故称为四碳二羧酸途径(C_4-dicarboxylic acid pathway),简称C_4途径。具有这种碳同化途径的植物称为C_4植物,这类植物大多起源于热带或亚热带,主要集中于禾本科、莎草科、菊科等植物。

3. 景天酸代谢途径(CAM)

除了C_3和C_4植物,另有许多生长在热带及亚热带干旱及半干旱地区的肉质类植物(最早发现于景天科植物),它们具有另一种光合作用途径:景天酸代谢途径CAM。在其所处的自然条件下,气孔白天关闭,夜晚张开,既维持水分平衡,又能同化二氧化碳。已发现许多科植物如龙舌兰科、仙人掌科、大戟科、百合科、葫芦科、萝藦科,以及凤梨科具有此途径。

4. 光合产物

光合产物(photosynthetic product)主要是糖类,包括单糖(葡萄糖和果糖)、双糖(蔗糖)和多糖(淀粉),其中以蔗糖和淀粉最为普遍。不同作物的主要光合产物不同,大多数高等作物如棉花、大豆的光合产物是淀粉,水稻和小麦以积累蔗糖为主,洋葱、大蒜的光合产物是葡萄糖和果糖,不形成淀粉。其他的光合产物包括蛋白质、脂肪和有机酸。

6.1.4 光合作用的影响因素

6.1.4.1 光合速率

光合作用受到外界条件和内在因素的影响而不断地变化,通常利用光合速率(photosynthetic rate)度量光合作用强度。光合速率是指单位时间、单位叶面积吸收 CO_2 的物质的量或放出 O_2 的物质的量,单位为 $\mu mol\ CO_2/(m^2 \cdot s)$ 或 $\mu mol\ O_2/(m^2 \cdot s)$。

光合作用的气体交换是指叶绿体吸收 CO_2 和释放 O_2 的过程,而呼吸作用(线粒体呼吸和光呼吸)刚好相反,吸收 O_2 释放 CO_2。C_3 植物白天和夜晚的气体交换不同,如图 6.7 所示。一般测定光合速率的方法未考虑叶子的呼吸作用,测得结果实际上是表观光合作用(apparent photosynthesis)或净光合作用(net photosynthesis)。如果同时测定其呼吸作用,再加表观光合作用及光呼吸,则可获得真正光合作用(true photosynthesis),即

真正光合作用=表观光合作用+呼吸作用+光呼吸

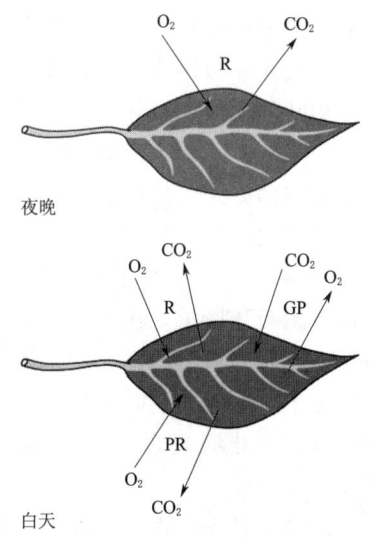

图 6.7 C_3 植物叶片在白天和夜晚的气体交换(改自 Hopkins 和 Hüner,2008)

GP—总光合作用;R—呼吸作用;PR—光呼吸

6.1.4.2 外部环境对光合速率的影响

1. 光照强度

光合作用是一个光生物化学反应,光合速率随着光照强度的增减而增减。可以把光照对光合速率的影响分成三个阶段。

第一阶段:在黑暗时,光合作用停止,而呼吸作用不断释放 CO_2;随着光照增强,光合速率逐渐增强,逐渐接近呼吸速率,光合速率与呼吸速率达到动态平衡。把光合过程中吸收的 CO_2 与呼吸作用过程中释放的 CO_2 等量时的光照强度,就称为光补偿点(light compensation point),如图 6.8 所示。在光补偿点时,植物有机物的形成和消耗相等,不能积累干物质。一般来说,阳生植物的光补偿点为 $9 \sim 18\mu mol$ 光子/$(m^2 \cdot s)$,阴生植物的则小于 $9\mu mol$ 光子/$(m^2 \cdot s)$。

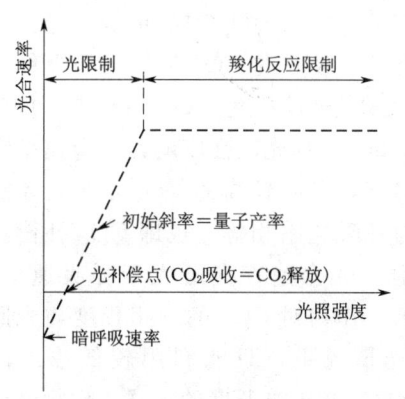

图 6.8 C_3 植物光合速率与光照强度间关系曲线(改自 Jones,2014)

第二阶段:当光照强度在光补偿点以上继续增加时,光合速率呈比例增加,光合速率和光强呈线性关系。在这个范围内,光是光合作用的限制因子,光强越强,光合速率越快。

第三阶段:如光强继续加强超过一定范围之后,光合速率的增加变慢。当达到某一光强时,光合速率不再增加,这一光强称为光饱和点(light saturation point)。光饱和点之所以发生,是由于在该时的电子传递反应、Rubisco 活性或磷酸丙糖代谢成

为限制因子，CO_2 代谢不能与吸收光能同步，此时光合作用被 CO_2 的浓度限制。作物的光饱和点与作物品种、叶片厚薄、单位叶面积叶绿素含量等有关。总体来看，阳生植物叶片光饱和点为 $360\sim450\mu mol$ 光子$/(m^2 \cdot s)$ 或更高，阴生植物的光饱和点为 $90\sim180\mu mol$ 光子$/(m^2 \cdot s)$。上述光饱和点的数值就单叶而言，对群体需综合考虑群体内部的光照强度分布。

按照植物对光照强度的需求，可将植物划分为阳生植物（sun plant）和阴生植物（shade plant）。阳生植物要求在充分直射阳光下才能生长良好。阴生植物适宜于生长在荫蔽环境中，在光照强环境下反而生长不良。就饱和光强而言，阳生植物的饱和光强比阴生植物的高。阴生植物叶片输导组织稀疏，当光照强度较大时，它的光合速率便不再增加。就叶绿体而言，与阳生植物相比，阴生植物有较大的基粒，基粒片层数目多，叶绿素含量又较高，这样阴生植物就能在较低的光强度下充分地吸收光线。

虽然光是光合作用的能源，但当光能超过光合系统所能利用的数量时，光合功能下降，这个现象就称为光合作用的光抑制（photoinhibition）。光抑制主要发生于 PSⅡ。近年一些学者认为，光抑制不一定是光合结构被破坏的结果，有时仅仅是一些防御性的激发能热耗散过程加强的反应。在自然条件下，晴天中午作物上层叶片常常发生光抑制。当强光和其他环境胁迫因素（如低温、高温和干旱等）同时存在时，光抑制加剧，有时即使在中、低光强下也会发生。作物本身对光抑制有一定程度的保护性反应。例如，叶片运动，调节角度去回避强光；叶绿体运动以适应光照强弱。

2. CO_2 浓度

CO_2 是光合作用的原料，其浓度对光合速率影响较大，如图 6.9 所示。目前空气中的 CO_2 浓度约为 $400\mu mol/mol$，对 C_3 作物的光合作用而言比较低。如果 CO_2 浓度更低，光合速率急剧减慢。当光合吸收的 CO_2 量等于呼吸释放的 CO_2 量时的 CO_2 含量称为 CO_2 补偿点（CO_2 compensation point）。如光照强度弱，光合速率降低比呼吸速率显著，只有较高的 CO_2 水平，才能维持光合速率与呼吸速率相等，也即 CO_2 补偿点高。如光照度强，光合速率显著大于呼吸速率，CO_2 补偿点就低。作物对 CO_2 的利用程度与光照度有关，在弱光情况下，只能利用较低浓度的 CO_2，光合速率慢。随着光照度的加强，作物就能吸收利用较高浓度的 CO_2，光合速率加快。

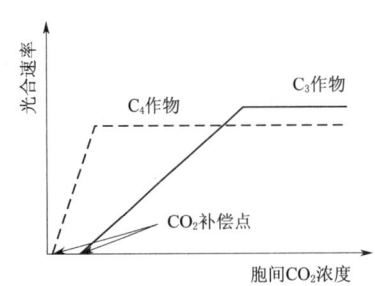

图 6.9 C_3 作物和 C_4 作物的光合速率与大气中 CO_2 浓度的关系曲线（改自 Jones，2014）

3. 温度

光合过程中的碳反应是由酶催化所发生的反应，而温度直接影响酶的活性。因此，温度对光合作用的影响也较大，如图 6.10 所示。一般作物可在 $10\sim35℃$ 下正常进行光合作用，其中以 $25\sim30℃$ 最适宜，在 $35℃$ 以上时光合作用就开始下降，$40\sim50℃$ 时即完全停止。在低温中，酶催化反应下降，限制光合作用的进行。在高温时，叶绿体和细胞质的结构易遭受破坏,并使叶绿体的酶钝化;暗呼吸和光呼吸加强,光合速率便降低。

4. 矿质元素

矿质元素直接或间接影响光合作用,如氮、镁、铁、锰等是叶绿素等生物合成所必需的矿质元素;铜、铁、硫和氯等参与光合电子传递和水裂解过程;钾、磷等参与糖类代谢,缺乏时影响糖类的转变和运输;此外,磷也参与光合作用中间产物的转变和能量传递。因此,矿质元素对光合作用影响很大。

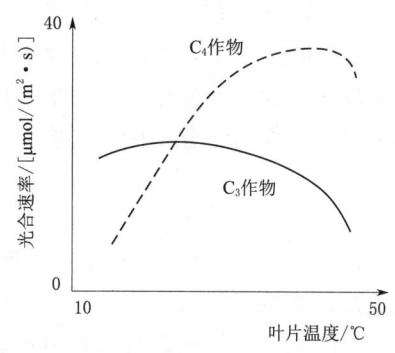

图 6.10 光合速率和叶片温度间的关系
(改自 Taiz et al., 2015)

5. 水分

水分是光合作用原料之一,缺水使叶片气孔关闭,影响 CO_2 进入叶内;缺水使叶片淀粉水解加强,糖类堆积,光合产物输出缓慢,使光合速率下降。

6.1.4.3 作物内部因素对光合速率的影响

在一定范围内,叶绿素含量越多,光合作用越强。幼嫩叶片光合速率低,随着叶子生长,光合速率不断加强,达到高峰,随后叶子衰老,光合速率下降。

作物生育期不同,作物的光合速率也不相同,一般以营养生长期最强,生长末期下降。以水稻为例,分蘖盛期的光合速率较快,在稻穗接近成熟时下降。但从群体来看,群体的光合速率不仅受单个叶片光合速率的影响,还受总叶面积及群体结构的影响。

6.1.5 光合效率与作物生长

6.1.5.1 光合作用与作物产量形成

经济产量是指收获的经济器官的干重,经济产量是生物产量和经济系数的乘积。生物产量是指作物一生中所累积的物质总干重。经济系数与品种遗传特性、栽培管理措施及物质的分配有关。因此,生物产量表示为

$$P_{bio} = P_{pho} - S \tag{6.1}$$

总光合产量表示为

$$P_{pho} = V_{pho} S_{pho} t_{pho} \tag{6.2}$$

经济产量表示为

$$P_{eco} = (V_{pho} S_{pho} t_{pho} - S)k \tag{6.3}$$

式中:P_{bio} 为生物产量;P_{pho} 为总光合产量;S 为消耗;V_{pho} 为光合速率;S_{pho} 为光合面积;t_{pho} 为光合时间;P_{eco} 为经济产量;k 为经济系数。

其中,光合速率是最关键的因素,与遗传特性及各种外界条件的影响有关;光合面积与品种特性、叶面积及群体结构有关;光合时间与生育期、日照时数及叶片的寿命等有关。消耗主要是指呼吸消耗,凡是影响呼吸的各因素都与之有关,如落花、落果、病虫害等也减少了生物产量。提高作物产量必须促进光合作用,如控制环境条件,提高光合速率,延长光合时间,提高群体光能利用率,减少光合产物的消耗,调

节光合产物分配和利用等。

在农业生产中，提高作物群体的光能利用率（solar energy utilization efficiency）是提高产量的重要任务。作物生育期内，通过光合作用储存的化学能占投射到这一面积上的日光能的百分比称为光能利用率，表示为

$$I_{bio} = \frac{E_{pro}}{E_{sun}} \times 100\% \tag{6.4}$$

式中：I_{bio} 为光能利用率；E_{pro} 为单位面积上的作物生物产量折合热能；E_{sun} 为单位土地面积在生育期所接收的日光能。

虽然太阳的辐射能很高，但不能被作物完全吸收与利用。由于到达叶片表面的光能中，一部分被反射损失，一部分通过热散失，部分用于其他代谢耗损，最多仅约5%的光能被光合作用转化储存在碳水化合物中。加之播种期与作物苗期的漏光也可达1/3以上，还有其他因素，如CO_2供应不足、土壤水分限制、温度过高或过低、缺肥、病虫害等的影响，实际的光能利用率较低。从理论上计算，理想条件下光能利用率可达5%～10%，仍有相当大的光能利用率的提高潜力。因此，在农业生产中，采用适宜耕种措施，在一定范围内可提高作物群体的光能利用率，以提高作物产量。

6.1.5.2　提高群体光能利用率的途径

（1）增加光合面积。合理密植或改变作物的形态结构可有效增加叶片的总面积和总光合面积。通过确定合理的种植密度，既使群体得到适当发展，又使个体得到充分发育，以达到既充分利用光能与地力，又发挥作物的优良特性的目的。

（2）延长光合时间。可通过提高复种指数（multiple cropping index）、延长生育期或补充光照等措施来适当延长光合时间。复种指数是指全年作物的收获面积与耕地面积之比。我国传统的间种、套作及目前应用的温室栽培或育苗移栽均可有效提高复种指数，减少从播种到苗期的漏光损失。对高秆与矮秆、喜阳与喜阴、紧株型与松散株型的作物搭配最能充分利用光能和地力，如豆/麦、麦/棉、粮食作物与蔬菜的间种、套作等。

（3）提高光合效率。从遗传育种方面，培育高光效作物品种；控制光照、CO_2、温度、水分、矿质营养等环境条件，促进光合作用；采取措施，降低水稻、小麦、大豆等C_3作物的光呼吸；促进同化物向经济器官运输与分配，提高经济系数等增加作物经济产量。

6.2　作物呼吸作用

呼吸作用（respiration）是将作物体内的物质不断分解，同时释放能量的过程。呼吸作用释放的能量供给各种生理活动的需要，其中间产物对作物体中主要物质之间的转变起着枢纽作用。

呼吸代谢主要包括底物的降解和能量产生两大阶段，如图6.11所示。呼吸底物的氧化过程是经过一系列酶促反应，在有控制的条件下逐步进行基本的呼吸代谢途径

6.2 作物呼吸作用

包括糖酵解、三羧酸循环及氧化磷酸化等途径。

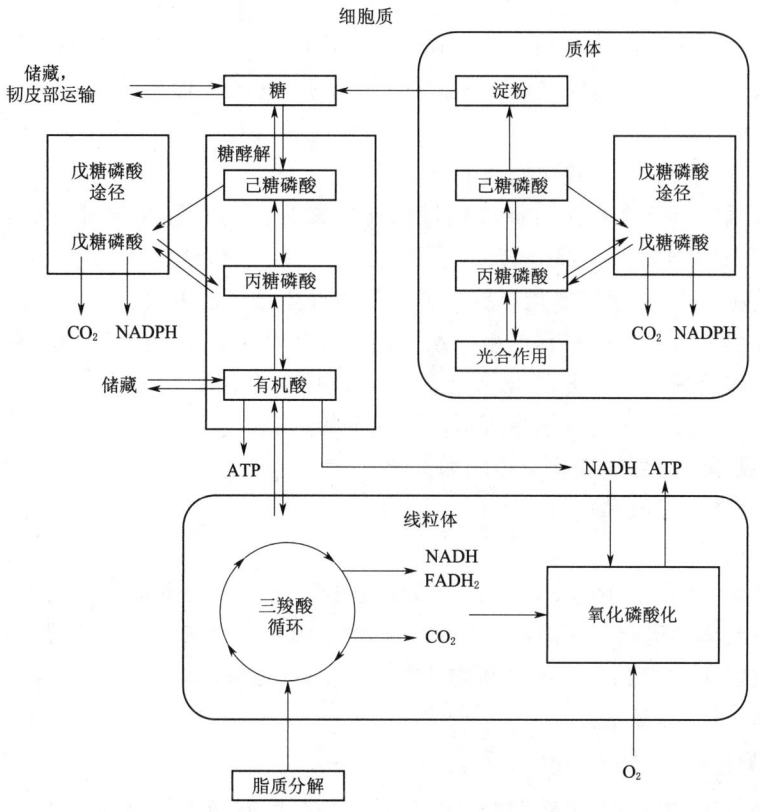

图 6.11 作物呼吸代谢途径概况（改自 Taiz et al.，2015）

6.2.1 呼吸作用的生理意义

6.2.1.1 呼吸作用

呼吸作用（respiration）包括有氧呼吸和无氧呼吸。氧气充足的条件下，O_2 参加反应，作物体内的有机物被彻底氧化成二氧化碳和水，产生较多 ATP，该过程为有氧呼吸。在氧气稀缺条件下，作物体内的有机物可通过脱氢、脱羧等方式氧化降解，但经氧化后大部分的碳仍呈有机态，其中还保留较多的能量，是一种不彻底的氧化，称为无氧呼吸。

1. 有氧呼吸

有氧呼吸（aerobic respiration）是指在氧气的参与下，细胞把某些有机物质彻底氧化分解，释放出二氧化碳并形成水，同时释放能量的过程。一般来说，葡萄糖是作物细胞呼吸最常用的物质。呼吸作用表示为

$$C_6H_{12}O_6 + 6H_2O + 6O_2 \longrightarrow 6CO_2 + 12H_2O + 能量 \tag{6.5}$$

2. 无氧呼吸

无氧呼吸（anaerobic respiration）是指在无氧条件下，细胞把某些有机物分解成为不彻底的氧化产物，同时释放能量的过程。

高等作物无氧呼吸可产生乙醇,其过程与乙醇发酵是相同的,反应如下:

$$C_6H_{12}O_6 \longrightarrow 2C_2H_5OH + 2CO_2 + 能量 \tag{6.6}$$

除了乙醇以外,高等作物的无氧呼吸也可以产生乳酸,反应过程如下:

$$C_6H_{12}O_6 \longrightarrow 2CH_3CHOHCOOH + 能量 \tag{6.7}$$

6.2.1.2 生理意义

呼吸作用生理意义是提供能量和提供原料。

(1) 提供能量。呼吸作用释放能量的速度较慢,而且逐步释放,适合于细胞利用。释放出来的能量,一部分转变为热能而散失,一部分以 ATP 等形式储存。当 ATP 等分解时,将储存的能量释放出来,供植株生理活动需要。

(2) 提供原料。呼吸过程产生一系列的中间产物,这些中间产物很不稳定,成为进一步合成作物体内各种重要化合物的原料。呼吸作用是代谢的中心,在一般情况下,呼吸速率可作为评估作物生理活动强弱的指标。

6.2.2 呼吸作用的生理指标与影响因素

6.2.2.1 呼吸作用的生理指标

1. 呼吸速率

呼吸速率(respiratory rate)是指在一定温度下,单位重量的活组织(鲜重、干重)在单位时间内吸收氧气或释放二氧化碳的数量。作物的呼吸速率可用作物的单位鲜重或干重表示,或者在一定时间内所放出的二氧化碳的体积(V_{CO_2}),或所吸收的氧气的体积(V_{O_2})来表示。

2. 呼吸熵

呼吸熵(respiratory quotient,RQ)是表示呼吸底物的性质和氧气供应状态的一种指标。作物组织在一定时间内,放出二氧化碳的物质的量(mol)与吸收氧气的物质的量(mol)的比率称为呼吸熵,即

$$RQ = \frac{Q_{CO_2}}{A_{O_2}} \tag{6.8}$$

式中:Q_{CO_2} 为放出 CO_2 的物质量,mol;A_{O_2} 为吸收 O_2 的物质量,mol。

当呼吸底物是糖类(如葡萄糖)而又完全氧化时,呼吸商是1.0。如果呼吸底物是一些富含氢的物质,如脂肪或蛋白质,则呼吸熵小于1.0。如果呼吸底物是一些比糖类含氧多的物质,如已局部氧化的有机酸,则呼吸熵大于1.0。

6.2.2.2 作物特征对呼吸速率的影响

不同作物具有不同的呼吸速率。一般来说,凡是生长快的作物呼吸速率就快,生长慢的作物呼吸速率也慢。

同一植株不同的器官呼吸速率有很大的差异。生长旺盛、幼嫩器官(根尖、茎尖、嫩根、嫩叶)的呼吸速率较生长缓慢、年老器官(老根、老茎、老叶)快。死细胞少的器官(草本茎)较死细胞多的器官(木本茎)的呼吸速率快;生殖器官的呼吸速率比营养器官速率快。

同一器官的不同组织呼吸速率也不尽相同。若按组织的单位鲜重计算,形成层的呼吸速率最快,韧皮部次之,木质部则较慢。

同一器官的不同生长过程呼吸速率也有较大差异。以叶片为例,幼嫩时呼吸速率较快,成长后呼吸速率下降;衰老时,呼吸速率又上升。由于成熟叶片进入衰老时期,氧化磷酸化开始解偶联,能量传递体系破坏,呼吸速率则上升;在衰老后期,蛋白质分解,呼吸速率变得极其微弱。在不同的年龄中,果实(如苹果、香蕉、芒果)的呼吸速率也存在差异。嫩果呼吸速率最强,后随年龄增加而呼吸速率降低,但在后期呼吸速率会突然增高,呈现呼吸速率跃变。

6.2.2.3 外部条件对呼吸速率的影响

外部条件对呼吸速率的影响可分为三个基点,即最低点、最适点和最高点。某环境因素使某一生理过程持续最快地进行,此点就是最适点。而使该生理过程能够进行的最低或最高的限度,分别称为最低点和最高点。

(1) 温度。温度通过影响呼吸酶的活性,而改变呼吸速率。在最低温度与最适温度之间,呼吸速率总是随温度的增高而加快。超过最适温度,呼吸速率则随着温度的增高而下降。

一般来说,接近0℃时,作物的呼吸进行得很慢;呼吸作用的适宜温度为25~35℃,最高温度为35~45℃。在某种情况下,当温度增高10℃时,呼吸作用增加2~2.5倍。由温度升高10℃而引起的反应速率的增加,称为温度系数(temperature coefficient,Q_{10})。

(2) 氧气。氧气是作物正常呼吸的重要因子,如氧气不足,直接影响呼吸速率和呼吸性质。在氧气浓度下降时,有氧呼吸降低,而无氧呼吸增高。

(3) 二氧化碳。二氧化碳是呼吸作用的最终产物,当外界环境中的二氧化碳浓度增加时,呼吸速率便会减慢。在二氧化碳的体积分数升高到1%~10%时,呼吸作用明显被抑制。

(4) 机械损伤。机械损伤会显著加快组织的呼吸速率,在采收、包装、运输和储藏多汁果实和蔬菜时,应尽可能防止机械损伤。

6.2.3 光合作用和呼吸作用间关系

作物的光合作用和呼吸作用是作物体内相互对立而又相互依存的两个过程。光合作用是制造有机物、储藏能量的过程,而呼吸作用则是分解有机物、释放能量的过程,两者的区别见表6.2。

表6.2　　　　　　光合作用和呼吸作用的比较(改自Jones,2014)

光合作用	呼吸作用
以 CO_2 和 H_2O 为原料	以 O_2 和有机物为原料
产生有机物糖类和 O_2	产生 CO_2 和 H_2O
叶绿素等捕获光能	有机物的化学能暂时储存于ATP中或以热能消失
通过光合磷酸化把光能转变为ATP	通过氧化磷酸化把有机物的化学能转化形成ATP
H_2O 的氢主要转移至 $NADP^+$,形成 $NADPH+H^+$	有机物的氢主要转移至 NAD^+,形成 $NADH+H^+$
糖合成过程主要利用ATP和 $NADPH+H^+$	细胞活动是利用ATP和 $NADH+H^+$(或 $NADPH+H^+$)做功

续表

光 合 作 用	呼 吸 作 用
仅有含叶绿素的细胞才能进行光合作用	活的细胞都能进行呼吸作用
只在光照下发生	在光照下或黑暗里都可发生
发生于真核细胞植物的叶绿体中	糖酵解和磷酸戊糖途径发生于细胞质基质中，三羧酸循环和生物氧化则发生于线粒体中

但是，光合作用和呼吸作用又相互依存，共处于一个统一体中。没有光合作用形成的有机物，就不可能有呼吸作用，两者的互作关系主要表现为以下三个方面：

(1) 光合作用所需的 ADP（供光合磷酸化产生 ATP 之用）和辅酶 $NADP^+$（供产生 $NADPH+H^+$ 之用），与呼吸作用所需的 ADP 和 $NADP^+$ 是相同的，这两种物质在光合和呼吸过程中可共用。

(2) 光合作用的碳循环与呼吸作用的磷酸戊糖途径基本上是互为逆反应，中间产物相同，且光合作用和呼吸作用间有许多糖类（中间产物）可交替使用。

(3) 光合作用释放的 O_2 可供呼吸作用利用，而呼吸作用释放的 CO_2 亦能为光合作用所同化。

6.2.4 呼吸作用与粮食生产

呼吸过程是代谢中心，呼吸消耗有机物，呼吸与粮食生产的关系主要包括以下三方面：

(1) 呼吸作用与作物栽培。适宜的栽培措施可有效保证作物呼吸作用正常进行。例如，早稻浸种催芽时，用温水淋种和时常翻种，可控制温度和通气状况，使呼吸过程顺利进行。水稻育秧通常采用湿润育秧，早稻育秧在寒潮过后，适时排水，可使根系得到充分的氧气。

作物栽培中出现的许多生理障碍，也是与呼吸作用直接相关的。例如，水田中还原性有毒物质（如硫化氢等）过多，会破坏呼吸过程中的细胞色素氧化酶和多酚氧化酶的活性，抑制呼吸作用。

(2) 呼吸作用与粮食储藏。种子是有生命的有机体，不断进行着呼吸作用。呼吸速率快，会引起有机物的大量消耗；呼吸释放的水分，又会使粮堆湿度增大，粮食"出汗"呼吸加强；呼吸放出的热量又使粮温增高，反而又促使呼吸增强，导致发热霉变，使粮食变质变量。因此，在储藏过程中，必须降低呼吸速率，确保储粮安全。

(3) 呼吸作用与果蔬储藏。果蔬储藏不能干燥，因为干燥会造成果实皱缩，失去新鲜状态，但柑橘、白菜、菠菜等储藏前可轻度干燥，以减少呼吸，保证果实品质。

6.3 作物生长发育

种子作物生长发育过程可分为三个主要阶段：种子萌发、营养生长和生殖生长（图 6.12）。

6.3.1 种子萌发

高等作物的生活史是从种子萌发开始到种子成熟为止的循环过程。在适宜环境条

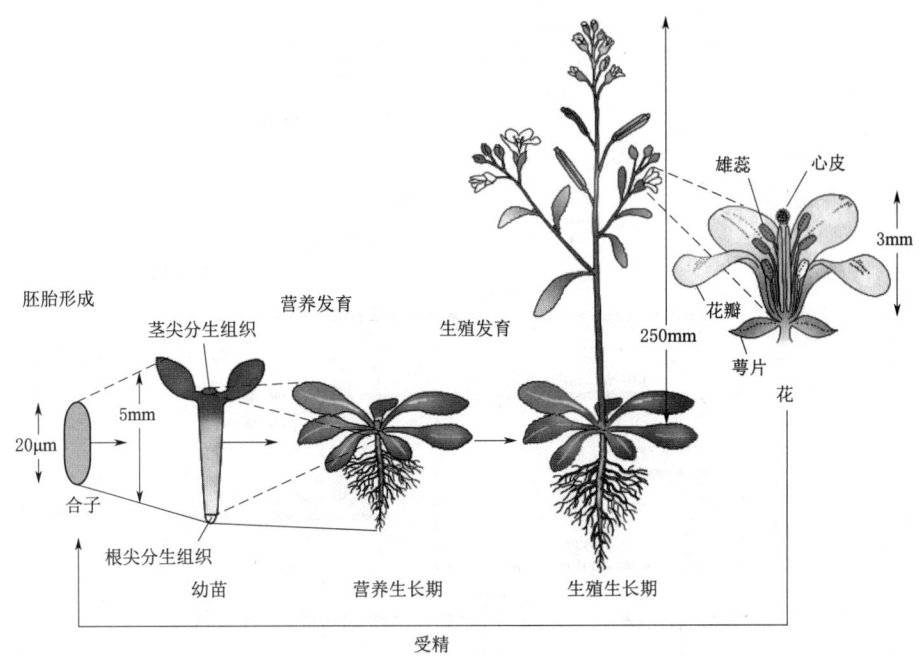

图 6.12　拟南芥植株生长发育时期示意（改自 Taiz et al., 2015）

件下，种子内胚胎恢复生长，形成幼苗的过程称为萌发（germination）。种子的萌发过程是从干种子吸水开始到胚根突破种皮为止的过程。

种子萌发需要的环境因子包括水分、温度、氧气和光（部分作物），其中，水分是最主要因素。通常情况下，种子萌发及萌发后的吸水过程可分为三个阶段（图 6.13）：阶段一为快速吸水阶段，干种子通过吸胀（imbibition）作用迅速吸水，作用力主要为表面张力和种子内亲水性物质对水的吸附力；阶段二为吸水速度减慢阶段，种子代谢生长激活，胚扩大生长，胚根突破种皮；阶段三为吸水速度重新增强阶段，由于幼苗快速生长，引起吸水速度再次增加。

种子萌发过程伴随着呼吸作用增加和水解酶类的合成及分泌，可以为细胞代谢及幼苗的生长提供物质和能量。

6.3.2　作物营养生长

高等作物的营养生长主要指作物根、茎和叶片的生长。

6.3.2.1　作物营养生长特征

1. 根系的生长特征

根系的生长呈典型的顶端生长性质，具有顶端优势，主根控制着侧根的生长。除正常根系外，作物还具有不定根（adventitious root）。不定根是指生长在非正常生根部位的根，如农艺生产上的枝插、叶插、压条等方法是利用不定根进行繁殖的主要方式。

2. 茎的生长特征

茎的生长有顶端优势，顶芽抑制侧芽生长。在茎的整个生长过程中，生长速率通

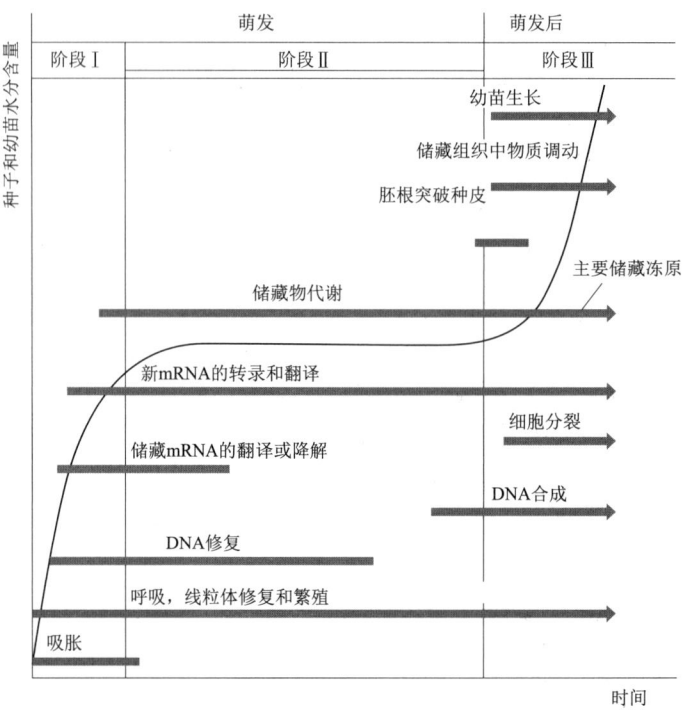

图 6.13 种子萌发和幼苗生长过程的吸水量与代谢变化（改自 Taiz et al.，2015）

常表现出"慢—快—慢"的规律，即开始时生长缓慢，此后逐渐加快，达到最高点，然后生长速率又减慢以至停止。

3. 叶的生长特征

一般而言，叶在芽中形成，它由茎尖生长锥的叶原基发育而成。不同作物的幼叶发育完成后由小变大的生长过程也不同，双子叶作物的叶是全叶均匀生长，到一定时间即停止，所以叶上不保留原分生组织，叶片细胞全部成熟。单子叶作物的叶生长是基生生长，叶片基部保持生长能力，例如韭菜、葱等叶被从基部切断后，叶片很快就能生长起来。

6.3.2.2 外部环境对作物营养生长的影响

外部环境因素如温度、光照、水分和矿质营养等都影响作物的营养生长。

1. 温度

温度是影响作物生长的重要环境因子。自然条件下，作物对昼夜温度周期性变化的适应现象称为作物生长温周期现象（thermoperiodicity of growth）。

高等作物的生长存在一个温度范围，不同作物生长对温度的要求也不同。北极或高山地区作物可在0℃或0℃以下生长，最适生长温度不超过10℃。温带地区作物的最适生长温度范围为25～35℃，如温度低于5℃或高于40℃作物生长受到抑制。

2. 光照

幼苗发育受光控制，如禾本科作物种子的芽鞘和中胚轴在见光的条件下会停止生长；而幼苗见光后，卷曲的叶片才张开。

光抑制茎的生长，在光照下生长的玉米幼苗，生长速率比黑暗降低30%左右。因此，在农业生产中，要确定合理种植密度，加强水肥管理，使株间通风透光，茎秆粗壮不倒伏。

光强影响作物生长发育，通常禾谷类作物在弱光下，叶片面积大而薄；在强光下叶片则较小而厚。

3. 水分

水分影响细胞分裂和伸长，其中细胞伸长对水分变化最为敏感。在生产实际中，可以通过调节第二、三节节间伸长期间的水分供应，控制小麦和水稻的茎部生长；此外可以通过调节抽穗期的水分供应，控制小麦和水稻种子的生长，进而控制产量。

水分影响根系的生长，如水分过少时，根生长慢，吸水能力降低；水分过多时，通气不良，根短且侧根数增多。

水分影响叶片生长，如水分充足，叶片的生长速度加快，叶片大而薄；水分不足，叶生长速度慢，叶小而厚。

4. 矿质营养

矿质营养中的氮素是影响作物生长的重要元素，如氮素过多，茎和叶片徒长，导致叶大而薄，作物容易倒伏；氮素过少，茎和叶生长受阻，导致植株矮小、叶片枯黄。

6.3.3 作物生殖生长

被子作物的生长发育过程经历花的形成、雌雄配子的形成、授粉受精、果实与种子的发育和成熟等过程。

6.3.3.1 花的形成过程

通常花的早期发育可分为三个阶段：①成花诱导：进行营养生长的作物感受到外界环境信号（如光周期、春化等）及自身产生的开花信号，向生殖生长转变；②花原基形成：茎端分生组织转变为花分生组织；③花器官原基形成：从花原基上顺序形成萼片、花瓣、雄蕊、雌蕊以及胚珠等花器官原基。在经历花早期发育的连续三个阶段后，花器官原基进一步生长发育形成花器官，花逐步长大、成熟、开放。

成花诱导是促进花生长发育的重要过程，需要作物内部因素和外部因素共同作用才能完成。其中，春化（vernalization）和光周期（photoperiod）是成花诱导的最重要环境因素。

1. 春化作用

低温诱导作物开花的过程称为春化作用。成花受低温影响的作物，主要是一些二年生作物（如芹菜、胡萝卜、萝卜、葱、蒜、白菜、荠菜、甜菜等）和一些越冬性的一年生作物（如冬小麦、冬黑麦等）。对这类作物来说，秋末冬初的低温就成为花诱导所必需的条件。

低温是春化作用的主要条件，有效温度在0~10℃之间，最适温度为1~7℃。春化时间由数天到二三十天，具体有效温度和低温持续时间随作物种类而定。如果温度低于0℃，代谢被抑制，不能完成春化过程。在春化过程结束之前，如遇高温，低温效果会削弱甚至消除，这种现象称为脱春化作用（devernalization）。由于春化作用是活跃的代谢过程,在低温期间,需要能源、氧气和水分,也需要细胞分裂和 DNA 复制。

春化作用可发生在种子萌发或植株生长的任何时期,如冬小麦可在种子萌发时进行,也可在苗期进行,其中以三叶期为最快。少数作物如甘蓝、胡萝卜等,则不能在种子萌发状态进行春化,只有在绿色幼苗期进行春化。

通常具有分裂能力的细胞都可以接受春化刺激,但被子作物春化的感应部位主要为茎尖端的生长点和嫩叶。

嫁接试验证明,春化作用会产生春化素,它在作物中进行传导,诱导植株开花。

2. 光周期现象

在自然界,昼夜间的光暗交替称为光周期。作物在生长发育过程中对日照长度的长期适应过程称为光周期现象(photoperiodism)。

根据作物对诱导开花所要求的日照长度不同,可把作物划分长日照作物、短日照作物、日中性作物、长短日照作物和短长日照作物等类型。

长日照作物(long-day plant)是指日照长度必须高于一定时数才能开花的作物。延长光照可促进长日照作物早开花;相反,缩短光照时间则延迟长日照作物开花或不能开花。常见的长日照作物包括小麦、黑麦、胡萝卜、甘蓝、洋葱、燕麦、甜菜、油菜等。

短日照作物(short-day plant)是指日照时间必须低于一定时数的作物。缩短光照时间可导致短日照作物早开花;相反,延长光照时间则延迟短日照作物开花或不能开花。常见短日照作物包括烟草、大豆、菊花、水稻、甘蔗、棉花等。

日中性作物(day-neutral plant)是指成花对日照长度不敏感,任何日照长度下都可以开花,如番茄、茄子、黄瓜、辣椒和菜豆等。

长短日照作物(long-short day plant)要求先长日后短日的双重日照条件,如大叶落地生根、芦荟等。

短长日照作物(short-long day plant)要求先短日后长日的双重日照条件,如风铃草、瓦松和白三叶草等。

临界日长(critical daylength)是指作物开花所需要的极限日照长度,即诱导短日照作物开花所必需的最长日照或诱导长日照作物开花所必需的最短日照。作物不同,其临界日长也不同,一些短日照作物和长日照作物的临界日长见表 6.3。

表 6.3　　某些作物开花所需的临界日长

短日照作物	24h 周期中的临界日长/h	长日照作物	24h 周期中的临界日长/h
甘蔗	12.5	菠菜	13
菊花	15	大麦	10~14
矮牵牛	15	小麦	12 以上
苍耳	15.5	燕麦	9
晚稻	12	拟南芥	13
一品红	12.5	木槿	12
美洲烟草	14	天仙子	11.5
		甜菜(一年生)	13~14

3. 春化和光周期理论在农业中的应用

对萌动种子进行低温处理使之完成春化作用的措施称为春化处理。在农业生产中，可以利用罐埋法（把萌发的冬小麦闷在罐中，放在0～5℃低温处40～50天）、七九小麦法（即在冬至起将种子浸在井水中，次晨取出阴干，每九日处理1次，共7次）等方法，解决冬小麦的春化问题。

通过控制光周期时长，控制作物的开花时间。在园艺生产上，可以通过控制花的光照时长，延长或者推迟花的开花时间。在温室中可通过延长或缩短日照长度，控制作物花期，解决花期不遇问题，对杂交育种有很大帮助。

不同经纬度地区的温度和日照时长存在明显差异，因此，由于地理上分布不同，同一种作物形成了对日照长短需要不同的品种。在进行不同经纬度地区引种时，一定要注意作物对日照和光周期的要求，否则将造成引种作物的生长发育过程受阻。

6.3.3.2 作物的成熟和衰老

1. 种子成熟生理

种子的成熟过程，实质上就是胚从小长大，以及营养物质在种子中变化和积累的过程，如图6.14所示。种子成熟期间的物质变化，与种子萌发时的变化相反。作物营养器官的养料，以可溶性的低分子化合物状态（如蔗糖、氨基酸等形式）运往种子，在种子中逐渐转化为不溶性的高分子化合物（如淀粉、蛋白质和脂肪等），并且积累起来。

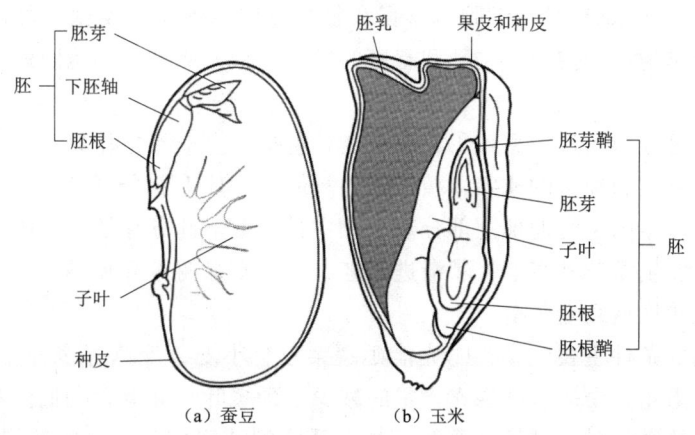

图6.14 双子叶作物蚕豆和单子叶作物玉米种子结构示意
（改自 Hopkins 和 Hüner，2008）

种子成熟是种子发育的最后阶段。此时，种子以脱水为主要特征，细胞内部的代谢逐渐减慢，趋于静止状态，干重基本稳定，如图6.15所示。种子成熟后的脱水是自主进行的，即使种子周围环境含水量高，种子细胞内的水分仍可以逆水势排出，使得种子可以在非常干燥的状态下存活。

2. 果实成熟生理

果实是由子房发育而成的，有些果实除子房外还有花托、花萼、花序等花的其他

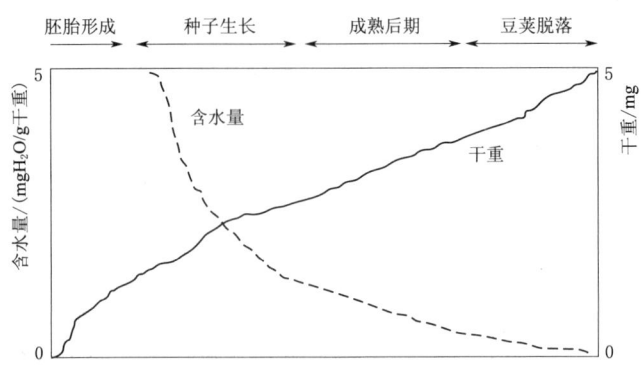

图 6.15 苜蓿种子成熟过程中含水量和干重的变化（改自 Taiz et al.，2015）

部分参与形成果实。单纯由子房发育成的果实称为真果，如小麦、水稻、棉花、柑橘等。由子房和花的其他部分参与形成的果实称为假果，如苹果、梨、菠萝等。果实的发育过程一般分为细胞分裂、细胞膨大、果实成熟和衰老。

果实的生长速度与植株的生长速度大体相同，均表现出"慢—快—慢"的特点，呈典型的 S 形曲线。但不同作物果实的生长特点不同，如梨、苹果、香蕉、番茄、茄子等作物的果实累积过程呈单 S 形变化曲线；而桃、李、杏、樱桃等果实存在两个迅速生长的时期，其生长曲线呈双 S 形。

3. 作物衰老生理

衰老（senescence）是指细胞、器官和整个植株生理功能发生不可逆转的衰退过程。衰老是受作物遗传控制、主动和有序的发育过程。此外，环境因素也可以诱导作物衰老。

作物衰老可分为四种类型：①整体衰老，包括许多一年生作物，如小麦、水稻和玉米等，随着果实和种子的成熟，植株很快衰老；②地上部分衰老，包括许多多年生作物和灌木，每年固定时期地上部分衰老死亡，但地下部分存活；③脱落衰老，即落叶树木的叶片发生季节性衰老；④渐进衰老，一些常绿树木叶片不在同一时期衰老脱落，而是分批轮换地衰老脱落。

影响衰老的条件主要包括：①光能延缓菜豆、小麦、烟草等多种作物叶片衰老，红光和蓝光能阻止蛋白质和叶绿素含量的减少，延缓叶片衰老；②低温和高温加速叶片衰老，低温或高温时，钙运转受阻，蛋白质降解速率增加，导致叶绿体功能衰退，叶片黄化；③干旱促使叶片衰老，干旱导致蛋白质降解，呼吸速率增加，叶绿体片层结构破坏，光合磷酸化受抑制，光合速率下降，加快叶片衰老；④营养缺乏导致叶片衰老，营养物质从较老组织向新生器官或生殖器官分配，引起营养缺乏，导致叶片衰老；⑤植物激素影响作物衰老，细胞分裂素可以显著延长叶片保绿时间，推迟离体叶片衰老。此外，细胞分裂素还有防止果树生理落果的作用。赤霉素能延缓叶片衰老、蛋白质降解。与之相反，脱落酸影响蛋白质和核酸的合成促进叶片衰老。

6.3.4 作物生长的相关性

作物是根、茎、叶、果实等组成的统一体，各部分间的生长存在密切的关系。作物的根、茎、叶、果实各部分间相互制约与协调的现象,称为相关性(correlation)。

1. 地下部与地上部相关性

作物地上部分对地下部分的生长具有促进作用。根不能合成糖分,它所需要的糖由地上部分供应。某些作物根生长所必需的维生素,如维生素 B_1 就是在叶子中合成的。所以,地上部分生长不良,根系的生长也将受阻。

作物地上部分与地下部分的生长相互抑制。干旱胁迫时,作物会增加根的相对质量,从而减少地上部分的相对质量,导致根冠比值增加;反之,土壤水分充足时,土壤通气受阻,限制根系生长,而地上部分生长不受影响,导致根冠比值降低。

地上部分与地下部分之间存在信息交流。干旱胁迫时,根尖合成的 ABA 增多,并将其传导到地上部分,引起气孔关闭和蒸腾速率降低。

2. 主茎与侧枝相关性

作物的顶芽生长占优势而抑制侧芽生长的现象称为作物生长的顶端优势(apical dominance)。顶端优势普遍存在于植物界,但不同作物的表现形式不同。有些作物顶端优势明显,如桧柏、杉树等,越靠近顶端受到的抑制越强,使得整个植株呈宝塔形。有的作物顶端优势十分显著,如向日葵、烟草、黄麻等,不允许产生侧枝。当然也有些作物的顶端优势不显著,如小麦、水稻、芹菜等。

在生产实际中,有时需要保持顶端优势抑制侧枝生长,促进主茎强壮,例如玉米、高粱等。有时需要消除顶端优势促进侧枝的生长,如棉花的打顶,可控制花和棉铃的数量及大小;瓜类摘蔓、果树修剪可调节营养生长,合理分配养分;绿篱修剪可促进侧芽生长,从而形成密集灌丛;苗木移栽时断根,可促进侧根的生长。

3. 营养生长与生殖生长相关性

营养生长和生殖生长是作物生长的两个重要阶段,既有依赖性,也有相互对立性。生殖生长以营养生长为基础,营养生长不好,生殖生长自然也不会好。营养生长和生殖生长又相互对立。例如,小麦、水稻前期水肥过多,茎叶徒长,延缓幼穗分化,增加空粒数;后期水肥过多,造成贪青晚熟,影响粒重。另外,生殖生长抑制营养生长,例如,番茄开花结实后,营养生长基本结束,但如果把花、果不断摘除,则营养器官就继续繁茂生长。

6.3.5 作物逆境生理

逆境或胁迫(stress)是指对作物生长造成不利影响的外界因子。胁迫可分为生物胁迫和非生物胁迫。生物胁迫(biotic stress)是生物因子造成的,包括病害、虫害和杂草等;非生物胁迫(abiotic stress)是非生物因子造成的,包括寒冷、高温、干旱、盐渍、水涝等。作物遭受胁迫后,会产生一系列反应来适应这种胁迫,这种作物适应胁迫的反应称为抗逆性(stress resistance)。作物的抗逆性主要有两种形式:①避逆性(stress avoidance),即作物通过生长周期的调整来避开逆境的干扰;②耐逆性(stress tolerance),即作物通过自身的生理变化来忍耐逆境。作物生长中,产生逆境的环境因子主要为干旱和盐碱。

6.3.5.1 作物抗旱性

当作物耗水大于吸水时,作物体内水分亏缺,这种现象称为干旱(drought)。干旱胁迫严重时，作物细胞膨压降低，叶片和茎的幼嫩部分下垂，称为作物萎蔫（wilting）。萎蔫可分为暂时萎蔫和永久萎蔫。暂时萎蔫（temporary wilting）是指水分暂时供应不及，导致的萎蔫；在水分供应充足时，这种萎蔫现象就会消除。永久萎蔫（permanent wilting）是指水分严重缺失，降低蒸腾仍不能消除水分亏缺影响的萎蔫。永久萎蔫持续时间久，会导致作物死亡。

1. 作物抗旱性的形态和生理特征

作物抗旱性是指在干旱条件下，作物具有忍受干旱而受害最小、减产最少的能力。适应干旱的形态特征包括：根系发达而深扎，根冠比大，叶片表面蜡面沉积（减少水分蒸腾），叶片小、叶脉致密和叶细胞小（可减少细胞收缩产生的机械损害）等。

适应干旱的生理特征包括：细胞渗透势低（抗过度脱水），在缺水情况下气孔关闭较晚（光合作用不立即停止），酶的合成活动仍占优势（仍保持一定水平的生理活动，合成大于分解）。诱导质膜上的水孔蛋白基因表达，合成水孔蛋白，促进水分向组织中流动等。图6.16显示了干旱胁迫条件下作物生理指标的变化特征。

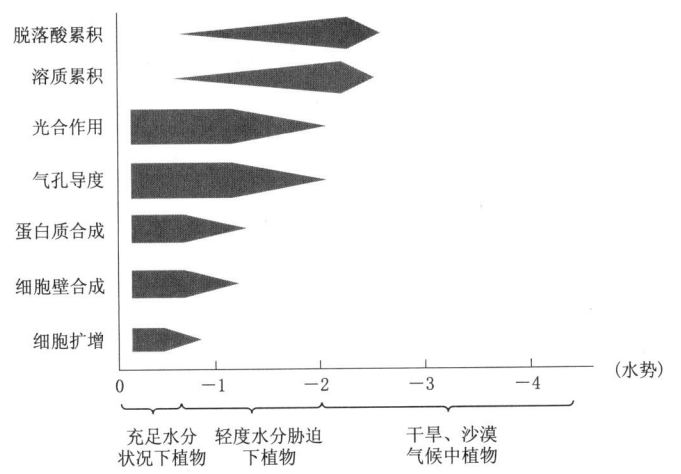

图 6.16　干旱胁迫下作物各种生理过程的变化（改自 Taiz et al.，2015）

2. 提高作物抗旱性的途径

提高作物抗旱性的途径主要包括抗旱锻炼、合理施肥和施用抗蒸腾剂。

在种子萌动期进行抗旱锻炼，可提高作物抗旱能力。如将吸水24h的种子在20℃下萌动，然后风干，反复3次后播种，可提高抗旱性。栽种玉米、棉花、谷子等作物过程中，在苗期适当控制水分，起到促下（根系）控上（地上部）作用，适应干旱，称为蹲苗。

合理施用磷钾肥，适当控制氮肥，可提高作物的抗旱能力。磷促进有机磷化合物的合成，提高原生质胶体的水合度，增加抗旱性。钾能改善作物的糖代谢，增加细胞的渗透浓度，保持气孔保卫细胞的紧张度，促进气孔开放，有利于光合作用。

抗蒸腾剂（antitranspirant）是一些能降低蒸腾作用的化学药剂，能控制气孔开度而减少水分蒸腾损失。黄腐酸是一种风化煤中提取的物质，具有促进根系发育、缩小气孔开度和减少蒸腾的作用，是一种有效的抗蒸腾剂。

6.3.5.2 作物抗盐性

在干旱和半干旱地区,由于蒸发强烈,把地下水中的盐分带到土壤表层,造成土壤表层盐分过多。此外,一些海滨地带地下水位较高或海水倒灌,土壤表层也会累积较多盐分。盐分的种类决定土壤的性质。土壤中 NaCl 和 Na_2SO_4 占优势时称为盐土,Na_2CO_3 和 $NaHCO_3$ 较多的土壤则称为碱土。通常情况下这些盐同时存在,所以常称盐碱土。世界上约有 20% 的耕地受到盐分胁迫,大约占全球陆地表面积的 6%。中国盐碱土主要分布于西北、华北、东北和沿海地区。

1. 盐胁迫对作物的伤害

土壤盐分过多对作物造成的伤害作用称为盐害(salt injury)。一般将作物盐害分为原初盐害和次生盐害。原初盐害是指盐离子本身对作物产生的伤害,即离子胁迫导致的伤害。它可分为直接毒害和间接毒害,前者伤害细胞质膜,破坏质膜选择性透性;后者干扰作物各种代谢过程。次生盐害则主要由于土壤盐分过多而引起的渗透胁迫和离子间的竞争而引起的营养亏缺。

2. 作物对盐胁迫的适应

作物抗盐性是指作物通过形态和生理上的改变来适应环境中高盐胁迫的能力。作物抗盐主要有以下几种形式。

泌盐是指作物吸收盐分后不在体内进行累积,而是通过盐腺主动排到作物体外,然后经过雨水冲刷而脱落,防止盐分在作物体内的累积,是盐生作物逃避盐害的普遍形式。

近年来一些研究发现,NaCl 胁迫下诱导质膜 H^+-ATPase 基因表达,合成 H^+-ATPase,水解 ATP,把 H^+ 泵出胞外。于是质膜上的 Na^+/H^+ 反向运输器就利用这种跨膜的 H^+ 浓度梯度把胞质中的 Na^+ 排出胞外,并把胞外的 H^+ 重新运输到胞内。

在盐分胁迫时,液泡膜上的 H^+-ATPase 活性也会提高,把胞质中的 H^+ 泵到液泡内,建立跨膜的质子浓度梯度,并引起液泡膜上 Na^+/H^+ 反向运输器把胞质中过量的 Na^+ 运输到液泡中,且储藏在液泡中,从而减少胞质中的 Na^+ 浓度。与此同时,Na^+/H^+ 反向运输器把液泡内的 H^+ 运往胞质。

土壤中盐分浓度过高,导致渗透胁迫,作物渗透调节能力是作物耐盐的最基本特征。作物在抗盐过程中,除了可以通过大量吸收无机离子进行调节外,还可以在细胞中合成大量不同的有机物质(或降解蛋白质形成氨基酸)降低细胞的渗透势。

作物受到盐碱胁迫时会减缓生长,有利于作物应对盐碱胁迫导致的渗透胁迫及养分亏缺,从而增加盐碱胁迫条件下作物的存活率。

6.4 作物生长调节物质

作物生长调节物质(plant growth substance)是一些调节作物生长发育的物质。作物生长调节物质可分为两类,即作物激素(plant hormone 或 phytohormone)和作物生长调节剂(plant growth regulator)。作物激素是指一些在作物体内合成,对生长发育产生显著作用的微量（1μmol/L 以下）有机物；而作物生长调节剂是指一些具有作物激素活性的人工合成的物质。

6.4.1 作物激素

作物激素的研究是 20 世纪 30 年代从生长素的研究开始的，50 年代确定了赤霉素和细胞分裂素，60 年代以来，乙烯和脱落酸也被列入作物激素。生长素类、赤霉素类、细胞分裂素类、乙烯和脱落酸被称为 5 大类激素。随后发现的作物激素还有油菜素内酯、茉莉酸、水杨酸、多胺与多肽等。作物激素作为作物体内的信号分子，对于调节作物各种生长发育过程和环境的应答具有十分重要的意义。5 类作物激素的生理效应表现如下：

1. 生长素 IAA

（1）促进生长。低浓度的生长素可促进作物生长，反之则抑制生长，甚至导致作物死亡。不同作物不同器官对生长素浓度的敏感性也不同。

（2）促进插条不定根的形成。

（3）对养分有调运作用。生长素具有很强的吸引与调运养分的效应，利用这一特性，用生长素处理，可促使子房及其周围组织膨大而获得无籽果实。

（4）生长素的其他效应。例如促进菠萝开花、引起顶端优势（即顶芽对侧芽生长的抑制）、诱导雌花分化（但效果不如乙烯）、促进形成层细胞向木质部细胞分化、促进光合产物的运输、叶片的扩大和气孔的开放等。此外，生长素还可抑制花朵脱落、叶片老化和块根形成等。

2. 赤霉素 GA

（1）促进茎的伸长生长。赤霉素主要是通过促进细胞伸长来促进生长，不存在超最适浓度的抑制作用，即使赤霉素浓度很高，仍可表现出最大的促进效应，这与生长素促进作物生长具有最适浓度的情况显著不同。不同作物品种对赤霉素的反应有很大的差异。

（2）诱导开花。某些高等植物花芽的分化是受日照长度和温度影响的。若对这些未经春化的作物施用赤霉素，则不经低温过程也能诱导开花，且效果很明显。

（3）打破休眠。对于需光和需低温才能萌发的种子，如莴苣、烟草、紫苏、李和苹果等的种子，赤霉素可代替光照和低温打破休眠。

（4）促进雄花分化。对于雌雄异花的作物，用赤霉素处理后，雄花的比例增加；对于雌雄异株作物的雌株，如用赤霉素处理，也会开出雄花。

（5）其他生理效应。赤霉素还可以加强生长素对养分的动员效应，促进某些作物坐果和单性结实、延缓叶片衰老等。此外，赤霉素也可以促进细胞的分裂和分化，赤霉素对不定根的形成起抑制作用，这与生长素相反。

3. 细胞分裂素 CTK

（1）促进细胞分裂，主要是对细胞质的分裂起作用。

（2）促进芽的分化。

（3）促进细胞扩大。细胞分裂素可促进一些双子叶植物如菜豆、萝卜的子叶或叶圆片扩大，这种扩大主要是因为促进了细胞的横向增粗。

(4) 促进侧芽发育，消除顶端优势。

(5) 延缓叶片衰老。

(6) 打破种子休眠。需光种子，如莴苣和烟草等在黑暗中不能萌发，用细胞分裂素则可代替光照打破这类种子的休眠，促进其萌发。

4. 脱落酸 ABA

(1) 促进休眠。种子休眠与种子中存在脱落酸有关，如桃、蔷薇的休眠种子的外种皮中存在脱落酸，所以只有通过层积处理，脱落酸水平降低后，种子才能正常发芽。

(2) 促进气孔关闭。脱落酸促使气孔关闭的原因是它使保卫细胞中的 K^+ 外渗，从而使保卫细胞的水势高于周围细胞的水势而失水。脱落酸还能促进根系的吸水与溢泌速率，增加其向地上部的供水量。

(3) 抑制生长。脱落酸的抑制效应则是可逆的，一旦去除脱落酸，枝条的生长或种子的萌发又会立即开始。

(4) 促进脱落。脱落酸促进器官脱落主要是促进了离层的形成。

(5) 增加抗逆性。一般来说，干旱、寒冷、高温、盐渍和水涝等逆境都能使作物体内脱落酸迅速增加，同时抗逆性增强。因此，脱落酸被称为应激激素或胁迫激素（stress hormone）。

5. 乙烯 ACC

(1) 改变生长习性。乙烯对作物生长的典型效应是：抑制茎的伸长生长、促进茎或根的横向增粗及茎的横向生长（即使茎失去负向重力性）。

(2) 促进成熟。乙烯对果实成熟、棉铃开裂、水稻的灌浆与成熟都有显著的效果。

(3) 促进脱落。乙烯是控制叶片脱落的主要激素。

(4) 促进开花和雌花分化。乙烯可促进菠萝和其他一些作物开花，还可改变花的性别，促进黄瓜雌花分化，并使雌、雄异花同株的雌花着生节位下降。

(5) 乙烯的其他效应。乙烯还可诱导插枝不定根的形成，促进根的生长和分化，打破种子和芽的休眠，诱导次生物质（如橡胶树的乳胶）的分泌等。

6.4.2 作物生长调节剂

几十年来，人们通过分析这些天然作物激素的分子结构，人工合成并筛选出一些分子结构和生理效应与作物激素类似的作物生长调节剂，如萘乙酸、吲哚丙酸、6-苄基腺嘌呤等。此外，还人工合成和筛选出一些结构与天然激素完全不同，但具有类似生理效能的作物生长调节剂，如矮壮素、三碘苯甲酸等。作物生长调节剂分为作物生长促进剂、作物生长抑制剂和作物生长延缓剂。它们直接应用于农林生产，通过调控作物生长发育，实现作物有控生长与品质改善。

资源 6.4
作物生长
调节剂

思 考 与 练 习 题

1. 作物光合作用的光反应和碳反应是在细胞的哪些部位进行的？为什么？

2. 光合作用的碳同化有哪些途径？试述水稻、玉米、菠萝的光合碳同化途径有什么不同。

3. 讨论影响光合作用的各种环境因子。

4. 如何通过调节作物的水分代谢、矿质营养和光合作用实现农作物产量的提高？

5. 作物的光合作用与呼吸作用有何关系？

6. 如何利用光周期调控作物开花？

7. 论述春化作用调控作物开花的原理。

8. 说明作物生长的相关性及其在农业生产中的应用。

9. 说明逆境胁迫（干旱、高盐）对作物的影响。

10. 作物对干旱胁迫的响应主要包括哪些方面？

11. 如何运用水肥管理和使用作物生长调节剂提高作物的抗旱性？

12. 举例说明作物激素、作物生长调节剂、作物生长促进剂、作物生长延缓剂和作物生长抑制剂的区别。

第7章 土壤耕作与作物栽培

土壤耕作与作物栽培是基础性农业生产活动,合理耕作措施可有效调控土壤水、肥、气、热等状况,营造适宜作物生长的土壤环境。采取科学作物栽培方式,可有效协调作物生长及其与生态环境间的关系,提升土壤供养能力和作物生长能力,提高作物产量与品质,实现农业提质增效。

7.1 土 壤 耕 作

土壤耕作(soil tillage)是根据作物生长发育对土壤供养能力的要求,对土壤环境要素进行调节和管理,改善土壤耕层结构和理化性状,协调土壤中水、肥、气、热间关系,解决作物生长发育与土壤环境之间的矛盾,营造适宜作物生长发育的土壤环境的一种农艺措施。目前主要的耕作措施包括以铧式犁耕翻为代表的常规耕作模式,以及由少耕、免耕、作物秸秆覆盖和还田等组成的保护性耕作技术体系。

7.1.1 土壤耕作作用与依据

土壤耕作作为一项基础性农业生产活动,直接改变土壤理化性状,进而影响作物生长发育、产量和品质形成过程。因此,制定合理的土壤耕作制度,采取适宜的土壤耕作方式,可有效协调作物生产能力与土壤环境间关系。

7.1.1.1 土壤耕作的作用

土壤耕作实质是通过物理机械作用创造良好的耕层构造和适宜的孔隙比例,以调节土壤水分和空气状况,协调土壤中水、肥、气、热等因素之间的矛盾,为作物生长创造良好的土壤环境。因此,土壤耕作的主要任务包括以下四个方面:

(1)调整耕层三相比,形成适宜的耕层构造。耕层构造是指耕层内各个土壤层次中矿物质、有机质与总孔隙及孔隙中毛管孔隙与非毛管孔隙之间的比例关系。适宜的土壤耕作措施可以降低土壤容重,调节土壤孔隙性和土壤热状况,改善土壤通气透水和保水保肥性能,以及促进好氧微生物的活动,有助于有机质矿化为速效养分,有利于作物种子萌发、根系生长及其对水分和养分的吸收。

(2)创造深厚的耕层。通常耕层厚度为15~25cm,其下方存在一层厚5~10cm紧实致密的犁底层,不利于作物根系向下延伸和水分、养分的迁移。土壤耕作的一项重要任务是打破犁底层,增加耕作层的厚度,促进根系的生长发育,形成稳定的水分和养分库。但对于水田而言,创造一个弱透水性的犁底层,是土壤耕作的一项特殊任务。

(3)形成适宜的播床。在播种前对土壤进行精细耕作,为作物的播种和种子的出苗提供适宜的土壤环境。一般要求播种区地面平整,土壤松散,播床深浅一致,保证出苗均匀整齐。特别小粒作物种子（如油菜、芝麻等）对土壤细碎程度要求较为严格。在生产实际中，应采取科学的耕作措施为作物形成适宜的播床。如在低洼地播种时，可采取做畦或起垄耕作方式；对于坡耕地，可采取等高耕作和沟垄种植方式，减少水土流失并截留雨水。

（4）通过土壤耕作将田间残留的茎秆落叶翻埋入土，便于后续播种和增加土壤有机质。通过翻耕等耕作方式，可将杂草和病虫等埋入地下，使其缺氧而死；也可将土壤中的病虫翻于地表，使其被暴晒或冰冻而死。

7.1.1.2 土壤耕作的主要依据

土壤耕作是在一定的时间和空间内进行的，耕作措施运用与时间、气候、土壤、作物等多种因素有关。

（1）作物生长对土壤环境要求。作物生长状况较大程度取决于根系发育，而根系发育又依赖于土壤物理性状，包括土壤容重、孔隙度、通气性、湿度、温度及土壤强度。因此，应结合作物生长对土壤环境要素的要求，确定合理的耕作制度。

（2）依据土壤特性选择适宜耕作方式。不同地区农业土壤具有特有的物理、化学与生物特性，土壤耕作要与土壤特性相适应，才能创造适宜于作物生长的土壤环境。对于质地黏重、结构差、通透性不良、潜在肥力高但有效肥力低的土壤，可采用伏耕秋翻、晒垡冻垡、早春及时耙地保墒等耕作措施。对于西北地区的旱地土壤，土质松散，易受水、风侵蚀，土壤耕作要以蓄水、保墒、防止水土流失为主要依据；对于新疆、内蒙古等地区的盐碱化土地，土壤耕作要依据土壤中盐分运移特征，耕作措施要有利于农田排水、土壤脱盐、减少水分蒸发等。水田因长期淹水，土壤物理性状较差，耕作任务在于使土壤松软，防止水分渗漏，调节长期淹水所引起的土壤潜育化进程。

（3）根据气候条件适时耕作。土壤耕作在一定程度上能协调由气候变化引起的土壤与作物对水分和养分需求之间的矛盾。耕作时期要根据当地气候和季节性变化进行，在气候比较温暖的地区，可根据作物播期安排耕作。北方秋耕应在土壤上冻前进行，春耕在早春解冻后进行。生长季节耕作可按作物的生长时期或物候期以及当年的气候条件进行。此外，干湿交替和冻融交替对提高土壤耕作质量均有辅助作用。干湿交替是土壤胶体遇湿膨胀、干燥收缩的特性，可以促进团粒体的形成，使土壤疏松。冻融交替是利用冬季低温，土壤水分因结冰而体积膨胀，引起土块崩解。

（4）耕作方式应与农业措施相配合。农业生产中的其他农业措施也需要相应的土壤耕作措施相配合，才能发挥其生产效能。依据不同的肥料类型、施肥数量和时期，应采取相应的耕作方式和耕作深度。如基肥施入后需要翻耕，而追肥可结合灌溉、中耕施用。由于有机肥和绿肥施用量大，需要进行深翻；化肥可以结合播种、中耕施入。茬口特性不同，耕作方式和耕作深度也应不同。如豆类和绿肥作物，收获后可以不翻耕，直接耙茬即可；而麦类、谷类、玉米等粮食作物，生产中消耗地力较重，容易引起土壤板结等问题，收获后应进行翻耕。

7.1.2 土壤耕作方式

根据耕作机械对土壤的作用程度，土壤耕作可分为常规耕作和保护性耕作。依据

7.1 土壤耕作

农机具对土壤作用的深度和强度不同,常规耕作又可分为基本耕作和表土耕作。

7.1.2.1 常规耕作

农业生产中常用的耕作机械包括犁、耙、镇压器、锄和中耕机等,具有松碎土壤、翻转耕层、混拌土壤、平整地面、压紧土壤、开沟培垄、挖坑堆土、打埂作畦等功能,可使耕层土壤形成适宜的三相比和土壤容重,调节土壤养分、水分、空气和温度状况。通常将利用犁耕翻土的基本耕作措施以及相应的表土耕作措施称为传统耕作或常规耕作。

1. 基本耕作(basic tillage)

基本耕作又称初级耕作(primary tillage),是指利用各种机械工具对耕作层进行作业,入土较深,作用较强烈,能显著改变耕层物理性状的土壤耕作技术,包括翻耕、深松耕、旋耕。

(1) 翻耕(plowing)是用犁或锄翻转耕层土壤,改善耕层土壤的理化性质和生物状况,可将原耕层土壤的上下层进行交换,并通过晒垡、冻融交替、干湿交替等作用,促进土壤熟化。翻耕可改善土壤团粒结构,翻埋肥料和作物残茬,增加耕层厚度,提高土壤通透性,扩大根系活动范围。但翻耕后的疏松表层可能加剧土壤水分的蒸发及发生水蚀和风蚀的可能风险。

翻耕作业多在作物栽植前或前茬作物收获后、下茬作物播种前进行。采用的农具主要是铧式犁,有时也用圆盘犁,如图7.1所示。根据农具形式不同,翻耕可分为全翻垡[图7.2(a)]、半翻垡[图7.2(b)]、分层翻垡[图7.2(c)]三种形式。全翻垡采用螺旋形犁壁,使土垡完全翻转。这种方式覆土较为严实,清除杂草作用强,但碎土作用较小,特别适用于耕翻牧草地、荒地等,不适宜熟耕地。半翻垡具有较好的翻土和碎土作用,适宜一般耕地。分层翻垡采用复式犁将耕层上下分层翻转,耕地质量较高。

图 7.1 铧式犁与圆盘犁示意

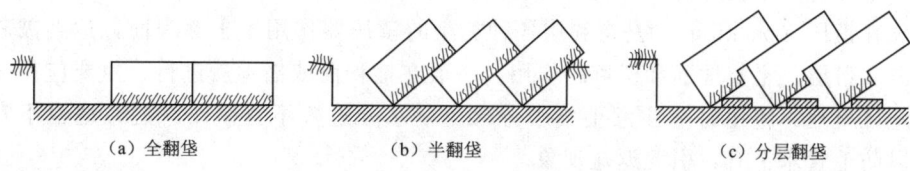

图 7.2 翻耕方式示意

(2) 深松耕（subsoiling）是用深松铲、无壁犁等对土壤耕层进行全面或局部松土的作业方式，是一种既可松土又不使土层交换的耕作措施。耕作深度通常可达25～30cm，最深约为50cm，可打破犁底层，利于降水或灌溉水入渗，增加耕层土壤持水性能。深松耕可以保持地面残茬覆盖，防止风蚀，减少土壤水分的蒸发，防涝防旱。对于盐碱化土地，深松耕可以保持脱盐土层位置不发生移动，减轻盐碱危害。因深松耕不翻转土层，对翻埋有机肥、残茬残株和杂草等作业效果比翻耕差。常用的深松机如图7.3所示。

(3) 旋耕（rotary tillage）是利用旋耕机对土壤进行切割、打碎，并将残茬和杂草等与土壤混合的作业方式。运用旋耕机（图7.4）进行旋耕作业可以同时完成松土和碎土，集犁、耙、平作业于一体，地面比较平整，省工省时，成本低。该方式多用于农时紧迫的多熟制地区和农田土壤水分含量高、难以耕翻作业的地区。耕翻深度一般在10～12cm，也可达16～18cm，通常作为翻耕的补充作业。由于旋耕深度较浅，对土壤结构破坏大，长期连续旋耕易导致耕层变浅、土壤理化性状变差，应与翻耕、深松耕轮换应用。

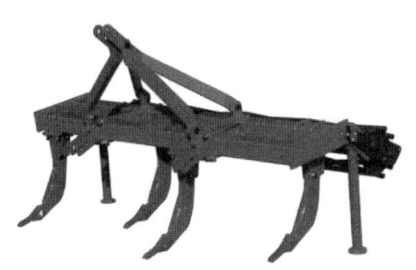

图 7.3　深松机示意　　　　　图 7.4　旋耕机示意

2. 表土耕作（surface tillage）

表土耕作也称次级耕作（secondary tillage），是在基本耕作基础上进行的入土较浅、作用强度较小的耕作措施，旨在改善0～10cm以内的表土状况，为作物创造良好的播种出苗和生产条件的一类土壤耕作技术。

(1) 耙地（harrowing）：用圆盘耙、钉齿耙等农具对已经耕翻的土壤或表土进行碎土、松土、平整等作业，可在收获后、翻耕后、播种前，甚至播种出苗前、幼苗期进行，具有耙碎垡块、疏松耕层、消灭杂草、混拌肥料、蓄水保墒等作用。

(2) 中耕（intertillage）：是指在农田休闲期或作物生育期间进行的表土耕作措施，可使土壤表层疏松，切断毛管连接，有助于减少地面蒸发，保持土壤水分。在气温高于地温时，中耕还可发挥提高土温的作用，同时清除杂草也是中耕的重要任务。

(3) 镇压（packing）：是指利用各种类型的镇压器作用于土壤表面，达到破碎土块、压实耕层、平整地面和保墒的作用。一般在播种前或播种后进行，主要应用于半干旱地区旱地。应用时应注意土壤水分含量，水分过多不宜镇压。盐碱地也不宜使用，以防毛管水上升，引起返盐现象。

(4) 筑畦（bedding）：在地势平坦、具有灌水条件的地区，根据作物种类、土壤性质等条件筑成一定大小、不同类型的畦。

（5）起垄（ridging）：块根、块茎类作物通过起垄栽培，可为地下部的生长创造深厚的土层条件，利于作物增产。不同地区农田起垄目的和方式有较大差异，一些地区为了排水或改变局部地温，一些用于沟灌，而在山区垄作主要是为了提高水土保持效能。

7.1.2.2 保护性耕作

保护性耕作是人们遭遇严重水土流失和风沙危害的教训之后，逐渐研究和发展起来的一种新型土壤耕作模式。我国学者将保护性耕作定义为：以水土保持为中心，保持适量的地表覆盖物，尽量减少土壤耕作，并用秸秆覆盖地表，减少风蚀和水蚀，提高土壤肥力和抗旱能力的一项先进农业耕作技术。其核心技术包括少（免）耕、残茬覆盖、秸秆覆盖等土壤表面耕作技术及其配套的专用机具等。保护性耕作实质是改善土壤结构，减少土壤水蚀风蚀和养分流失，保护土壤；减少地表水分蒸发，充分利用土壤水资源；减少劳动力、机械设备和能源的投入，提高劳动生产率，达到高产、高效、低耗、优质、可持续发展的目的。

免耕（no-tillage）是指作物播种前不用犁、耙整理土地，以秸秆覆盖和除草剂代替常规土壤耕作，在作物生育期也不使用农具进行土地管理的耕作方法。具有省工节本，减少水土流失和风蚀，维护和提高土壤肥力等优点，但在低湿地及土壤通透性不良的土壤上不宜采用。少耕（minimum tillage）是指在常规耕作基础上尽量减少土壤耕作次数或全田间隔耕作，减少耕作面积的一类耕作方法。具有蓄水保墒，减少风蚀和水蚀的作用。残茬覆盖与秸秆覆盖耕作（mulch tillage）指作物残茬或秸秆经机械处理后留在地表作为覆盖物的耕作方式，是保护性耕作技术体系的核心。

吉林省构建的"梨树模式"是典型的保护性耕作，是对习近平总书记关于推动绿色发展、循环发展、低碳发展理念的积极响应和具体实践。该模式采用了秸秆全量覆盖，免耕播种方式。在降低土壤侵蚀、蓄水保水、改善土壤生物性状、提高有机质、培肥地力、保护环境、节能减排、稳产高产、节本增效等方面效果明显。但秸秆覆盖如果处理不当有可能会引发病虫害、不利出苗和扎根等问题，所以要采取科学的处理方式。经过十余年的发展，梨树模式已趋于成熟，在防控黑土地退化及保育黑土地的同时，保障了东北地区粮食的丰产稳产。目前，保护性耕作已在我国北方 15 个省（自治区、直辖市）及新疆生产建设兵团、黑龙江省农垦总局建了 173 个部级示范县、328 个省级示范县，取得了良好的经济、社会和生态效益。

7.1.3 土壤耕作对土壤理化性质的影响

由于不同耕作方式对耕作层土壤作用程度不同，对土壤理化性质改变程度也存在差异。

（1）由于减少了耕作次数或耕作面积，保护性耕作的土壤受外界影响较小。与翻耕土壤相比，保护性耕作的土壤容重增加，土壤有变实的趋势，导致根系穿透阻力增大。少耕或免耕能增加大于 0.25mm 水溶性团聚体的含量，提高大于 0.05mm 微团聚体含量，降低了大、中孔隙含量，增加了微小孔隙含量。

（2）由于翻耕对土壤进行翻转，耕层土壤养分分布比较均匀。少耕或免耕减少了翻转土层作业，呈现表层养分含量高，深层养分相对较低的现象。秸秆覆盖可以改善土壤结构，提高土壤养分含量和土壤肥力。

（3）少耕和免耕等保护性耕作措施所创造的土壤环境与翻耕不同，改变了微生物在土壤层次上的垂直分布，也影响了土壤微生物的种类和活性。保护性耕作提高了土壤表层真菌、细菌生物量和真菌/细菌值，有利于农田土壤生态系统的稳定性。

（4）免耕法常采用秸秆覆盖，而秸秆覆盖增加了地表糙率，延缓产流时间，减少径流量，有效增加土壤水分入渗，保水保土效果明显。覆盖秸秆还田还可以增加土壤有机质，起到培肥土壤的作用（表7.1）。此外，作物秸秆及残茬覆盖具有较强的固土能力，可增强土壤的抗风蚀能力，残茬覆盖的抗风蚀能力与其高度和覆盖度有关。

由于水田和旱田种植作物不同，所处气候条件和土壤理化性质也存在显著差异，需采取不同耕作方式。

资源7.1
旱田和水田
土壤耕作

表7.1　　　　　　　　　秸秆还田增加土壤有机质的效应

试验单位	土壤类型	地点	试验方式及年限	有机质增减值/(g/kg)	年均增减值/(g/kg)
黑龙江省农业科学院黑河农业科学研究所	草甸暗棕壤	黑龙江省黑河	长期定位，翻压还田；12年	−2.4～0.6	−0.2～0.05
黑龙江八一农垦大学	草甸白浆土	黑龙江省密山	长期定位，翻压还田；18年	5.22～11.78	0.29～0.65
东北农业大学	黑土	黑龙江省哈尔滨	长期定位，翻压还田；5年	0.19～0.23	0.04～0.046
中国农业科学院土壤肥料研究所	潮土	北京市昌平	长期定位，翻压还田；8年	2.13～4.88	0.27～0.61
河北科技师范学院	潮褐土	河北省遵化	长期定位，翻压还田；8年	1.39～1.68	0.17～0.21
苏州市吴江区土壤肥料技术指导站	潴育水稻土	江苏省吴江	长期定位，水旱轮作翻压还田；7年	0.50～1.60	0.07～0.23
中国农业科学院农业环境与可持续发展研究所	水稻土	湖南省望城	长期定位，双季稻作翻压还田；23年	2.1	0.091

7.2　耕作与土壤水分间关系

资源7.2
农田土壤水分
的区域性和
季节性变化

农田土壤水分主要来源于降雨和人工灌溉，我国国土面积大，土壤特征和降雨分布存在较大差异性，直接影响土壤水分有效性和耕作方式效果。

7.2.1　耕作对土壤水分的调节作用

深厚土壤具有较显著的存储和调节水分的功能，存蓄水量以供作物吸收利用，称为土壤水库。

7.2.1.1　土壤水库特性与功能

1. 土壤水库库容

土壤水库库容取决于土层厚度和土壤孔隙度。如果按照2m土层厚度进行计算，则土壤可蓄水 550~600mm。土壤水库储水量取决于供水量和土壤水库库容，通过一系列培肥改土、蓄水保墒措施可增加水分在土壤中的储存量。

2. 土壤水库功能

由于土壤水是生长在陆地上的一切生物最直接的水分来源，大气降水、地表水和地下水都必须通过土壤这个载体转化为土壤水，作物才能吸收利用。特别对旱作农业而言，土壤水库具有特殊的功能，具体表现在以下几个方面：

（1）对作物供水具有连续性。作物在整个生长发育过程中对水分的需求是连续不断的，而大气降水和人工灌溉都是间歇性供水，难以不断地满足作物对水分的要求，土壤水库中所存储的水分能满足作物对水分的连续性需求。

（2）对作物供水具有调节能力。土壤水库对作物供水调节作用主要表现如下：

1）季节性调节。在年内，土壤水库可分为蓄水阶段和供水阶段。土壤水库储蓄程度主要取决于雨季降雨量，雨季末期土壤水库蓄水量达到年内最大值。土壤水库的储蓄程度越高，对旱季内作物生长发育需水的调节作用越强。北方旱区，土壤水库蓄存雨季的大量降水，是旱季作物生长的可靠水源，解决了作物需水时期与降水时间分布不匹配的矛盾。

2）深层储水调节。土壤水库深层储蓄的水分，通过作物根系吸水和土壤水分运动，向根区和作物不断提供水分。在一般降雨年份中，多数作物都不同程度地利用深层储水，如 1~2m 土层，对小麦的供水量达 30~90mm，以生育期一次灌水量每公顷 450m^3（45mm）计算，相当于 1~2 次灌水量。

3）具有天旱地不旱的功能。北方大部分地区雨量分布不均，春季常常干旱少雨。前期大量储蓄的土壤水分，可连续向作物供给水分，提高抗旱能力，稳定了作物产量。

7.2.1.2　耕作对土壤水分调节

作物生长要求土壤具有足够而又适宜的含水量，也就是要求土壤水分保持适度的动态平衡。

对于易旱农田的调节土壤水分途径主要有：①修建田间水利设施，尽量把降水储蓄在土壤中，控制和减少地面径流量；②改良土壤，增施有机肥料、保水剂、改良剂等提高保水能力；③及时中耕松土，切断毛管水上升，减少土壤蒸发；④搞好农田基本建设，合理耕作，减少水分深层渗漏。

对于湿润多雨地区的土壤水分调节方式有：①农田设置排水系统（如明沟、暗管）；②减少外水侵入，特别受外来地表径流或地下径流补给影响的农田，需在其影响的前沿地带布设堤、沟进行拦洪、截流或截渗排水；③及时对农田进行翻地、深松和超深松加速雨水渗透；④进行高垄平台耕作和鼠道耕作。

7.2.2　抗旱保墒耕作措施

7.2.2.1　抗旱的意义

由于自然气候特征，北方降雨量少，不能满足作物生长需要；在南方地区虽然降雨量大，但常出现季节性干旱。同时，近年来气候变化，导致干旱发生频率增加，农业抗旱问题显得尤为重要。

7.2.2.2 抗旱措施

1. 蓄墒技术

（1）伏翻。伏天翻耕晒地是有计划的精耕细作，是对土地的主动调养。可以使土壤接纳较多的雨水，防止地面径流冲刷，蓄水保墒。同时在日光暴晒下，可以促进土壤熟化，改善土壤理化性能，对提高土壤肥力与增加产量发挥重要作用。

（2）秋翻。秋翻能改善土壤、加深耕层、消灭病虫害、清除杂草，还具有蓄水保墒、防御旱涝的作用。秋翻地能提高土壤积蓄秋冬雨雪的能力，弥补春墒不足，秋雨春用。

（3）深松。土壤深松是指使用深松机，松碎耕作层以下 5~15cm 的犁底层，使松土层的厚度加深。由于不扰乱地表耕作层，所以减少了土壤水分的蒸发损失。同时，增强了降雨的渗入能力，提高了降雨的利用率，为作物生长发育创造了适宜的土壤条件。

（4）深耕。适时深耕是蓄雨纳墒的关键，深耕的时间应根据农田水分状况决定，一般宜在伏天和早秋进行。对于一年一熟麦收后休闲的农田要及早进行伏深耕或深松耕。耕翻深度因耕翻工具、土壤等条件而异，应因地制宜，合理确定。一般耕深以 20~22cm 为宜，有条件的地方可加深到 25~30cm。深耕有明显的后效，一般可达 2~3 年。

2. 保墒和提墒技术

（1）镇压。镇压一般是在土壤墒情不足时采取的一种抗旱保墒措施。在适宜土壤含水量情况进行镇压，能有效减少土面蒸发。

播种前土壤墒情较差，表层干土层太厚，播种后种子不易发芽或发芽不好，尤其是小粒种子难与土壤紧密接触，难以获得足够的水分时，就需要进行镇压，使下层土壤水分运移到播种层，以利种子发芽出苗。冬季如果地面坷垃太多，容易透风跑墒。在土壤开始冻结后进行冬季镇压，使碎土比较严密地覆盖地面，以利冻结聚墒和保墒。

（2）耙耱。土壤翻耕以后，松土层加深，大孔隙增多，且湿土层翻至地表，土壤蒸发量急剧增大，往往造成严重失墒。耕后如不及时耙耱，将引起土壤水分的严重损失，还在地面形成大量的干土块。因此，需要进行耙耱收墒、保墒。

（3）中耕。中耕是指作物生长期中对土壤进行的耕作措施，如通常所说的锄地、耪地、铲地、趟地等都属于中耕的范围。中耕能疏松表土，切断毛管水的上升，减少水分蒸发；并能破除板结，改善土壤通气，增加降水渗入从而纳蓄降雨，也便于提高地温，加速养分的转化，以利作物的生长发育。

（4）覆盖。农田覆盖是一项人工调控土壤和作物间水分条件的栽培技术，是降低农田水分无效蒸发，提高用水效率的有效农业措施之一。在耕地表面覆盖塑料薄膜、秸秆或其他材料可以抑制土壤水分蒸发，减少地表径流，蓄水保墒，提高地温，培肥地力，改善土壤物理性状，起到促进作物增产的良好效果。

（5）化学制剂。合理施用化学制剂，如土壤保水剂、叶面抑蒸剂等既可在作物生长发育中抑制蒸腾，减少土壤蒸发，减轻干旱危害，又可促进根系生长，增强根系对土壤水分的利用能力，具有较强的抗旱保墒作用。

7.2.3 抗涝排水耕作措施

干旱是我国农业健康发展的主要障碍因素，但是在局部地区，尤其在低湿平原、山间小平原等地区，仍存在作物生育季节土壤水分过多的渍涝现象，需要发展抗涝排水耕作措施。

1. 翻地、深松和超深松耕作

翻地、深松和超深松使得土壤土质松软，透气性好，增加了土壤的蓄水性，提高土壤水分含量。同时在降雨量较大的情况下，松软的土壤能够快速渗透雨水，既避免了土壤流失，也能够将雨水储存在土壤中，为作物生长提供充足的水源。

2. 高垄平台耕作

高垄平台耕法也称台田耕法，是指由人工或机械将地表修（筑）成台阶形状，台面种植农作物，台沟蓄积、排渗地表水，以达到排解内涝、改善耕层土壤性状、提高作物单产的目的。

3. 鼠道耕作

鼠道（鼠道排水）是为排除土壤中过多的水分，防止渍害，用动力牵引钻孔器在田面以下一定深度穿透出一道道像鼠穴一样，并与排水沟（农沟）相通的排水暗洞（6～10cm）。

对于易发生渍涝地区，常采用工程排水方式进行排涝，包括主要采用明沟排水和暗管排水的技术。将抗涝排水耕作措施与工程排水措施有机结合，更能发挥抗涝排水的功效。

7.3 耕作施肥与水分调节

7.3.1 施肥作用

合理施肥是指在一定的气候和土壤条件下，为栽培作物所采用的正确的施肥措施，包括有机肥料和化学肥料的配合、各种营养元素的比例搭配，以及选择适宜的化肥品种、经济施肥量确定、适宜的施肥时间和施肥方法等。合理施肥措施能够有效改善土壤物理化学性状，提高作物产量和水分利用效率。如施用有机肥可提高土壤含水量，利于土壤的扩蓄增容。

7.3.2 施肥提高水分利用效率的机制

1. 施肥促进作物根系发育

肥料是农田土壤获取养分的重要来源。作物根系具有向肥性，施肥可以促进作物根系生长，增加根毛数量，有利于根系的延伸和在整个剖面的分布。由于作物生长发育所需要的水分和养分主要靠根系吸收，施肥可为作物对水分和养分的吸收利用提供条件。

2. 施肥提升作物摄取和转运土壤水分能力

肥料供养充足的作物不但根系发达，而且具有较强的吸收和转运水分和养分的能力。在相同的土壤水分条件下，蒸腾强度反映作物生长势的强弱，也反映作物吸取水分和养分的能力。蒸腾强度越大,作物根部吸收的水分越多,养分通过质流到达根系表面的数量就越多,就越有利于作物对水分和养分的吸收。

3. 施肥促进水分储存和提高作物产量

施肥改善了作物的营养水平,促进了根系生长和扩展,提高了作物对土壤深层次水分的吸收利用,为作物增产创造了条件。适宜的氮、磷、钾养分在一定程度上改善了作物与水分的关系,提高作物的渗透调节和气孔调节能力,以及净光合速率和单叶及群体的水分利用效率。此外,各营养元素可能通过特殊的机制增强作物的抗旱性,如磷和钾营养元素可通过增大根冠比增加根系的吸水。

7.3.3 科学施肥措施

1. 增施有机肥

有机肥富含多种有机酸、肽类以及包括氮、磷、钾在内的营养元素,不仅能为农作物提供全面营养,而且肥效长,可增加和更新土壤有机质,促进微生物繁殖,改善土壤的理化性质和生物活性。

施用有机肥料增加了土壤中的有机质含量,有机质可以改良土壤物理、化学和生物特性,改善土壤结构,协调土壤中的水、肥、气、热,提高土壤肥力和土地生产力。有机肥促使土壤中的有机胶体增加,使土壤颗粒胶结起来变成稳定的团粒结构,提高土壤保水、保肥和透气性能。

此外,施用有机肥提高了土壤的酶活性,有利于提高土壤的吸收性能、缓冲性能和抗逆性能。施用有机肥料还能够增加土壤有益微生物的数量和种群,还可为土壤微生物活动提供良好的环境条件,使土壤微生物活动显著增强。

2. 合理施用化肥

施用化肥可促进作物生长发育,大幅度提高生物量,使存留在土壤中的作物根系及枯枝落叶数量大为增加,为土壤有机质数量增加和结构更新提供了物质条件。此外,在当季作物收获后,还有相当数量的化肥残留在土壤中,一般氮肥在土壤中残留量为25%~30%,磷肥约为70%,钾肥约为40%,残留的养分可供下季作物及以后作物利用。连续多年合理施用化肥,肥效叠加,使土壤中有效养分含量提高,养分储存量增加,土壤肥力提高。但需要注意,如果肥料施用不科学,改变了土壤中物质与能量的平衡,会使土壤中微生物菌群数量和比例发生变化。同时,过量的氮肥、磷肥随雨水或灌溉进入地表或地下水系,造成水体富营养化。

3. 有机肥与化肥配合施用

化肥养分高、见效快,但是肥效持续时间比较短,养分成分也比较单一;有机肥则与之相反。化肥与有机肥配施,能够取长补短,充分发挥两种肥料的优势。化肥施入土壤后,有些养分易被土壤吸收或固定,有机肥可吸附化学肥料,提高养分有效性与肥料利用率。化肥可以促进有机肥更快地腐熟,较快地释放养分。此外,化肥与有机肥配合施用,能缓解单施化肥或化肥过量对作物造成的肥害,提高土壤的缓冲能力,有效地调节土壤酸碱度,利于作物根系的营养保持良好的平衡状态。有机肥可以改善作物对养分的吸收条件,提高土壤蓄水保肥能力,防止和减少化肥养分的流失。

7.4 典型作物栽培与管理

作物栽培是以高产、优质、高效、安全为目标，根据不同作物特性和区域土壤、气候条件，采取相应的土壤耕作、水肥管理等技术措施，调节作物生长发育与环境因素间关系，挖掘作物的最大生产潜力。

7.4.1 水稻栽培技术

水稻是世界三大主要粮食作物之一，全球半数以上人口以稻米为主食。中国水稻种植面积居世界第二，但稻谷总产量约占世界稻谷总产量的1/3，居世界第一。我国水稻种植面积约占粮食作物播种面积的30%，而产量占粮食总产量的40%以上，发展水稻种植对保障我国粮食安全具有特殊的重要意义。

7.4.1.1 水稻生长特征

资源7.3 水稻生长发育过程图

我国水稻种植区主要分布在南方，主要种植籼稻品种。北方种植水稻面积小，主要种植粳稻品种。通常把水稻种子萌发至新的种子形成的时间称为水稻的一个生育周期，即生育期，如图7.5所示。水稻生育期可分为幼苗期、分蘖期、长穗期（穗分化期）、结实期。一般幼苗期在秧田已完成，移栽后缓苗成活的这段时间称为返青期，返青后开始分蘖，进行穗分化（拔节）。在幼穗分化以前，属于生长根、茎、叶为主的营养生长期；在穗分化到成熟期，属于穗和花、籽粒等生长为主的生殖生长期。全生育期一般为120~160天，从播种到成熟为120~130天的水稻为早稻，在160天以上的水稻为晚稻，介于两者之间的水稻为中稻。水稻生育期与品种密切相关，应选择适宜的品种进行栽培。水稻栽培常因地区和种植季节不同而存在较大差异，在我国气候温暖的地方一年可种植三季，北方地区多种植一季。

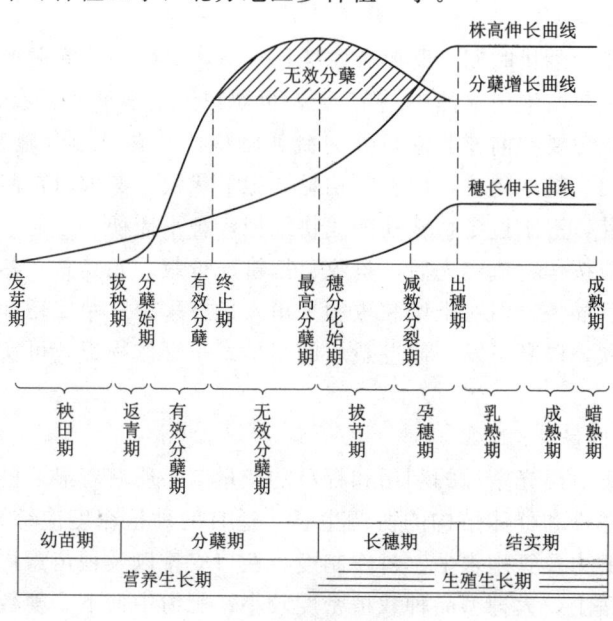

图7.5 水稻的生育周期

7.4.1.2 常规水稻栽培技术

1. 育秧

水稻育秧移栽在我国历史悠久，育秧作业集中，便于精细管理，有利于培育壮秧。育秧应从有利于出苗、分蘖、安全孕穗和安全齐穗出发，确定适宜播种期。水稻安全移栽的温度为日平均温度15℃以上。如果移栽过早，由于前期低温的影响会推迟返青，甚至导致死苗。迟播界限期是要保证安全齐穗，一般以秋季日平均温度稳定通过20℃、22℃、23℃的终日，分别作为粳稻、籼稻与杂交稻的安全齐穗期。

作为种子的稻谷，播前必须经过晒种和精选，还需要对种子浸种催芽。浸种时间一般为水温30℃时为30h，水温20℃时为60h，浸种期间需经常换水。连作晚稻播种时气温高，种谷经浸种消毒后，放置室内1～2天便自然发芽；或采用日浸夜露2～3天亦可发芽。

露地湿润育秧大多应用于中稻、一季晚稻和双季晚稻，是我国水稻生产最主要的育秧方式。育秧田应选排灌系统完善、土质松软、肥力较高、杂草少和无病原的田块。根据芽期、幼苗期和成苗期的秧苗生长特点，精细管理。地膜（薄膜）保温育秧大多应用于双季早稻。温室育秧省种、省工、省秧田，有利于实现育秧工厂化和机插。

资源7.4 规模化温室育秧

2. 稻田整理

水稻生长发育过程中要求土壤整体构造良好，剖面层次鲜明，水、肥、气、热协调，耕作层为15～18cm较好，肥厚松软；犁底层厚度为10cm左右，紧密适度，有保水保肥能力，又具有一定的透水性。土壤中养分含量充足而协调，高产水稻的土壤有机质含量为25～40g/kg，全氮含量为1.5～2.5g/kg，全磷含量为1.1g/kg以上，速效钾（K_2O）含量为100mg/kg以上。土壤中有益微生物活动旺盛，生化强度（呼吸强度、氨化强度）高。

施加绿肥稻田的翻耕时期，既要考虑插秧季节，又要关注绿肥产量和肥效。一般应于绿肥盛花期翻耕，泡田沤熟10～15天，再犁耙使土壤平整后才能栽秧。

冬闲田或冬干田要在前作收获后及时翻耕晒垡，开春时结合施基肥，再耕一次，晒数日后灌水泡田，随泡随耕，使土肥相融，耙平栽秧。冬水田在前季水稻收获后及时翻耕，翻埋残茬，泡水过冬，栽秧前浅耕细耙，耙平插秧。

夏熟作物田应按作物成熟先后，抢收、抢耕、抢栽。尤其是三熟制田，一般只进行一犁一耙一耖后插秧，但对土壤黏重的水田，最好采用三犁二耙和短期晒垡，使土壤细碎松软后插秧，以利早发。起垄栽培的半旱式小春作物田，可实行免耕或浅耕后栽秧。

3. 移栽与种植密度

水稻种植密度对温光资源的利用和籽粒的产量与品质有着显著的影响，过稀或过密均不利于水稻单株和群体结构的协调生长。适宜的种植密度应综合考虑地理条件、品种特性、土壤肥力及管理水平、耕作制度、茬口安排以及秧苗素质等因素。一般而言，土壤肥力中偏上，大穗型品种栽植密度较小；肥力中偏下，穗数型品种可适当偏密；低海拔地区偏稀、高海拔地区偏密；杂交稻偏稀，常规稻偏密。针对早熟品种、

资源7.5 水稻栽培技术

迟栽小春田、少肥等的地区或田块，采取适当加大密度，以多穗获高产，一般水稻种植密度为 $27×10^4 \sim 30×10^4$ 穴/hm²。在稻田土、肥、水等条件都比较好，科学种田水平高的条件下，采取适当稀植，促进个体发育，一般密度为 $15×10^4 \sim 18×10^4$ 穴/hm²；适宜于目前生产上占最大比重的中产地区和田块，一般密度为 $20×10^4 \sim 23×10^4$ 穴/hm²。

手工拔秧插秧是水稻移栽最普遍的方法，适用于各种秧苗的栽插，但拔秧时秧苗受伤较重。人工铲秧栽插是将秧苗连同 $1 \sim 1.5$cm 的表土层铲下带土移栽，具有缓苗快、分蘖早、抗性强的特点，适用于旱育秧中的小苗秧、中苗秧。机插秧是实现水稻生产机械化的主要环节，也是提高劳动生产率、降低成本、扩大经营规模的重要措施，适宜各种育秧方式的秧苗栽插，具有工效高、成本低、劳动强度低等优点。抛秧是利用秧苗带土重力，通过抛甩使秧苗定植的栽插方法，适宜于育秧盘秧苗，具有工效高、产量高、成本低、劳动强度小等优点。

4. 水稻营养与施肥

水稻是需肥较多的作物之一，一般每生产 100kg 稻谷需氮（N）$1.6 \sim 2.5$kg、磷（P_2O_5）$0.8 \sim 1.2$kg、钾（K_2O）$2.1 \sim 3.0$kg，氮、磷、钾的需肥比例大约为 2：1：3。水稻的施肥量应根据目标产量的需肥量、土壤供肥能力和肥料养分利用率进行确定。其中，养分利用率与肥料种类、施肥方法、土壤环境等有关。我国水稻当季化肥的利用率大致范围是：氮肥为 35%～40%，磷肥为 15%～20%，钾肥为 40%～50%。施肥时期应根据水稻的需肥规律，结合产量构成因素的形成时期确定。在分蘖旺期和抽穗开花期，水稻对氮素的吸收量达到高峰。施用氮肥能提高淀粉的产量，而淀粉的产量与水稻籽粒的大小、产量的高低、米质的优劣呈正相关。如果抽穗前供氮不足，就会造成籽粒营养减少，灌浆不足，降低稻米品质。水稻对磷的吸收各生育期差异不大，吸收量最大的时期是分蘖至幼穗分化期。磷肥能促进根系发育和养分吸收，增强分蘖，增加淀粉合成，促进籽粒充实。水稻对钾的吸收主要是穗分化至抽穗开花期，其次是分蘖至穗分化期。钾是淀粉、纤维素的合成和体内运输时必需的营养，能提高根的活力、延缓叶片衰老、增强抗御病虫害的能力。另外，硅和锌两种微肥对水稻的产量和品质影响较大。水稻茎叶中含有 10%～20% 的二氧化硅，施用硅肥能增强水稻对病虫害的抵抗能力和抗倒伏能力，起到增产的作用，并能提高稻米品质；锌肥能增加水稻有效穗数、穗粒数、千粒重等，降低空秕率，起到增产作用，在石灰性土壤上作用较明显。硅、锌肥施用在新改水田、酸性土壤、冷浸田中作用效果更为明显。水稻常用施肥方法如下：

（1）"前促"施肥法。在重施基肥的基础上，早施、重施分蘖肥，使稻田在水稻生长前期有丰富的速效养分，特别是氮肥，能促进分蘖早生快发，确保增粒多穗。一般基肥占总施肥量的 70%～80%，其余肥料在移栽返青后即全部施用。

（2）前促、中控、后补施肥法。在施足基肥的基础上，前期早施分蘖肥，促进分蘖确保多穗；中期控氮，使水稻有利于由氮代谢向以碳代谢为主的方向转化，协调穗多与穗大的矛盾；后期（抽穗前后）适当补施氮肥，保持叶片有较高的光合效率和较长的功能期，以提高结实率和增加粒重。

(3) 前稳、中促、后保施肥法。在栽足基本苗的前提下，减少前期施肥量，使水稻稳健生长，着眼于依靠主穗，本田期不要求过多分蘖。中期重施穗肥，以充分满足稻株对氮素营养的吸收，促进穗大粒多；后期适当施用粒肥，以增加糖类积累，增加结实率和粒重。

(4) 实地施肥法。该方法是国际水稻研究所形成的施肥方法，与传统施肥方法的区别是：基肥减氮（占35%~40%）；推迟分蘖肥到移栽后12~15天施用；测苗定氮，即用比色卡（LCC）诊断水稻植株的氮素含量，以确定不同时期的氮肥用量。其基本原理是基于水稻叶色变化与叶片含氮量有关。

5. 稻田水分管理

不同生育期水稻对水分的要求不同。水稻生育期合理灌溉原则是：深水返青，浅水分蘖，有水壮苞，干湿壮籽。

(1) 深水返青。水稻移栽后，根系受到一定损伤，吸引水分的能力大为减弱，这时如果田中缺水，就会造成稻根吸收水分能力大大减弱，叶片丧失的水分多，导致水分入不敷出，轻则造成返青期延长，重则卷叶死苗。因此，返青期稻田保持一定水层厚度，为秧苗创造一个温湿度较为稳定的环境，以防生理失水，促进早发新根，加速返青。

(2) 浅水分蘖。水稻分蘖期如果灌水过深，就会造成土壤缺氧闭气，养分分解缓慢，稻株基部光照弱，对分蘖不利。但分蘖期也不能没有水层，一般以保持1.5cm深的浅水层为宜，并要做到"后水不见前水"，以利协调土壤中水、肥、气、热的矛盾。

(3) 有水壮苞。水稻稻穗形成期间是水稻一生中需水量最多的时期，占全生长期需水量的30%~40%，特别是减数分裂期，对水分的反应更加敏感。这时如果缺水，就会造成颖花退化，穗短、粒少、空壳多等。因此，水稻孕穗到抽穗期间，适宜采用水层灌溉，但淹水深度不超过10cm，维持深水层的时间也不宜过长，以保花增粒。

(4) 干湿壮籽。水稻抽穗扬花以后，叶片停止扩展，茎叶不再伸长，颖花发育完成，禾苗需水量减少。我国南方稻区早、中稻抽穗开花期常有高温伤害问题，稻田保持水层，可明显减轻高温影响。但为了加强田间透气，减少病害发生，提高根系活力，防止叶片早衰，促进茎秆健壮，应采取"干干湿湿，以湿为主"的水分管理方法，以期达到以水调气，以气养根，以根保叶，以叶壮籽的目的。

水稻栽培过程中，还需要进行晒田，其目的是改变土壤的理化性状，更新土壤环境。晒田时期主要根据苗数决定，当全田总茎蘖数超过计划穗数的85%时进行晒田；或在有效分蘖临界叶龄期（总叶片数-伸长节间数）开始晒田，考虑到晒田效应滞后，实际晒田时间应提早一个叶龄期。

当前水稻多采用节水灌溉技术，即在水稻本田期的各个生育期，以根层土壤含水率或适宜水深作为农田灌排控制指标，在充分拦蓄降雨的基础上，合理确定灌水时间、灌水次数和灌水量的灌溉技术，主要包括：浅水勤灌、浅湿灌溉、湿润灌溉、控制灌溉等类型，不同节水灌溉模式田间水分调控指标可参考表7.2。

表 7.2 不同节水灌溉模式田间水分调控指标

灌溉技术及控制指标		返青期	分蘖期	拔节孕穗期	抽穗开花期	乳熟期	黄熟期
浅水勤灌	灌水上限/mm	30	30	30	30	30	0
	灌水下限/%	10	10	10	10	10	60%~70%*
	蓄雨上限/mm	80	8~120	150~200	150~200	100	0
浅湿灌溉	灌水上限/mm	30	10	20~30	20~30	10	0
	灌水下限/%	20mm*	70~80	80~100	90~100	80	70~80
	蓄雨上限/mm	80	80~120	150~200	150~200	100	0
湿润灌溉	灌水上限/mm	20~30	10	10	10	10	0
	灌水下限/%	100	70~80	80	90	80	60~70
	蓄雨上限/mm	80	80~120	150~200	150~200	100	0
控制灌溉	灌水上限/mm	30mm*	100	100	100	100	80
	灌水下限/%	10mm*	60~70	70~80	80	70	自然落干
	蓄雨上限/mm	70	80	100~150	100~150	80	0

注 1. 表中的百分数为根层土壤含水率占饱和含水率的百分数。
2. *表示该数据的单位以单元格内的标注为准。
3. 浅水勤灌模式下的分蘖末期须落干烤田，控制下限为60%~80%饱和含水率。

盐碱地上进行水稻种植时，应结合泡田和灌溉进行洗盐。土壤含盐量较高时以淹水灌溉为宜，否则以浅水勤灌为宜，避免因土壤蒸发引起盐分在土表聚集。泡田深度宜选择150~200mm，使移栽、播种时耕层土壤含盐量降低至2.0‰~2.5‰以下。土壤含盐量不大于2.5‰时，可根据土壤含盐量高低适当减少烤田时间，以表土含水率不低于饱和含水率的80%为宜，否则需要灌溉淋洗。对于土壤含盐量过重的地区，也可在分蘖末期采用淹水控制无效分蘖。淹水深度宜保持在80~120mm，水层深度以不超过最顶部的全展叶为限，淹水时间7~10天，然后恢复到正常灌溉。

6. 水稻收割与储藏

早稻谷粒成熟度达85%、中稻和晚稻达90%时，应及时抢晴收割。

传统的水稻收割方法是人工收割，近年机械收割得到快速发展。水稻收获机械的选择，单季稻产区（如东北、西北）和稻麦两熟制水稻产区，经营规模比较大的地方，可选用生产效率高、技术性能先进的联合收割机；经营规模较小的农区可选择全喂入自走式联合收割机。

收割后的稻谷要分品种单收、单晒、单储。稻谷干燥的标准，应达到安全储藏的含水量。在一定的温度和湿度条件下，稻谷的谷壳（内外颖）能阻止虫害和霉变，以及抵御外界环境不利变化的影响，对吸湿也有一定的缓冲作用，有利于安全储藏。但是，如果在收割期遇长期阴雨，又不能及时干燥，往往导致稻谷发芽。因此，生产上应抢晴收割，及时晾晒，使稻谷含水量达到安全储藏的标准。

7.4.2 小麦栽培技术

小麦是世界上栽培最古老的作物之一，也是世界主要的商品粮。小麦的类型和品种众多，对土壤、气候条件适应性广，可充分利用冬季温、光等自然资源，既能与夏播作物复种，还可与冬、春、夏作物间作套种，对提高复种指数、优化耕作制度具有重要意义。小麦适于机械作业，有利于规模生产和提高劳动生产率。

7.4.2.1 小麦生长特征

资源 7.6
冬小麦生长
发育过程图

小麦从出苗到成熟经历的天数称为生育期。生育期的时间长短，受生态条件和栽培条件影响较大。一般纬度越高，海拔越高，生育期越长。在同一地区，不同类型品种小麦生育期长短不同。春性品种生长发育快，成熟早，生育期较短；冬性品种生长发育慢，成熟迟，生育期较长。我国冬小麦生育期大多在 230~280 天，春小麦生育期一般为 100~120 天。

在小麦的生长过程中，植株的形态特征、生理特性等方面发生一系列变化。根据这些变化将小麦生育期划分为播种期、出苗期、分蘖期、越冬期、返青期、拔节期、孕穗期、抽穗期、开花期、灌浆期、成熟期，并以此作为小麦生长发育程度的判别和指导农业生产的依据。春小麦不需要经过越冬期、返青期。每年开春后，冬小麦麦苗开始恢复生长，进入返青期。随着气温的升高，麦苗生长速度加快，茎节间自下而上逐渐伸长，称为拔节。拔节后，分化中的麦穗随节间伸长逐渐向上生长，当幼穗长到最上面一片叶（剑叶）的叶鞘中，叶鞘逐渐膨大呈纺锤形，称为孕穗。当小麦秆的最后一个节间伸长，麦穗顶部由剑叶叶鞘中伸出，即为抽穗。冬小麦的抽穗期一般在 4 月上旬到 5 月上旬，抽穗后 2~6 天后开花，开花受精后小麦进入灌浆成熟阶段。每一个生长阶段都需要适宜的外界环境条件，如温度、光照、水分、养分等。

小麦种子萌动后，需要一定时期持续低温条件，这个时期称为春化阶段。如果这个低温条件得不到满足，麦苗将停留在分蘖状态，不能抽穗结实。根据小麦完成春化阶段要求温度高低和持续时间长度，可把小麦品种分为冬性品种、半冬性品种和春性品种。冬性品种在自然条件下春播不能抽穗，春性品种春播、秋播均能正常抽穗。

我国小麦种植区域可划分为春麦区、冬麦区、冬春麦兼种区，见表 7.3。华南和长江流域的小麦品种以春性为主，黄淮平原地区以弱冬性和冬性品种为主，北部麦区和新疆、甘肃等地的冬小麦品种多数强冬性。东北、西北和北部春麦区因冬季严寒，麦苗不能安全越冬，以种植春小麦为主，品种为春性类型。

表 7.3　　　　　　　　　　我国小麦种植分区

分区	亚分区	具 体 地 点
春麦区	东北春麦区	黑龙江、吉林全部，辽宁大部，内蒙古东部四盟市
	北部春麦区	内蒙古锡林郭勒盟以西、河北省坝上、山西省雁北、陕西省
	西北春麦区	甘肃、宁夏为主，内蒙古、青海、新疆小部分地区
冬麦区	北部冬麦区	河北长城以南，山西中部及东南部、陕西和河南北部、辽宁南部、甘肃陇东、北京、天津
	黄淮冬麦区	山东全部、河南大部、河北中南部、江苏和安徽北部、陕西关中、山西西南部、甘肃天水
	长江中下游冬麦区	浙江、江西及上海全部、河南信阳以及江苏、安徽、湖北、湖南各省部分地区

续表

分区	亚分区	具 体 地 点
冬麦区	西南冬麦区	贵州全部、四川、重庆和云南大部、陕西南部、甘肃东南部、湖南和湖北西部
	华南冬麦区	福建、广东、广西、台湾全部及云南的一部分
冬春麦兼种区	新疆冬春麦区	南疆和北疆
	青藏冬春麦区	西藏全部、青海大部及四川西部、甘肃西南部、云南北部

一般认为，适宜小麦生长的土壤应是耕作层厚、结构良好、有机质丰富、养分全面、氮磷平衡、保水保肥力强、通透性好。耕作层厚度一般应在30cm以上。在一定深度范围内，小麦根系随耕作层厚度的增加而明显向下伸展。另外，还要求土地平整，确保排灌自如，使小麦生长均匀一致，达到稳产高产的目的。

在不同阶段小麦生长发育要求相应适宜温度范围。种子发芽出苗最适温度为15～20℃；小麦根系生长的最适温度为16～20℃，最低温度为2℃，超过30℃则受到抑制。温度是影响小麦分蘖生长的重要因素。在2～4℃时，冬小麦开始分蘖生长，最适温度为13～18℃，高于18℃分蘖生长减慢。小麦茎秆一般在10℃以上开始伸长，在12～16℃形成短矮粗壮的茎，高于20℃易徒长，茎秆软弱，容易倒伏。小麦灌浆期的适宜温度为20～22℃。如干热风多，日平均温度高于25℃时，因失水过快，灌浆过程缩短，使籽粒重量降低。

小麦属于长日照作物（每天8～12h光照），光照充足能促进植株新器官的形成，分蘖增多；从拔节到抽穗期间，日照充足就可以正常地抽穗、开花；开花、灌浆期间，充足的日照能保证小麦正常开花授粉，促进灌浆成熟。

冬小麦各生育阶段对氮、磷、钾的吸收有所不同。在返青以前，由于植株生长量小，吸收氮、磷、钾养分也少，到拔节期，对养分吸收的数量急剧增加，氮和钾累计吸收量都达到总吸收量的40%以上，磷素到孕穗期时，才达到50%以上。小麦对氮的吸收有两个高峰，一个是分蘖到越冬前，一个是拔节到孕穗。对磷、钾的吸收随生育期的推移而逐渐增加，到拔节后则急剧增长，以孕穗到成熟这个阶段吸收量最多。春小麦生长期短，生长发育快，因此需肥高峰出现早，需肥时期比较集中。抽穗前一个半月内，对磷、氮、钾的吸收，都超过总吸收量的50%。

小麦不同生育时期对土壤水分的要求不同。一般出苗期要求田间最大持水量的75%～80%；分蘖过程要求适宜水分为田间持水量的75%左右；拔节至抽穗阶段，对水分极为敏感，该期适宜水分应在田间持水量的75%～80%；开花至灌浆中期，土壤水分宜保持在75%左右。

7.4.2.2 常规小麦栽培技术

1. 麦田土壤耕作技术

（1）高产小麦对土壤的要求。小麦生长要求土层深厚、结构良好。高产麦田耕地深度应在20cm以上，能达到25～30cm更好。加深耕作层，能改善土壤理化性能，增加土壤水分涵养，扩大根系营养吸收范围，从而提高产量。耕层的土壤容重一般以1.1～1.3g/cm³为宜，孔隙率为50%～55%为宜，根区的土壤疏松多孔，水、肥、气、热协调,养分转化快;下层土壤紧实有利于保肥保水,适宜高产小麦生长。

高产麦田要求土壤有机质含量在1.2%以上。土壤有机质含量高,土壤结构和理化性状好,能增强土壤保水保肥性能。氮、磷、钾是保证小麦生长健壮,提高产量不可缺少的营养物质,要求土壤全氮含量应为1mg/g左右,有效氮、磷、钾的含量分别为50~80mg/kg、30mg/kg、80~150mg/kg。

小麦可在微酸性或微碱性的土壤上生长发育,但以在中性(pH值6.8~7.0)土壤上的生育状况为最好。土壤含盐量高于2.5mg/g时小麦生长受抑,高于4mg/g时植株逐渐死亡。植株的耐盐能力随着生育期的推进而逐渐增强。

(2)土壤耕作技术。

1)稻麦复种的麦田整地。由于稻田长期浸水,土壤板结,通透性较差,因此要通过水旱轮作,干湿交替,促进土壤熟化。如前作收获较早时,应抓住宜耕期尽早翻耕,以利用初秋的高温晴朗天气,充分炕土晒垡,播种前再行浅耕细耙,达到深软细乎,上虚下实;前作为晚稻或杂交稻田,由于收播间距很短,应在水稻散籽时即开沟排水,力争薄片晒垡,短期炕田;在不贻误小麦适时播种的前提下,也可浅旋整地,为小麦创造良好的苗床和生长基地。

2)旱地小麦的整地。在立足逐年加深耕层,结合增施有机肥,提高保蓄水肥的基础上,根据不同复种形式进行整地。

整地包括灭茬耙糖保墒、深耕耙糖和平地筑畦三项作业。整地方式包括机械化整地、机畜结合整地和人畜结合整地等多种形式。一般应以深耕为基础,以少耕为方向,减少耕作次数,减少能源消耗,降低耕作费用。

2. 小麦施肥技术

小麦是一种需肥较多的作物,在一般栽培条件下,每生产100kg小麦,需从土壤中吸收氮素3kg左右,五氧化二磷1~1.5kg,氧化钾2~4kg,氮、磷、钾的比例约为3:1:3。小麦对氮、磷、钾的吸收量,随着品种特性、栽培技术、土壤、气候等不同而有所变化。产量要求增高,吸收养分的总量也随之增多,见表7.4。

表7.4 不同产量水平下小麦对氮、磷、钾的吸收量

产量水平 /(kg/hm²)	吸收总量/(kg/hm²)			100 kg 籽粒吸收量/kg			吸收比	资料来源
	N	P_2O_5	K_2O	N	P_2O_5	K_2O	N:P:K	
1965	116.7	35.6	54.8	5.94	1.8	2.79	3.3:1:1.5	山东农业大学
3270	120.3	40.1	90.3	3.69	1.2	2.76	3.0:1:2.2	河南省农业科学院
4575	125.9	40.2	133.7	2.75	0.9	2.92	3.1:1:3.3	山东省农业科学院
5520	142.5	50.3	213.5	2.58	0.9	3.87	2.8:1:4.3	河南农业大学
6420	159.0	73.6	166.5	2.48	1.2	2.59	2.2:1:2.3	山东烟台农业科研所
7650	182.9	75.0	212.0	2.39	1.0	2.77	2.4:1:2.8	山东农业大学
8265	229.2	99.3	353.3	2.77	1.2	4.27	2.3:1:3.6	河南农业大学
9150	246.3	85.5	303.0	2.69	0.9	3.31	2.9:1:3.6	山东农业大学
9810	286.8	97.4	330.2	2.92	1.0	3.37	2.9:1:3.4	山东农业大学
平均	178.8	66.3	206.4	3.13	1.1	3.18	2.8:1:3.0	

在不同生育期,小麦对养分的吸收数量和比例也不同,其中,对氮的吸收存在两个高峰期:一是在出苗到拔节阶段,吸收氮占总氮量的40%左右;二是在拔节到孕穗开花阶段,吸收氮占总氮量的30%~40%,在开花以后有少量吸收。对磷、钾的吸收,在分蘖期吸收量占总吸收量的30%左右,拔节以后吸收率急剧增长,磷的吸收以孕穗到成熟期最多,占总吸收量的40%左右,钾的吸收以拔节到孕穗、开花期为最多,占总吸收量的60%左右,到开花时达最大。

在小麦栽培过程中,通常每公顷施用标准氮肥300~450kg,过磷酸钙450~750kg作为基肥。播种时可以施入少量化肥作种肥,对增加小麦冬前分蘖和次生根的生长有良好作用。小麦种肥在基肥用量不足或贫瘠土壤和晚播麦田上应用,其增产效果更为显著。种肥可用尿素每公顷30~45kg,或硫酸铵每公顷约75kg和过磷酸钙每公顷75~150kg。种子和化肥最好分别播施,通常碳酸氢铵不宜作种肥。

根据小麦各生长发育阶段对养分的需要,分期进行追肥是获得高产的重要措施。苗期追肥一般是在出苗的分蘖初期,每公顷追施碳酸氢铵75~150kg或尿素45~75kg。其作用是促进苗匀苗壮,增加冬前分蘖。丘陵旱薄地和养分分解慢的泥田、湿田等低产土壤,早施苗肥效果好。但是对于基肥和种肥比较充足的麦田,苗期也可以不追肥。越冬期追肥也称"腊肥",南方和长江流域都有重施腊肥习惯。腊肥是以施用半速效性和迟效性农家肥为主,以促进长根分蘖,形成壮苗。对于北方冬麦区,播种较晚、个体长势差、分蘖少的苗田,没有施用苗肥的,一般都要采取春肥冬施的措施,结合浇冻水追肥,可在小雪前后施氮肥,每公顷施碳酸氢铵75~150kg或尿素45~75kg。对于肥力较差,基肥不足,播种迟,冬前分蘖少,生长较弱的麦田,应早追或重追返青。每公顷施碳酸氢铵225~300kg或尿素45~75kg,深施6cm以上为宜。对于基肥充足、冬前蘖壮蘖足的麦田一般不宜追返青肥。

在冬小麦分蘖高峰后施用拔节肥,可促进大蘖成穗,提高成穗率,促进小花分化,达到穗大粒多的目的。通常根据麦苗生长情况采用相应的追肥和管理措施,当植株生长过旺时,不宜追施氮肥,且应控制浇水。当植株长势健壮,可施少量氮肥,每公顷施碳酸氢铵150~225kg或尿素45~75kg,过磷酸钙75~150kg,氯化钾45~75kg,并配合浇水。当植株长势较弱,表现缺肥时,应多施速效性氮肥。

孕穗期主要是追施氮肥,用量少,一般每公顷施75~150kg硫酸铵或45~75kg尿素。小麦抽穗以后根系老化,吸收能力减弱。一般采用根外追肥的办法。抽穗到乳熟期对叶色发黄、有脱肥早衰现象的麦田,每公顷可以喷施浓度为1%~2%的尿素溶液750L左右;对叶色浓绿、有贪青晚熟趋势的麦田,每公顷可喷施浓度为0.2%的磷酸二氢钾溶液750L左右。近几年来,在生产实践中,不少地区在小麦生长后期喷施黄腐酸、氨基酸等生长调节剂和微量元素,对于提高小麦产量起到一定作用。

3. 小麦灌溉排水技术

小麦耗水量包括植株生理需水和生态需水两部分,一生的总耗水量为400~600mm(4000~6000m^3/hm^2)。小麦的灌溉时期可根据其不同生育时期对土壤水分的要求进行管控。一般冬前要求土壤含水量为田间持水量的70%~80%,越冬期间为田间持水量的 65%～75%，返青至灌浆期间，土壤水分宜保持在田间持水量的 70%～80%，成熟期间为田间持水量的 60% 左右，见表 7.5。为满足小麦对水分的需求，冬小麦通常在冬前、拔节、孕穗或开花和灌浆期进行灌溉。春小麦生育期灌水，一般抓住三叶期、拔节、孕穗和灌浆四个时期。

表 7.5　　河南省不同产量水平上小麦各生育阶段的适宜土壤含水量指标　　%

产量水平	播种前	苗期	分蘖期	越冬至返青	拔节前后	孕穗至灌浆前期	灌浆后期
高产田	70～80	75～80	70～80	65～75	70～80	70～80	60～65
中低产田	70～80	70～80	70～75	65～70	65～75	70～75	55～60

播种前所浇灌的水称为底墒水，播前土壤含水量低于田间持水量的 60%～70% 时就应浇灌底墒水。临近越冬时的麦田灌水称为冬灌。冬灌可以提高地温或缓和地温的剧烈变化，缩小昼夜温差，防止麦苗受冻；冬灌后土壤的"冻-消"作用使表土疏松、细碎，土体紧密，水分效应可维持到翌年春季，即可起到"冬灌春用"的作用。适宜冬灌的温度为 3℃ 左右（日消夜冻）。弱苗因易受冻而不灌，旺苗不缺水肥，亦无须灌水。

春小麦苗期生长阶段，我国北方春旱多风、蒸发量大，土壤失墒快，由于缺水溶肥，植株养分吸收困难，需早灌苗水，一般在三叶期灌足、灌透头水。

拔节水可加速分蘖两极分化进程，提高成穗率，同时减少不孕小穗数目，增加穗粒数。晚播弱苗分蘖少，应提前浇灌拔节水。旺苗则应通过控制拔节水来控制对氮的吸收，加速中、小分蘖死亡，提高成穗率。孕穗前后灌水，可满足小麦在需水临界期对水分的需求，减少小花退化，增加穗粒数。抽穗至灌浆初期灌水，利于开花和授粉受精，促进籽粒形成，增加穗粒数，并提高千粒重，具体灌水时间应掌握在开花后 5～20 天内。

4. 小麦各生育阶段栽培管理

（1）播种。结合各地生态条件特点和市场需求情况等，确定采用高筋、中筋或低筋小麦品种类型。因地制宜选用高产、优质、抗逆性强的优良品种。根据品种特性，制定相应的配套措施。播种前种子应精选，根据品种特点及当地病虫害发生情况，进行药剂拌种或包衣处理。

冬小麦需适时播种，播种过早，苗期气温高，植株生长迅速，导致冬前过旺，分蘖过多，有机物质积累少，抗寒力下降，易受冻害。播种过晚，出苗迟，出苗率低，苗弱而不整齐，并且成熟期延迟，灌浆期间会受到高温或干热风危害。冬小麦适宜播期温度是当地昼夜平均气温稳定在 18～16℃ 期间。

对于春小麦而言，适期早播是增产的关键。春季土壤解冻 5cm、气温稳定通过 0℃ 即可进行播种，一般西北地区 3 月中旬开始播种，东北地区小麦主产区 4 月上旬开始播种。对积雪较厚的地区，可提前采取机械方法破坏雪层，促进化雪，尽量抢墒早播。

播种密度以达到预定的群体结构和相应的基本苗为指标，针对不同麦田的肥力水平和播种时间加以调整，土壤肥力高，早播宜稀；肥力低，晚播宜密。掌握适宜的播种量是确定合理密植的基础。在我国北方的冬小麦主产区，一般为每公顷用种110～130kg。可按照"以田定产、以产定穗，以穗定苗，以苗定籽"的四定原则，同时根据产量目标、播期早晚、地力水平、千粒重、发芽率、田间出苗率等科学确定播量。

麦田播种方式主要有等行距条播、宽窄行条播、沟植沟播等形式。近年来生产上推荐采用机械条播，可保持行距一致，下种均匀。

(2) 苗期。在播种后，应及时查看出苗情况，如发现缺苗断垄，应及时补种。根据麦苗长势进行水肥管理。壮苗以保为主，合理运筹肥水及中耕等措施，防止其转弱或转旺。对由于肥力高、播种过早而形成的旺苗，促控结合，争取麦苗由旺转壮。对由于肥力高、播种量过多而形成的旺苗，控制肥水供应，并结合深中耕、碾压等，抑制主茎旺长，减少小蘖滋生。弱苗则应采取疏松表土、破除板结、结合灌水补施磷、钾肥等，力使麦苗由弱转壮。

在苗期，要加强对丛矮病、黄矮病、土传花叶病和地下害虫等病虫害的防治工作。

(3) 拔节至抽穗。因时因苗制宜，灵活运用肥水。高产田壮苗，以减少无效分蘖、防止群体过大、争取穗大粒多为主；低产田弱苗，以争取足够穗数为主，并兼顾穗大粒重。在肥力较高且苗期已施肥灌水的麦田，或群体过大、苗旺的麦田，冬小麦返青期肥水通常不用。而对于群体较小、苗弱的麦田，或晚茬麦田、旱地麦田、早播脱肥麦田，返青期肥水的作用显著。拔节期施肥灌水，明显减少无效分蘖，促进大蘖成穗，提高分蘖成穗率；不孕小穗和退化小花数目减少，穗大粒多。孕穗期施肥灌水，促进花粉粒良好发育，提高结实率，增加穗粒数；延长后期功能叶的功能期，提高灌浆强度，增加粒重。对叶片发黄、氮素不足麦田，此时适量追施氮肥并灌水。

在无灌溉条件的地区，应勤中耕，雨后必中耕。深中耕损伤麦根较多，可抑制中、小分蘖生长，促进主茎和大蘖生长，改善穗部性状。对整地效果不良、坷垃多、土壤孔隙度大的麦田，可进行镇压，抑制旺长，防止倒伏。

春季随气温回升，麦田地下害虫、麦蜘蛛、黏虫等害虫，以及白粉病、锈病、赤霉病等病害易发生。应做好病虫情监测工作，选用适宜农药进行防治。对杂草及时喷施除草剂。

(4) 抽穗成熟。根据需水特点和土壤墒情，开花后15天前后浇灌灌浆水，以养根护叶，防早衰，增粒重。与此同时，由于生育后期降水逐渐增多，应加强田间排涝防渍工作。

抽穗至灌浆期间，当叶色转淡、旗叶叶绿素含量降低时，每公顷喷洒20～30g/L的尿素、20～40g/L的过磷酸钙或3～4g/L的磷酸二氢钾溶液750～900L，以增加粒重。

成熟期需防御干热风与雨后青枯。干热风袭来，减产幅度严重者达30%以上。高温危害的另一种形式是雨后青枯：成熟前1周左右，阴雨过后天气骤然放晴，此时土壤水分较多，根系缺氧、活力降低，而地上部蒸腾剧烈，常导致水分失衡，植株正常生理活动受阻，茎叶在叶绿素来不及分解的情况下即行干枯，引起减产10%～20%。干热风和雨后青枯的防治措施是，选用耐高温、抗干热风的早熟品种；适期稍早播种使成熟期提前，避开危害；合理运筹肥水措施，提高植株的抗逆性。

小麦生育后期常发生锈病、白粉病、赤霉病，虫害以蚜虫、皮蓟马等为重点，应及时喷施药剂控制病虫害。

(5) 收获与储藏。小麦成熟后收获过早，籽粒灌浆不充分，千粒重低；收获过晚，呼吸、淋溶作用降低粒重，同时落粒、掉穗增加损失。我国冬小麦一般在 6 月下旬到 7 月上旬成熟并完成收获，西北地区春小麦 7 月上中旬开始收获，东北地区春小麦 7 月下旬开始收获。

为保证产量和质量，可采用割晒或机械联合收割的方法及时收获，割晒要以气候条件为依据，按晴天的多少和脱谷能力强弱确定作业进度。机械收获要求机收总损失率控制在 3% 以内，在蜡熟末期或完熟期进行，脱粒后及时晾晒，以保证优质丰产。

小麦收获后需进行脱粒和干燥等粗加工作业。脱粒有简易脱粒法和机械脱粒法两种。干燥的方法有自然干燥法和机械干燥法。干燥籽粒含水率低于 12%~13%，趁热进仓储藏。储藏期间应防热、防湿、防虫、防鼠害，确保安全储藏。

华北地区是我国小麦主产区，也是我国小麦商品粮的主要基地，提高该地区小麦产量对确保我国粮食安全具有战略意义。自"十五"以来，科技工作者在该区域内不断研究，形成了节水、省肥、高产、简化"四统一"的技术体系，形成华北地区冬小麦节水高产高效栽培模式——吴桥模式，大面积推广应用。该模式主要的技术包括浇足底墒水，充分发挥土体水库功能，减少雨水损失；选用早熟、耐旱、容穗量大、水分生产效率高的品种，适当晚播减少早春水分消耗；集中增施磷肥，适当增加基肥氮素比例；增加基本苗，确保播种质量；播后镇压保墒，减少无效耗水；春季适宜生育阶段限水灌溉，此外，选择适宜土壤类型，砂壤土、轻壤土、中壤土均可，但砂土地和黏土地不宜采用。

7.4.3 玉米栽培技术

玉米是重要的粮食作物和饲料作物，生产潜力大、经济效益高，具有食用、饲用和多种工业用途，在保障粮食安全方面具有重要战略地位。近几年，我国玉米播种面积和产量总体呈稳定增长态势。我国玉米主要产区集中在从东北斜向西南狭长分布的玉米带上，包括六个主要生产区，见表 7.6。

表 7.6 中国玉米种植分布区划分

分 区	包 括 地 区	无霜期/天	≥10℃积温/℃
北方春播玉米区	黑龙江、吉林、辽宁、宁夏和内蒙古，山西的大部，河北、陕西和甘肃的一部分	130~170	2000~3600
黄淮海夏播玉米区	淮河、秦岭以北，包括山东、河南、河北的中南部、山西中南部、陕西中部、江苏和安徽北部	170~220	3600~4700
西南山地丘陵玉米区	四川、贵州、广西、云南、湖北和湖南西部、陕西南部以及甘肃的一小部分	200~300	4500~5500
南方丘陵玉米区	广东、海南、福建、浙江、江西、台湾等省，江苏、安徽的南部，广西、湖南、湖北的东部	250~365	4500~9000
西北灌溉玉米区	新疆和甘肃的河西走廊以及宁夏河套灌溉区	130~180	2500~2600
青藏高原玉米区	青海和西藏	110~130	2400~3200

7.4.3.1 玉米生长特征

从播种到收获玉米经过种子萌发、出苗、拔节、抽雄开花、吐丝、受精、灌浆、成熟，完成其生长发育全过程，如图7.6所示。因品种、播种期、光照、温度等环境条件差异，生育期的长短有所不同。我国栽培的大多数玉米品种的生育期为70～150天。根据玉米的播种期、生育天数和一生中所要求的积温，可将玉米品种分为三类，见表7.7。若生育期少于70天为极早熟品种，超过150天的为极晚熟品种。

玉米是喜温且对温度反应敏感的作物，目前种植的玉米品种

资源7.7
玉米生长
发育过程图

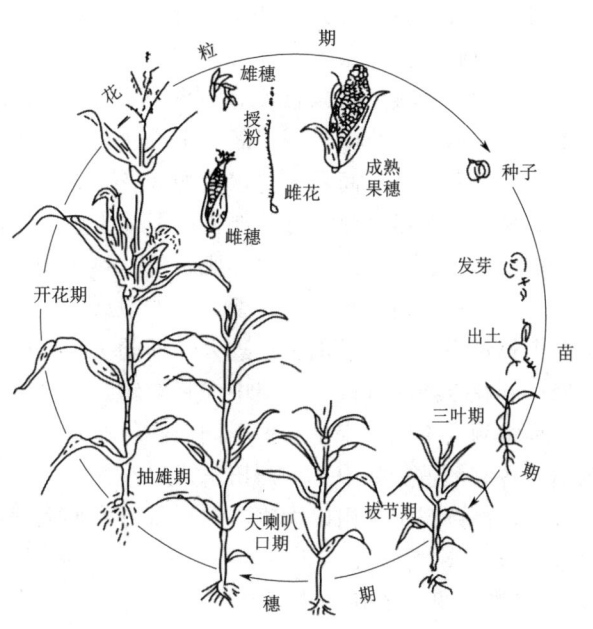

图7.6 玉米的生长发育过程

生育期要求总积温为1800～2800℃。不同生育时期对温度的要求不同，在土壤水、气条件适宜的情况下，玉米种子在10℃以上能正常发芽，24℃左右发芽最快。对于玉米拔节期而言，最低温度约为18℃，最适温度为20℃，最高温度为25℃。开花期是玉米一生中对温度要求最高、反应最敏感的时期，最适温度为25～28℃。如温度高于35℃，大气相对湿度低于30%时，花粉粒因失水失去活力，花柱易枯萎，影响授粉、受精。在花粒期，玉米要求日平均温度在20～24℃，如温度低于16℃或高于25℃，影响淀粉酶活性，养分合成、转移减慢，积累减少，成熟延迟，粒重降低，导致减产。

表7.7　　玉米不同生育期类型的主要性状

生育期分类	生育期/天	积温/℃	株高/cm	叶片/张	千粒重/g	果穗大小（粗×长）/cm×cm
早熟种	70～100	2000～2200	150～200	14～18	150～250	3.5×15
中熟种	100～120	2300～2600	200～250	16～20	200～300	4.0×18
晚熟种	120～150	2500～2800	260～350	22～25	250～350	4.5×20

玉米是短日照作物，喜光，全生育期都要求强烈的光照。出苗后在8～12h的日照下，发育快、开花早，生育期缩短；反之则延长。玉米在强光照下，净光合生产率高，有机物质在体内移动得快；反之则低、慢。玉米的光饱和点较高，即使在盛夏中午强烈的光照下，也不表现光饱和状态。因此，栽培种要求适宜的密度。

玉米需水较多，除苗期应适当控水外，其后都必须满足植株对水分的要求，才能获得高产。各生育时期耗水量有较大的差异，总的趋势为：从播种到出苗需水量少，

播种时土壤含水量应保持在田间持水量的60%～70%；出苗至拔节，需水增加，土壤水分应控制在田间最大持水量的60%，为玉米苗期促根生长创造条件；拔节至抽雄需水剧增，抽雄至灌浆需水达到高峰，要求土壤保持田间最大持水量的80%左右为宜，是玉米的水分临界期；灌浆至成熟仍耗水较多，乳熟以后逐渐减少。因此，乳熟以前土壤仍保持田间最大持水量的80%，乳熟以后则保持60%为宜。

玉米对土壤条件要求并不严格，但以土层深厚、结构良好，肥力水平高、营养丰富，疏松通气、能蓄易排，水、肥、气、热协调的土壤最为适宜。

玉米生育期短，生长发育快，需肥较多，且随产量的提高，需肥量亦明显增加。苗期生长量小，吸收量也少；进入穗期随生长量的增加，吸收量也加快，到开花达最高峰；开花至灌浆有机养分集中向籽粒输送，吸收量仍较多，之后养分的吸收逐渐减少。种植制度不同，产量水平不同，在供肥量、肥料的分配比例和施肥时间均应有所区别、各有侧重。如中、低产田玉米以小喇叭口期至抽雄期吸收量最多，开花后需要量很少；高产田玉米则以大喇叭口期至籽粒形成期吸收量最集中，开花至成熟需要量也很大。

7.4.3.2 常规玉米栽培技术

1. 良种选用

全国玉米杂交种品种众多，在选用时首先要注意玉米对光温的要求，要因地制宜选取品种。对于两熟制的春玉米，应选用中晚熟、高产杂交种；对于夏玉米或三熟制的秋玉米，应选苗期长势旺、后期灌浆快、丰产性能好的早中熟杂交种；套种玉米应选苗期耐阴、中后期生长旺盛、丰产性能好的杂交种。

2. 土壤耕作

玉米适应性较强，对土壤要求不太严格，但需水需肥量大，耐涝性较差。丰产玉米要求土层深厚，土壤有机质和速效养分含量较高，有良好的土壤结构，透水与保水性能好。

播种前的整地一般要达到土壤细碎、平整，以利于出苗、保苗。在春旱情况下，只耙不耕翻，可以保持土壤水分。为了防止玉米受涝，应在整地作畦后，开好排水沟。

3. 玉米施肥技术

(1) 玉米前期吸收磷、钾养分较多，后期吸收氮素较多。基肥一般应将有机肥料与氮、磷、钾肥等配合施用，其中氮肥占总用量的30%左右，磷、钾肥料可全部作基肥施用。有机肥料要先堆熟后再施用，而微量元素肥料可以拌种或浸种施用。

(2) 施加追肥。玉米一生中有三个施肥高效期，即拔节期、大喇叭口期和吐丝期。

1) 苗肥：亦称提苗肥。一般在幼苗4～5叶期施用，或结合间苗（定苗）、中耕除草施用，应早施、轻施和偏施。

2) 秆肥：又称拔节肥，一般在拔节前施用，即基部节间开始伸长时追施。在土壤肥力中等情况下，秆、穗肥采用前重中轻模式，秆肥的用肥量占总追肥量的50%～60%。在土壤肥力较高、计划产量也高的情况下，秆、穗、粒肥的施用采用前轻、中重、后补的模式,即拔节期、大喇叭口期和抽雄开花期分别占30%、50%、10%～15%。

3) 穗肥:指雄穗发育至四分体期、雌穗发育至小花分化期追施的肥料。此时为玉米大喇叭口期,是决定雌穗大小和粒数多少的关键时期。根据具体情况,土壤肥力和植株长势,合理安排秆肥和穗肥的比重。一般来说,土壤肥力较高、基肥足、苗势较好的,可以稳施秆肥,重施穗肥;反之,可以重施秆肥,少施穗肥。

4) 粒肥:是指玉米授粉前后所施用的追肥,一般在抽雄开花到吐丝时施用,使肥效在灌浆乳熟期发挥作用。在穗肥不足,果穗节以下黄叶多的田块,补施粒肥有很好的效果。但对穗肥足、长势旺、叶色深、果穗节下绿叶多的不宜施用。

4. 播种和种植密度

(1) 种子处理。浸种可用冷水浸24h,或温水浸6～8h。但在天气干旱、土壤水分不足的条件下,不宜浸种催芽。播种前可用药剂拌种。

(2) 适时播种。一般以10cm土温稳定在10～12℃时播种春玉米为宜。夏、秋玉米适宜早播的时间,取决于前作收获的迟早,也应争取早播。秋玉米延迟播种,后期易遭受低温危害,影响产量和品质。套种玉米还必须掌握适宜的共生期,小麦、玉米共生期一般不宜超过20天。

(3) 直播技术。根据各地气候和土质条件,直播可分为垄作、平作和分厢种植三种方式。播种方式分为开沟条播和挖穴点播两种。适宜播种量应根据种子大小及播种密度不同而定。一般点播每穴3～5粒,每公顷用种量22.5～37.5kg;条播每公顷用种量为60～75kg。

(4) 育苗移栽。育苗方式一般有营养球、营养块、营养钵(袋)等,育苗移栽需控制好以下三个环节:

1) 培育壮苗:选择靠近本田、土质疏松、排灌系统完备的地块做苗床。采用腐熟有机肥配合少量磷、钾化肥配制营养土,装钵(袋)或做成球或做成营养块后播种。播种至出苗,苗床应保持湿润,出苗后根据天气及苗情适当浇水。

2) 适期早播,适龄移栽:育苗移栽的播种期比直播一般提早15天,播期的确定,主要依前作而定,冬闲地或与小麦(马铃薯)套作的于3月中下旬播种,油菜地于油菜终花期播种。当玉米长到3～4片叶时为移栽适宜期。一般,春玉米苗龄20天左右移栽,夏秋玉米苗龄7～10天移栽。

3) 提高移栽质量:选择晴天下午或阴天进行移栽,带土移苗,移栽后埋土3cm,覆土要严实,立即浇定根水。

(5) 合理密植与种植方式。南方气温高,日照短,玉米生长发育较快,植株较矮,应适当密植。株型紧凑、矮秆、生育期短的品种可适当密些,反之宜稀。一般来说,高秆大穗的平展型玉米,每公顷密度为52500～60000株,紧凑型玉米为67500～75000株。玉米的种植方式可分为:①等行距单株留苗,特点是植株分布均匀,充分利用地力和阳光,适于肥力较低,种植较稀时采用,缺点是后期行间通风透光较差;②等行距双株留苗,每穴留双苗,苗距为6～10cm,相邻两行以错穴呈三角形为宜,此方式在山区应用较为普遍,行间适宜间作豆类;③宽窄行,窄行以三角形错穴种植，宽行可以套种其他作物，这种方式种植密度较大，既保证了单位面积总株数，又便于田间操作，适用于肥力较高的土壤种植。

（6）玉米覆膜栽培技术。覆膜栽培玉米选地、整地、施基肥等技术与常规种植相同。

覆膜采取宽窄行起畦种植。播种期比露地栽培可提早7～15天，播种后可喷化学除草剂后再盖膜。

当幼苗第一叶展开时，即用小刀破膜放苗，然后用湿土把膜口盖严，以便保湿、保温。育苗移栽的可先移栽，后覆膜。

覆膜栽培的玉米发根多，但根系分布浅，中期要注意高培土，以防倒伏。追肥的关键是穗肥，不揭膜的玉米地可以在植株基部破膜追肥。一般随着高温多雨季节的来临，地膜增温保墒作用降低，如果地膜继续保留在田间，会影响根系发育，也不便于中耕追肥。因此，在适宜情况下，可以采用揭膜方式，一般待7叶期后揭膜为佳。

5. 玉米的田间管理

（1）苗期管理。苗期管理目标为保证苗全、苗齐、苗匀、苗壮，促进根系发育良好，植株敦实。

播种后如遇天气干旱，土壤水分低于田间持水量的60%时，应及时采取浇水和松土保墒。夏秋玉米播后如遇大雨，土壤板结，应及时松土，破除板结，散墒透气，助苗出土。适时间苗、定苗，一般3叶间苗，4～5叶定苗。对于地下害虫发生较重的地块，可以推迟定苗1个叶龄。间苗、定苗应按密度要求，去弱留壮，去杂苗病苗。

（2）穗期管理。穗期管理目标为植株敦实粗壮，叶片生长挺拔有劲，营养生长与生殖生长协调，达到壮秆、穗大、粒多的目的。

穗期一般应进行两次中耕培土，在拔节前至小喇叭口期，结合施秆肥进行深中耕、小培土。在大喇叭口期结合施穗肥，再进行一次中耕高培土。拔节后应结合施肥浇拔节水，使土壤水分保持在田间持水量的65%～70%为宜。从大喇叭口期到抽雄期为玉米需水临界期，应结合重施穗肥，重浇攻穗水，使土壤水分保持在田间持水量的70%～80%。若干旱缺水，雄、雌穗不能正常发育，抽丝散粉延迟，授粉不良。但土壤水分过多时，土壤缺氧，会使雌、雄穗发育受阻，空秆率增加，或造成倒伏。

穗期主要害虫有玉米螟、黏虫、铁甲虫等。主要病害有大斑病、小斑病、纹枯病，要注意勤查，及时防治。

（3）花粒期管理。花粒期管理目标是养根保叶，延长功能期，防止贪青或早衰，以提高结实率和粒重，达到丰产、丰收。

根据玉米长势、形态，追施1～2次叶面肥。玉米抽雄到蜡熟期需水量约占总需水量的45%，特别是抽穗开花期对水分反应敏感。土壤水分保持在田间持水量的70%～80%，空气相对湿度为65%～90%，有利于开花受精。天气干旱，空气相对湿度低于30%时，应及时进行灌溉。玉米乳熟期降雨过多，土壤水分长时间超过田间持水量的80%，或田间渍水时，会使根系活力迅速下降，叶片变黄，也易引起倒伏，应注意做好排水。

6. 收获与储藏

食用玉米一般于苞叶干枯变白、籽粒变硬的完熟期收获。收获过早，籽粒不饱满，影响产量；收获过晚，如遇阴雨天气，果穗易发霉。玉米收获后籽粒成熟的生理生化反应并未结束，物质的转化过程还在进行，所以一般收获的玉米果穗待晾干后再进行脱粒，以利籽粒后熟。

玉米籽粒含水量在13%以下，储粮温度不超过30℃，即可安全储藏。食用玉米储藏要求仓库干燥，通风凉爽，便于密闭，防潮隔热性能良好。储藏过程发现籽粒发热时，应立即翻仓晾晒。玉米果穗宜搭架储藏，因其胚部隐蔽，籽粒的顶部有角质层和果皮掩盖，微生物不易侵染，可以减轻玉米的霉变发热，储藏性能好。

7.4.3.3 特用玉米栽培技术

特用玉米又称专用玉米，是指玉米籽粒中某一特殊物质含量较高，或是利用玉米的不同器官，又或是在特殊的采收时期用于特殊用途，是普通玉米以外的具有特殊的营养品质或适合特种需要的各种玉米类型。如以加工利用为主的，主要有优质蛋白玉米、高油玉米、高淀粉玉米、爆裂玉米、笋玉米等；以鲜食为主的，如甜玉米、糯玉米等；以饲用为主的，如优质蛋白玉米、青饲玉米等。

特用玉米（特别是以鲜食为主的专用玉米）的特殊用途决定了其栽培技术上的特殊要求。大部分特用玉米（甜、糯、爆裂等）的籽粒秕瘦，幼芽破土能力差，苗瘦弱，要选择土质肥沃、不板结、保水保肥性能好的地块，精细整地，做到土壤疏松、平整、无坷垃，土壤墒情均匀、良好。特用玉米的性状多由隐性基因控制，种植时需要与其他玉米品种隔离，以尽量减少其他玉米花粉的干扰。生产上隔离距离应在100m以上，或利用山冈、树林等自然隔离和利用授粉的时间差进行时间隔离。

根据种植类型、品种特性、自然条件及市场和加工需求，确定不同的播种时间和采收相应的种植形式。根据市场行情确定播期，可春播或夏播。春播要在地温稳定通过10℃左右时播种。或采用地膜覆盖或育苗移栽形式，可提早上市，取得较好的经济效益。另外，为使新鲜玉米果穗分期均衡上市，可采用分期播种。播前精选种子，应采用种子包衣技术。

以鲜食和青饲为主的特用玉米一般在乳熟期采收，应根据其品种特性，比普通玉米适当增加种植密度。鲜食特用玉米长势弱，应在保全苗上下功夫。苗期应早追肥，促苗早发，加强开花授粉和籽粒灌浆期的肥水管理。采用人工辅助授粉，减少秃尖，提高商品质量。

特用玉米的籽粒和植株营养成分高，品质好，极易招致玉米螟、金龟子、蚜虫等害虫，玉米果穗受害后，严重影响其商品质量和市场价格。对此，要早防早治，以防为主。为防止农药污染，鲜食特用玉米在授粉后采用生物防治和生物农药防治，尽量不用或少用化学农药。

7.4.4 棉花栽培技术

棉花是重要的经济作物之一，也是世界最重要的纤维作物。我国宜棉区域分布广，除西藏、青海、内蒙古、黑龙江、吉林等省（自治区）外，其余均可种植棉花。目前，我国棉花的三个重要产地分别是西北内陆棉区、黄河流域棉区、长江流域棉区。

7.4.4.1 棉花生长特征

资源7.8 棉花生长发育过程图

棉花从播种到吐絮的整个生长发育过程中,不同器官依次出现,可明显地划分为播种出苗期、苗期、蕾期、花铃期和吐絮期五个生育期。自播种至拔秆所经历的时间,称为大田生长期;自播种到吐絮所经历的时间,称为全生育期;从出苗到吐絮所经历的时间,称为生育期。苗期和蕾期以营养生长为主,初花期营养生长与生殖生长并重,结铃之后以生殖生长为主,两者关系既互相促进,又互相抑制。

棉花是喜温作物,一生都需要较高的温度。棉籽发芽的最低临界温度是 $10.5\sim 12.0℃$,春季播种的适宜地温要求距地表 5cm 处稳定在 14℃ 以上。苗期温度高,有利于花芽分化。现蕾最低温度要求 $19\sim 20℃$,最适温度 25℃,高于 30℃ 会抑制腋芽的发育,温度过低或过高均会推迟现蕾。开花结铃和吐絮成熟期间均需要 25℃ 以上的较高温度。如果气温低于 14.5℃,即使是发育完全的花蕾,也不能正常开放。低温也可使花器官发生变异,花的外形将显著缩小。温度低于 20℃ 或高于 38℃,花粉生活力降低而影响受精。在棉铃发育过程中,温度低于 15℃ 纤维不能伸长,低于 20℃ 纤维停止加厚。在 $20\sim 30℃$ 范围内,温度越高,棉铃发育成熟也越快,棉铃也越大。棉花作为喜光作物,充足的阳光是获得高产的必要条件,光照时间的长短和光照强度都会影响棉花的生育。

棉花根系发展要求有疏松而通气良好的土壤,土壤紧实度过大、通气不良时,根系的伸展受到抑制。土壤水分适宜,有利于主根伸长,侧根增多,根系吸收表面积增大。适于棉花根系生长的土壤含水量为田间最大持水量的 $55\%\sim 70\%$。

棉纤维品质的好坏,与纤维素的沉积速度与沉积量密切相关。纤维素的沉积又依靠同化产物的转化,而物质转化过程,受当时的外界条件、受精情况等影响较大。温度是制约棉纤维生长发育的主要因素之一。如果白天温度在 30℃ 左右,夜间温度在 21℃ 以上,则纤维伸长迅速,20 天左右便能完成纤维的伸长;如果夜间温度降至 10℃ 左右,则生长速度减慢,纤维伸长时期将会延长。纤维伸长期间,纤维素沉积对水分尤为敏感。当田间持水量低于 55% 会使纤维伸长受阻而变短。

7.4.4.2 常规棉花栽培技术

1. 棉田种植制度

我国棉区分布广,地域跨度大,不同棉区生态条件、社会经济条件及农业历史背景差异较大,在此基础上形成了多种类型的棉田熟制。目前,长江流域棉区普遍实行两熟制;黄河流域棉区水肥条件好的地区以两熟制棉田为主,生长期较短的地区和旱地、盐碱地棉田,仍实行一年一熟制;西北内陆棉区基本上是一年一熟制。两熟制棉田的种植方式上,棉花前茬作物以小麦(包括少部分大麦)为主,其次是油菜。麦棉两熟又以套种为主,还有少量的麦后直播棉花。

南方棉区棉田轮作类型包括稻棉水旱复种轮作、棉花与旱粮轮作;北方棉区棉田轮作类型有棉花与小麦、杂粮轮作、棉花与瓜类轮作、棉花与饲料绿肥作物轮作。

2. 播前准备

北方棉田播前必须适时造墒、保墒,保证一播全苗和壮苗早发。造墒要根据土壤质地、水浇条件进行冬灌或春灌，春灌一般要求不迟于播前15天完成，以确保地温及时回升。南方棉区播前雨水较多，应注意土壤增温透气，宜冬翻冻凌。

播前晒种可促进种子后熟，消灭种子表面的部分病菌，减轻苗期病害；同时还可加快种子吸水和种皮透气，促进种子的萌发出苗。晒种后可采用硫酸脱绒、温汤浸种、种衣剂包衣、药剂拌种等方式对种子进行杀菌消毒处理。

目前，杂交棉在我国主产棉区已有一定的种植面积，其中包含转基因抗虫杂交棉。选用市场上经硫酸脱绒并用种衣剂包衣的小包装良种，要求种子纯度95%以上，净度99%以上，发芽率80%以上，水分低于12%。市场上购买的包装良种，播种前同样需进行晒种处理。

3. 播种与移栽

温度是决定播期的重要依据，一般以5cm地温稳定在14℃时为播种适期。适时播种能充分利用有效的生长季节，使棉花早出苗，早发育。播种过早，温度偏低，出苗时间长，苗弱，易染病烂籽。晚播有利于保全苗，但生育期推迟，影响产量和品质。墒情好、质地黏重的土壤宜浅播；墒情差、质地偏砂的土壤宜适当深播。北方棉区，播深以3~4cm为宜；南方棉区雨水较多，应做到"深不过寸，浅不露子"。

当前我国棉花栽培方式主要有直播、育苗移栽和地膜覆盖等类型，由于育苗移栽和地膜覆盖棉花可充分利用光热资源，棉株长势好，单株营养体大，所以种植密度可较相同条件下的直播棉降低10%~20%。近年来棉花生产中常采用育苗移栽的方式，育苗方式主要有营养钵育苗、营养块育苗、无土育苗等。当气温稳定在17~18℃时即为安全移栽期。

合理的密度与行株距配置对于协调棉株生长发育与环境条件、营养生长与生殖生长、群体与个体的关系具有重要意义，有利于充分利用地力和光能，增加单位面积的总铃数，充分利用生长季节，增加内围铃数。早熟、株型紧凑或容易早衰的品种，宜适当增加密度；中晚熟、株型松散、后发性强的品种宜适当稀植。在棉花生育期间，无霜期长、温度较高、雨水充沛的地区，单株生产潜力大，宜适当稀植；无霜期短、温度较低、雨水少的地区，则宜适当密植。土壤肥水条件好、施肥量大的棉田，密度宜稀；旱薄地、丘陵地、盐碱地等肥水条件较差的棉田，密度宜适当增加，以充分发挥单位土地面积上的增产潜力。因棉花受前茬作物的影响，一般播种期推迟，单株营养体较小，成熟期延迟，种植密度应较一熟棉田适当增加；夏播短季棉由于生育期短，营养体小，密度常比一熟春棉高1~2倍。目前，长江中下游棉区杂交棉密度为30000~39000株/hm^2，黄河流域麦后棉为45000~67500株/hm^2，西北内陆棉区春棉多为150000~255000株/hm^2。

4. 施肥技术

棉花是需肥较多的作物，每生产100kg籽棉从土壤吸收养分的数量大致为纯氮5kg、五氧化二磷1.8kg、氧化钾4kg，吸收比例大约为1:(0.28~0.35):(0.82~1.02)。但也常因品种需肥特性、皮棉产量、土壤气候条件、栽培技术及施肥运筹的不同而有较大的差异。

在掌握棉花营养特性和需肥规律的基础上，必须依据土壤肥力、棉株长势、气候条件、肥料种类等，掌握好施肥时期和数量，同时做到用养结合、经济施肥，充分发挥肥料的增产效益，以确保棉花高产、稳产、高效、优质。

(1) 重施基肥，合理追肥。棉花生育期长，根系分布深而广，不但要求表层土壤具有丰富的矿质营养，而且耕层深层也应保持较高的肥力，并能缓慢释放养分。基肥是在棉花播种前翻耕施入土壤的，可以满足这个要求。基肥以有机肥为主，可在秋冬季节，结合深耕深翻施入土壤，也可以在春天整地时施用，再配合适量的磷、钾肥。一般每公顷施优质有机肥 45000~60000kg，复合肥 450~750kg，同时每亩底施锌、硼肥各 15~30kg。

(2) 轻施苗肥。在基肥用量不足时，尤其是低中产棉田，应重视苗肥的施用，以促根系发育、壮苗早发。对于肥力高、基肥足的棉田，可以不追施苗肥。苗肥一般以化肥为主，每公顷施用尿素 6~12kg、过磷酸钙 300~375kg、氯化钾 75~112.5kg。可根据苗情、地力、基肥等情况而定。

(3) 稳施蕾肥。棉花现蕾后对养分的需求逐渐增加，蕾期合理追肥，能够满足棉株发棵需要，协调营养生长与生殖生长，促进植株稳健生长。棉花蕾期施肥应采取速效肥与缓效肥相配合，化肥与有机肥相配合，氮肥与磷、钾肥相配合的方法。北方棉区，对于地力好、基肥足、长势强的棉花，可少施或不施速效氮肥，但可酌施磷、钾肥；对地力差、基肥不足、棉苗长势弱的棉田，可适当追施速效氮肥，一般每公顷施 150~300kg 标准氮肥、优质土杂肥 1.5×10^4kg 左右，或饼肥 600~750kg、过磷酸钙 225~375kg、氯化钾 75~112.5kg。追肥方法以开沟深施为好。

(4) 重施花铃肥。花期是棉花需肥多的时期，重施花铃肥对争取"三桃"有显著作用。一般情况下，花铃肥用量约占总肥量的 50% 以上，每公顷施标准氮肥 225~300kg。施肥水平高的地块分初花期和盛花期两次施用，初花期速效肥与缓效肥混合施用，盛花期只施用速效肥。化肥用量少时，只进行一次追肥的棉田，以在初花期施用增产作用最大。对地力差、基肥少、长势弱的棉田，可适当早施，在棉株开花达 80% 以上，并坐住 1~2 个幼桃时进行追施，追肥方法以条施为宜。

(5) 补施盖顶肥。补施盖顶肥主要防止棉花后期缺肥而早衰，增强抗病、抗虫、抗早衰能力，争取多结秋桃和增加铃重。盖顶肥施用时间通常在立秋前后，北方棉区一般每公顷施标准氮肥 75~112.5kg，南方棉区一般每公顷施标准氮肥 150~300kg。

5. 田间灌溉和排水

棉花苗期耗水少，耗水量占总耗水量的 15% 以下，以土壤蒸发为主，适宜的土壤含水量为田间持水量的 55%~65%；蕾期耗水量增加，占总耗水量的 12%~20%，土壤蒸发和棉株蒸腾水量大致相等，适宜的土壤含水量为田间持水量的 60%~70%；花铃期耗水量最大，占总耗水量的 45%~65%，且耗水强度最大，以棉株蒸腾为主，适宜的土壤含水量为田间持水量的 70%~80%；吐絮以后，因棉株生理活动衰退，温度降低，耗水量减少。

棉田排水需排出地面积水，降低地下水位，防止明涝暗渍。在雨季来临前，棉株培好土并疏通好田间排水通道，保证雨后棉田无积水。

6. 整枝

棉花整枝主要用于控制棉花株型，调节营养物质的运输分配，协调营养生长与生殖生长的矛盾，防止徒长；改善棉田通风透光条件，提高光能利用率，减少蕾铃脱落，促进早熟，提高产量，改善纤维品质。

棉花传统整枝项目包括去叶枝、打顶、打边心、抹赘芽、打老叶等。随化学调控技术的发展，整枝项目和内容有了很大变革，许多项目已被化学调控所代替，目前棉花生产上主要进行去叶枝和打顶两项整枝作业。

（1）去叶枝可促使果枝生长发育良好，避免田间荫蔽。通常在棉花现蕾后，可以区别果枝与叶枝时，及时去掉第一果枝节位以下的叶枝，保留主茎叶片给根系提供有机养料，称为去叶枝或抹油条。去叶枝是控制棉花旺长夺取高产的手段之一，弱苗和缺苗处的棉株可以不去叶枝，等其伸长后再打边心。去叶枝在现蕾初期进行，过迟既消耗养料也易损伤茎皮。一般株型松散的中熟品种需要去叶枝，株型紧凑的早熟品种可不进行此项工作。

（2）打顶可控制棉株主茎生长，避免出现无效果枝；打破顶端优势，调节光合产物在各器官内呈均衡分布，增加下部结实器官中养分分配比例，集中养分运向果枝，供应结实器官；有利于提高成铃率，多结铃，增加铃重。打顶时间，应根据气候、地力、密度、长势等情况而定。无霜期短、肥力低、密度大、长势弱的田块宜早打顶；反之，应适当推迟。南方棉区在常年长势正常的情况下，一般在大暑至立秋打顶为宜；北方棉区多在7月中旬进行。一般当棉株下部果枝已有大铃时，视棉株长势与气候状况，酌情去或留主茎上的老叶。还可视情况摘除下部空枝与空叶，加强棉田通风透光，但必须保证果枝上1铃1叶。

7. 中耕培土

中耕在棉花栽培中是一项重要的促、控措施。棉田早期中耕，可使土温升高0.5~1℃，有利于长根发苗，促壮苗早发；在蕾期当棉株长势旺时，适当进行深中耕可控旺长；进入花铃期后，则应注意保护根系免受损伤，应尽量不中耕。中耕的深度随着棉花生育进程的发展，棉株的大小，应由浅到深再浅，由近到远。

培土常结合中耕进行1~2次，在棉花生长前期要注意土不压苗，以后再逐渐增加培土高度，最后达10~13cm。培土高度还与行距配置方式、行距宽窄有关。采用宽窄行距配置方式，可将表土直接培入窄行中，灌溉时则采用隔沟灌溉。行距宽的虽易于起垄，但培土不宜过高，以免过多伤根。培土后沟底土壤仍要保持疏松。生产上中耕、除草、培土等管理措施常一起进行。

8. 化学调控

自棉花播种出苗后，即可根据棉苗的长势利用缩节胺（DPC）或矮壮素（CCC）塑造棉花株型，提高棉花产量。DPC或CCC均具有抑制细胞伸长而不抑制细胞分裂的特性，能使棉株节间变短，叶色深绿，叶片增厚，延长叶片功能期。棉株盛蕾期喷洒7.5~15.0g/hm^2 DPC（浓度50~100mg/kg），能抑制盛蕾初花期的旺长。开花期可应用浓度150~200mg/kg DPC进行第2次化控，可使棉株中上部间节缩短，协调棉田群体结构，增加棉株中下部叶片的受光量。打顶后7~10天，进行第3次化控，控制顶部果枝的长度。喷洒 DPC 时要注意每次用量不宜过多，以免造成果枝伸展不开，吐絮不畅而严重减产。

9. 收获

棉铃吐絮后必须适时采收。一般棉铃开裂后 5～7 天采收最好。过早采收或收剥桃花，纤维成熟度差，强度低，色泽差，采收费工，易发热变色；如采收过迟，纤维在日光下暴晒过久，易发生光氧化作用，纤维强度下降；长度变短，成纱品质差。试验表明，吐絮后 6～7 天，纤维强力最佳，吐絮后 20 天强力比最佳期下降约 20%。

在迟发棉田或秋季气温下降早且快时，可用乙烯利进行催熟。施用后可使棉铃期缩短，使单株吐絮铃数的高峰提前到来，残留青铃数减少，达到早熟、增产、改善纤维品质的效果。

近年来，棉花机械化收花已有较大的面积，机械收花作业主要包括三个环节：化学脱叶催熟、机械收花和清理加工。化学脱叶催熟剂主要为氯酸镁或乙烯利，氯酸镁施用时间以日平均温度高于 14～15℃为宜，约在枯霜前 1 个月喷施。每公顷用纯氯酸镁 7.5kg。如棉株高大，生长旺盛时可两次喷施，第 1 次主要是脱叶，10 天后喷第 2 次，主要是促进裂铃。乙烯利用量为 2.25～3kg/hm^2，喷洒棉叶后，经 3～4 天叶片即褪色变红，5 天后开始干枯脱落。在脱叶率达到 90% 以上、吐絮率 95% 以上时，进行机械采收作业。机械收花分一次收获法和分次收获法。一次收获法通常使用摘棉桃机，一次摘取全部吐絮和未吐絮的棉桃，然后将籽棉同未成熟棉桃分开，用剥棉桃机从未成熟棉桃中剥出籽棉，适用于棉桃吐絮期比较集中、抗风性较强的棉花品种。分次收获法通常使用水平摘锭式或竖直摘锭式摘棉机，霜前分次采摘吐絮棉桃中的成熟籽棉，霜后再用摘棉桃机摘取剩余的未吐絮棉桃。机械采收的籽棉含杂质多，需要清理加工，包括烘棉、清棉、轧花和打包。

7.4.5 马铃薯栽培技术

在现代社会中，马铃薯已经成为粮、菜、饲、工业原料等多种用途的作物，在国民经济中的各个方面都发挥了巨大的作用。我国马铃薯种植面积和产量均占全世界的 1/4，是马铃薯第一生产大国，全国各地都有马铃薯栽培。

7.4.5.1 马铃薯生长特征

马铃薯块茎出苗到块茎停止膨大和茎叶枯黄的整个生育过程所经历的时间，称为马铃薯的生育期，可分为发芽期、幼苗期、发棵期、结薯期。各生育期在品种间有较大的差异，根据结薯早迟、块茎膨大的速率以及光温反应特性等的差异，将马铃薯品种划分为 5 种类型，即早熟（75 天以内）、中早熟（76～85 天）、中熟（86～95 天）、中晚熟（96～105 天）和晚熟品种（105 天以上）。

马铃薯是喜光作物，生长期要求有充足的阳光，日照时间长，光照强度大，有利于光合作用。马铃薯植株喜欢冷凉的气候，不耐高温，生育期间以日平均气温 17～21℃为适宜。发芽期以 12～18℃为宜；茎叶生长要求较高温度，以 20℃左右为宜；块茎膨大要求较低温度，最适土温为 16～18℃。

在不同生长阶段，马铃薯对水分要求不同。幼苗期和发棵期是马铃薯需水由少到多的时期，缺水会导致种薯发育不良。幼苗期土壤持水量保持在田间持水量的

60%~65%为宜,当土壤水分低于40%时,茎叶的生长会受到影响。发棵期前期土壤水分保持在70%~80%,以促进生长,后期保持在60%为宜,以适当控制茎叶生长。块茎形成期,土壤水分提高到田间持水量的80%~85%,接近收获再逐渐减少到50%~60%,以利于块茎周皮老化,便于收获。

马铃薯对土壤酸碱度的要求以pH值5.5~6为最适宜,实际在北方的中性甚至偏碱性土壤上亦能生长良好。表土层深厚,结构疏松,排水通气良好和富含有机质,特别是通气良好的砂壤土上栽培马铃薯,块茎形成早,薯块整齐,产量和淀粉含量均高。马铃薯整个生长期吸收钾肥最多,氮肥次之,磷肥最少。

7.4.5.2 常规马铃薯栽培技术

1. 选地整地

马铃薯不宜连作,不宜在茄科作物尤其是烟草等作物之后种植。甜菜、甘薯等块根类作物因与马铃薯有相同的需肥特点,不宜作为马铃薯的前作。

种植马铃薯要求表土深厚,结构疏松,排水、通气良好。在砂壤土上栽培的马铃薯,出苗快,植株生长发育良好,块茎形成早,产量和淀粉含量均高,抗病力强。

整地是马铃薯种植前的必要准备工作,将直接决定后续产量。在种植马铃薯之前,要对栽培地进行深翻,疏松土壤、平整地面。整地要精细,达到土壤疏松、透气、保水、保肥,为薯块出苗提供优良环境。

2. 播种

马铃薯栽培中选用良种包含两层含义:一是选择恰当的品种;二是选择优质的种薯。品种栽培应根据当地自然条件,复种轮作制度、生产水平以及用途而定。如春秋二季作区,应选用休眠期短、早熟、抗晚疫病、抗退化和耐高温的稳产高产品种;间套作栽培,宜选用早熟、植株矮而紧凑的高产品种。优质的种薯一般要求选用具有本品种特征、无病虫害、无伤冻、表皮柔嫩、色泽光鲜、大小适中、生理壮龄的脱毒种薯。

种薯处理前须进行消毒以去除表面细菌。为节约种薯和打破休眠,提早发芽和出苗,生产上对大薯块常采用切块播种,切块应在栽植前1~2天进行,60~100g重的种薯以纵切为2~4块为宜,每块带1~2个芽眼。

马铃薯喜凉爽气候,确定播种适期的重要条件是温度。春播在10cm土层的温度达6~7℃时即可播种,春播越迟,产量越低。秋薯播种的适期,原则是秋薯生长期保证在70天以上。南方冬闲田种植冬马铃薯应根据各地气候,安排在11月中旬至12月中下旬播种为宜。

马铃薯为中耕作物,块茎在地表下膨大形成,故适于垄作。垄作可提高土温,促使早熟,便于根际培土和除草,也便于灌溉和集中施肥及土壤空气的更换,为块茎的膨大创造良好的环境条件。若春旱严重,可酌情增加厚度并结合镇压。我国东北、西北地区多采用机器平地播种或实行垄间机播,适于大面积推广应用。

根据品种、土壤肥沃程度和种植目的确定密度,一般早熟品种每公顷60000~67500株、晚熟品种45000~52500株、中晚熟品种52500~60000株为宜,肥沃土壤种植密度适当小一些,贫瘠土壤可适当增加种植密度。淀粉加工品种植密度适当大一些，以每公顷 60000~67500 株为宜；薯片加工品种控制薯块直径 5~9cm，一般每公顷 67500 株；薯条加工品种要求大薯率高，一般每公顷 52500~56250 株为宜。

3. 施肥

马铃薯是典型的喜钾作物。每生产 1000kg 马铃薯，需氮 4.4~5.5kg、五氧化二磷 1.8~2.2kg、氧化钾 7.9~10.2kg，三者比例为 1:0.4:2。马铃薯生育期较短，需肥集中，应施足基肥。基肥以有机肥为主，一般用量为每公顷 22500~45000kg。施用方法依有机肥的用量及质量而定，量少质优的有机肥可顺播种沟条施或穴施在种薯块上，然后覆土。粗肥量多时应撒施，随即耕翻入土。磷、钾化肥也应作基肥施用。在播种薯块时可施用过磷酸钙或配施少量氮肥作种肥。

马铃薯要早施追肥。氮肥在追肥中不宜过迟，以避免茎叶徒长和影响块茎膨大。齐苗时进行第一次追肥，促早发，增加光合作用面积。现蕾时进行第二次追肥，促茎叶持续生长，有利于块茎的膨大。开花后一般不再追施氮肥。在植株生长后期，为了预防早衰，可叶面喷施磷酸二氢钾溶液等作根外追肥。

4. 生育阶段田间管理

(1) 幼苗期。马铃薯齐苗后应及时查苗、补苗。若缺苗由薯块腐烂引起，应把烂薯块连同周围的土壤全部挖除，以免新补栽的苗感染病菌。当马铃薯幼苗出土高达 7~10cm 时，可进行第一次中耕，深度 10cm 左右，结合除草。10~15 天后进行第二次中耕，稍浅。现蕾时，进行第三次中耕，且离根系远些，更浅些，以免损伤匍匐茎，影响结薯。后两次中耕的同时结合培土。如遇干旱，出苗时和齐苗后应适度灌溉，使表土经常保持湿润状态。

(2) 块茎形成期。管理目标以促为主，促控结合，促苗壮早结薯多结薯，并注意防治晚疫病。一般在现蕾期进行最后一次中耕并进行高培土。此期需水量最大，应防止土壤干旱，保持 60%~75% 的土壤含水量。如有徒长，在现蕾开花期喷施生长延缓剂，延缓茎叶生长，促薯膨大，提高大中薯比例。

(3) 块茎增长与淀粉积累期。依据品种特性、植株长相及栽培条件，适时地进行各种促控措施，防止茎叶发展不足或徒长，才能使植株地上、地下部生长协调，有利于养分的积累运转，加速块茎膨大。宜用小水勤浇，经常保持土层湿润。由于植株已封行，一般不再进行根际追肥，若后期表现脱肥，可进行根外追肥，可用 1% 过磷酸钙、0.02% 硫酸钾和 0.1% 磷酸二氢钾溶液。

5. 收获与储藏

马铃薯成熟后即可收获。马铃薯成熟期的标志是：大部分茎叶由绿转黄达到枯萎，块茎易从植株脱落而停止膨大。根据商品需要也可提前收获。收获时一定要避免碰伤、擦伤等机械损伤。

思 考 与 练 习 题

1. 如何理解土壤耕作的实质与任务？
2. 土壤的耕作方式主要有哪些？

思考与练习题

3. 如何理解土壤耕作措施的作用？
4. 保护性耕作的优点有哪些？
5. 简述旱地耕作和水田耕作方式。
6. 简述农田水分的平衡关系。
7. 土壤水库的特性和功能有哪些？
8. 耕作对土壤的水分调节作用及调节途径有哪些？
9. 简述施肥对土壤水分利用率的影响。
10. 简述水稻主要栽培技术。
11. 简述小麦主要栽培技术。
12. 简述玉米主要栽培技术。
13. 简述棉花主要栽培技术。
14. 简述马铃薯主要栽培技术。

第8章 作物生境调控方法

作物生长发育过程及其产品形成过程与环境要素密切相关。在推动绿色发展，促进人与自然和谐共生的理念下，人类通过品种优选、作物栽培、土壤耕作和改良、灌溉排水、农田施肥等工程、化学、生物、农艺和管理等措施，积极为作物营造适宜生长环境。这不仅有助于挖掘作物潜在生产力，提高农业资源利用效率，更是实现农业优质高产与可持续发展的具体行动。

8.1 农田水分调控方法

8.1.1 农田水分调控依据

农田水分调控是依据农田水分消耗途径、作物需求特征和旱涝灾害对作物生长的影响，利用耕作和栽培、灌溉排水等工程、化学、生物、农艺和管理等措施对田间水分状况进行调节，以满足作物生长对水分的需求。根区土壤水分调节的本质是调控根区土壤蓄水量和供水强度，同时也间接调节土壤气体交换、土壤温度和养分状况。在盐碱胁迫农田，土壤水分调控同时也要满足作物生长对盐分的要求。

8.1.1.1 农田水分消耗途径

农田水分消耗的主要途径包括植株体水量、植株蒸腾、棵间蒸发、深层渗漏或田间渗漏、地表径流流失等。

(1) 植株体水量：根系吸收的水分中仅有1%左右水分保留在作物体内（同化合成），成为作物体的组成部分。

(2) 植株蒸腾 (plant transpiration)：将根系从土壤中吸收的水分，通过作物叶片的气孔蒸散到大气中的现象。植株蒸腾消耗大量水分，作物根系吸收的水分的99%以上是通过蒸腾过程消耗。

(3) 棵间蒸发 (soil evaporation)：植株间的土壤或田面的水分蒸发。

植株蒸腾和棵间蒸发均受到气象因素的影响，两者合称为蒸发蒸腾量（腾发量、蒸散量）。通常在作物生育初期时的植株较小，地面裸露面积较大，主要以棵间蒸发为主。随着植株的生长，作物的叶面积增大，植株蒸腾逐渐大于棵间蒸发，在作物生育后期，作物生理活动减弱，蒸腾耗水逐渐减小，而棵间蒸发相对有所增加。对于干旱半干旱地区，农田棵间蒸发约占蒸发蒸腾量的40%。

(4) 深层渗漏 (deep drainage)：由于降雨量或灌溉水量较多，土壤水分超过了根区土壤蓄水能力，向根系吸水层以下土层渗漏的现象。由于水稻田经常保持一定深度的水层，易产生水分的深层渗漏，通常将水稻田的深层渗漏称为田间渗漏。一般认为水稻田应保持适当的深层渗漏量，可促进土壤通气、消除硫化氢等有毒物质，有利于作物生长。深层渗漏量过大时，会造成土壤水肥流失和环境污染。而旱作农田，在农田灌溉时，尽量控制深层渗漏，以增加水分有效性。当然，在干旱季节，根区以下土壤水分也可向根区运动，为作物生长提供必要水分，提高抗旱能力。

（5）地表径流流失（surface runoff）：灌溉水或降水未被土壤和作物吸收拦截而形成地表径流流失。

8.1.1.2 作物需水量与耗水量

1. 作物需水量（crop water requirement）

作物需水量是指生长在大面积上的无病虫害作物，当土壤水分和肥力适宜时，在给定的生长环境中能达到高产潜力条件下，满足植株蒸腾、棵间蒸发、组成植株体所需的水量。对于旱作农田，作物需水量为蒸发蒸腾量，而稻田需水量为蒸发蒸腾量和田间渗漏量之和。

2. 作物耗水量（crop water consumption）

作物耗水量（简称耗水量）指具体条件下作物获得一定产量时实际所消耗的水量。耗水量 ET_a 可根据水量平衡法进行计算：

$$ET_a = E_a + T_a = P + I + G_r + \Delta W \tag{8.1}$$

式中：ET_a 为作物田间耗水量，m；E_a 为棵间蒸发量，m；T_a 为植物蒸腾量，m；ΔW 是研究时段内土壤储水量的变化量，m；P 为降雨补给水量，m；I 为灌溉或地表供水补给水量，m；G_r 为地下水补给水量，m。

需水量是理论值，而耗水量是作物实际耗水量，又称实际蒸散量。

【例 8.1】 西北旱区某节水型灌区地势平坦，灌区内农田主要种植棉花，全生育期地下水补给 $0\sim1m$ 土体的水量为 $0.1m$，棉花全生育期多年平均有效降水量为 $0.05m$，灌区内田块采用地下管道输水方式，棉田采用膜下滴灌种植模式，全生育期滴灌灌水量为 $0.40m$，灌区无排水输出，棉田播种前和播种后 $0\sim1m$ 土层储水量分别为 $0.4m$ 和 $0.3m$。利用土壤水量平衡方程计算棉田全生育期耗水量。

【解】 灌区地势平坦，降雨量少，地表径流可忽略。地下水上升补给至根区土层（$0\sim1m$）的水量 $G_r=0.1m$。棉田播种前和播种后 $0\sim1m$ 土层储水量分别为 $0.4m$ 和 $0.3m$，研究地块土壤储水量的变化量，即 $\Delta W=-0.1m$；作物生育期耗水量 ET_a 通常认为是土面蒸发 E_a 与作物蒸腾 T_a 之和，根据农田土壤水量平衡方程式 (8.1) 可知：

$$ET_a = E_a + T_a = P + I + G_r + \Delta W = 0.05 + 0.1 + 0.40 - 0.1 = 0.45(m)$$

即该棉田全生育期的耗水量为 $0.45m$。

3. 作物需水特征

作物需水量通常包括生理需水量和生态需水量两个方面。生理需水是指作物进行各种生理作用（如光合作用、蒸腾作用）所需的水分。生态需水是改善作物环境条件所需的水，例如为改善根区温度和养分状况，以及农田小气候等需要的水分。

（1）作物需水临界期（需水关键期）。作物需水临界期是指在全生育期中，作物对水分亏缺最敏感、需水最迫切以致对产量影响最大的时期。对于大多数作物，需水临界期出现在从营养生长向生殖生长的过渡阶段（表 8.1），如小麦在拔节至抽穗、棉花在开花至结铃期、玉米在抽雄至乳熟期、水稻为孕穗至扬花期等。

表 8.1　　各种作物的需水临界期及需水敏感程度

作物	需水关键时期及敏感程度
水稻	孕穗期和开花期＞营养生长期和成熟期
小麦	孕穗开花期＞产量形成期＞营养生长期（春小麦比冬小麦敏感）
玉米	拔节后期（大喇叭口期）＞抽雄开花期＞灌浆期
高粱	孕穗开花期＞灌浆期＞产量形成期＞营养生长期
棉花	开花期和结铃期
大豆	产量形成期和开花期，特别是豆荚成长期
花生	开花期和产量形成期，特别是坐果期
向日葵	开花期＞产量形成期＞营养生长期后期（特别是花芽发育期）
甜菜	特别是出苗后的一个月
烟草	快速生长期＞产量形成期和成熟期
菜豆	开花期和结荚期
豌豆	开花期和产量形成期＞营养生长期和成熟期
土豆	产生匍匐茎和块茎开始形成期（开花）＞产量形成期＞营养生长期和成熟期
洋葱	葱头增大期
甘蓝	叶球扩大期和成熟期
番茄	开花期＞产量形成期＞营养生长期，特别是移栽期和移栽后
西瓜	开花期＞结实期＞营养生长期
葡萄	营养生长期（特别是嫩枝伸长期）＞果实灌浆期

（2）作物需水基本特点。作物需水量受气象特征、作物种类和品种、土壤性质和农业措施等因素影响。不同作物的需水量不同，同一作物在不同地区、不同水文年、不同栽培措施下的需水量也存在差异，主要表现在如下几个方面：

1）不同种类作物需水量不同。由于自身形态构造和生长季不同，不同种类作物的需水量差异较大。对于生长期长、叶面积大、生长速度快、根系发达的作物，一般需水量较大。同一作物，不同品种的需水量也不同。

2）同一作物不同生育阶段的需水量不同。一般作物在生育前期、后期需水较少，而生育中期需水量较大。多数作物在苗期因叶片少、蒸腾面积较小，水分消耗少；进入生长旺盛期后，气温逐渐升高，叶面积增加使得蒸腾面积扩大，水分消耗量显著增大；进入收获期（或成熟期）后，叶片逐渐衰老、脱落，水分消耗量逐渐减少。

3）同一作物不同气候条件下需水量不同。辐射、气温、空气湿度、风速等因子影响作物的需水量。当日照长、气温高、辐射强、空气干燥、风速大时，作物需水量增大；反之则减小。就地区而言，对于湿度较大和温度较低的地区，作物需水量较小；气温高，相对湿度小的地区，作物需水量较大。就水文年份而言，湿润年作物需水量小，干旱年作物需水量则相对较大。

4）农业措施影响作物需水量。深松、施肥、密植、覆盖等农业耕作和栽培管理措施下，作物需水量也发生变化。在生产实际中，需因时、因地、因作物、因气候等自然与人为条件，确定作物的需水过程，以科学指导农业生产管理。

8.1.1.3 干旱和涝渍对作物生长影响

受季风气候及地形、地质等自然条件的影响，我国降水时空分布不均，水旱灾害频繁发生，且影响范围大，危害严重。因此，必须选择合理的农田水分调控措施，以降低旱涝灾害对农业生产的影响。

1. 干旱对作物生长的影响

(1) 干旱类型。干旱（drought）是指导致作物水分亏缺的现象。根据干旱产生原因及其对作物生长的影响，通常将干旱分为大气干旱、土壤干旱和生理干旱。

大气干旱是指气温高、光照强、大气湿度低，因作物蒸腾强烈，作物失水远大于根系吸水，使作物体内发生严重水分亏缺，甚至发生死亡。

土壤干旱是指土壤中的水分缺乏或不足，导致作物生长发育受到影响。

生理干旱是指作物根系正常生理活动受到阻碍，即使土壤水分可以利用，根系也不能有效吸收，致使作物体内缺水受旱的现象。

上述三类干旱所关注的重点不同，大气干旱和土壤干旱强调了干旱的外部因素，而生理干旱强调了作物自身的生理影响，而生理干旱可由大气干旱或土壤干旱引起。

(2) 干旱程度评价。干旱程度一般利用干旱指标进行表征。根据干旱评价目的，发展了不同类型干旱评价方法，其中作物旱情指标包括作物形态指标（如作物的长势、长相等）和作物生理指标（如叶水势、气孔导度、产量、冠层温度等）两大类。其中农作物水分指标是衡量作物是否干旱的重要指标，可利用下式进行分析：

$$D=\frac{P-R_c-\frac{\overline{\theta}}{M_w}+R_g}{ET+\frac{\theta_m}{M_w}} \tag{8.2}$$

式中：D 为某生长期的农作物水分指标；P 为生长期的降水量，m；R_c 为该作物生长时段的地表径流量和深层渗漏量，m；$\overline{\theta}$ 为作物生长时段初的土层平均含水量，%；M_w 为该作物生长条件下，每单位降水量（或灌水量，m）增加的土壤含水量；R_g 为作物生长期内地下水补给量，m；ET 为作物生长时段内维持正常生长所需水量，即作物的蒸发蒸腾量，m；θ_m 为作物在该生长时段所要求的适宜土壤含水量，%。

D 值表示了作物生长时段内实际提供给作物水量与保证作物正常生长所需要的水量之比。当 $D\approx1$ 时，说明水分条件基本能保证作物正常生长。若 D 值偏离 1 较大，则认为作物已受旱或涝。表 8.2 显示了作物水分指标 D 值划分干旱的参考标准。

表 8.2　　　　　　　作物水分指标 D 值划分干旱

D 值	<0.5	0.5～0.8	0.8～1.3	>1.3
分类	干旱	半干旱	正常	水分偏多

(3) 干旱对作物的主要危害。干旱对作物生长主要危害体现在以下几个方面：

1) 破坏原生质的机能。在高温缺水条件下，原生质的水合力降低，胶粒分散度变小,原生质由溶胶态向凝胶态变化,从而使原生质的生理机能遭到破坏。

2)改变生理过程。如水分不足时,叶片气孔关闭,作物的蒸腾作用减弱,作物光合作用显著下降,而水解作用加强,呼吸消耗增多,细胞代谢和生长发育受阻。

3)引起体内水分重新分配。干旱使作物各部位的水分重新分配,一般是幼叶向老叶夺取水分,使老叶提前凋萎,使光合面积减少。幼叶还向其他组织夺水,使这些组织受害。

4)细胞遭受机械损伤。对于细胞壁较硬的细胞,干旱缺水使得细胞收缩到一定程度时,细胞壁会停止收缩,而原生质则继续收缩,原生质就会被拉损。如果细胞壁薄而软,则其与原生质一起向内收缩,原生质也会受到机械损害而死亡。对于在干燥中尚能生存的细胞,当再度吸水,尤其是骤然大量再度吸水时,细胞壁吸水膨胀的速度远超过原生质体吸水膨胀的速度,细胞会再次遭受机械损害,即细胞壁突然向外扩张而把原生质撕破,造成细胞死亡。

(4) 作物耐旱能力。作物耐旱能力是指作物忍受和抗御干旱使作物不致引起明显受害和减产的性能。作物耐旱能力随作物种类不同而有明显差异,同一作物的不同类型和品种及不同的生育阶段,其耐旱能力也不同。耐旱能力强的作物,形态结构的特征表现为叶面积小,表皮角质层发达,常有茸毛,叶组织较紧密,栅状组织和叶脉都很发达,根系发达且入土较深。在生理特征方面主要表现为保卫细胞对光照和水分变化非常敏感,干旱时能抑制分解酶的活性,细胞液具有较低的渗透压,原生质具有较大的黏滞性和弹性。

2. 涝渍对作物生长的影响

(1) 涝渍形成特点。涝渍是由于水分过多影响了作物呼吸,引发根区缺氧和有害气体生成,根系难以维持其生理活动,破坏了作物生长的土壤环境。但涝和渍形成过程和作用因素不同,渍是指土壤滞水或地下水位过高,排泄不畅,土壤含水量过高,大气与土壤内部的气体交换削弱或停止,作物根系处于严重缺氧的土壤中而受害。涝是指降雨量过大,水分不能及时排出,使地面积水,作物除根系受害外,地上的部分茎叶等器官也淹没在水中而受害。

(2) 涝渍对作物的危害。涝渍对作物的危害主要体现为以下几个方面:

1)根系吸水吸肥受阻。当土壤水分过多时,土壤氧气含量大幅降低,作物根系会因缺氧而呼吸困难,呼吸作用减弱而释放的能量少,导致根系吸水吸肥等过程受阻。

2)有毒物质的危害。土壤渍水时间过长,好气微生物活动受阻,厌氧微生物活动占优势,导致有机质矿化过程受阻,土壤中积累有机酸和还原性物质,对作物产生毒害。

3)根系进行无氧呼吸。严重缺氧时,根系进行无氧呼吸,产生乙醇,乙醇在作物体内积累会引起中毒。

4)导致作物倒伏。土壤积涝时,降低了作物茎秆基部的光照强度,并使田间温度和湿度等环境条件变差,导致作物茎秆细长,保护组织柔弱,根系活动受阻,甚至腐烂,常导致作物严重倒伏。

8.1 农田水分调控方法

涝对作物危害的严重程度与水分状况及温度等有关：静水大于流水，污水大于清水，高温大于低温。作物耐渍耐涝能力的大小随作物种类和生育阶段不同而异，见表8.3和表8.4。

表8.3　　　　　　　　　几种农作物的耐涝能力

作物	生育期	允许积水时间/天	允许最大积水深度/cm
水稻	分蘖	2～3	6～10
水稻	拔节	5～7	15～20
水稻	孕穗、乳熟	8～10	20
棉花	花期、铃期	1～2	5～10
高粱	孕穗	6～7	10～15
高粱	灌浆	8～10	15～20
高粱	乳熟	15～20	15～20
大豆	花期	2～3	7～10
玉米	抽雄	1～1.5	8～12
玉米	孕穗、灌浆	2	8～12

表8.4　　　　　　　　　几种农作物的抗渍能力

作物	雨后短期允许的地下水深/cm	雨后降至允许埋深的相应时间/天	生长期
小麦	50	15	生长前期
小麦	100	8	生长后期
玉米	40～50	3～4	孕穗至灌浆期
高粱	30～40	12～15	开花期
棉花	40～70	3～7	花铃期
大豆	30～40	10～12	开花期

8.1.2 农业干旱与水分调控

农业干旱（agricultural drought）是指在农作物生长发育过程中，因降水不足、土壤含水量过低和作物得不到适时适量灌溉，致使土壤水分无法满足农作物的正常需水，造成农作物减产的现象。农业干旱既是一种物理过程，也与作物本身的生物过程等有关。随着气候变化，大范围的干旱灾害经常发生，我国农作物平均每年受旱面积达 $2.09\times10^7 hm^2$，最高年份达 $4.05\times10^7 hm^2$；平均干旱成灾面积 $8.87\times10^6 hm^2$，最高年份达 $2.68\times10^7 hm^2$。导致每年粮食减产量达数百万吨，每年直接经济损失高达440亿元。干旱灾害严重威胁着粮食和生态安全，已成为制约社会经济可持续发展的重要因素之一。

8.1.2.1 作物水分亏缺的判别指标

作物水分亏缺是由土壤、大气、作物等多种因素综合作用的结果，作物水分亏缺状况可由作物本身的水分生理指标直接反映，也可由作物根系层土壤水分状况、气象等因素表征。

作物水分亏缺状况诊断方法可分为间接估算和直接测定两大类，前者是利用引起作物水分亏缺的环境因素（如土壤水分和空气湿度等）进行作物水分亏缺评估，后者是直接测定作物水分亏缺状况的指标。根据研究的对象不同，作物水分亏缺的定量诊断指标又可分为土壤指标、作物指标和气象指标等。

1. 土壤指标

土壤水分状况可以通过含水量或土壤水势来确定。

（1）土壤含水量。利用测定或计算的土壤含水量或相对含水量（占田间持水量的百分数）与作物生长需求的土壤临界含水量进行比较，判断土壤的水分状况。一般认为当土壤相对含水量小于40%时，作物可能枯死；土壤相对含水量在40%~60%之间时，作物呈现旱象；土壤相对含水量在60%~80%之间时，适于大部分作物生长；土壤含水量大于80%时，作物开始呈现水分过多或出现涝害甚至死亡。

（2）土壤相对有效含水量。为避免不同类型土壤持水特性所产生的含水量绝对数值的差异，可用土壤相对有效含水量诊断作物干旱状况并作为灌水指标：

$$A_w = \frac{\theta - \theta_{wp}}{\theta_{fc} - \theta_{wp}} \tag{8.3}$$

式中：A_w 为土壤相对有效含水量；θ 为根系活动层的平均土壤含水量；θ_{fc} 为土壤田间持水量；θ_{wp} 为凋萎系数。作物的受旱状况可根据表8.5的 A_w 值确定。在水资源有保障的条件下，当 A_w 小于0.25时应对作物进行灌水。

表8.5　　　　　　　　　土壤相对有效含水量范围与作物受旱状况表

土壤相对有效含水量范围	受旱情况	土壤相对有效含水量范围	受旱情况
$A_w \leqslant 0.1$	严重干旱	$0.25 < A_w \leqslant 0.5$	轻度干旱
$0.1 < A_w \leqslant 0.25$	中等干旱	$0.5 < A_w$	适宜

（3）土壤水势。根据作物适宜土壤水势控制阈值，利用测定或计算的土壤水势判定土壤水分状况。通常可利用距地表0.2m左右深度的土壤水势作为监测点。

2. 作物指标

作物水分亏缺状况既可以表现在植株形态上，也可以反映在群体动态和作物水分生理上。因此，作物指标可分为形态指标与水分生理指标两类。

（1）叶片指标。叶片是作物进行光合作用的主要器官，是有机营养物质的供应者。当作物受干旱胁迫时，功能叶片具有维持一定的水势和渗透调节等功能。

1）叶片外观。叶面积指数可以反映作物生长的发育状态，水分亏缺下叶片狭小。植株叶子的叶尖运动状况能反映缺水状况，现代视觉技术可实现对叶尖实时有效的监测。缺水条件下作物出现叶片增厚、下垂，颜色变深、变暗，下部分叶子叶尖枯死，不易折断，叶片卷曲等萎蔫现象。叶片卷曲是由于叶片细胞膨压降低所引起，是内部水势状况和渗透调节结果的外部形态表现，能直观地反映作物对土壤水分胁迫的敏感程度。

2）叶片相对含水量。一般认为叶片相对含水量与土壤含水量呈线性相关，与叶片温度及生理功能等密切相关。叶片含水量由75%下降到70%是叶片光合生理活性的一个转折点。

3）叶水势。叶水势是作物水分状况的最佳度量，可用于水分亏缺诊断。叶水势影响作物的生长、光合作用的进行以及光合产物的传输等过程。对不同作物，发生干旱危害的叶水势临界值不同，表 8.6 列出了几种作物光合速率开始下降时的叶水势临界值。

表 8.6　　　　　　　　几种作物超过允许水分亏缺的叶水势临界值

作物	生育期	受旱的叶水势临界值/MPa	作物	生育期	受旱的叶水势临界值/MPa
冬小麦	分蘖—拔节	$-0.9\sim-1.1$	夏玉米	出苗—抽穗	$-0.9\sim-1.1$
	拔节—抽穗	$-1.1\sim-1.2$		抽雄—灌浆	$-1.1\sim-1.2$
	灌浆期	$-1.3\sim-1.6$		灌浆—乳熟	$-1.3\sim-1.6$
	乳熟期	$-1.5\sim-1.6$	大豆	结荚—灌浆	$-1.5\sim-1.6$
春小麦	分蘖—拔节	$-0.8\sim-0.9$		灌浆—乳熟	$-0.8\sim-0.9$
	拔节—抽穗	$-0.9\sim-1.0$	甜菜	叶形成期	$-0.9\sim-1.0$
	灌浆期	$-1.1\sim-1.2$		根果生长期	$-0.9\sim-1.1$
	乳熟期	$-1.4\sim-1.5$	苜蓿	苗期—再生期	$-1.1\sim-1.2$
棉花	花前期	-1.2		蕾期	$-1.3\sim-1.6$
	花铃期	-1.4		花期	$-1.5\sim-1.6$
	成熟期	-1.6			—

4）细胞液浓度。细胞液浓度测定方法简便，是应用最广泛的水分生理指标之一。干旱缺水条件下，作物吸水困难，叶片组织的细胞液浓度相应升高。当细胞液浓度达到一定数值时，会对作物生长发育产生不良影响，表 8.7 列举了春小麦和冬小麦不同生育期允许受旱的临界细胞液浓度。

表 8.7　　　　　　春小麦和冬小麦不同生育期允许受旱的临界细胞液浓度

作物	生育期	允许受旱的临界细胞液浓度/%	作物	生育期	允许受旱的临界细胞液浓度/%
春小麦	分蘖—拔节	$5.5\sim6.5$	冬小麦	分蘖—拔节	$13.5\sim15.0$
	拔节—抽穗	$6.5\sim7.5$		拔节—抽穗	$14.0\sim15.0$
	灌浆期	$8\sim9$		灌浆期	$16.0\sim17.0$
	乳熟期	$11\sim12$			—

5）气孔阻力。气孔开度与土壤水分能态以及叶片水分状况密切相关，气孔阻力随着土壤可利用水的增加而下降，当土壤可利用水量达到某一临界值后气孔阻力不再下降。因此，可用其作为判别作物水分状况的重要生理指标。

（2）茎秆指标。

1）茎秆直径。作物膨胀收缩与作物体内水分状况存在密切关系，能实时准确地反映作物体内水分状况。

2）茎流。茎流是指蒸腾作用引起的作物体内的上升液流。当蒸腾速率等于或小于茎液流速时,作物处于充分供水状态;当蒸腾速率大于茎液流速时,将产生不同程度的水分亏缺。

3. 气象指标

气象学方法一般常利用气温、净辐射、水汽压和风速等计算蒸发蒸腾量,并根据一段时间作物蒸发蒸腾量,判定作物缺水状况。

(1) 相对蒸散量。相对蒸散量是指作物的实际蒸发蒸腾量 ET_a 与最大可能蒸发蒸腾量 ET_m 之比 (ET_a/ET_m),并作为作物缺水的定量指标。

气象-水量平衡方法:气象-水量平衡方法的依据是水量平衡原理,根据土壤含水量或储水量判定作物水分亏缺,具体计算公式为

$$\theta_E = \theta_B - \frac{ET-P}{D_z} \times 100\% = \theta_B - \frac{I-D_r-W_E+W_B}{D_z} \times 100\% \quad (8.4)$$

式中:ET 为作物的蒸发蒸腾量,m;P 为相应生长期的降水量,m;D_r 为排水量,m;D_z 为计算湿润层的深度,m;W_E 和 W_B 分别为时段末和时段初的湿润层土壤储水量,m;θ_E 和 θ_B 为时段末和时段初的土壤含水量,m^3/m^3。

(2) 温度胁迫指标。温度胁迫指标是指缺水与不缺水时冠层温度的差值。当土壤水分充足时,整个农田土壤处于湿润状态,如果作物长势很均匀,则整个农田的冠层温度差异很小。

(3) 日缺水度。日缺水度 S_{DD} 是指作物冠层温度 T_c 与气温 T_a 的差值,即

$$S_{DD} = T_c - T_a \quad (8.5)$$

式中:S_{DD} 反映了土壤水分条件、作物受旱程度,又能反映产量水平。S_{DD} 在全生育期中累积的数值越大(负值小),表示作物全生育期中累积的受旱状况越严重,产量会降低。

(4) 水分胁迫指标。生产中常用相对蒸发蒸腾量减少量表示作物水分胁迫状况 C_i,即

$$C_i = 1 - \frac{ET_a}{ET_m} \quad (8.6)$$

8.1.2.2 农田干旱调控措施

农田干旱调控措施主要分为节水灌溉、施肥技术、农艺管理等。

1. 节水灌溉

为了实现作物高产和稳产,提高水分利用效率,在改善土壤水分状况时,应该考虑如下几个方面:

(1) 采用合理的灌溉制度。作物的灌溉制度内容包括灌水次数、灌水时间、灌水定额和灌溉定额。依据气候特点、土壤墒情、作物形态、生理性状和指标加以判断,确定作物适宜灌溉制度。当然也可以根据所确定的作物生产目标,依据土壤指标、作物形态和生理指标,制定合理灌溉制度。

(2) 采用合理节水灌溉方法。为了使灌溉水保持在作物根区,不破坏土壤结构和降低土壤肥力,需根据气候条件、地形、土壤类型和种植作物等,采用适宜的灌水方法。作物灌水的方法主要有地面灌(包括畦灌、沟灌等)、喷灌、微喷灌、滴灌和渗

8.1 农田水分调控方法

灌等。田间地面灌溉技术包括宽畦改窄田、长畦改短畦、长沟改短沟，提高灌溉水利用效率。

（3）控制合理灌溉水质和水温。在非盐碱地区，一般灌溉水中的可溶性盐分含量要求不大于 1g/L，而在盐碱地区一般灌溉水中的可溶性盐分含量要求不大于 2g/L。对于淡水短缺地区，可以利用微咸水灌溉，微咸水盐分浓度一般应控制在 3～4g/L，并采用合理的微咸水灌溉模式。作物对灌溉水的温度也有一定要求，一般农作物春秋季灌溉水温不宜低于 10～15℃，夏季水温不宜低于 15～20℃，不宜高于 37～40℃。

2. 施肥技术

根据土壤水肥状况和作物生长特征，在时间、数量和方式上，灌溉与施肥应合理配合，实现水肥有效耦合，促进作物根系深扎，扩大根系在土壤中的吸水范围，减少无效蒸发，达到以水促肥、以肥调水，增加作物产量和改善品质的目的。具体措施包括：

1）重施基肥、增施磷肥、有机肥，以肥补水，促进作物苗期快速生产，根深叶茂，形成基本的抗旱能力，此外有机肥具有良好的保水功能，亩施 1000kg 以上的优质有机肥，可显著增加抗旱能力。

2）叶面施肥，喷施含有抗旱功能物质黄腐酸、氨基酸、维生素等抗旱型叶面肥。

3. 农艺管理

采用合理的农艺管理措施，减少无效蒸发，提高土壤的保水和供水能力。具体措施包括：

1）覆盖保墒。减少土壤水分蒸发，采用杂草、秸秆、遮阳网等物进行覆盖，减少土壤水分流失和蒸腾。

2）中耕。对旱地作物进行中耕，切断土壤表层毛细管，抑制土壤水分蒸发，增强抗旱能力。

3）深耕松土。降雨前及时进行深中耕，提高土壤保墒能力。

8.1.3 涝渍农田水分调控

涝渍害对作物生长的影响与其发生的季节和作物所处的生育期有关。水稻、高粱抗涝能力较强，小麦、大豆、玉米处于中等，棉花、薯类、花生等的抗涝能力弱。但长时间淹水均会影响作物光合作用，造成根系早衰、叶片早枯等，甚至出现植株倒伏，抗病力减弱，最终影响产量。

8.1.3.1 中国农田涝渍害发生特点

洪涝灾害以其发生频率高、分布范围广、灾害程度重、经济损失大而成为世界上最严重的自然灾害之一，中国也是世界上洪涝灾害较为严重的国家，对社会经济发展负面影响巨大。

8.1.3.2 涝渍灾害调控措施

农田涝渍灾害调控，一方面控制输入田间水量，另一方面将田间多余水分尽快排出。就农田排涝措施而言，包括工程措施、耕作措施和生物措施等。

（1）农田排涝排水类型。农田除涝排水工程技术是在总结排水实践经验的基础上发展起来的，主要包括如下几种形式。

资源 8.1
中国农田涝渍
害发生特点

1) 明沟、暗管和竖井及泵站等是典型的防御农田水灾害的排水工程措施，明沟排水是最早发展同时也是运用最广泛的一种排水措施，暗管排水技术可在节省土地的条件下控制地下水位以达到排水治渍排盐的作用。

2) 竖井排水一般结合当地灌溉实行灌排结合，具有灌溉抗旱，控制地下水位，旱涝碱兼治等多种功能，对干旱、涝渍、盐碱多灾种并存的华北平原等地区中低产田改造起着重要作用。

3) 泵站排水广泛用于解决不能自流排水的低洼地、平原圩区等地的排水。针对除涝排水工程措施，重点是根据不同气候、土壤、经济发展等条件筛选出适宜的排水工程组合技术。

（2）作物对农田排水的基本要求。

1) 尽快排除涝水和土壤滞水。通常采用的排涝历时与作物耐淹历时相一致，一般旱作物为2天，水稻为3~5天。排涝设计标准，还应随暴雨历时的不同而异，不少地区采用1天暴雨2天或3天排出，3天暴雨3天或5天排出。对因犁底层或土壤中不透水层而造成的土壤中滞水，也应采取有效措施。

2) 降低和控制地下水位深度。对于地下水位过高的农田，应在作物能忍受的时间内将地下水位降至允许的深度。为了控制地下水位在一定的深度，最末一级固定排水沟的排渍水位应低于作物要求的地下水位深度。一般旱作物的适宜地下水位埋深为1.0~1.5m；盐碱化威胁地区，轻质土不小于2.0~2.5m。

3) 采用适宜的排水措施。农田排水措施有工程措施、耕作措施和生物措施等。工程措施包括地面排水（明沟）、地下排水（暗沟、暗管、鼠道等）和竖井排水等。耕作措施包括垄作、开沟作畦（高畦深沟、沟洫台田）和中耕松土等措施。生物措施主要是指通过种植根系深、耗水多的农作物或树木来降低地下水位，又称生物排水。

8.1.4 农田水分高效利用途径

农业是我国节水潜力较大的行业，我国现代节水农业发展正处在一个传统技术升级与高技术发展相互交织的关键时期，发展现代节水农业是确保我国粮食安全、水安全和生态安全的重大战略举措。

（1）应用生物技术充分挖掘作物本身节水潜力。利用作物生理调控和现代育种技术，从作物本身机能入手提高产量和水分利用效率，是实现用水从传统丰水高产型向现代节水优质高产型转变的关键性技术。基于作物生理需水调控的非充分灌溉技术，如调亏灌溉、分根区交替灌溉和部分根干燥高效用水技术，可明显提高作物水分利用效率。同时，优化种植结构和种植模式，建立适应抗逆型种植制度，一般可使农田整体用水效率提高0.15~0.26kg/m³，增产15%~30%。

（2）基于新材料的节水产品，利用非常规水资源开发利用技术结合发展高效输配水与节水灌溉技术。多功能化、低能耗化、环保化、智能控制化是节水灌溉产品发展的新趋势，发达国家利用先进的制造技术和新材料，加快了节水产品开发进度，改善了产品性能，化学保水剂及保水农膜是非常理想的节水灌溉材料。利用现代节水农业领域关注的天然雨水、再生水以及微咸水等非常规水资源，并结合高效率的喷、微灌溉技术，与管道输水等技术相结合，提高灌溉水利用效率。

（3）基于信息技术、智能技术与 3S 技术的高效化管理节水技术，形成高效用水综合技术体系。将 3S 技术与现代信息技术相结合，应用作物水分监测与信息采集、作物生长决策模拟、传感技术和传输技术，及时地提供农作物长势、水肥状况和病虫害情况。通过全球定位系统，即可使农业机械完成播种、施肥、灌溉、除草、培土及收割等工作，实现农业生产和作物生长管理精细化。计算机管理系统使灌溉用水实现了由静态向动态的转变，向将数据库、模型库、知识库和地理信息系统有机结合的综合决策转化。将专家系统、模拟模型、资源数据库、控制技术、信息等技术有机结合起来，形成适合不同水资源状况、农田输水与灌溉方式，农田水分与养分管理的农业高效用水决策支持系统。将工程节水、农艺节水、生物节水与管理节水有机结合与集成，发展与国家经济水平、水资源数量相适应的节水农业技术模式。

8.2 农田养分调控方法

科学合理使用化肥，不仅可以有效提高作物产量和肥料利用率，也可减少化肥使用对生态环境产生的负面影响。

8.2.1 合理施肥的依据

为了促进农作物正常生长，需要通过施肥补充农作物生长所需的养分，保证土壤具有均衡的养分供应、强度以及容量。

作物主要从土壤溶液中吸收其所需要的养分，溶液中养分浓度直接影响离子的吸收强度，因此溶液的浓度是一个强度要素 I。当作物根系从溶液中吸收养分时，溶液养分浓度随即降低，改变了液相和固相间养分的平衡，固相上吸附态离子不断解吸以补给液相。固相养分补给液相的总数量，称为容量因素 Q。单位时间内补给的数量，称为速率因素。养分的强度和容量间关系可用 dQ/dI 来表示，称为缓冲容量，即土壤对溶液中营养元素浓度改变的缓冲能力，缓冲容量可作为土壤养分的供应特性，估测土壤养分补给能力。一般而言，缓冲容量越大，土壤能提供补给的养分越多，例如黏土养分供应的容量大于沙土。

资源 8.2
土壤养分供应强度与容量的示意图

【例 8.2】 根据图 8.1 所示结果，比较两种不同容量土壤对 K^+ 缓冲能力。

【解】 根据缓冲容量的公式 dQ/dI 分析可知，土壤 A 对 K^+ 的缓冲能力要强于土壤 B。

作物生长要从土壤中吸收营养物质，因此就必须采取施肥的办法加以补充土壤营养，否则营养物质会继续减少，产量就不断下降。一般根据作物种

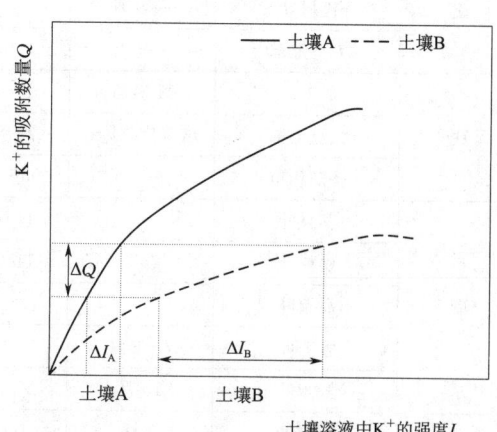

图 8.1 两种不同容量土壤对 K^+ 缓冲能力比较

类和生育时期对肥料需求、土壤结构和肥力、气候特征肥料的种类和性质等进行合理施肥。不同作物在不同生育期营养元素含量见表8.8。

表8.8　　　　各种营养元素在不同作物中的正常或异常含量参考值

元素种类	作物名称或部位	生育期	与生长状况有关的含量（占干重的%）		
			缺乏	正常	过量
碳	各种整株作物	成熟期		44%	
氢	各种整株作物	成熟期		6%	
氧	各种整株作物	成熟期		44%	
氮	苹果叶	生长季中期	<1.48%	1.65%~1.80%	
	桃树叶	生长季中期		3.50%	
磷	苹果叶	生长季中期	<0.10%	0.12%~0.39%	
	桃树叶	生长季中期	<0.11%	0.14%~0.34%	
	大豆叶	开花期	0.19%	0.27%	
	番茄叶	刚成熟	0.10%~0.18%	0.44%~0.90%	
钾	苹果叶	生长季中期	0.45%~0.93%	1.53%~2.04%	
	玉米叶	—	0.58%~0.78%	0.74%~1.49%	
	番茄叶	4—5月	0.28%~1.44%	1.40%~2.40%	
钙	苹果叶		0.56%	1.10%	
	玉米整体	拔节孕穗	0.18%~0.32%	0.38%~0.42%	
	大豆下部叶	开花中期		3.40%	
	番茄叶	移栽后65天	0.79%~0.96%	0.82%~1.78%	
镁	苹果叶	7月	0.02%~0.33%	0.21%~0.53%	
	玉米叶	—	0.07%	0.20%	
	马铃薯叶	7月	0.16%~0.33%	0.40%~0.86%	
硫	玉米上部	—	0.04%	0.08%	
	桃树叶	5—9月		0.18%	0.3%~0.35%
	大豆上部	—	0.14%	0.23%	
铁	甜玉米	乳熟期	24~56mg/kg	56~178mg/kg	
	大豆上部	出苗后34天	28~38mg/kg	44~60mg/kg	
	番茄幼苗	—	93~115mg/kg	107~250mg/kg	
硼	苹果叶	—	15~20mg/kg	25~34mg/kg	
	桃树叶	春季	11~19mg/kg	17~40mg/kg	91~196mg/kg
	甜菜叶	—	6~13mg/kg	10~44mg/kg	
	番茄叶	7—8月		34~150mg/kg	263~1416mg/kg
	玉米叶	10月		27~72mg/kg	179mg/kg
锰	苹果叶	7月	2~18mg/kg	25~50mg/kg	
	大豆叶	出苗后30天	2~3mg/kg	14~102mg/kg	173~999mg/kg

续表

元素种类	作物名称或部位	生育期	与生长状况有关的含量（占干重的%）		
			缺乏	正常	过量
锰	番茄叶	10月	5.6mg/kg	70~398mg/kg	
	番茄果实	10月	0.2mg/kg	2mg/kg	
锌	苹果叶	—	3~22mg/kg	6~40mg/kg	
	玉米叶	开花期	9mg/kg	31~37mg/kg	
	番茄叶	结果期	9~15mg/kg	65~198mg/kg	526~1489mg/kg
铜	苹果叶	—	2~3mg/kg	5~6mg/kg	
	番茄叶			3~12mg/kg	
钼	玉米叶	—		1mg/kg	
	棉花叶	出苗后65天	0.5mg/kg	113mg/kg	
	番茄叶	移栽后8周	0.13mg/kg	0.68mg/kg	

　　肥料的种类较多，不同肥料需要采用不同的施肥技术。肥料的使用方法基本上可以分为两大类：一类是土壤施肥，由作物根系吸收；另一类是根外施肥，喷洒在地上部，由茎叶来吸收。从肥料的状态来看，还可以分为固体、液体和气体三种。固体肥料施到土壤中必须溶解在水中作物才能吸收。液体肥料如氨水一定要用水稀释才能使用，否则会对作物造成伤害。气体肥料如二氧化碳，目前只能在设施环境下温室或塑料大棚内使用。

　　土壤施肥一般分为表层施肥与深层施肥两种方法。硫酸铵、硝酸铵、尿素等氮素肥料，为了避免反硝化作用或转化为气体损失，最好施在深层，铵离子易被土壤颗粒吸附，不易流失。磷肥和钾肥在土壤里向下运移较慢，所以在表层施用效果不显著，如果土壤表层湿度较大，根系也能吸收。根外喷施的肥料最常用的是微量元素，因为作物对微量元素的需要量极少，喷在作物的茎叶上被吸收后就够用了。

　　作物合理施肥应遵循以下原则：提高作物、果蔬等的产量；提高土壤肥力；增加经济效益和社会效益；不污染土壤、水质和作物。

　　通常在平衡状况下确定土壤养分供应的强度、数量和容量，但大多数农业土壤，由于肥料的施用、作物的吸收以及环境因素的影响，各种形态的养分总是处于非平衡状态。近年来，更多学者应用动力学的方法，把养分释放总量和释放速率作为重要参数，确定研究土壤养分供应的特性。合理的施肥量是基于特定生产目标确定的，可从以下几个方面进行考虑：

　　（1）以改土为目标。通过有机肥配合化肥的施用，在逐年增加农作物单产的同时，提升农田的土壤肥力，进而达到改土目标。通过培肥改良，增加土壤中有效营养成分，改善土壤物理性状，比如通气性、透水性、保肥性、耕性及容重等，增强土壤的缓冲性及作物抗逆性。

　　（2）以高产为目标。通过科学合理施肥措施使农作物单产在原有水平的基础上得以提升，实现作物高产稳产。

(3) 以优质为目标。通过科学合理施肥，促使营养成分保持平衡供应，使产品质量得到改善。

(4) 以高效为目标。通过科学合理施肥，不但提高产量，而且改善果实品质。

(5) 以生态保护为目标。通过科学合理施肥，特别是适宜施用有机肥，控制氮肥用量，降低施肥对土壤和水体污染，提高生态环境质量。

8.2.2 肥料类型与功能

肥料（fertilizer）是指施于土中或喷洒于作物地上部分，能直接或间接供给作物养分，增加作物产量，改善产品品质或能改良土壤性状，培肥地力的物质。直接供给作物必需营养的肥料称为直接肥料，如氮肥、磷肥、钾肥、微量元素和复合肥料。而另一些主要是为了改善土壤物理性质、化学性质和生物性质，从而改善作物的生长条件的肥料称为间接肥料，如石灰、石膏和微生物肥料。肥料的分类方法主要根据肥料成分、肥料养分、肥料肥效、肥料形态、肥料酸碱性、肥料施肥阶段、肥料施肥方式进行分类。

按照肥料成分将肥料分为无机肥料、有机肥料、生物肥料。

1. 无机肥料

无机肥料又称化学肥料。从狭义上讲，化学肥料是指利用化学方法生产的肥料。从广义上讲，化学肥料是指工业生产的一切无机肥及缓效肥。

氮肥类型较多，包括铵态氮肥、硝态氮肥、酰胺态氮肥、长效氮肥等。铵态氮肥的性质包括肥效快，作物能直接吸收利用；在碱性环境中，铵易挥发损失；在通气良好的土壤中，铵态氮可经硝化作用转化为硝态氮，易造成氮素的淋失和流失。硝态氮肥易溶于水，溶解度大，为速效氮肥；吸湿性强，易结块受热易分解，释放氧气，易燃易爆；硝酸根可通过反硝化作用还原为多种气体，引起氮素气态损失。酰胺态氮肥中应用最为广泛的尿素，含氮量为 $42\%\sim46\%$，是一种优质肥料，不仅含氮量在目前所有氮肥中最高，而且在土壤中不残留有害物质，对土壤酸碱度没有明显的影响，适合所有土壤和作物。

磷肥按照溶解度大小和作物吸收的难易程度，划分为水溶性磷肥、枸溶性磷肥、难溶性磷肥、混溶性磷肥四大类。水溶性磷肥适合于各种土壤和作物，但最好用于中性和石灰性土壤。枸溶性磷肥不溶于水，但在土壤中能被弱酸溶解，进而被作物吸收利用。而在石灰性碱性土壤中，与土壤中的钙结合，向难溶性磷酸方向转化，降低磷的有效性，适用于在酸性土壤中施用。难溶性磷肥施入土壤后，主要依靠土壤的酸使它慢慢溶解，变成作物能利用的形态，肥效较慢，但后效性长，适用于酸性土壤用作基肥，也可与有机肥料堆腐或与化学酸性、生理酸性肥料配合施用，效果较好。混溶性磷肥最适宜在旱地施用，在水田和酸性土壤施用易引起脱氮损失。

工业钾肥主要有硫酸钾、氯化钾、硝酸钾、磷酸钾、钾镁肥、钾钙肥等，其他钾肥包括草木灰、窑灰钾肥、有机钾肥等。

在一种化学肥料中，同时含有 N、P、K 等主要营养元素中的两种或两种以上成分的肥料，称为复合肥料。含两种主要营养元素的肥料称为二元复合肥料（如磷酸一铵、磷酸二铵、磷酸二氢钾等），含三种主要营养元素的肥料称为三元复合肥料，含三种以上营养元素的肥料称为多元复合肥料。复合肥具有养分含量高、副成分少且物理性状好等优点,对于平衡施肥,提高肥料利用率,促进作物的高产稳产有着十分重要的作用。

2. 有机肥料

有机肥料是指农业利用的各种来源于动植物残体或人畜排泄物等有机物料。对于就地积制或直接耕埋施用的一类自然肥料,习惯上也称农家肥料,是指含有大量生物物质、动植物残体、排泄物、生物废物等物质的缓效肥料。有机肥料不仅为农作物提供全面营养,而且肥效长,可增加和更新土壤有机质,促进微生物繁殖,改善土壤的理化性质和生物活性,是绿色食品生产的主要养分。一般采用撒施法,结合深耕或者是在播种时将肥料均匀地撒在根系集中分布的区域(以及经常保持湿润状态的土层中),以达到土肥相融的效果。或者通过条状沟施法,施肥时在土壤中开挖条状沟,待肥料入土后再播种,或者可以在距离果树5cm左右的地方开挖土沟再施肥。

有机肥料种类主要包括传统有机肥料和商业有机肥料。传统有机肥料主要包括人粪尿、堆肥、沤肥、厩肥、沼气肥、绿肥、作物秸秆、饼肥、泥肥和土肥等。商业有机肥料一般由农作物秸秆或畜禽粪便经腐熟、发酵、灭菌、混拌、粉碎等工艺加工而成,主要功能成分为有机物,包括氨基酸有机肥料与腐殖酸有机肥料。

资源8.3
传统有机肥料

3. 生物肥料

生物肥料又被称为生物菌肥、菌剂、接种剂,利用特定微生物菌种培养生产具有活性的微生物制剂。它是一种辅助肥料,本身并不含作物所需营养元素,而是通过菌肥中微生物的生命活动,进而改善作物的营养条件、参与养分的转化、分泌激素刺激作物根系发育、抑制有害微生物的活动来发挥其增产的效能。生物肥料在使用时,不能与化肥、农药、杀虫剂等一起合用、混用;与所使用地区的土壤、环境条件等相适宜;对温度和水分有一定要求,应避免在高温干旱条件下使用。

资源8.4
商业有机肥料

生物肥料按制品中微生物的种类可划分为单剂的微生物肥料和复合微生物肥料;按微生物肥料的功能可划分为微生物菌剂和复合微生物肥料;按其制品中特定的微生物种类可划分为细菌肥料(根瘤菌肥,固氮、解磷、解钾肥)、放线菌肥料(抗生肥料)、真菌类肥料(菌根真菌、霉菌肥料、酵母肥料)、光合细菌肥料等;按作用机制可划分为根瘤菌肥料、固氮菌肥料(自生或联合共生)、生长调节剂等。

资源8.5
微生物菌剂与复合微生物肥料

8.2.3 农田养分高效调控方法

"庄稼一枝花,全靠肥当家",农作物施肥后的养分运移转化途径主要包括四个方面:①释放的养分直接被农作物有效地吸收利用;②养分分解后,部分养分呈气体状态挥发,如石灰性土壤上的氨挥发;③降雨或灌溉后,养分随径流流失,特别是速效氮与速效钾肥;④部分养分被土壤吸附固定,呈不可供给状态。但从肥料类别来看,有机肥比化肥流失的要少,化肥中磷、钾肥比氮肥损失的要少。据土壤肥料检测部门测定,碳酸氢铵中有效氮的利用率为27%,尿素中有效氮的利用率为35%,高效复合肥的养分利用率在40%以上。

为了节本增效,需采用综合水肥管理措施,提高肥料利用率,主要调控方法如下:

(1) 改善农田基础条件,增强蓄水保肥能力。农田建设要做到大水能速排,小水能快降,遇旱有水引,有水能调肥,使施入土壤中的肥料能得到快速溶解、转化、利用,减少水肥损失。

(2) 增施有机肥料,有机肥与化肥混合施用。采用化肥与有机肥混合施用,一是改良土壤理化性状,增强土壤肥力;二是使迟效与速效肥料优势互补;三是减少化肥的挥发与流失,增强保肥性能,较快地提高供肥能力。

(3) 科学配方施肥,避免偏施单质化肥。要针对不同土壤、不同作物配方平衡施肥,既防止过量使用单质化肥产生拮抗作用,抑制其他元素的营养功能,又满足不同作物对不同大量营养元素的需要。比如,对含砂粒较高的土壤要增施钾肥,对种植油菜、棉花的农田要增施硼肥。同时,还要根据不同土质、不同作物补施相应的锌、镁、钼等微量元素。

(4) 更新施肥技术,确保施肥质量。一要施用高含量的多元复合肥,减少施用低含量的复混肥;二要施用高能有机无机复合肥;三要施用有机无机复混肥;四要配施高含量有益微生物的肥药兼用肥;五要注重肥料深施和控制合理的剂量;六要推广应用水肥一体化技术,包括滴灌水肥一体;七要施肥与其他农艺措施有机结合,提高水土资源生产效率;八要将增加土壤肥力与农业生态环境保护相结合,平衡经济效益与生态环境效益。

8.2.4 水肥一体化调控技术

随着现代农业发展,喷、微灌面积发展较快,生产中常利用喷、微灌管道灌溉系统,把肥料(或农药)按照作物需要量溶解在灌溉水中,适时、适量地满足农作物对水分、养分和农药的需要,实现水肥药同步管理和高效利用的节水农业技术。

1. 国内外水肥一体化发展情况

20世纪60年代初随着塑料工业的发展,以色列开始发展滴灌。60年代末开始应用水肥一体化技术。目前,以色列在果园、温室、大田、绿化等方面已全面应用此项技术,应用面积占灌溉面积的67.9%,居世界之首。从世界范围看,水肥一体化技术广泛应用于干旱缺水以及经济发达的国家。

1974年,我国从墨西哥引进滴灌设备,试点总面积5.3hm^2,自此开始滴灌技术的研究工作。1980年,我国自主研制生产了第一代滴灌设备。自1981年后,在引进国外先进生产工艺的基础上,规模化生产在我国逐步形成,在应用上由试验、示范到大面积推广。我国根据不同地区气候特点、水资源现状、农业种植方式及水肥耦合技术要求,主要分为四种水肥一体化技术模式。

(1) 棉花、玉米、马铃薯膜下滴灌水肥一体化技术模式。该模式是集地膜覆盖、微灌、施肥为一体的灌溉施肥模式,适用于西北、东北等水资源紧缺,且有一定灌溉条件的地区。

(2) 小麦、玉米微喷水肥一体化技术模式。该模式在灌溉时,采用管道输水和微喷带进行灌溉,适用于华北、长江中下游等水资源短缺等地区。

(3) 设施农业、果蔬滴灌水肥一体化技术模式。该模式是以机井水或地表水为水源,借助滴灌进行灌溉和施肥,适用于全国范围的设施农业。

(4) 果园滴灌、微喷灌水肥一体化技术。该模式是集微灌和施肥为一体的灌溉施肥模式，每行果树沿树行布置一条灌溉支管，借助微灌系统进行灌溉，适用于全国有水源条件的果园。

2. 水肥一体化技术的优点

水肥一体化具有节水、节肥、节药，省工、省力、省心，增产、增收、增效的优点。作物水肥药一体化调控技术实现了渠道输水向管道输水变化，由浇地向给作物供水变化，土壤施肥向作物施肥变化，农田打药向作物用药变化，分开施向水肥药耦合变化，单一技术向综合管理变化，传统农业向现代农业变化。

在实际应用中，只有当作物病虫害发生或预防时才施药，与灌水施肥不完全同步，更多的是采用水肥一体化调控技术，它是将灌溉与施肥融为一体的农业新技术，借助压力系统（或地形自然落差），将可溶性固体或液体肥料，按土壤养分含量和作物种类的需肥规律和特点，配兑成的肥液与灌溉水一起，通过可控管道系统供水、供肥，使水肥相融后，通过管道和滴头形成滴灌，均匀、定时、定量浸润作物根系发育生长区域，使主要根系土壤始终保持疏松和适宜的含水量，同时根据不同作物的需肥特点、土壤环境和养分含量状况，不同生育期需水、需肥规律进行不同生育期的需求设计，把水分养分定时定量并按比例直接提供给作物根部。

这项技术的优点是灌溉施肥的肥效快，养分利用率提高。可以避免肥料施在较干的表土层易引起的挥发损失、溶解慢，最终肥效发挥慢的问题；尤其避免了铵态和尿素态氮肥施在地表的挥发损失，既节约氮肥又有利于环境保护。研究表明，水肥一体化技术比常规施肥节省肥料40%～50%；同时，大大降低了因过量施肥而造成的水体污染。由于水肥一体化技术通过人为定量调控，满足作物在关键生育期"吃饱喝足"的需要，杜绝了任何缺素症状，因而在生产上可达到作物的产量和品质均良好的目标。

3. 水肥一体化技术的局限性

水肥一体化技术需要设备较多，前期一次性投资较大；对管理人员的要求高，需要进行专业培训；由于该技术应用时间较短，设备和专用肥料在市场上购买渠道少；长期应用水肥一体化技术，可能会造成湿润区边缘的盐分积累，并对作物造成一定程度的限根效应。

8.3 农田土壤盐分调控方法

盐渍土（saline-alkali soil）指土壤中存在较高浓度的可溶性盐分离子，对土壤的物理、化学、生物等特性和作物生长造成不利影响的各种类型土壤统称，包括盐化土壤、碱化土壤、盐土和碱土等。其中盐土和碱土统称为盐碱土。土壤盐碱化是指可溶性盐分在土壤中过量积聚，导致土壤理化特性恶化和质量下降的过程。土壤盐碱化可引起耕地退化，对土壤质量、作物生长、土地综合利用以及生态环境等方面均有负面作用。

8.3.1 盐碱土性质及类型

8.3.1.1 盐碱土性质

盐碱土中含有大量的阴离子和阳离子，其中主要阴离子为氯离子（Cl^-）、硫酸根（SO_4^{2-}）、碳酸根（CO_3^{2-}）、重碳酸根（HCO_3^-）；主要阳离子为钠（Na^+）、钾（K^+）、钙（Ca^{2+}）、镁（Mg^{2+}）。其中由阳离子与氯离子（Cl^-）、硫酸根（SO_4^{2-}）所组成的盐称为中性盐。由阳离子与碳酸根（CO_3^{2-}）、重碳酸根（HCO_3^-）所组成的盐称为碱性盐。

1. 盐土和盐化土

当土壤中的中性盐达到一定数量（一般为 2~6g/kg）时，会对大多数作物产生不同程度的危害，这类土壤称为盐化土。土壤盐化程度随着中性盐含量的增加而加重，当含盐量超过一定数量（氯化物盐类为 6g/kg，硫酸盐类为 20g/kg）后，只有极少数耐盐野生植物才能生长，这类土壤称为盐土。

盐土和盐化土的主要性质体现为：土壤中含有大量的可溶性中性盐，土壤剖面的盐分分布随土层深度的增加呈现下降趋势；土壤 pH 值为 7.5~8.5；土壤有机质含量偏低；土壤母质多为河流沉积物、洪积物和潮积物；地下水位较高、土性较冷，蒸发能力强。

2. 碱土与碱化土

土壤盐分以碱性盐为主，土壤呈强碱反应（pH 值≥8.5），且其碱化度（或称钠化率，即交换性钠离子占交换性阳离子总量的百分数）超过 5%时，称为碱化土；当碱化度超过 20%时，则称为碱土。

碱土与碱化土的主要性质体现为：易溶性盐具有明显的淋溶下移现象；pH 值≥8.5、呈强碱反应；由于土壤颗粒吸附大量的钠离子而被高度分散，致使土壤胶体及碳酸钙随水下移沉淀形成紧实土层，形成柱状结构的碱化层；在强碱条件下，土壤黏土矿物发生分解，产生白色粉末状的二氧化硅分散在土层中。

碱土的形成过程实质上是土壤胶体上交换性钠离子的饱和度逐渐增高的过程。碱化过程往往与脱盐过程相伴发生。当盐化土壤在淋溶脱盐时，钙盐和交换性钙便不断被淋洗，土壤交换性钠离子逐步取代了土壤胶体上的交换性钙、镁离子而使土壤逐渐碱化。碱土是在盐土的基础上形成的，在形成碱土以前，不论是属于中性盐（氯化物与硫酸盐）类型的盐土，还是苏打类型的盐土，在形成碱土以后，都是以出现苏打为其代表特征。

8.3.1.2 盐碱土成因

盐碱土主要包括由自然原因引起（气候、地形及地貌、成土母质、水文及水文地质条件及生物因素）的盐碱化和人类活动引起的次生盐碱化。

1. 气候因素

降雨和蒸发是影响土壤盐碱化发生的主要水循环过程。特别对于干旱地区，由于蒸发强烈，土壤和地下水盐分运移活跃，下层土壤或地下水的盐分随毛管水运移到上层土壤，水分蒸发后盐分聚集地表。

对于蒸发量与降雨量之比（蒸降比）小于 1 的湿润地区，土壤水盐以向下运移为主，通过降雨淋洗，母质和土壤中的水溶性盐分绝大部分随水流入海洋，不具备盐碱土形成的气候条件，这些地区的气候条件适宜土壤脱盐，水盐动态不断向土壤脱盐和地下水淡化的方向发展。但是滨海地区受海水浸渍，分布着一定面积的滨海盐碱土。

对于蒸降比大于1的半湿润、半干旱地区，土壤及地下水中的可溶性盐类随上升水流蒸发、浓缩，累积于地表。气候越干旱，蒸发越强烈，土壤积盐也越多。

对于蒸发量大于降雨量数倍至数十倍的干旱区及荒漠地区，土壤毛管水上升占绝对优势，土壤盐分聚集严重，盐碱土呈大面积分布。

2. 地形及地貌

盐碱化地区一般都是地形低平或低洼地带，像内流封闭盆地、半封闭出流滞缓的河谷盆地及其冲积平原、出流滞缓的泛滥平原、滨海平原、河流三角洲等。这些地区的地上、地下径流条件都较差，当含盐水出流困难和滞缓时，盐分随水分垂直向上蒸发，盐分聚集在土体表层。当灌区地下水位较高，超过临界水位时，土体积盐更强烈。

3. 成土母质

母质由岩石风化后产生一些可溶性盐，这些可溶性盐在成土过程中部分淋失，部分残留在土体中，成为原生盐土盐分的重要来源。干旱、半干旱地区，大部分盐碱土都是在第四纪沉积母质的基础上发育起来的。因受地质构造运动的影响，古老的含盐地层被隆起为山地、高原或阶地，裸露地表成为现代土壤盐分的来源。如甘肃部分灌区成土母质为黄土和红土，含盐量较高，风化释放出的可溶性盐分无法淋溶，只能随水迁移至排水不畅的低平地区；内蒙古河套平原地质构造属于河湖相沉积，土壤母质本身就含有较多钾、钠、钙、镁等盐分；新疆多数灌区周边的山区岩石和成土母质也含有可溶性盐分。

4. 水文及水文地质条件

地表径流影响土壤盐碱化有两种方式：①通过河水泛滥或引水灌溉，致使水体中的水溶性盐分残留在土壤中；②河水通过渗漏补给地下水，抬高河渠两侧的地下水位，增加地下水的矿化度，引发土壤次生盐碱化。地表径流对土壤盐碱化的影响，主要取决于河水含盐量的大小。

浅层地下径流是影响土壤现代盐分运动非常活跃的因素，它是土体中盐分运转的基本动力，对于土壤盐分的累积及组成，都具有十分重要的作用。在封闭地形区域，地下水和土壤的化学成分，具有明显的分异性，地下水和土壤的含盐量由补给区向容泄区逐渐增长。一般是溶解度小的重碳酸钙和重碳酸镁先析出，然后是硫酸钙和碳酸镁、硫酸钠，而溶解度大的氯化钠、氯化钙、氯化镁，则富聚于容泄区的末端。

5. 生物因素

盐生植物通过强大的根系从底层吸收盐分，因而体内含有较高的盐分。其死亡后残留有较多盐分，并以残落物的形式返回地面，植物遗体被分解而形成的钙盐和钠盐。经雨水淋洗，钙盐在一定深度即沉淀固定，而钠盐仍以游离状态存在于土壤溶液中，因而钠盐的浓度相对增大，土壤因钠盐积聚过多而发生盐碱化。盐生植物可以反映一个地区的含盐状况，故常常把它作为盐碱土的指示植物。常见的盐土指示植物如海蓬子、羊角菜、骆驼刺、盐穗木、盐爪爪、琵琶柴等植物，生长环境的pH值为7~8。常见的碱土指示植物如碱蓬、碱灰菜等，土壤pH值为8.5~10。

6. 人类活动

人类不合理利用土地、耕作粗放、管理不善、过度或不当施肥、森林砍伐、过度放牧，都会破坏土壤团粒结构，促进地面蒸发，引起盐分向表层积累增多，引发土壤的盐碱化，导致盐碱土壤的肥力和生产力较低。此外，洪涝灾害，不合理灌溉，水利工程（如水库、渠道等）渗漏抬高了附近的地下水位造成盐碱化现象的发生。如甘肃景电、靖会等高扬程灌区及沿黄自流灌区建设初期主要考虑灌溉功能，只建了骨干排水沟，而支、斗、农沟配套率较低，排水系统不配套，灌区出现土壤盐碱化现象。

8.3.1.3 盐碱土类型与分级

1. 盐土类型

盐土分类方法主要有两种方式，一是按照成土机制分类，二是按照土壤所含盐分的数量和离子组成进行分类。

（1）根据形成机制划分。根据不同的形成条件可以分为滨海盐土、草甸盐土、沼泽盐土、洪积盐土、残余盐土、碱化盐土六个亚类。

（2）根据盐分组成划分。由于各种易溶性盐对作物的危害程度不同，因此也常根据盐分组成，即易溶性盐中的主要阴离子的相对含量[Cl^-含量（mmol/100g土）与易溶性盐含量（mmol/100g土）之比值]或阳离子的相对含量[$Na^+ + K^+$含量（mmol/100g土）与$Ca^{2+} + Mg^{2+}$含量（mmol/100g土）或Mg^{2+}含量（mmol/100g土）或Ca^{2+}含量（mmol/100g土）之比值]来进行划分。

2. 盐化土壤分级

通常利用根区1m内土壤盐分含量，划分土壤盐化等级。但由于盐分对作物和土壤的危害与气象和耕作密切相关，因此各地区制定了不同标准划分盐化土壤等级，也可参照表8.9进行分级。

表8.9　　　　　　　　　盐化土壤分级

盐化程度	非盐化土	轻度盐化土	中度盐化土	重度盐化土	盐土
含盐量/(g/kg)	<2.0	2.0~5.0	5.0~7.0	7.0~10.0	>10.0
作物状况	正常生长	作物幼苗受危害	能生长耐盐作物	作物生长不良	作物生长差或不生长

3. 碱土类型

根据形成条件划分碱土，分为草甸碱土、草甸草原碱土和草原碱土。按盐分组成分为草甸苏打碱土、草甸氯化物硫酸盐碱土、草甸混合盐（苏打、氯化物、硫酸盐）碱土等。

4. 碱土分级

通常根据代换性钠的含量占阳离子代换量的百分数（碱化度）对土壤碱化程度进行分级。同样可以根据当地制定标准进行分级，也可参考表8.10进行分级。

表8.10　　　　　　　　　碱化土分级

碱化程度	非碱化土	轻度碱化土	中度碱化土	强度碱化土	碱土
碱化度/%	<5	5~10	10~15	15~20	>20

5. 盐碱化土壤类型

苏打盐碱化土壤：苏打盐碱化是在高地下水位和低矿化度（1~2g/L）的草甸植被条件下形成的。苏打盐碱化土壤含盐量不甚高，但是以碳酸氢钠和碳酸钠为主，呈强碱性，土壤有机质较多，并且被苏打所溶解分散而使土壤染成黑色，故有"黑油碱"之称。

硫酸盐盐碱化土壤：土壤中开始积累大量硫酸盐的过程称为硫酸盐盐碱化过程。一般当地下水矿化度较高，进入硫酸盐阶段时，在温暖季节，在大气水量少而蒸发强烈的情况下，硫酸钠便在土壤表面聚积。在宁夏和新疆的温暖干旱地区，硫酸盐就容易相对累积而造成土壤的硫酸盐盐渍化。

氯化物盐碱化土壤：盐渍土中 Cl^- 占阴离子总量的 25% 以上时称为氯化物盐碱化。它一般形成于气候干旱、地形低洼封闭，或受海洋沉积母质或海潮的影响，地下水位高、矿化度大的地区。氯化物盐土盐分含量很高，以 NaCl 为主，地表易形成 NaCl 的灰色硬盐壳或盐结皮，称为结皮盐土。如以 $MgCl_2$ 或 $CaCl_2$ 为主，由于它们具有吸湿性，则称为潮湿盐土。

硝酸盐盐碱化土壤：一般情况下较少出现，主要见之于特殊干旱地区的湖沼地带，由于湖沼的干涸，有机质腐解而产生大量的硝酸盐，又因气候特殊干旱，使溶解度很大的硝酸盐也不被淋溶而呈现出硝酸盐盐碱化，硝酸盐常伴随着其他盐类出现，故很少有单独的硝酸盐盐碱化。

8.3.1.4 我国盐碱土分布特点与分区

1. 我国盐碱土的分布特点

（1）分布广。我国盐碱土分布非常广泛，几乎遍及所有的气候带。从东北平原的苏打盐碱土到青藏高原的湖积沼泽盐土，从西北内陆的干旱盐土到东南沿海热带、亚热带的滨海盐土和酸性盐渍土（咸酸田），甚至在我国西南地区也发现有零星盐渍土的分布。但从全国大范围来看，盐碱土主要集中在我国北方干旱、半干旱和半湿润地区。

（2）面积大。我国盐碱土总面积大致为 5.5 亿亩，其中盐碱化耕地近 1 亿亩。其面积约占全国土地面积的 10%，分布在 23 个省（自治区、直辖市），对我国北方干旱、半干旱地区农业生产影响巨大。

（3）类型多。盐碱土的形成条件十分复杂，其类型也多种多样，世界上干旱与半干旱地区的盐碱土类型在我国几乎都有存在。

2. 我国盐碱土的分区

根据盐碱土的类型及其所在地区的水文地质、地形、母质和气候特点可分为以下几个区域：

（1）滨海盐碱土区。滨海盐碱土区主要指目前仍受海潮直接或间接影响的地区，地形平坦，海拔低，主要为河、湖、海相沉积物。海水以淹没土地，溯河流倒灌，渗漏补给地下水等方式影响土壤。地下水埋深较浅（0.5~1.5m），矿化度高（21~35g/L），水的化学组成以氯化钠为主。

（2）华北盐碱土区。主要河流多为地上河，河流的化学径流带来大量的水和盐分。河水侧渗补给地下水，所以高地下水位引起土壤积盐，又经常发生涝灾，常常"涝碱相随"，涝后积盐。年蒸发量大于降水量数倍，形成了积盐条件，并且季节性积盐和脱盐交替进行。土壤的盐分含量（1m 土层）为 3～6g/kg，高的可达 20g/kg，并且多聚集在表层，大多属于氯化物-硫酸盐盐土或硫酸盐-氯化物盐土。

(3) 西北半干旱盐碱土区。西北半干旱盐渍土区包括宁夏及内蒙古河套地区，气候较为干旱，蒸发量大于降水量达十余倍，属半干旱大陆性气候。本区盐碱土多发育在黄河两岸的冲积物上，地形低洼，排水不畅，地下水埋深浅（1～2m），矿化度 2～10g/L，高的达 25g/L，形成大面积的盐碱土。盐分组成以氯化物和硫酸盐较多，其次是重碳酸盐，并且多聚集在地表。盐碱土类型多属氯化物-硫酸盐盐土或硫酸盐-氯化物盐土。

(4) 西北干旱盐碱土区。西北干旱盐碱土区包括新疆、青海、甘肃的河西走廊和内蒙古的西部地区，为我国盐碱土分布最广、面积最大、种类最多的地区。本区的盐碱土类型十分复杂，残余盐土中有龟裂状和硝酸盐的残余盐土，有氯化物盐土、硫酸盐-氯化物盐土、苏打氯化物盐土、氯化物-硫酸盐盐土，也有苏打、硝酸盐、硫酸盐、氯化物混合型盐土。

(5) 东北盐碱土区。东北盐碱土区主要包括松嫩平原、辽河平原、三江平原和呼伦贝尔草原，其中以松嫩平原盐碱土分布最为集中。本区域地下水埋深浅（0.5～2.5m），矿化度低（0.4～1.0g/L），地下水类型属于重碳酸盐或苏打、硫酸盐、氯化物的混合型。土壤的含盐量不高，在 2～10g/kg。盐碱土主要属于草甸盐土、草甸碱土和碱化草甸土。

8.3.2 盐碱对作物的危害

8.3.2.1 盐害

盐害是由于存在过量的可溶性盐类引起的。不同的盐类对作物产生毒害的程度不同（图 8.2），几种常见的可溶性盐类对作物危害的次序是：碳酸钠＞氯化镁＞碳酸氢钠＞氯化钠＞氯化钙＞硫酸镁＞硫酸钠。在可溶性钠盐中，碳酸钠对作物的危害最大，硫酸钠的危害最小。若以硫酸钠作标准，它们对作物危害程度的比例是，碳酸钠：碳酸氢钠：氯化钠：硫酸钠＝10：3：3：1。

盐分过多对作物有如下的影响：

(1) 盐胁迫会引起作物叶片的气孔关闭。作物叶片的气孔关闭，造成气孔导度减小、蒸腾速率及细胞间 CO_2 浓度下降、PSⅡ反应中心活性减弱，导致作物受到光抑制，造成净光合速率降低。

(2) 影响光合作用。光合作用所需要的水分主要来源于土壤，而由于土壤溶质势和基质势改变，降低了根系吸收和传导水分和养分的速率。另外，盐胁迫使叶绿体中类囊体薄膜成分与微结构发生变化，饱和脂肪酸的含量增加，破坏了膜的光合特性。

(3) 破坏作物细胞的离子均衡。正常作物细胞中的各种离子（Na^+、K^+、Cl^-、Ca^{2+} 等）均处于平衡状态。当作物根系生长在高盐环境中时，Na^+、Cl^- 会大量涌入细胞，破坏细胞原有的跨膜电化学梯度，严重影响物质跨膜运输，进而影响细胞正常生理代谢功能；此外，破坏作物细胞内的生物大分子结构和活性，最终造成作物生理

8.3 农田土壤盐分调控方法

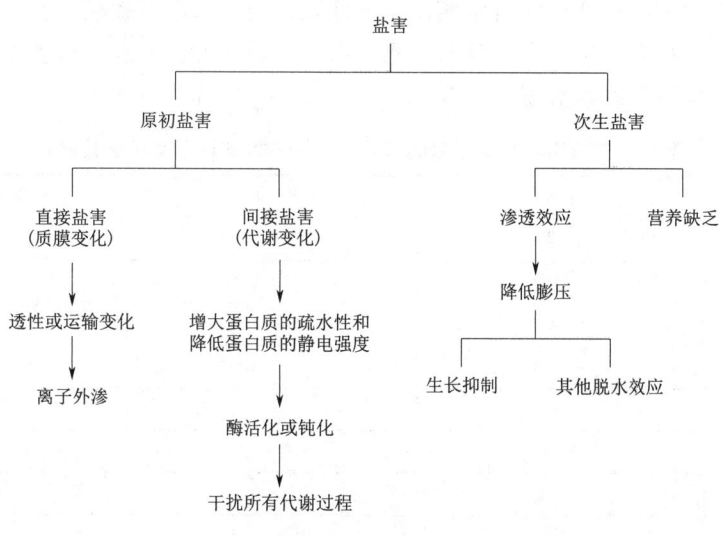

图 8.2 盐分胁迫对作物的危害

代谢紊乱。

（4）影响作物根系吸水。土壤中过量的可溶性盐使土壤溶液渗透压升高，降低土壤水分有效性，作物根系吸水困难，造成生理干旱，影响作物的蒸腾及生长过程。

（5）影响作物吸收养分。土壤溶液中某种离子的浓度过高，将影响作物对其他离子的正常吸收，导致作物的营养紊乱。例如，过量的钠离子会阻碍作物对钙、镁、钾的吸收；高浓度的钾离子会阻碍作物对铁和镁的吸收，结果引起作物缺铁和缺镁的"失绿症"。

（6）某些离子对作物的直接毒害作用。某些离子的浓度过高时，毒害作物的生长过程。氯离子在叶中的过多积累使某些作物的叶子产生"灼伤"、干枯甚至死亡。

（7）影响土壤对作物养分的供应。抑制土壤微生物的活动，影响土壤养分的有效转化，影响土壤对作物的养分供应。盐分过多可改变土壤微生物原生质的性质，当钠盐进入微生物细胞后，与蛋白质作用生成钠蛋白，使原生质的活动不正常。当土壤中氯化钠或硫酸钠含量达到 0.2% 时，氨化作用大为降低；达到 1.0% 时，氨化作用几乎完全被抑制；硝化细菌比氨化细菌受盐类的危害更敏感。

作物耐盐性一般用耐盐度表示，通常以作物停止生长或坏死，边缘灼伤，继之失去膨压、落叶和最后植株死亡，作为作物生存极限盐度指标。不同作物的耐盐度相差较大，如对有一定耐盐性的作物甜菜种子的萌发，0.5% NaCl 即可产生抑制作用，而盐生作物种子在 10 倍于这种浓度的 NaCl 中也可以萌发。一般非盐生作物生长的极限盐度约为 0.3%，而一些盐生作物可以生长在含有 20% NaCl 的土壤中。在一般的作物中，豆类作物（如豌豆、菜豆）的生存极限盐度较低，禾本科草本作物（如黑麦、燕麦、小麦、大麦等）中等，一些牧草和经济作物（如苏丹草、苜蓿、向日葵、甜菜和饲用甜菜）较高。

作物耐盐度与其发育阶段也有一定关系。同一作物不同发育阶段其耐盐度不同。番茄和棉花苗期的耐盐度都比较小，孕蕾期耐盐度增大，到开花期则又降低。水稻也会随发育过程而失去对盐分的敏感性，在孕穗期以后对盐即不敏感。但大麦幼苗阶段较之萌发过程对盐要敏感得多。我国河北、山东、内蒙古、宁夏、新疆盐渍土地区各作物及其不同生育期的耐盐度见表8.11。

表8.11　不同作物苗期和生育盛期的耐盐度（0～20cm 耕层土壤含盐量）

耐盐性	作物种类	苗期/(g/kg)	生育盛期/(g/kg)
强	甜菜	5.0～6.0	6.0～8.0
	向日葵	4.0～5.0	5.0～6.0
	蓖麻	3.5～4.0	4.5～6.0
较强	高粱、苜蓿	3.0～4.0	4.0～5.5
	棉花	2.5～3.5	4.0～5.0
	黑豆	3.0～4.0	3.5～4.5
中等	冬小麦	2.2～3.0	3.0～4.0
	玉米	2.0～2.5	2.5～3.5
	谷子	1.5～2.0	2.0～2.5
弱	绿豆	1.5～1.8	1.8～2.3
	大豆	1.8	1.8～2.5
	马铃薯、花生	1.0～1.5	1.5～2.0

8.3.2.2　碱害

碱害是由于土壤胶体吸附大量代换性钠离子，土壤中游离的强碱性物质危害作物生长。

(1) 降低土壤养分的有效性。土壤中的碱性盐水解时，使磷酸盐及铁、锌、锰等植物营养元素形成溶解性很低的化合物，降低了养分有效性，使幼苗产生发紫（缺磷）叶黄（缺铁）等症状。

(2) 恶化土壤物理和生物学性状。钠盐的分散能力较强，破坏了土壤团粒结构，土粒高度分散，通透性差，耕性不良，影响作物出苗生长和微生物活动。

(3) 影响光合作用。Fe^{2+} 等是叶绿素形成的主要元素之一，碱性环境下土壤中铁离子主要以 Fe^{3+} 存在，影响叶绿素形成数量和速度。

(4) 影响作物生理活动。强碱性盐（如碳酸钠等）破坏了土壤中的酶活性，影响作物新陈代谢，特别是对幼嫩作物的芽和根有很强的腐蚀作用。

8.3.2.3　作物抗盐性

作物在适应土壤盐环境过程中产生了不同程度的抗盐能力。根据其适应方式可分为以下类型：

(1) 排盐型作物。某些作物由根部吸收的盐分经过叶面蒸腾或经过一定的分泌腺排出体外。这类作物往往具有较高的抗盐能力，如柽柳、红柳等。

(2) 积盐型作物。某些作物能将吸收的盐分积聚于体内某一部位，并借助体内产生亲水胶体来防止盐害，同时又利用由于盐类的积聚而产生的高渗透压吸收水分。这类作物的抗盐力比排盐型作物弱，包括甜菜、菠菜等。野生植物中大多数的藜科植物属于此类,一般称为肉质嗜盐植物。

(3)拒盐型作物。这类作物一般多具有旱生构造,它们借助旱生构造来减少蒸发,因而也减少对含盐土壤溶液的吸收,以增加对盐碱的抵抗能力。它们的抗盐力较前两类差。此类作物有糜子、谷子、高粱、棉花等,一般称为旱生抗盐作物。

8.3.3 农田土壤盐分调控

8.3.3.1 农田土壤盐分调控原则

由于土壤盐碱化受到气候、地形、土壤、作物和耕作等众多因素的影响,同时盐碱化土地利用需综合考虑水土资源匹配情况与生态环境保护要求。因此,农田土壤盐分调控必须根据具体情况,坚持统一规划、因地制宜、综合治理的原则;合理选择改良及利用方式,坚持改良与利用相结合的原则;坚持水利工程措施与农业生物措施相结合的原则;坚持盐碱土开发利用与培肥并举的原则;坚持农田土壤盐分调控与生态环境保护相协调原则;坚持物理、化学、生物技术有机结合与绿色改良的原则。

8.3.3.2 农田土壤盐分调控措施

随着科技发展,农田土壤盐分调控理论也得到大力发展,发展了多种形式盐分调控技术,概括起来主要有水利调控措施、化学调控措施、生物调控措施和农艺调控措施。

1. 水利调控措施

水利调控措施是依据水盐运移的原理,利用淋洗的方式降低土壤含盐量。其直接作用是将根区土壤盐分排出,但间接改善了土壤物理性状和作物生长环境。水利调控措施可利用排水系统将盐分排出农田,或通过灌溉将盐分淋洗到根区以下。传统水利调控措施就是利用淡水淋洗盐分,再经过排水措施把盐分排出土体,并降低地下水位,减少盐分在土壤表层累积,以达到改良盐碱地的目的,这是目前盐碱地改良中最有效的措施。通常利用明沟排水、暗管排水和竖井排水方式,排除土壤盐分。田间明沟排水间距通常为100~200m,沟深为2.5~3m,控制地下水位在2m以下,则盐分不会对土壤及作物产生明显影响。

由于农田排水排盐模式需要大水进行淋洗,同时农田排水对下游造成水体污染。近年来,发展农田控制性排水技术和排水再利用技术,将充分利用当地水资源与盐分调控有机结合。为了减少淡水淋洗盐分所引发负面影响,根据作物生长与盐分协同共存的思路,发展利用膜下滴灌技术,在生育期将盐分淋洗到根区以下,保持根区盐分低于作物耐盐度。这种技术在新疆等地大面积推广应用,并结合干播湿出和头水压盐模式,取得了显著成效。当然一些地区也采用冬春灌与生育期淋洗相结合方式,进行土壤盐分调控。此外,将灌溉水分别采取磁化、去电子等方式进行处理,提升了灌溉水淋洗盐分的效能,提升淋洗效率15%~30%,并改善土壤质量,提高作物耐盐能力。

2. 化学调控措施

化学改良措施可降低Na^+危害、控制和降低土壤pH值、促进土壤团粒结构的形成、耕层土壤微结构中大粒级颗粒比重增大、毛管孔隙数量增多,使土壤的供水能力增强。根据盐碱化土壤类型及其调控目标,化学调控措施也可以分成几种情况:①利用钙镁等离子,置换钠离子,以便将钠离子淋洗出根区;②调节土壤酸碱性;③通过改良土壤结构，控制土面蒸发，间接抑制根区盐分累积。

盐碱土尤其是碱土中 Na^+ 被土壤胶体吸附后，会导致胶体相互排斥和颗粒分散，土壤表现出湿时黏、干时硬、通气透水和适耕性能差等物理特征，土壤碱化严重。常见的化学改良剂包括石膏、氯化钙、硫酸钙、硫酸铝、硫酸以及硫等，这些改良剂对以 Na^+ 为主的碱土具有良好改良作用。此外，这些改良剂中富含的 Ca^{2+}、Mg^{2+} 等二价阳离子可代换多余的交换性 Na^+，减少其吸附性，改善土壤结构，增强土壤渗透性，反应式如下：

$$\text{胶粒}\begin{matrix}-Na^+\\-Na^+\end{matrix}+Ca(OH)_2 \rightleftharpoons \text{胶粒}-Ca^{2+}+Na_2SO_4(\text{淋洗排出}) \tag{8.7}$$

石膏改良碱土的施用量可根据碱土的钠碱化度（ESP，交换性钠离子占阳离子交换量的百分率）进行计算，即所用石膏等化合物的剂量必须相当于要排走的交换性钠的量。一般认为 ESP 的临界指标为 10，即认为 $ESP \leqslant 10$ 的土体不发生明显不良作用、不影响作物生长，因此石膏用量 R 可按下式计算：

$$R=[(ESP_\text{初}-ESP_\text{末})/100]\times CEC \tag{8.8}$$

【例 8.3】 西北灌区某盐碱农田耕作层 $0 \sim 20\text{cm}$（容重 1.3g/cm^3）土体的初始 ESP 为 35，阳离子交换量（CEC，中性条件下每千克干土所能吸附的全部交换性阳离子的厘摩尔数）为 25cmol/kg，若采用生石膏（$CaSO_4 \cdot 2H_2O$）改良该盐碱农田的耕作层土壤，计算每公顷土壤需要的石膏用量。

【解】 根据式（8.7）可知：

$$R=[(35-10)/100]\times 25=6.25(\text{cmol/kg})$$

农田耕作层土层厚度为 20cm，容重为 1.3g/cm^3，每公顷耕作层需用石膏用量为

$$0.2\times 10000\times 1.3\times 6.25\times 172/2/1000=27950(\text{kg})$$

施用酸性肥料如硫酸铵、氯化铵、硫酸钾等，由于作物对铵、钾离子的优先吸收，引起土体酸根过剩，从而起到中和土体碱性的目的。

施加一定数量具有巨大表面积复杂分子结构的化学物质，如有机碳、腐殖酸、PAM 等化合物，既具有吸附和固定 Na^+ 功效，又有利于促进团粒结构的形成，降低土壤容重。

不同性质的化学改良剂，对盐碱土改良效果不同，其中石膏对碱土的改良效果优于有机肥，有机肥对盐土的改良效果优于石膏。虽然化学改良剂改善了土壤结构，但须配合一些水利措施，以排出多余可溶性的 Na^+，以减少 Na^+ 对土壤的不利影响，达到改良的效果。常见化学改良剂的施用模式见表 8.12。

表 8.12　　常见化学改良剂的施用模式

化学改良剂	施用时间	施用方式	适宜施量/(kg/hm²)
石膏	播前	干施	4200～4500
硫黄	播前	干施	500～800
硫酸亚铁	播前	干施	750～1125
腐殖酸	播前	混施	30～150

3. 生物调控措施

生物调控措施实质是利用生物技术，提高土壤供养能力和生物耐盐性，降低盐分对作物危害，主要包括生物技术和微生物技术。生物技术是种植耐盐碱的植物或作物，通过植物本身携带一部分盐分离开土体，降低土壤盐分含量。生物改良通过引种、筛选和种植耐盐作物来改善土壤物理、化学性质和农田小气候，从而达到减少土壤水分的蒸发和抑制土壤返盐目的。有些作物具有较大的生物量和良好的耐盐性能，地上部分收获可移走大量盐分。如种植碱蓬后，深层土壤 Na^+ 每年每亩土地可减少 128kg；有些作物可通过其发达的根系改善土壤结构和增强土壤渗透性，以促进水分的入渗和盐分淋洗；有些深根作物可通过水分吸收使地下水位降低，缓解部分土壤积盐。

通过生物改良措施增加土壤表层覆盖度，调节农田小气候，从而减少水分蒸发和抑制盐分积累，同时作物根系的生长改善土壤结构，提高盐分淋洗效果，地上部分生物量返回土壤后又能增加有机质，改善土壤结构和提高土壤肥力。但是生物改良也有其局限性，每种作物具有自己的耐盐范围，因此在耐盐作物引进和种植的过程中，必须配合其他改良措施和肥料管理，为修复作物生长创造适宜的土壤水盐条件。

通过施加抗盐性微生物菌剂，降低根际盐分的危害，相对提高作物耐盐能力，改善土壤结构，提高土壤供养能力，实现根际盐分有效调控。近年来，这一技术得到大力发展，取得良好效果，也是盐碱地改良的未来发展方向。

4. 农艺调控措施

农艺调控措施是盐碱胁迫农田土壤改良最为复杂、类型最多、目标各异，且可因地制宜的改良方法，主要包括地面覆盖（地膜覆盖和秸秆覆盖，见表 8.13）、农田中耕、重构土壤层次构型、秸秆还田、土壤掺沙、作物轮作与混作、土地休闲、配施有机肥和无机肥等措施。其中地面覆盖、农田中耕和重构土壤层次构型措施本质在于降低土面蒸发和潜水蒸发，控制盐分向根区累积；秸秆还田（约 50% 生物量）和土壤掺沙本质在于改善土壤质地与结构，提高土壤透水透气能力；作物轮作和混作与土地休闲措施的目的在于增加土壤有机质含量，提高土壤肥力，促进作物生长；配施有机肥和无机肥目的在于，一方面提高土壤有机质含量，改善土壤结构；另一方面满足作物对养分需求，既有长期效应，又满足当季作物生长需求。

表 8.13　　　　　　　　　　地面覆盖措施效果分析

覆膜措施	春播作物	夏播作物	节水抑盐效果	生态环境效应	使用方式及用量
地膜覆盖	首选	次选	首选	次选	条带式
秸秆覆盖	次选	首选	次选	首选	$2\sim7t/hm^2$

盐碱地改良应根据盐碱地分布区气候、地形和土壤等条件，合理选择改良措施，并且各项措施应相互配合使用以达到综合改良盐碱地，促进土壤水盐动态的良性循环。而各项措施均需要灌排工程措施的配合才能达到改良盐碱地的目的，充足的淡水是以上改良措施的重要保证。但在盐碱土分布区淡水资源严重匮乏限制了以上措施的实施，而盐渍区丰富的浅层地下咸水和劣质水的开发和利用逐渐被人们所重视。

8.4 土壤微生物调控方法

土壤微生物是土壤中一切肉眼看不见或看不清楚的微小生物的总称，包括细菌、古菌、真菌、病毒、微藻和原生动物等。其个体微小，一般以微米或纳米来计算，通常 1g 土壤中有几亿到几百亿个，其种类和数量随成土环境及其土层深度的不同而变化。

土壤微生物在土壤中参与氧化、硝化、氨化、固氮、硫化等过程，促进土壤有机质的分解和养分的转化，如图 8.3 所示。土壤养分元素的形态转化几乎完全依赖于土壤微生物组。

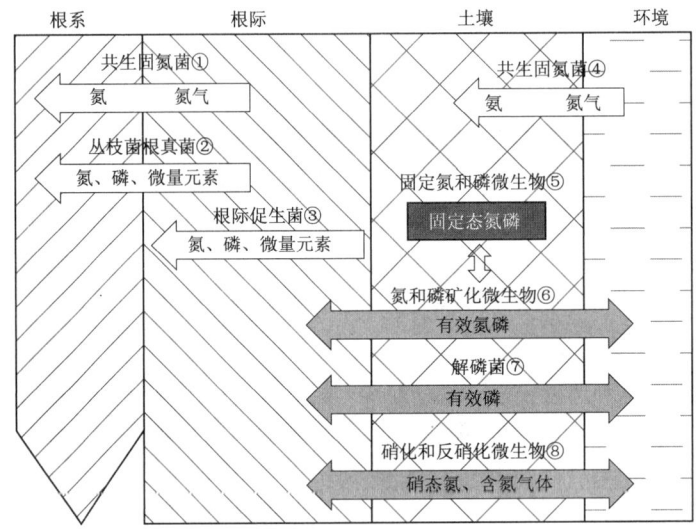

图 8.3 土壤微生物参与土壤养分转化过程

土壤细菌是土壤微生物的主要组成成分，能分解各种有机物质，并且施加有机肥对细菌的增加效果明显大于其他施肥方式，由于有机肥中含有大量的碳水化合物和 N、P、K 等矿质营养，为细菌的生长提供了丰富的碳源和氮源，并可提高土壤通气性，比化肥更能激发细菌的生长和繁育，从而极大地增加了细菌的数量。

真菌是常见的土壤微生物之一，从数量上看，它们明显低于其他种类微生物，但从生物量上看，却占有极其重要的地位。研究结果表明，过量的氮配施磷钾肥明显地降低了土壤真菌数量。长期施用氮磷肥、磷钾肥和氮磷钾配施过量有机肥这三种处理对真菌增加效果比较显著。

放线菌是细菌的一类，在数量方面仅次于细菌，它们对土壤中的有机化合物的分解及土壤腐殖质合成起着重要作用。单施氮肥及氮磷钾配合轮作方式降低了土壤中放线菌的数量，除此以外，其余各施肥方式均可提高放线菌的数量，其中氮磷钾配施过量有机肥对放线菌的增加效果尤为明显。有研究表明，施用氮肥能促进放线菌的快速生长。

8.4 土壤微生物调控方法

自生固氮菌是土壤中执行特殊生理功能的土壤微生物,因具有固定大气中分子态氮的能力,故在土壤氮素循环中起着重要作用,固氮菌数量的多少影响土壤中氮素养分的含量。研究结果表明,大部分施肥方式均可增加土壤中固氮菌的数量,其中以氮磷钾配施有机肥对固氮菌的增加效果显著,从配施比例来看,有机肥比例越大,固氮菌数量越高,而氮磷钾配施作物秸秆对固氮菌的增加效果远远低于氮磷钾配施有机肥处理。氮磷钾配合小麦-玉米-小麦-大豆两年四熟轮作的种植方式,抑制了土壤中固氮菌的生长。

因此,揭秘土壤微生物组,发展土壤-微生物系统及其功能调控技术,探索现代农业管理方式对土壤微生物系统的影响及其反馈机制,已经成为我国"藏粮于地、藏粮于技"战略的重大理论和实践问题。微生物是土壤生态系统中最重要和活跃的部分,在促进土壤养分循环、维持系统稳定性以及可持续利用中占主导地位。健康的土壤微生物群落可表征土壤生产能力和抑制土传病害等特征。以作物根际为核心,作物-土壤-微生物及其他环境条件相互作用构成了根际微生态环境。

有机改良土壤、作物轮作、施加益生菌等措施增加了微生物群落多样性和空间异质性,增加了参与虫害和土壤病害抑制以及养分循环的微生物类群丰度。作物轮作、豆类间作和有机输入可以提高农业土壤中的微生物多样性。有机体系的土壤微生物生物量(碳、氮、总磷脂脂肪酸)和酶(脱氢酶、脲酶、蛋白酶)活性提高32%~84%。除了这些管理措施,生物控制剂和益生菌的应用也可能增加土壤中的微生物多样性,提高作物抗逆性。

通过添加微生物益生菌、有机改性剂和/或生物炭等全元生物有机肥调节土壤环境功能(图8.4),进一步提高土壤微生物多样性、养分循环以及地上和地下作物的性能。全元生物有机肥是指集有机肥、化肥、氨基酸肥和功能微生物为一体的新型生物有机肥料,"全元"即多元素耦合协同供应,保证作物生长良好所需的营养。与化肥相比,全元生物有机肥的营养元素更为齐全,长期使用可有效改良土壤,调控土壤及根际微生态平衡,提高作物抗病虫能力,改善产品质量。与农家肥相比,全元生物有机肥的优势在于,生物有机肥中的功能菌对提高土壤肥力、促进作物生长具有特定

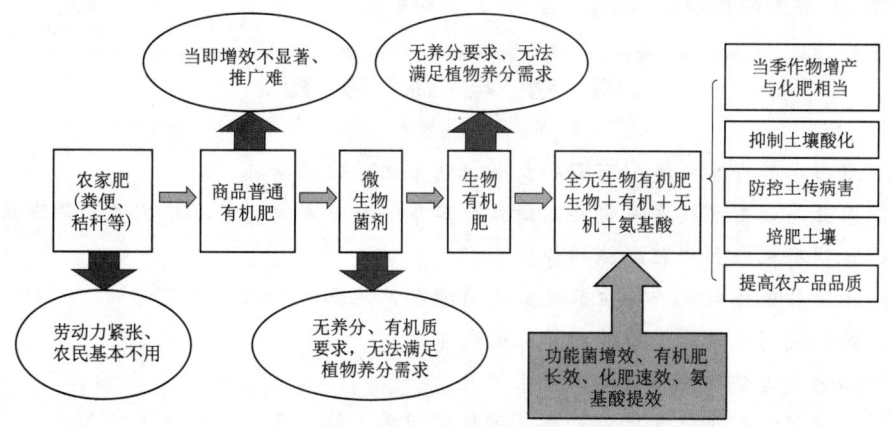

图 8.4 全元生物有机肥作用及功效

功效，而农家肥属自然发酵生成，不具备优势功能菌的特效。与单纯菌肥相比，全元生物有机肥包含功能菌和有机质，有机质除了能改良土壤，其本身就是功能菌生活的环境，施入土壤后功能菌容易定殖并发挥作用；而单纯菌肥只含有功能菌，且其中的功能菌可能不适合有的土壤环境，如果土壤有机质缺乏可能无法存活或发挥应有作用。

8.5 根际微环境调控方法

根土界面是土壤-作物-大气系统的重要组成部分，是物质和能量传输过程的主要环节。作物根系既是水分和养分吸收的主要器官，又是多种激素、有机酸和氨基酸合成的重要场所，其形态和生理对地上部分的生长发育、产量和品质形成均有重要作用。

根系作为作物吸收养分的主要器官，将地上和地下连为一体；根际则是控制作物-土壤系统物质、能量流动和信息交换的枢纽；菌丝际及其他微生物极大地拓展了作物吸收利用土壤养分的范围与功能。在作物-根系-根际-菌丝际-土体及其微生物系统中，作物将光合产物输送到地下，驱动了地下多样化生命过程的运转。

资源8.6
土壤根际生
命共同体

（1）以水分和养分调节为手段的调控方法。根区土壤水分和养分状况直接影响根系分布、根系吸水吸肥速率及有效含水量。通过灌溉施肥和农艺措施等人为控制根区水分和养分分布，以调节根系生长与空间分布，为根系生长营造良好条件。

（2）以微生物调节为手段的调控方法。根际微生物直接影响根系的生长和分布，微生物聚集在根系周围，帮助作物增强难溶性矿物质的生物利用度，从而增加根系对矿物质的吸收，为作物提供有效的养分。微生物能产生植物激素、挥发性化合物等物质促进作物生长，植物根际促生菌产生的挥发性化合物可以促进根毛发育并提高根际中磷酸盐的利用率，在作物生长过程中，微生物通过代谢植物分泌物中的色氨酸和其他小分子产生植物激素（包括生长素、赤霉素和细胞分裂素等）来调控作物初生根和侧根的生长。因此，根际生物学过程不仅决定了作物的养分利用效率，也调控根际微生物活性，在作物根际生长的微生物群落通过激素调控、固氮、溶磷以及释放挥发性化合物等机制来调控根系构型。

思 考 与 练 习 题

1. 农田水旱灾害的类型有哪些？并说明常用的防控措施。
2. 农业高效用水技术有哪些？请结合其中一种技术简述其在中国的应用现状。
3. 说明有机肥和化肥配施的优势。
4. 土壤盐碱化对农作物生长的危害有哪些？应如何合理调控？
5. 举例说明几种典型作物对养分的需求。
6. 如何通过合理施肥提高土地生产能力？
7. 采取何种农业技术措施可有效调控农田水、热、气、养分状况？
8. 试举例说明一种典型作物生境科学调控模式。

第 9 章　作物生长模型基本原理

作物生长及其生境模拟模型（crop growth and environment simulating model）简称作物生长模型，是指基于作物遗传、生境调控技术和环境效应之间关系，将大气-作物-土壤系统作为一个整体进行描述，定量表征作物生长、发育和产品形成过程及其与环境的互作关系，可用于模拟分析不同情景下作物生长发育过程和优化作物生境管理模式的数学模型。分析作物生长发育及其与环境因素间的动态关系，有助于实时调控作物的生长发育进程、器官建成、生物量积累以及土壤水肥高效利用措施，实现目标为导向的作物生长过程和环境要素智能管理。世界各国已开发了多种类型的作物生长模型，本章着重介绍模型构建思路与框架，以及关键过程简单表达方法。

9.1　作物生长模型的特点

作物生长及其生境模拟模型是对气候、土壤、作物及其管理措施的作用过程及效果的定量表达，综合了作物生理生态、气象、土壤和农学等学科知识和研究成果，对作物生长发育和产量形成过程进行定量化描述，建立作物生长发育及其环境间动态关系的数学模型，并应用现代数学方法与计算机模拟技术，表达作物生产系统运行状态和结果，可在全球范围内预测作物生长发育及其对环境的反应。

9.1.1　作物生长模型的基本理论

1. 作物生长模型的建模思路

作物生长及其生境模拟模型的建模思路是假设在作物生育期，作物生产系统的关键过程都能进行定量表达，包括主要的物理、化学和生理机制，可对一系列的主要过程（如光合、呼吸、蒸腾、生长等）进行定量计算，并可获得整个生育期的干物质或可收获的作物产量及其环境要素变化过程。同时，假设分析单元内同一种作物的植株分布均匀，具有相同的生长发育进程。如果田间土壤和种植结构不同，可以划分若干单元，分别进行模拟分析，汇集为整个研究区域的作物生长特征，图 9.1 显示了研究单元典型作物生长模型包含的关键过程。

2. 作物生长过程分析基本特点

由于作物生长发育受太阳辐射、温度和根区土壤水分和养分等因子的影响，大多数作物生长模型以逐日气象数据驱动模型运行，时间步长为 1 天。以作物单株作为基本模拟单元，逐日进行作物基本生理生态过程描述与计算，从播种开始直至作物成熟结束。在对植株生长发育进行模拟时，分别模拟不同生育阶段植株地上和地下物质量的增长过程，并通过单位面积上的种植密度计算单位面积上的作物产量。

在计算作物经济产量时，一些模型采用全生育期生物学产量与经济系数（或收获

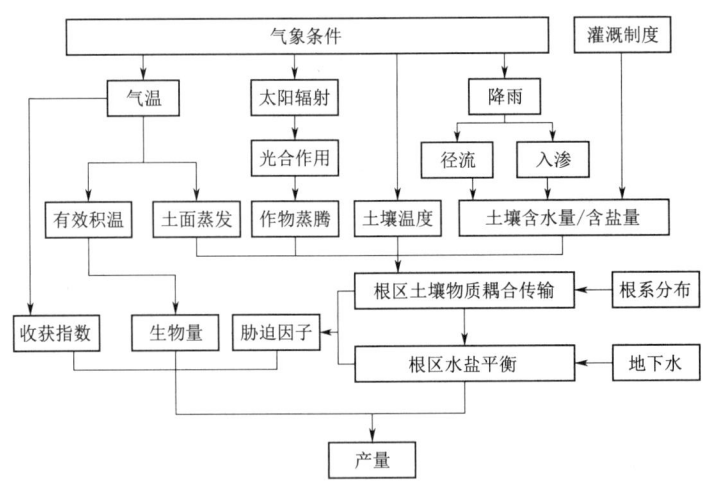

图 9.1 典型作物生长模型所包含的关键过程

指数)之积来计算经济产量(如棉花);另一些模型则描述了穗的分化、生长和籽粒灌浆时的干物质分配等生理过程,以穗粒数和单粒重来计算经济产量(如水稻、小麦、玉米)。

3. 模型模拟空间范围

已开发的大多数模型的模拟范围属于田间尺度,适用于田间范围、生态环境相对一致的情况。对于灌区尺度或更大范围的区域尺度进行作物产量模拟时,则需按照光、热、水、土等生态条件相对一致性进行分区模拟,然后加权计算全区域作物产量。若将作物生长模型与地理信息系统(geographic information system,GIS)结合,可有效利用地理信息系统中的土壤和生态相关数据进行区域性作物产量模拟,获得县、省和全国范围的作物产量。

4. 作物生长模型的用途

随着精准农业与智慧化管理技术的发展,作物生长模型在农业种植结构调整、水土资源高效利用等方面具有重要作用。

(1)定量评估作物生长与生境间关系。作物生长模型对作物生长发育的生理生态过程进行数字化描述,可对大气-土壤-作物-地下水系统的行为进行定量分析。将作物生长发育的生理生态特征由定性描述转变为定量分析,为作物生境的标准化、精确化、智能化管理提供有效手段。

(2)预测变化环境下作物生长与产量形成过程。由于作物生长模型综合描述了作物生长过程及其与生长环境要素间定量关系,因此可用于气候、土壤质量和生态环境变化及人类其他活动影响下,作物生长与产量形成过程的评估与预测分析。

(3)优化农业管理措施。作物生长模型可用于定量分析给定目标下,农业管理措施的优选。如以产量最大为目标,优化灌溉方式和灌溉制度、施肥类型与施肥制度、土地质量提升技术和农业生产管理等。

(4)制定宏观农业决策。作物生长模型可模拟预测种植结构、栽培管理和环境调控措施对作物生长发育作用的效应（如作物产量、品质、上市期），已成为优化作物管理和环境调控的有效工具。管理部门利用作物生长模型预报大范围内的作物产量，制定作物的生产管理措施，评价农业生产对生态环境的影响，为调整农业生产布局和土地利用规划提供数据支持。

9.1.2 作物生长模型的类型与结构

9.1.2.1 作物生长模型的类型

国内外学者发展了不同类型的计算机模拟软件，其中典型的模型包括WOFOST、EPIC、DSSAT-CERES、AquaCrop、APSIM、RCSODS、ORYZA和WheatSM等。这些计算机模型或软件以作物生长发育过程为主要分析对象，注重作物生理生态等功能的表达，不仅考虑气温、降水、太阳辐射、CO_2浓度、灌溉、施肥等气象因子对产量的影响，还考虑了光截获和利用、物候发育、干物质分配等诸多过程及过程间的复杂相互作用。表9.1列举了目前基于过程表达的几种典型作物生长模型，分为多作物通用模型和单作物专用模型。多作物通用模型是根据各种作物生理生态过程的共性研制而成的模型，多适用于禾谷类作物。作物生长过程主要考虑冠层的光截获与利用、物候发育、干物质分配、蒸腾、水分平衡和养分平衡，通过调整水分或某种营养成分的输入可以进行水分和养分胁迫条件下作物生长过程的模拟。单作物专用模型是根据某一具体作物的生理生态特性开发研制而成的模型，主要针对小麦、玉米、水稻和棉花等，具有较强的机理性和普适性。

表9.1　　　　　　　　典型作物生长模型的主要模拟过程

模型	名称	作物	共同模拟过程	特殊模拟过程
多作物通用	WOFOST	禾谷类	光截获和利用、物候发育、干物质分配、蒸腾、水分平衡和养分平衡	环境胁迫
	APSIM	禾谷类、豆类		土壤温度、残茬分解等
	CERES	禾谷类		环境胁迫
	EPIC	禾谷类		环境胁迫
	AquaCrop	禾谷类、草类		环境胁迫
单作物专用	ORYZA	水稻	光截获和利用、干物质分配、物候发育、分蘖动态	养分平衡、环境胁迫等
	RCSODS	水稻		—
	WheatSM	小麦		环境胁迫
	SIMPAM	玉米		—
	GOSSYM	棉花		—

通用作物模型侧重于对作物生理生态过程的详细描述，基于给定的气象条件能够模拟出作物的潜在产量和水肥限制下的产量，适用于大多数作物，具有较强的通用性，但由于模型需要输入的作物参数太多，加上模型结构的缺陷、参数的可变性和测量数据的错误等，导致模型本地化适用程度不高。单作物专用模型主要用于模拟某一特定的作物生长过程和产量，相较于多作物通用模型，能够更加准确地模拟作物的生长发育情况，但同样存在模型参数过多、难以获取的问题。

按照模拟模型所包含的生态环境因子，可将作物生长模型分为四个层次：

(1) 第一层次模型可称为光温潜力模拟模型。该类模型主要基于作物生长与温度和辐射响应关系，可用于模拟分析某一地区无水分、养分和其他限制因子时的潜在产量。

(2) 第二层次模型可称为光温水潜力模拟模型。该类模型除考虑光温效应外，还综合了土壤水分数量和状态及水分有效性对作物生长和产量的作用效应。

(3) 第三层次模型可称为光温水氮潜力模拟模型。该类模型除考虑光、温、水作用效应外，还包含了土壤氮素有效性、氮肥对作物生长和产量的作用效应，以及氮素、水分和气候因素的交互作用。1985年以后开发的作物生长模型多考虑了氮素作用效应。

(4) 第四层次模型可称为现实产量模拟模型。该类模型除考虑光、温、水、氮因子外，还包含其他更多因子，如磷、钾、微量元素等营养物和病、虫、草、极端天气等自然灾害对作物生长和产量的影响。

9.1.2.2 作物生长模型的结构

作物生长模型的结构一般分为三部分（图9.2）：第一部分为基础数据模块，主要包括气象数据、土壤数据、作物数据和耕作与栽培、灌溉排水与施肥等管理措施；第二部分为模拟模块，包含了主要生理生态过程的模拟模型；第三部分为模拟结果的数据或图形输出与分析模块。较完善的作物生长模型一般包含如下主要过程的模拟模型：

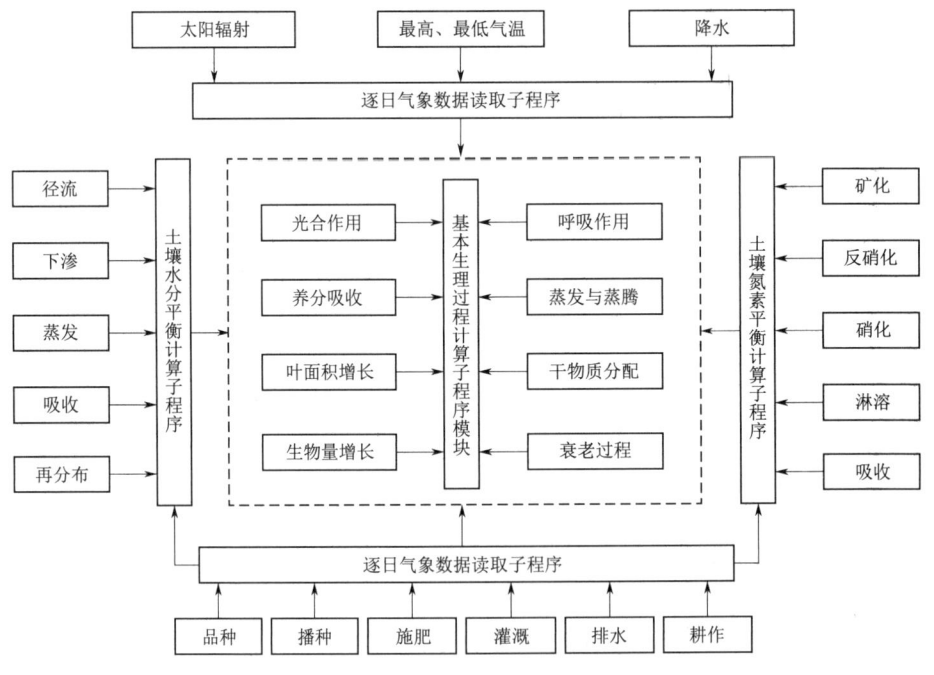

图 9.2 作物生长模型的结构框图

(1) 光截获和光合作用动力学模型：包括考虑冠层结构、辐射特性和叶片特性等关键要素的作用过程。

(2) 营养吸收和根系活动动力学模型：包括考虑根系结构、土壤质地、土壤养分状况等对水和养分吸收与转化过程。

(3) 干物质分配模型：包括干物质在源与库间的运输、存储及器官间的分配过程与数量。

(4) 水分吸收与蒸腾模型：涉及植株和土壤的水分和养分平衡过程，植株的水分状况与水分胁迫影响等。

(5) 作物生长和呼吸模型：重点描述干物质用于生长和呼吸的消耗过程。

(6) 叶面积增长模型：重点描述叶面积的动态变化过程及影响因素间关系。

(7) 发育和器官形成模型：包括发育阶段、形态发育和新器官（茎、叶、花、果储藏器官）的形成过程的定量描述。

(8) 衰老过程模型：包括根、叶等器官的衰老与死亡对作物生长的影响。

(9) 田间管理措施模型：重点分析土壤耕作、作物栽培、灌溉、排水、施肥、土壤改良等措施对作物生长发育和产量的影响。

9.2 大气环境特征定量表征

大气环境特征主要包括降雨、气温、辐射、光能利用及蒸散发，本节着重介绍气温和光能利用方面的定量表征。

9.2.1 气温定量表征

作物生长发育不仅是在一定的气温条件下才可进行，而且各种生育期或全生育期间需要一定数量的累积温度。每种作物在生长发育过程中对最低气温有一定要求，也就是作物生长过程中存在下限温度（或称生物学起点温度）。把高于生物学下限温度的日平均气温值称为活动温度。作物某个生育期或全部生育期内活动温度的总和，称为该作物某一生育期或全生育期的活动积温。活动温度与生物学下限温度之差，称为有效温度。也就是说，有效温度对作物生长发育是有效的。作物某个生育期或全部生育期内有效温度的总和，称为该作物这一生育期或全生育期的有效积温（growing degree days，GDD）。有效积温表示为

$$GDD = \sum (T_{avg} - T_{base}) \tag{9.1}$$

式中：T_{avg} 为日平均气温，℃；T_{base} 为作物的生物学下限温度，即作物生长所需要的最低温度，℃。

McMaster 和 Wilhelm（1997）提出了以下两种计算 T_{avg} 的方法：

(1) 设定日平均温度上下限：

$$\begin{cases} T_{avg} = \dfrac{T_x + T_n}{2} \\ T_{avg} = T_{base}, T_{avg} \leqslant T_{base} \\ T_{avg} = T_{upper}, T_{avg} \geqslant T_{upper} \end{cases} \tag{9.2}$$

式中：T_{upper} 为作物的生物学上限温度，即作物活动所要求的最高温度，℃；T_x 为最高气温，℃；T_n 为最低气温，℃。

(2) 设定日最高和最低温度上下限：

$$T_{avg} = \frac{T_x^* + T_n^*}{2} \tag{9.3}$$

$$\begin{cases} T_x^* = T_{upper}, T_x \geq T_{upper} \\ T_x^* = T_{base}, T_x \leq T_{base} \\ T_x^* = T_x, 其他 \end{cases} \quad \begin{cases} T_n^* = T_{upper}, T_n \geq T_{upper} \\ T_n^* = T_{base}, T_n \leq T_{base} \\ T_n^* = T_n, 其他 \end{cases} \tag{9.4}$$

FAO 研发的 AquaCrop 模型中，提出了一种新的计算方法，表示为

$$T_{avg} = \frac{T_x^* + T_n^*}{2} \tag{9.5}$$

$$\begin{cases} T_x^* = T_{upper}, T_x \geq T_{upper} \\ T_x^* = T_{base}, T_x \leq T_{base} \\ T_x^* = T_x, 其他 \end{cases} \quad \begin{cases} T_n^* = T_{upper}, T_n \geq T_{upper} \\ T_n^* = T_n, T_n < T_{upper} \end{cases} \tag{9.6}$$

活动积温和有效积温不同之处在于，活动积温包含了低于生物学下限温度的那部分无效积温；气温越低，无效积温所占的比例就越大。而有效积温较为稳定，能更确切地反映作物对热量的要求。在分析作物物候期时，应采用有效积温。但应用于某地区热量鉴定，或规划农业布局和进行农业气候区划时，则采用活动积温较为方便。

上述三种计算 T_{avg} 的方法均可用来计算某地区作物生长所需的有效积温，但不同年间的气温变化较大，导致日有效积温和最大有效积温 GDD_m 也存在较大差异，缺乏较为统一的评价标准。对有效积温进行标准化处理，可以消除不同年间积温变化的差异。将不同年间的有效积温转化为同一标准上进行分析，有利于综合分析不同年份气温对作物生长的影响。Su 等（2003）提出了相对积温概念，即将一年内每天有效积温除以该年内最大累积有效温度，具体表示为

$$RGDD_i = \frac{GDD_i}{GDD_m} \tag{9.7}$$

式中：$RGDD_i$ 为第 i 天相对有效积温，℃；GDD_i 为第 i 天有效积温，℃；GDD_m 为一年内最大有效积温，℃。通过相对有效积温转化，可以有效分析作物生长变化过程。

资源 9.1 相对有效积温变化过程

【例 9.1】 已知玉米的播种时间为 5 月 1 日，表 9.2 给出了 5 月 1—8 日的气温数据，假设玉米的生物学下限温度和上限温度分别为 7℃ 和 33℃，采用 McMaster 和 Wilhelm 提出的第二种积温公式 [式（9.3）和式（9.4）]，求出每日的活动积温和有效积温。

表 9.2　　　　　　　　　　5 月 1—8 日的气温数据

日期	5月1日	5月2日	5月3日	5月4日	5月5日	5月6日	5月7日	5月8日
最高气温/℃	25	20	17	15	18	24	29	35
最低气温/℃	16	10	5	3	5	11	15	16

【解】 （1）采用 McMaster 和 Wilhelm 提出的积温计算公式，依据作物的生物学上限温度 T_{upper} 和下限温度 T_{base}，限定了日最高和最低温度，则根据式（9.4），T_x^* 和 T_n^* 计算结果见表 9.3。

(2) 根据式 (9.3) 计算出日平均气温 T_{avg}，如表 9.3。

(3) 根据式 (9.1) 计算出玉米活动积温和有效积温，见表 9.3。

表 9.3　　　　　　　　　玉米活动积温和有效积温计算结果　　　　　　　单位：℃

日期	5月1日	5月2日	5月3日	5月4日	5月5日	5月6日	5月7日	5月8日
T_x^*	25	20	17	15	18	24	29	33
T_n^*	16	10	7	7	7	11	15	16
T_{avg}	20.5	15	12	11	12.5	17.5	22	24.5
有效温度 $T_{avg}-T_{base}$	13.5	8	5	4	5.5	10.5	15	17.5
有效积温	13.5	21.5	26.5	30.5	36	46.5	61.5	79

9.2.2　光能定量表征

光响应曲线描述了光量子通量密度与作物光合速率之间关系，分析光响应曲线可获得作物光合特性的相关生理参数，分析作物对光能利用程度，如图 9.3 所示。如光补偿点（曲线与横轴的交点）表达了作物对弱光的适应能力；光饱和点表达了作物对强光的适应能力；表观量子效率（最初直线段的斜率）表达了作物对弱光的利用效率；暗呼吸速率（曲线与纵轴的交点）表达了作物消耗光合产物的速率，以及最大光合速率表达作物对强光的利用能力。为了定量表征作物对光能利用情况，发展了不同类型光响应曲线模型。

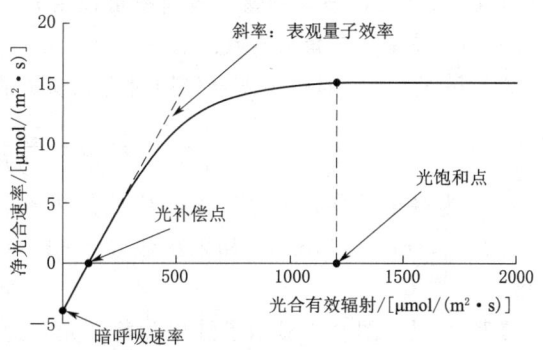

图 9.3　光响应曲线及特征参数

1. 光响应模型

Blackman (1905) 提出了第一个光响应模型，即

$$P_n = \alpha I - R_d \quad I \leqslant P_{max}/\alpha \tag{9.8}$$

$$P_n = P_{max} - R_d \quad I > P_{max}/\alpha \tag{9.9}$$

式中：P_n 为净光合速率，$\mu mol/(m^2 \cdot s)$；α 为光合作用速率随光强变化的初始斜率，也称为表观量子效率，表示作物对光的利用效率；I 为光量子通量密度或光强，$\mu mol/(m^2 \cdot s)$；P_{max} 为最大净光合速率，$\mu mol/(m^2 \cdot s)$；R_d 为暗呼吸速率，$\mu mol/(m^2 \cdot s)$。

2. 直角双曲线模型

由于光响应过程通常是一条曲线，并非线性变化，表示为

$$P_n = \frac{\alpha I P_{max}}{\alpha I + P_{max}} - R_d \tag{9.10}$$

3. 非直角双曲线模型

为了更为准确表达光响应变化过程，建立了非直角双曲线模型：

$$P_n = \frac{\alpha I + P_{\max} - \sqrt{(\alpha I + P_{\max})^2 - 4\theta \alpha I P_{\max}}}{2\theta} - R_d \tag{9.11}$$

式中：θ 为反映光合曲线弯曲程度的凸度。当 $\theta = 0$ 时，式（9.11）转化为直角双曲线方程。

4. 暗呼吸模型

暗呼吸模型用于分析考虑暗呼吸作用的光响应特征：

$$P_n = (P_{\max} + R_d)\left[1 - \exp\left(-\frac{\alpha I}{P_{\max} + R_d}\right)\right] - R_d \tag{9.12}$$

5. 指数模型

认为光响应过程符合指数变化过程，指数模型表示为

$$P_n = P_{\max}\left[1 - Q \cdot \exp\left(-\frac{\alpha I}{P_{\max}}\right)\right] \tag{9.13}$$

式中：Q 为常数，该模型暗呼吸速率可以由光量子通量密度为 0 时获得。

6. Ye 模型（直角双曲线的修正模型）

Ye 和 Yu 提出的作物光合作用对光响应的直角双曲线进行修正，表示为

$$P_n(I) = \alpha \frac{1 - \beta I}{1 - \gamma I} I - R_d \tag{9.14}$$

式中：β 为修正系数；γ 等于光响应曲线的初始斜率与作物最大光合速率之比，即 $\gamma = \alpha/P_{\max}$，$m^2 \cdot s/\mu mol$。如果系数 $\beta = 0$ 且令 $\gamma = \alpha/P_{\max}$，则将转化为直角双曲线模型。

【**例 9.2**】 图 9.4 显示了红提葡萄净光合速率对光合有效辐射的响应，请根据实测数据，利用直角双曲线修正模型和非直角双曲线模型对果粒膨大期和浆果成熟期的光响应过程进行拟合，确定最大光合速率 $P_{\max}$、表观量子效率 α、光补偿点 LCP、光饱和点 LSP 和暗呼吸速率 R_d 等光响应参数。

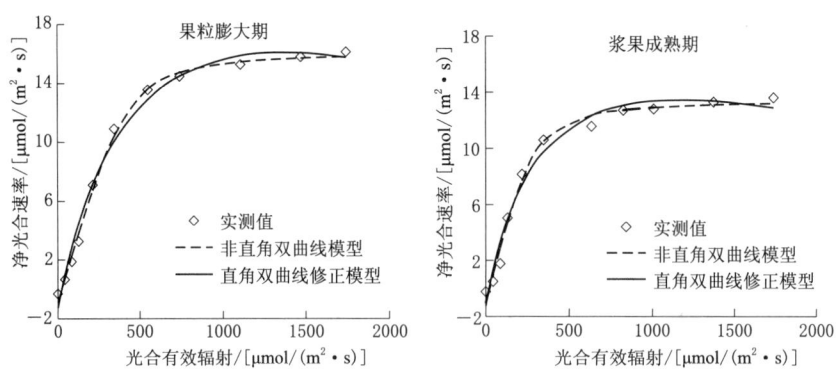

图 9.4 红提葡萄净光合速率对光合有效辐射的响应

【**解**】 表 9.4 给出了直角双曲线修正模型和非直角双曲线模型对实测数据的拟合结果。从表 9.4 可以看出，直角双曲线修正模型拟合得到的 α、R_d 和 LCP 均大于实测值，而非直角双曲线拟合结果更加接近实测值；对于最大光合速率 $P_{\max}$，由于非直

角双曲线是递增曲线，所以无法得到最大光合速率和光饱和点，通过直角双曲线修正模型得到的最大光合速率更接近实测值。

表9.4 光响应模型拟合红提葡萄光合参数结果与实测数据对比

光合作用参数	非直角双曲线模型		直角双曲线修正模型		实 测 值	
	果粒膨大期	浆果成熟期	果粒膨大期	浆果成熟期	果粒膨大期	浆果成熟期
最大光合速率 P_{max}	17.141	14.503	16.09	13.37	16.14	13.60
表观量子效率 α	0.037	0.046	0.052	0.066	0.034	0.041
光饱和点 LSP	—	—	1362	1179		
光补偿点 LCP	24.48	21.89	23.96	19.70	23	21
暗呼吸速率 R_d	0.902	0.999	1.261	1.228	0.31	0.23
凸度 θ	0.928	0.898	—	—		
决定系数 R^2	0.997	0.989	0.987	0.978		

9.3 土壤环境定量表征

土壤是作物生长所需水、肥、气、热等必要要素的主要来源，因此定量分析土壤环境要素变化过程，是研究土壤-作物系统物质传输和能量转换的基础。现已开发的一些作物生长模型（如 AquaCrop 模型等）基于质量平衡原理，利用简单数学模型分析土壤中物质传输与作物根系吸收利用过程。在一维条件下，可利用简单方法评估根区土壤水分和盐分质量平衡和氮素转化过程。

9.3.1 根区土壤水分平衡

1. 降雨和灌溉入渗水量

常采用 Green-Ampt 入渗公式和 Philip 入渗公式计算降雨和灌溉土壤入渗水量，并根据土壤蓄水能力及相关公式计算土壤含水量分布。

2. 毛管水上升速率

在 AquaCrop 模型中，毛管水上升速率利用如下公式进行计算：

$$CR = \exp\left(\frac{\ln z - b}{a}\right) \tag{9.15}$$

式中：CR 为毛管水上升速率，m/d；z 为土壤表层下方地下水位的深度，m；a 和 b 为参数，与土壤类型及土壤水力特性相关。

3. 作物蒸散量

通常采用参考作物蒸散量和作物系数计算作物蒸散量。目前国内外学者发展了多种方法计算参考作物蒸散量，目前常用精度较高的 Penman 类公式计算参考作物蒸散量。作物系数因地域与作物的不同而异，同时也随着作物生长发育阶段和形态而发生变化，其值由出苗到成熟呈现先增加后减小的趋势。通常作物系数法把作物蒸腾和土壤蒸发综合分析，由作物实际蒸散量 ET 和参考作物蒸散量 ET_0 之间的比值确定，表示为

$$K_c = \frac{ET}{ET_0} \tag{9.16}$$

式中：K_c 为综合作物系数；ET 为实际蒸散量，m；ET_0 为参考作物蒸散量，m。

4. 根系吸水量

为了便于分析，常根据根系吸水特征，对其根系吸水物理过程进行概化，建立根系吸水公式：

$$w_{up,z} = \frac{ET}{1-\exp(-\beta_w)}\left[1-\exp\left(-\beta_w \frac{z}{z_r}\right)\right] \tag{9.17}$$

式中：$w_{up,z}$ 为作物从土壤表面到根区深度 z 吸收的水量，m；ET 为作物的实际蒸散量，m；β_w 为水分利用分布参数；z 为距离土壤表面的深度，m；z_r 为根系分布深度，m。

5. 作物根区土壤水量平衡

根据土壤构造，将剖面分为不同层次，分层计算根区水量平衡。不同时段各土层的土壤储水量可以利用下式计算：

$$W_{ij} = \theta_{ij-1} + \Delta R_{i,\Delta t} + \Delta I_{i,\Delta t} + \Delta E_{i,\Delta t} + \Delta T_{i,\Delta t} \tag{9.18}$$

式中：W_{ij} 为第 j 时间段第 i 个土层的储水量，m；$\Delta R_{i,\Delta t}$ 为第 i 个土层向下渗漏和上升毛管水量，m；$\Delta I_{i,\Delta t}$ 为该时间段内降雨与灌水等入渗补给水量，m；$\Delta E_{i,\Delta t}$ 为该时间段内土壤蒸发消耗的水量，m；$\Delta T_{i,\Delta t}$ 为该时间段内作物蒸腾量消耗的水量，m。

6. 作物水分利用效率与水分胁迫系数

作物水分利用效率 WUE 是指消耗单位水分所产生的经济产量。水分利用系数具有可遗传性状，高水分利用效率是作物适应干旱环境，形成高生产力的主要机制之一，与产量既出现正相关也出现负相关，具体表达式如下：

$$WUE = \frac{Y}{W_{con}} \tag{9.19}$$

式中：Y 为作物经济产量，kg；W_{con} 为实际水分消耗量，包括蒸腾和蒸发量，m。

通常利用式（9.20）表示水分胁迫系数，在土壤水分供应充足情况下，水分胁迫 K_w 为 0；当土壤水分逐渐降低情况下，水分胁迫值逐渐趋于 1。

$$K_w = 1 - \frac{ET_a}{ET_p} \tag{9.20}$$

式中：ET_a 为实际蒸散量，mm；ET_p 为潜在蒸散量，mm。

9.3.2 根区盐分平衡

土壤盐分是指土壤所含盐分离子的种类和数量，包括钙离子、镁离子、钠离子、钾离子、氯离子、硫酸根、碳酸根和重碳酸根离子等，根区盐分平衡分析是确定土壤盐碱化对作物生长影响的依据。

9.3.2.1 土壤盐分平衡模型

土壤盐分平衡是指某时段进入根区土壤的盐量和输出的盐量之间的平衡关系。影响土壤盐分平衡的因子主要有平衡时段始末盐分的总储量变化、平衡期内非饱和土壤盐分的输入量和排出量。一般情况下，农田盐分主要随着降水、灌溉、施肥、地下水补给、河流与渠道侧渗等过程输入到土壤中，而土壤又通过生物吸收、地表径流、农田退水、农田排水以及与地下水交换等过程向外部环境输出盐分，如图9.5所示。

根据质量平衡原理，农田根区土壤盐分变化量可表示为

$$\Delta S = S_A + S_I + S_G + S_P + S_R - S_0 - S_g - S_s - S_d \tag{9.21}$$

式中：ΔS 为土壤盐分变化量，kg；S_A 为农田施肥输入的盐量，kg；S_I 为农田灌溉输入的盐量，kg；S_G 为潜水蒸发输入土壤的盐量，kg；S_P 为降水输入的盐量，

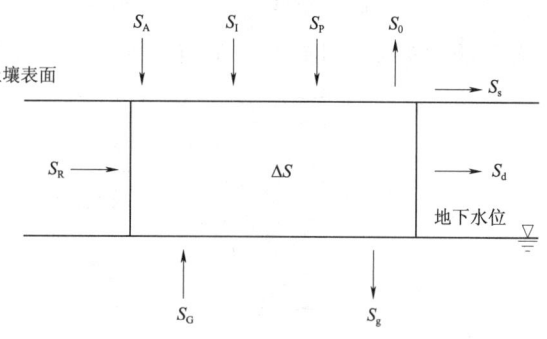

图9.5 土壤盐分平衡示意

kg；S_R 为河流、湖泊、渠道侧渗输入的盐量，kg；S_0 为作物吸收的盐量，kg；S_g 为淋洗输入地下水的盐量，kg；S_s 为随地表径流流失的盐量，kg；S_d 为农田排水所排出的盐量，kg。

在干旱内陆灌区，由于降水稀少且大量使用节水灌溉技术，因此河流湖泊侧渗输入的盐量 S_R、降水输入的盐量 S_P 和随地表径流流失盐量 S_s 可以忽略不计。根区土壤盐分变化量可简化为

$$\Delta S = S_A + S_I + S_G - S_0 - S_g - S_d \tag{9.22}$$

9.3.2.2 土壤盐分输入量和输出量的确定

(1) 灌溉水输入盐分量。灌溉水通常含有一定数量的易溶盐，灌溉水进入土壤的盐分随灌水量的增加而增加。灌溉水输入盐量 S_I 由灌溉水量乘以灌溉水矿化度计算。

(2) 潜水蒸发输入盐分量。地下水矿化度越高，地下水位越接近地表，则由地下水进入土层的盐分越多。潜水蒸发输入盐量 S_G 可由潜水蒸发量乘以潜水表层矿化度进行计算。国内外学者发展了不同形式潜水蒸发公式，可根据土壤物理特征、大气蒸发能力和地下水埋深进行计算。

(3) 施肥带入盐分量。由肥料带入的土壤中盐分量 S_A 可根据施肥量乘以所施肥料的含盐量进行计算。

(4) 作物吸收的盐分量。作物从土壤中吸收水分，通过植株的蒸散作用散发到大气中，其中盐分留在作物体内，作物收割后盐分被带走。作物吸收的盐分量 S_0 可由单位面积作物生物量乘以单位生物量的含盐量计算。

资源9.2
潜水蒸发
经验公式

(5) 淋洗输入地下水的盐分量。当土壤的含水量超过最大田间持水率时，土壤水补给地下水的同时向地下水输入盐分。淋洗输入地下水的盐量 S_g 可由土壤水补给地下水量乘以渗漏水中盐分浓度进行计算。

(6) 农田排水所排出的盐分量。当农田设置暗管、明沟和竖井排水措施时（图9.6），排水系统排出的土壤盐分量 S_d 可由排水量乘以排水矿化度计算。其中农田暗管排水流量可以利用Hooghoudt建立的稳定流排水公式计算，即

$$q=\frac{8KD_{e}H+4KH^{2}}{Y^{2}} \quad (9.23)$$

式中：q 为暗管排水流量，m/s；Y 为排水口间距，m；K 为土壤渗透系数，m/s；H 为暗管中部的作用水头，m；D_e 为等效不透水层深度，m。

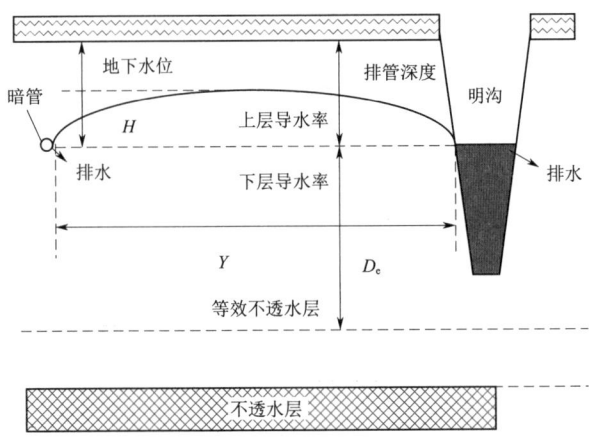

图 9.6 排水系统示意

9.3.3 根区氮素平衡

在农田生态系统中，氮素运移转化过程比较复杂，氮在土壤中的形态及转化速度决定了作物对氮素的利用效率。为方便定量描述氮素迁移转化过程，将土壤中的氮分为无机氮和有机氮，无机氮主要包含土壤中的硝态氮和铵态氮，有机氮主要来源于腐殖质。有机氮和无机氮间通过矿化作用、硝化作用、反硝化作用等过程相互影响、相互制约。在旱地土壤中无机氮主要以硝态氮形式存在，为了便于分析一般不考虑氨的挥发作用。土壤氮素循环转化过程如图 9.7 所示。

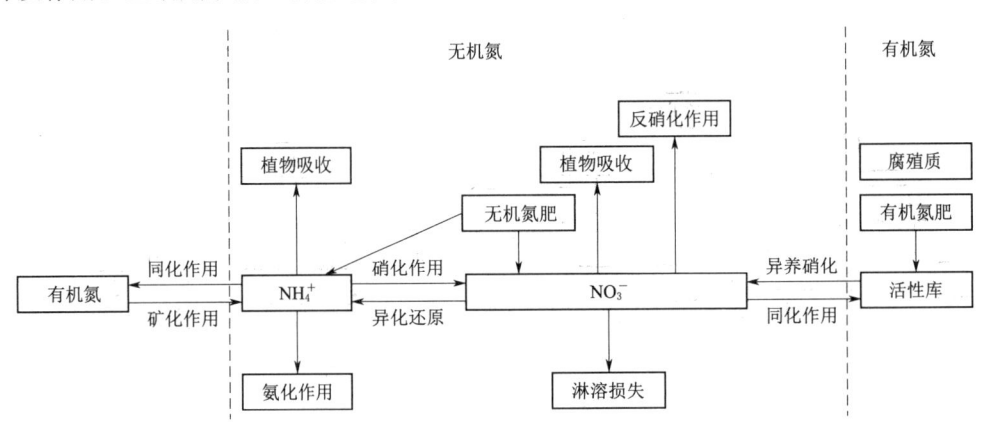

图 9.7 土壤氮素循环转化过程示意

土壤根区硝态氮平衡方程表示为

$$NO_{3i}=NO_{3i-1}+N_{\min a,i}+N_{nit\,a,i}-N_{pere,i}-N_{denit,i}-N_{act\,up,i} \quad (9.24)$$

式中：NO_{3i} 为第 i 天土壤中硝态氮含量，kg/hm²；$N_{\min a,i}$ 为第 i 天腐殖质活性有机氮的氮矿化量，kg/hm²；$N_{\text{nit a},i}$ 为第 i 天 NH_4^+ 通过硝化作用转化为 NO_3^- 的氮量，kg/hm²；$N_{\text{pere},i}$ 为第 i 天输入根区下层土壤中的氮量，kg/hm²；$N_{\text{denit},i}$ 为第 i 天反硝化作用中氮的损失量，kg/hm²；$N_{\text{act up},i}$ 为第 i 天根系从土层中吸收的实际氮量，kg/hm²。

9.4 作物生长指标定量表征

9.4.1 作物生长指标的数学模型

通常利用 Logistic 模型描述作物生长指标增长过程，如生物量、株高、叶面积指数等，该模型认为种群相对增长率 $\dfrac{dy}{ydt}$ 与种群密度 $\dfrac{y}{y_m}$ 呈负线性相关，即

$$\frac{dy}{ydt}=\alpha\left(1-\frac{y}{y_m}\right) \tag{9.25}$$

式中：y 为任一时刻作物生长指标；y_m 为作物生长指标最大理论值；t 为时间；α 为衰减系数。经适当求解变换，Logistic 模型可表示为

$$y=\frac{y_m}{1+\exp(a+bt)} \tag{9.26}$$

式中：a 和 b 为参数。

式（9.26）可以较好地描述作物生长指标随时间呈现增长过程，但不能模拟预测作物叶面积指数随时间呈现先增加后减少的变化过程。王信理（1986）建立了修正的 Logistic 模型：

$$y=\frac{y_m}{1+\exp(a+bt+ct^2)} \tag{9.27}$$

式中：c 为参数。

9.4.2 叶面积指数模型

叶面积指数 LAI 是反映作物群体生长状况的一个重要指标，其与最终产量密切相关。叶面积指数随生育期变化而改变，在营养生长期，作物叶面积指数逐渐增大，在成熟期达到最高值，在成熟期后期，随着叶片的成熟、衰老，叶面积指数减小。同时，由于气候变化，每年作物生育期发生变化，为了便于对比分析不同年份作物生长特征，利用有效积温代替 Logistic 模型中的时间，描述叶面积指数变化过程的 Logistic 模型表示为

$$LAI=\frac{LAI_{\max}}{1+e^{a_0+a_1 GDD+a_2 GDD^2}} \tag{9.28}$$

式中：LAI 为叶面积指数；$LAI_{\max}$ 为叶面积指数理论最大值；a_0、a_1、a_2 为参数。

由于不同地区的叶面积指数变化特征存在显著差异，为了分析其内在机制，采用相对叶面积指数以分析其共有增长特征，图 9.8 显示了我国不同地区水稻相对叶面积指数与有效积温之间的关系。

9.4.3 冠层生长模拟

AquaCrop 模型采用冠层覆盖度 CC（canopy cover，m^2/m^2）表示作物冠层生长过程。冠层覆盖度的增长过程可以采用以下两个方程进行模拟

$$\begin{cases} CC=CC_0 \mathrm{e}^{tCGC}, CC \leqslant CC_x/2 \\ CC=CC_x-0.25 \dfrac{(CC_x)^2}{CC_0} \mathrm{e}^{tCGC}, CC > CC_x/2 \end{cases} \quad (9.29)$$

式中：CGC 为冠层增长因子。

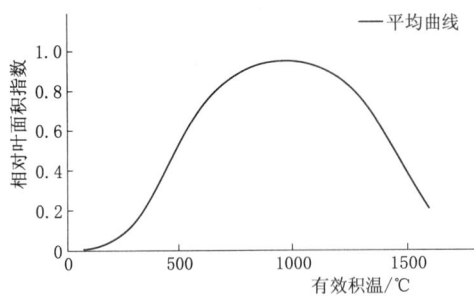

图 9.8 水稻相对叶面积指数随有效积温的变化曲线

冠层覆盖度的衰退过程可以描述为

$$CC=CC_x \left[1-0.05 \left(\mathrm{e}^{\frac{CDC}{CC_x}t}-1 \right) \right] \quad (9.30)$$

式中：CC_0 为 $t=0$ 时的初始冠层覆盖度，%；CC_x 为最大冠层覆盖度，%；CDC 为冠层衰退因子。

AquaCrop 考虑了水分胁迫、温度胁迫、盐分胁迫、养分胁迫对作物冠层生长状况的影响，并根据作物所受胁迫种类和程度的不同，采用胁迫因子对作物冠层覆盖度进行修正。

9.4.4 干物质累积模型

作物产量形成过程实质上是干物质积累与分配的过程，作物产量的高低取决于干物质的积累及其向籽粒运转分配的比例。干物质是作物光合作用形成的最终产物，与经济产量呈显著正相关，群体光截获量和光能利用率是影响作物干物质积累的重要因素之一。因此，通过定量分析作物干物质积累动态特征，有利于及时采取有效调控措施，构建合理株型结构，提高群体光能利用率和单位面积产量。图 9.9 显示了我国不同地区水稻地上干物质积累量

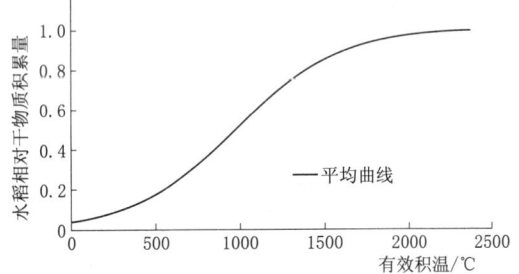

图 9.9 水稻相对干物质积累量与有效积温间关系

随有效积温变化过程，各地区干物质积累过程整体均随有效积温的增大呈现上升趋势。水稻相对干物质积累量随有效积温变化过程表示为

$$RDMA=\frac{DMA}{DMA_{\max}}=\frac{1}{1+\mathrm{e}^{b_0+b_1 GDD}} \quad (9.31)$$

式中：DMA 为水稻干物质积累量；$DMA_{\max}$ 为水稻最大干物质积累量；$RDMA$ 为水稻相对干物质积累量；b_0 和 b_1 为参数。

9.4.5 最大叶面积指数与耗水量间定量关系

耗水量指作物全生育期所消耗的水量，是作物生理指标的一个主要影响因素，适

宜的土壤含水率和空气湿度可以促进作物叶片及植株生长。作物最大叶面积指数与耗水量之间呈现抛物线变化过程，图9.10显示水稻全生育期耗水量与最大叶面积指数之间的关系，可以采用二次多项式函数描述水稻最大叶面积指数与全生育期耗水量间的关系，表示为

$$LAI_{max} = c_0 W^2 + c_1 W + c_2 \tag{9.32}$$

式中：W为水稻全生育期的耗水量，m；c_0、c_1和c_2为参数；其他符号意义同前。

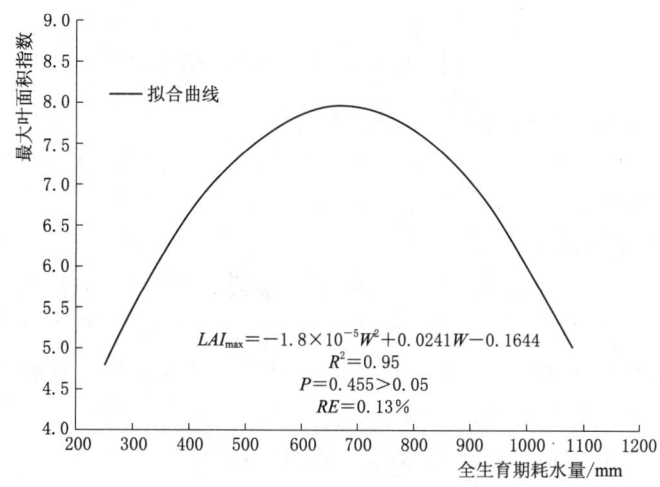

图9.10 水稻最大叶面积指数与全生育期耗水量关系

9.4.6 产量预测模型

9.4.6.1 水分生产函数

以生育阶段的蒸腾量作为变量的作物水分生产函数，能够很好地反映不同生育阶段耗水量对产量的影响，根据函数形式分为加法模型和乘法模型。目前，常用的加法模型有Blank模型、Stewart模型和Singh模型。

（1）Blank模型表示为

$$Y_a/Y_m = \sum_{i=1}^{n} A_i (ET_a/ET_m)_i \tag{9.33}$$

（2）Stewart模型表示为

$$1 - Y_a/Y_m = \sum_{i=1}^{n} K_{yi} [(ET_{mi} - ET_i)/ET_{mi}] \tag{9.34}$$

（3）Singh模型表示为

$$Y_a/Y_m = \sum_{i=1}^{n} C_i [1 - (1 - ET_i/ET_{mi})^2] \tag{9.35}$$

式中：Y_a为实际蒸腾量对应的作物实际产量，kg/m^2；Y_m为潜在蒸腾量对应的作物潜在产量，kg/m^2；ET_i、ET_{mi}分别为各生育期作物的实际和最大蒸腾量，m；A_i、K_{yi}、C_i为经验系数。

相对于加法模型，乘法模型更能准确描述作物产量的形成规律，体现不同生育阶段水分对作物生长的影响。

(1) Minhas 模型表示为

$$Y_a/Y_m = a_0 \prod_{i=1}^{n} [1-(1-ET_i/ET_{mi})^{b_0}]^{\lambda_i} \quad (9.36)$$

(2) Jensen 模型表示为

$$Y_a/Y_m = \prod_{i=1}^{n} (ET_i/ET_{mi})^{\lambda_i} \quad (9.37)$$

(3) Rao 模型表示为

$$Y_a/Y_m = \prod_{i=1}^{n} [1-K_i(1-ET_i/ET_{mi})]^{\lambda_i} \quad (9.38)$$

式中：λ_i 为水分敏感指数；其他符号意义同前。

目前，水肥生产函数大多在水分生产函数的基础上引入施肥量对产量的影响因子，作物产量与养分消耗量一般呈现二次曲线形式。

9.4.6.2 作物产量与收获指数

收获指数（Harvest Index，HI）又称经济系数，是指作物的经济产量占总生物产量的比例。早在1954年，Niciporvic 为了从生理上分析作物产量的形成过程，把作物产量分为生物产量（又称总产量）Y_b 和经济产量 Y_{ec} 两部分，表示为

$$Y_b \times HI = Y_{ec} \quad (9.39)$$

式中：Y_b 为生物产量，kg/m^2；Y_{ec} 为经济产量，kg/m^2。

对于蔬菜、果树和谷物类作物，收获指数在开花后一段时期内变化缓慢（图 9.11），可以采用 Logistic 函数描述：

$$HI_i = \frac{HI_{ini} HI_0}{HI_{ini}+(HI_0-HI_{ini})e^{-(HIGC)t}} \quad (9.40)$$

式中：HI_i 为花期后第 i 天的收获指数；HI_0 为潜在收获指数（无任何胁迫条件下，产量与地上总生物量的比值）；HI_{ini} 为初始收获指

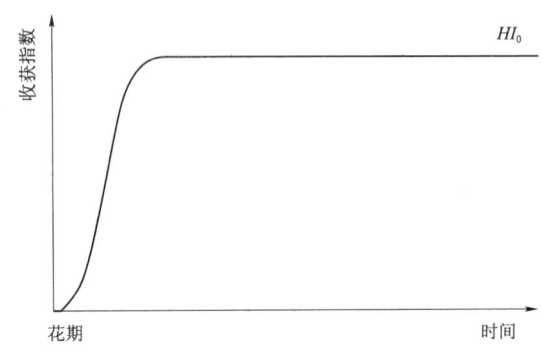

图 9.11 收获指数变化曲线

数（一般取值为 0.01）；$HIGC$ 为收获指数的增长系数。

当 HI 增大到一定程度时，HI 将呈线性变化趋势。Kemanian 等基于花期后作物生长速率 f_G，给出了估算收获指数的简单方法，认为 HI 是 f_G 的线性或非线性函数形式：

$$HI = HI_{ini} + sf_G \quad (9.41)$$

$$HI = HI_0 - (HI_0 - HI_{ini}) \cdot \exp(-kf_G) \quad (9.42)$$

式中：s 和 k 为待定参数。

当前，随着生物科学技术的发展，各种作物的收获指数已达到或接近其最高值，表 9.5 给出了中国 12 个省（自治区、直辖市）主要作物的收获指数。研究表明提高

收获指数已不是未来增加作物经济单位面积产量的主要途径，而是主要通过增加生物产量以提高经济产量。

表 9.5　　　　中国 12 个省（自治区、直辖市）的作物收获指数

作物		样本数	收获指数	
			范围	平均值
禾谷类	水稻	41	0.43～0.54	0.50
	玉米	34	0.42～0.53	0.49
	小麦	34	0.42～0.50	0.46
	燕麦	1（内蒙古）	—	0.34
	大麦	1（福建）	—	0.49
	谷子	3	0.32～0.49	0.38
非禾谷类	大豆	34	0.26～0.48	0.42
	马铃薯	6	0.40～0.80	0.59
	甘薯	7	0.64～0.78	0.69
	木薯	3	0.46～0.72	0.64
	棉花	9	0.11～0.22	0.16
	花生	6	0.45～0.59	0.50
	油菜	2	0.22～0.32	0.26
	向日葵	4	0.21～0.40	0.32
	芝麻	4	0.31～0.36	0.34
	甜菜	6	0.51～0.85	0.71
	烟草	17	0.44～0.80	0.61

思 考 与 练 习 题

1. 什么是作物生长模型？作物生长模型通常分为哪几类？
2. 什么是作物生长的有效温度？什么是有效积温？
3. 作物光合特性的生理参数有哪些？如何通过试验方法确定？
4. 土壤中氮素的转化过程有哪些？请详细说明。
5. 什么是水分生产函数？水分生产函数分为哪几类？各有什么特点？
6. 说明光驱动和水驱动作物生长模型的基本原理。
7. 试说明多年生和一年生作物生长模型构建方面的区别。

第 10 章 作物生境调控效益评估

作物生境调控效益评估（benefit evaluation for habitat regulation of crop）是指借助现代经济管理理论和方法，按照一定的评估标准，对作物生育期内所采取的一系列农业技术措施产生的效益（包括经济效益、生态效益和环境效益等）进行科学评价和比较的过程。在推动绿色发展，促进人与自然和谐共生，以及全面推进乡村振兴的背景下，作物生境调控不仅直接影响农业生产的经济效益，还对农田生态环境效益产生深远影响。为了促进农业的可持续健康发展，作物生境调控效益评估应由传统只重视经济效益评价向社会经济和生态环境效益综合评估转变，全面衡量作物生境调控对农田自然-经济系统的作用效能。

作物生境调控效益评估过程需通过构建科学、合理的作物生境效益评价指标体系，采用适宜的评估方法，结合相应的评价模型，对作物生境调控下的农田经济效益、生态效益和环境效益进行科学评估，并对作物生境调控措施的推广应用进行动态监测和诊断，为制定适宜的作物生境调控策略提供科学依据，从而有效规避农田生态环境风险，降低不合理调控措施造成的经济损失，促进作物种植的经济效益和生态环境效益协调统一，确保农业可持续健康发展。

10.1 作物生境调控效益评估理论框架

作物生境调控的效益评估是基于可持续发展理念，从经济效益和生态环境效益两方面筛选表征作物生境调控效益的关键因素，分析各因素之间的相互关系，构建相应评价指标体系。在资料收集整理、现场调研、试验监测等工作的基础上，结合相应的评估标准，选择合理的评价模型和适宜的评价方法，具体评估流程如图 10.1 所示。

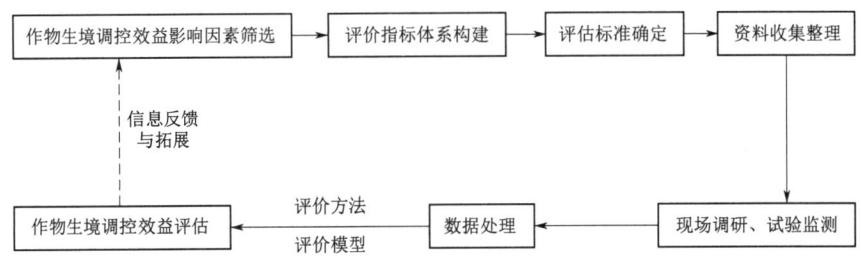

图 10.1 作物生境调控效益评估流程

10.2 经济效益评估指标体系构建及评价模型

作物生境调控的经济效益是指在作物种植过程中,在相应的作物生境调控措施下,通过农业生产活动使单位面积农田获得的经济纯收益。

10.2.1 经济效益的表现特征

作物种植的根本特征是自然再生产与经济再生产相互交织的过程,其经济效益具有如下鲜明特征:

(1) 经济效益的相关性。作物生境调控措施的作用效能与地域、气候、时间等条件相互关联,共同引发作物种植的经济效益变化。同时,多项作物生境调控措施产生的经济效益通常大于单项作物生境调控措施产生的经济效益的简单加和。

(2) 经济效益的持续性和有限性。作物生产效益是通过作物不断利用大气、土壤、地下水等方面的自然资源,并通过持续生长发育所获得的收益。因此,作物生境调控产生的经济效益具有持续性。此外,由于作物种植是在生物与环境协调统一的特定条件下进行的农业生产活动,农业生产者结合相关生境调控措施对作物生长过程的作用影响程度是有限的,因而作物生境调控产生的经济效益也是有限的。

(3) 经济效益的不稳定性。作物种植易遭受自然环境因素的影响,如气候条件、土壤质量等。因此,作物生境调控的经济效益通常表现出不稳定性。在不同地区、相同调控措施下,相同作物种植的经济效益常常表现出显著差异。即使在同一地区、相同调控措施下,不同年份种植相同作物所产生的经济效益也可能存在较大差异。

(4) 经济效益的多样性。在作物生境调控过程中,既有直接的经济效益,也有间接的经济效益,体现了经济效益的多样性。

10.2.2 经济效益评价指标体系

作物生境调控对作物种植经济效益的影响直观体现在对投入和产出的影响,其中投入体现在作物生境调控对租地费、耕作、种苗费等指标的影响,而产出则体现在作物生境调控对主产品价值和副产品价值的影响,见表10.1。

表 10.1　　　　作物生境调控经济效益评价指标体系

投入指标						产出指标	
序号	指标	序号	指标	序号	指标	序号	指标
1	租地费	5	农药费	9	运营管理费	1	主产品价值
2	种苗费	6	水费	10	采收费		
3	地膜费	7	灌排设施损耗费	11	销售费	2	副产品价值
4	肥料费	8	燃料动力费				

10.2.2.1 投入指标

作物种植投入包括租地费、种苗费、地膜费、肥料费、农药费、水费、灌排设施损耗费、燃料动力费、运营管理费、采收费和销售费。

(1) 租地费。租地费是指生产者为了从事农作物种植,在自愿的前提下,通过租赁的形式经营、管理他人农田而产生的成本费用。

（2）种苗费。种苗费是指在从事农业生产过程中，向农田播撒种子或移栽幼苗所产生的成本费用。

（3）地膜费。地膜费是指为了营造适宜的温湿环境，在农田地表铺设地膜所产生的成本费用。

（4）肥料费。肥料费是指在土壤养分有限的前提下，为了保持作物稳产高产，在作物播种前或幼苗移栽前施入底肥所产生的成本费用，以及在作物生育期内追施化肥、有机肥、微量元素肥等所产生的成本费用。

（5）农药费。农药费是指在农业生产过程中，为了防止作物遭受病虫害的不良影响，在作物播前或作物生育期内，通过喷施或随灌溉水施加农药所产生的成本费用。

（6）水费。水费是指为了满足作物在生育期内对水分的需求，降低农田土壤盐分含量等，农业生产者向农田补充灌溉所产生的成本费用。

（7）灌排设施损耗费。灌排设施损耗费是指在农业生产中用于灌溉和排水的机械或设备的损耗费用，具体包括引水、输水、配水、退水系统的损耗费和过滤、施肥、加气、施药等设备的损耗费。

（8）燃料动力费。燃料动力费是指拖拉机等农田作业机械在施工作业过程中耗用的液体燃料（柴油、汽油等）费用，以及水泵等在运转过程中耗电所产生的费用。

（9）运营管理费。运营管理费指农田翻耕、平整、灌溉、起垄、覆膜、播种/移栽、施肥、施药、中耕松土、打顶、地膜回收等劳动过程，以及其他作物生境调控涉及的劳动过程所产生的劳动报酬。

（10）采收费。采收费是指在作物成熟后，劳动者通过手工或机械的方式采摘或收割作物主产品和副产品的费用。根据人工和机械采收的面积得到采收费，计算公式如下：

$$HV = \lambda H + \xi V \tag{10.1}$$

式中：HV 为采收费用，元；λ 为人工采收面积，hm^2；H 为单位面积人工采收费用，元/hm^2；ξ 为机械采收面积，hm^2；V 为单位面积机械采收费用，元/hm^2。

（11）销售费。销售费是指农业生产者将农产品采收完成后，在晾晒、脱粒等初加工环节和储存、装卸、运输、销售等环节产生的各种费用之和。

10.2.2.2 产出指标

影响作物产量形成的因素主要可分为三类：一是内在因素，包括作物的品种特性，如植株抗逆性、受精结实率、产量构成等影响因素；二是环境因素，包括农田土壤结构、温度、养分、水分状况及光照、病虫害等影响因素；三是栽培措施，包括作物种植密度、群体结构、农艺措施等因素。作物生境调控主要通过改善作物生长的环境因素和优化作物的栽培措施影响作物的产量。

作物栽培的收益可分为基本经济收益和派生经济收益。其中基本经济收益对应作物栽培所需主要产品（籽粒、块根等）的价值；派生经济收益则是对应作物副产品（秸秆、叶片等）的价值。

（1）主产品价值。作物主要产品的产量通常与植株生物学产量成正比。不同作物作为主产品的部位各不相同,例如小麦、向日葵等主产品为籽粒,马铃薯主产品为地下块茎,红薯主产品为块根。同一作物因利用目的不同,其主产品的部位也可能存在差异,例如玉米作为粮食作物时,其主产品为籽粒,而作为青贮饲料作物时,其主产品为叶、茎、穗等全部有机物质。作物主产品的价值随市场价格的波动在年内和年际间浮动,具体单价可参照地方的统计年鉴确定。

(2) 副产品价值。作物的副产品指除主产品以外的剩余生物量。作物的生物量是指植株通过光合作用,利用光能,同化二氧化碳、水和无机物质,经过物质转化和能量积累,所形成的各种各样的有机物质的总量,具体表现为植株的根、茎、叶、花、果实、种子的干物质总量。在生产实践中,除红薯等块根作物外,通常在考虑作物的生物产量时不包括作物的根系。作物副产品的单价可参照地方的统计年鉴中饲料或有机肥料等单价确定。

10.2.3 经济效益评价模型

在作物生产过程中,通过作物生境调控措施产生的经济效益,即调控措施导致的产出价值变化量与调控措施导致的成本变化量之差,计算公式如下:

$$\Delta NP = NP_1 - NP_0 \tag{10.2}$$

$$NP_1 = TI - TC \tag{10.3}$$

$$TI = \sum_{i=1}^{n} (Y_{im} p_{im} + Y_{is} p_{is}) \tag{10.4}$$

$$TC = C_{ZD} + C_{ZM} + C_{DM} + C_{FL} + C_{NY} + C_W + C_{GPSH} + C_{RLDL} + C_{YG} + C_{CS} + C_{XS} \tag{10.5}$$

式中:ΔNP 为因作物生境调控措施产生的单位面积农田经济效益变化量,元/hm²;NP_1 为作物生境调控措施下的单位面积农田经济效益,元/hm²;NP_0 为未采取相应作物生境调控措施下的单位面积农田经济效益,元/hm²;TI 为单位面积农田总收入,元/hm²;TC 为单位面积农田总投入,元/hm²;Y_{im} 为单位面积农田第 i 种作物主产品的产量,kg/hm²;p_{im} 为第 i 种作物主产品的单价,元/kg;Y_{is} 为单位面积农田第 i 种作物副产品的产量,kg/hm²;p_{is} 为第 i 种作物副产品的单价,元/kg;C_{ZD} 为单位面积农田租地费,元/hm²;C_{ZM} 为单位面积农田的种苗费,元/hm²;C_{DM} 为单位面积农田的地膜费,元/hm²;C_{FL} 为单位面积农田的肥料费,元/hm²;C_{NY} 为单位面积农田的农药费,元/hm²;C_W 为单位面积农田的水费,元/hm²;C_{GPSH} 为单位面积农田灌排设施损耗费,元/hm²;C_{RLDL} 为单位面积农田燃料动力费,元/hm²;C_{YG} 为单位面积农田运营管理费,元/hm²;C_{CS} 为单位面积农田主产品和副产品的采收费,元/hm²;C_{XS} 为单位面积农田主产品和副产品的销售费,元/hm²。

上述产出指标中的作物主产品、副产品单价及各投入指标对应的单价均可参照当地的统计年鉴。

【例 10.1】 西北某农业合作社通过土地流转的方式承租耕地 20hm² 种植粮饲兼用玉米。租地总费用为 120000 元,玉米种子总费用为 15000 元,地膜总费用为 24000 元,肥料和农药总费用为 34000 元,玉米生育期内灌水所需总费用为 9000 元,玉成熟后玉米籽粒和秸秆的采收总费用为22000元,其他综合费用为12000元。粮饲兼用玉米的主要产品为玉米籽,副产品为青贮饲料(玉米秸秆)。玉米籽单位面积总产量为12t/hm²,单价为2100元/t;青贮饲料单位面积总产量为22.5t/hm²,单价为450元/t。当不采用生境调控措施时,玉米籽单位面积总产量为6.5t/hm²,青贮饲料单位面积总产量为11.5t/hm²。(1)试计算作物生境调控措施下的单位面积农田经济效益;(2)试计算因作物生境调控措施产生的单位面积农田经济效益变化量。

【解】

(1) 计算单位面积农田总投入。

1) 单位面积农田租地费 $C_{ZD}=120000$ 元 $÷20\text{hm}^2=6000$ 元/hm²。

2) 单位面积农田玉米种子费 $C_{ZM}=15000$ 元 $÷20\text{hm}^2=750$ 元/hm²。

3) 单位面积农田地膜费 $C_{DM}=24000$ 元 $÷20\text{hm}^2=1200$ 元/hm²。

4) 单位面积农田肥料费 $C_{FL}+$ 农药费 $C_{NY}=34000$ 元 $÷20\text{hm}^2=1700$ 元/hm²。

5) 单位面积农田水费 $C_W=9000$ 元 $÷20\text{hm}^2=450$ 元/hm²。

6) 单位面积农田采收费 $C_{CS}=22000$ 元 $÷20\text{hm}^2=1100$ 元/hm²。

7) 单位面积农田其他费 $C_{QT}=12000$ 元 $÷20\text{hm}^2=600$ 元/hm²。

单位面积农田总投入 $TC=C_{ZD}+C_{ZM}+C_{DM}+C_{FL}+C_{NY}+C_W+C_{CS}+C_{QT}=6000$ 元/hm²$+750$ 元/hm²$+1200$ 元/hm²$+1700$ 元/hm²$+450$ 元/hm²$+1100$ 元/hm²$+600$ 元/hm²$=11800$ 元/hm²。

(2) 计算单位面积农田总收入 TI。

1) 单位面积玉米籽收入为 $12\text{t/hm}^2 \times 2100$ 元/t$=25200$ 元/hm²。

2) 单位面积青贮饲料收入为 $22.5\text{t/hm}^2 \times 450$ 元/t$=10125$ 元/hm²。

单位面积农田总收入 $TI=25200$ 元/hm²$+10125$ 元/hm²$=35325$ 元/hm²。

(3) 计算作物生境调控措施下的单位面积农田经济效益。
$$NP_1=TI-TC=35325 \text{元/hm}^2-11800 \text{元/hm}^2=23525 \text{元/hm}^2$$

(4) 计算不采取作物生境调控措施下的单位面积农田总投入。

单位面积农田租地费+单位面积农田玉米种子费+单位面积农田采收费$=6000$ 元/hm²$+750$ 元/hm²$+1100$ 元/hm²$=7850$ 元/hm²

(5) 计算不采取作物生境调控措施下的单位面积农田总收入。

1) 单位面积玉米籽收入为 $6.5\text{t/hm}^2 \times 2100$ 元/t$=13650$ 元/hm²。

2) 单位面积青贮饲料收入为 $11.5\text{t/hm}^2 \times 450$ 元/t$=5175$ 元/hm²。

不采取作物生境调控措施下的单位面积农田总收入 $TI=13650$ 元/hm²$+5175$ 元/hm²$=18825$ 元/hm²。

(6) 计算不采取作物生境调控措施下的单位面积农田经济效益。
$$NP_0=18825 \text{元/hm}^2-7850 \text{元/hm}^2=10975 \text{元/hm}^2$$

(7) 计算作物生境调控措施产生的单位面积农田经济效益变化量。
$$\Delta NP=NP_1-NP_0=23525 \text{元/hm}^2-10975 \text{元/hm}^2=12550 \text{元/hm}^2$$

【答】 (1) 作物生境调控措施下的单位面积农田经济效益为23525元/hm²;

(2) 作物生境调控措施产生的单位面积农田经济效益变化量为12550元/hm²。

【例 10.2】 北方某农业公司共承租50hm²土地种植骏枣、小麦和苜蓿，其中骏枣20hm²，小麦20hm²，苜蓿10hm²。租地总费用为300000元，小麦种子总费用为13000元，苜蓿种子总费用为18000元，小麦所需地膜总费用为24000元，肥料和农药总费用为140000元，骏枣、小麦和苜蓿生育期内灌水所需总费用为27500元，骏枣采收总费用为24000元，小麦采收总费用为20000元，苜蓿采收总费用为10500元，其他综合总费用为30000元。骏枣产量为8.4t/hm²，单价为10000元/t；小麦产量为5.7t/hm²，单价为5000元/t；苜蓿产量为30t/hm²，单价为1350元/t。当不采用生境调控措施时，骏枣产量为3t/hm²，小麦产量为2t/hm²，苜蓿产量为13t/hm²。试计算因作物生境调控措施产生的单位面积农田经济效益变化量。

【解】

(1) 计算单位面积农田总投入。

1) 单位面积农田租地费 C_{ZD}＝300000元÷50hm²＝6000元/hm²。

2) 单位面积农田小麦种子费 $C_{ZM小麦}$＝13000元÷20hm²＝650元/hm²。

3) 单位面积农田苜蓿种子费 $C_{ZM苜蓿}$＝18000元÷10hm²＝1800元/hm²。

4) 单位面积农田地膜费 C_{DM}＝24000元÷20hm²＝1200元/hm²。

5) 单位面积农田肥料费 C_{FL}＋农药费 C_{NY}＝140000元÷50hm²＝2800元/hm²。

6) 单位面积农田水费 C_W＝27500元÷50hm²＝550元/hm²。

7) 单位面积骏枣采收费 $C_{CS骏枣}$＝24000元÷20hm²＝1200元/hm²。

8) 单位面积小麦采收费 $C_{CS小麦}$＝20000元÷20hm²＝1000元/hm²。

9) 单位面积苜蓿采收费 $C_{CS苜蓿}$＝10500元÷10hm²＝1050元/hm²。

10) 单位面积农田其他费 C_{QT}＝30000元÷50hm²＝600元/hm²。

单位面积骏枣总投入 $TC_{骏枣}＝C_{ZD}+C_{FL}+C_{NY}+C_W+C_{CS骏枣}+C_{QT}$＝6000元/hm²＋2800元/hm²＋550元/hm²＋1200元/hm²＋600元/hm²＝11150元/hm²。

单位面积小麦总投入 $TC_{小麦}＝C_{ZD}+C_{ZM小麦}+C_{DM}+C_{FL}+C_{NY}+C_W+C_{CS小麦}+C_{QT}$＝6000元/hm²＋650元/hm²＋1200元/hm²＋2800元/hm²＋550元/hm²＋1000元/hm²＋600元/hm²＝12800元/hm²。

单位面积苜蓿总投入 $TC_{苜蓿}＝C_{ZD}+C_{ZM苜蓿}+C_{FL}+C_{NY}+C_W+C_{CS苜蓿}+C_{QT}$＝6000元/hm²＋1800元/hm²＋2800元/hm²＋550元/hm²＋1050元/hm²＋600元/hm²＝12800元/hm²。

单位面积农田总投入 $TC＝TC_{骏枣}×(20hm²/50hm²)+TC_{小麦}×(20hm²/50hm²)+TC_{苜蓿}×(10hm²/50hm²)$＝11150元/hm²×0.4＋12800元/hm²×0.4＋12800元/hm²×0.2＝12140元/hm²。

(2) 计算单位面积农田总收入 TI。

1) 单位面积骏枣收入为8.4t/hm²×10000元/t＝84000元/hm²。

2) 单位面积小麦收入为5.7t/hm²×5000元/t＝28500元/hm²。

3) 单位面积苜蓿收入为30t/hm²×1350元/t＝40500元/hm²。

单位面积农田总收入 $TI=84000$ 元/hm² $\times 0.4+28500$ 元/hm² $\times 0.4+40500$ 元/hm² $\times 0.2=53100$ 元/hm²。

(3) 计算作物生境调控措施下的单位面积农田经济效益。
$$NP_1=TI-TC=53100 \text{ 元/hm}^2-12140 \text{ 元/hm}^2=40960 \text{ 元/hm}^2$$

(4) 计算不采取作物生境调控措施下的单位面积农田总投入。

单位面积骏枣总投入＝单位面积农田租地费＋单位面积农田采收费＝6000 元/hm²＋1200 元/hm²＝7200 元/hm²。

单位面积小麦总投入＝单位面积农田租地费＋单位面积小麦种子费＋单位面积小麦采收费＝6000 元/hm²＋650 元/hm²＋1000 元/hm²＝7650 元/hm²。

单位面积苜蓿总投入＝单位面积农田租地费＋单位面积苜蓿种子费＋单位面积苜蓿采收费＝6000 元/hm²＋1800 元/hm²＋1050 元/hm²＝8850 元/hm²。

单位面积农田总投入 $TC=7200$ 元/hm² $\times 0.4+7650$ 元/hm² $\times 0.4+8850$ 元/hm² $\times 0.2=7710$ 元/hm²。

(5) 计算不采取作物生境调控措施下的单位面积农田总收入。

1) 单位面积骏枣收入为 3t/hm² $\times 10000$ 元/t＝30000 元/hm²。
2) 单位面积小麦收入为 2t/hm² $\times 5000$ 元/t＝10000 元/hm²。
3) 单位面积苜蓿收入为 13t/hm² $\times 1350$ 元/t＝17550 元/hm²。

单位面积农田总收入 $TI=30000$ 元/hm² $\times 0.4+10000$ 元/hm² $\times 0.4+17550$ 元/hm² $\times 0.2=19510$ 元/hm²。

(6) 计算不采取作物生境调控措施下的单位面积农田经济效益。
$$NP_0=19510 \text{ 元/hm}^2-7710 \text{ 元/hm}^2=11800 \text{ 元/hm}^2$$

(7) 计算作物生境调控措施产生的单位面积农田经济效益变化量。
$$\Delta NP=NP_1-NP_0=40960 \text{ 元/hm}^2-11800 \text{ 元/hm}^2=29160 \text{ 元/hm}^2$$

【答】 作物生境调控措施产生的单位面积农田经济效益变化量为 29160 元/hm²。

10.2.4 经济效益提高途径

作物生境调控的经济效益与作物产值和农田生产投入直接相关。增加作物产量、降低调控措施的投入是提高作物生产经济效益的直接举措，具体包括科学灌排、测土配方施肥、适时中耕松土、优化作物种植结构、种养结合等。

1. 科学灌排

科学灌排体现了灌溉和排水的科学性，根据区域的气候条件、土壤类型、作物特性等制定适宜的灌排制度，确定合理的灌排水量，通过有效的管理维护措施提高作物种植的经济效益。

2. 测土配方施肥

传统的施肥方式难以在作物需肥关键期提供适宜的肥料种类和合理的肥量，不仅影响作物的生长发育，还会造成肥料浪费。为了提高作物肥料利用率，施肥制度的确定需要综合考虑作物的需肥规律、土壤有效养分本底值、土壤供肥性能和肥料效应，在合理施用有机肥的基础上科学确定施肥种类、施肥数量及施肥时间，提高肥料利用效率和作物产量。

3. 适时中耕松土

在作物生育期，结合相应农作工具，在作物的株行间疏松表层土壤，可以有效调节耕层土壤的通气性及土壤水分、养分、温度状况，促进作物根系对水分和营养元素的吸收利用，有利于提高作物产量。

4. 优化作物种植结构

（1）适土作物栽培。针对不同的土壤质地、土壤含盐量、酸碱性等特征，优选适宜的栽培作物，确保作物稳产、高产。例如，在轻度或中度盐碱地种植棉花、枸杞、向日葵等耐盐碱作物；在土壤氯离子含量较高的农田种植洋葱、芹菜、甘蓝等耐氯作物。

（2）适宜区域气候的作物栽培。中国幅员辽阔，气候复杂多样，作物栽培应结合具体气候条件选择适宜的作物类型，以提高作物产量和品质。例如，在华北、西北等干旱半干旱地区种植禾谷类作物（小麦、玉米、高粱等）及甘薯、马铃薯等耐旱作物，在南方气候湿润地区种植水稻、菠菜等作物；在西北等光照时间长、昼夜温差大的地区，种植葡萄、西瓜、哈密瓜等经济作物。

5. 种养结合

以当地的农业生产资源禀赋条件为基础，调整农业生产结构，将作物种植与养殖有机结合，优化资源配置，减少无机肥及农药的施用量，提高农业生态系统的经济效益，促进农业持续、稳定发展。近年来，国家多次提出要大力发展生态农业，各种"综合种养模式"应运而生，如"稻鱼综合种养"模式、"稻虾共生"模式、"稻蟹共生"模式、"稻鸭共生"模式等，在实际应用中取得了良好效果。

10.3 生态环境效益评估指标体系构建

农田生态系统是指人类为了满足生存需要，积极干预自然生态系统，依靠土地资源，利用作物的生长繁殖来获得农产品而形成的半自然人工系统，是由作物及其周围环境构成的物质转化和能量流动系统，具有整体性、层次性、开放性、动态性、生产性、可变性、多功能性和可持续性等特征。

作物生境调控必然会引起农田地下水-土壤-植物-大气连续体系统发生变化。这些变化对农田可持续生产既有正面影响也有负面影响。为了实现农业自然资源的充分开发、合理利用和有效保护，促进农田生态系统的良性高效运转，需要以农田资源合理利用、提高环境承载能力、促进生态平衡为宗旨，全面、科学地评估作物生境调控的生态环境效益。

由于作物生境调控是一个动态的过程，其影响涉及农田生态环境的各个方面，在构建生态环境效益评估指标体系时，需要综合考虑各影响因素之间的内在联系，兼顾不同调控措施对农田地下水-土壤-作物-大气连续体系统影响的动态性和长期性。为了确保构建的生态环境效益评价指标体系能全面、客观、科学地反映作物生境调控对农田生态系统的影响，在指标的筛选和指标体系的构建过程中，应遵循一定的原则和步骤。

10.3.1 生态环境效益指标体系的构建原则

作物生境调控的生态环境效益评估指标体系应遵循以下原则：

（1）科学性原则。科学性是选择评价指标进行客观评价的根本要求。科学性原则首先要求指标的概念明确、具有科学内涵，能够度量和反映作物生境调控生态环境效益的主体特征、发展趋势和主要问题，指标选择、数据获取及计算过程必须基于相应的科学原理；其次，选择的评价指标能客观、真实地反映作物生境调控措施对农田生态环境造成的影响，避免主观意识的干预，以保证评估结果的公正、合理；再者，评级指标的选择和计算方式要一致，相同评价指标在不同评价地区代表的含义相同，所适用的评价原则和评价标准通用，便于在不同地区之间针对同一指标进行对比。

（2）针对性原则。评价指标的选择要客观地反映评价对象的真实情况，具有较强的针对性和广泛的代表性。生态环境效益评价指标的筛选要考虑指标对决策的支撑作用，优先考虑决策者容易理解的指标，便于评价结果被接受并纳入后续的决策工作；由于生态系统和人类需求的特殊性及区域差异性，生态环境效益指标筛选时应该优先选用知名国际组织或国家在评估中应用较多的指标。

（3）可操作性和可行性相结合原则。受监测方法、资料来源、评价模型及模型参数的限制，不同生态环境效益指标评价的难易程度和可靠性存在较大差异。评价指标的选择应立足于数据资料的可获得性及其可靠性，优先选择一些资料完整可靠的指标，尽量简洁、明晰，同一指标对所有的评价对象应具有相同的标准尺度，便于指标间相互比较和分析。此外，各个指标上下级的主要观测点具有内在的逻辑联系，确保构建的评估指标体系客观、全面。

（4）动态与静态相结合原则。作物生境调控对农田生态环境效益的影响比较缓慢，需要长期监测才能显现其成效，并且需要根据当地气候、环境、政策等的变化，优化调整适宜的作物生境调控措施，这是一个静态发展与动态优化相结合的过程。评价指标中既有能反映这一静态过程的指标，又有能反映动态过程的指标。

（5）定量与定性相结合原则。作物生境调控的效益评估工作涵盖了多方面的内容，评价指标包括定性指标和定量指标。并非所有的评价指标都能通过转换获得具体权重，如土壤重金属的空间分布状态、微生物群落结构演变等时空变化指标。因此，在选择评价指标时，应根据农田实际情况与可获得的指标数据，将定量指标与定性指标相结合，确保评价结果客观真实。

（6）系统性和层次性相结合原则。反映农田生态系统属性及其与人类关系的指标数量众多，大致可分为要素、结构、过程、功能和服务五类。生态环境效益评估指标体系应分为不同层次，每个层次由不同要素组成，各层级的指标之间具有关联性，前一层级对后一层级指标具有决定性影响，后一层级指标也可能包含前一层级指标的信息。

评价指标的数量以及评价体系的结构形式应以系统优化为原则，通过平衡各项指标之间的有机联系方式和合理的数量关系，达到评价指标体系的整体功能最优，便于对生态环境效益进行全面、客观的评价。

（7）灵敏性原则。农田生态环境效益评估指标对作物生境调控措施的响应程度各不相同，其中相对敏感的评估指标更能反映农田生态系统的效益变化。因此，在选择生态环境效益评价指标时，应着重考虑本身变化幅度较大且对人类活动响应敏感的指标。

（8）独立性原则。生态环境效益评价指标体系由大量指标构成，指标之间可能存在

10.3 生态环境效益评估指标体系构建

相关性和重复性。为了更加科学、高效地开展效益评估工作,需要分析各指标间的相关程度,尽量将指标间的信息重复性和相关性降至最低,避免指标间的包容和重叠。

(9) 经济适用性原则。作物生境调控的农田生态环境效益评估工作应考虑经济成本,将资料收集处理、指标监测、模型开发与检验分析等工作成本控制在适当范围内。

10.3.2 生态环境效益指标体系的构建过程

依据上述九项原则,作物生境调控的生态环境效益评价指标体系的构建可分为以下四个步骤:

(1) 生态环境效益的层次分析。按照系统性和层次性相结合的原则,可将作物生境调控的生态环境效益评价指标体系分为目标层、准则层和指标层。农田尺度上的作物生境调控生态环境效益可以分解为若干准则层;每个准则层又可继续分解为具体指标的基本层次,即指标层。

(2) 初选准则层和指标层。为了全方位评估作物生境调控对生态环境效益的影响,需全面列出准则层和指标层的所有指标,防止重要指标缺失。

(3) 初步建立评价指标体系。初步建立指标体系是对不同层次初选的指标群进行筛选,结合专业常识、专家经验、理论分析、频率统计等方法,分析判断并剔除与所评价问题明显不适宜的指标,然后初步搭建指标体系。

(4) 指标体系的检验。针对初步搭建的指标体系进行检验,并结合检验结果进行指标的再次筛选、重组和修正,直至获得科学、合理的评价指标体系。

10.3.3 生态环境效益评估指标体系

作物生境调控的生态环境效益主要反映在作物生育期内一系列生境调控措施对生态维护和环境改善的直接或间接影响,其评价指标包括能够反映农田生态系统水量调节、地下水水质净化、土壤改良、生物多样性、固碳释氧、大气环境净化、土壤保持等功能的一级评价指标,一级评价指标可进一步细分为若干项二级评价指标,见表10.2。

表 10.2　　作物生境调控生态环境效益评价指标体系

一级评价指标	二级评价指标	一级评价指标	二级评价指标
地下水水质净化	矿化度	水量调节	年调节水量
	酸碱度		地下水埋深
	氯化物浓度	生物多样性	Shannon – Wiener 指数
	硫化物浓度		Shannon 均衡度
	化学需氧量	固碳释氧	碳固定量
土壤改良	土壤板结程度		氧气释放量
	土壤酸碱度	大气环境净化	二氧化硫吸收量
	根区土壤有机质含量		氟化物吸收量
	根区土壤有效养分含量		氮氧化物吸收量
	土壤重金属含量		粉尘滞滤量
	土壤积盐量		负离子产生量
	农膜残留量	土壤保持	作物冠层截留降水量
	农药残留量		固土量

10.3.3.1 水量调节

农田系统的水量调节指标可进一步分为年调节水量指标和地下水埋深指标。

(1) 年调节水量。农田生态系统一方面通过入渗作用吸收并储存降水和灌溉水,并将地表水转化为径流退水(或排水)和地下水,发挥正向的蓄水效益,包括雨季蓄水防洪和旱季供水抗旱;另一方面在作物正常生长过程中,提供土壤蒸发和作物蒸腾作用的需求水分。年调节水量指标可以表征农田系统的蓄水能力,反映农田生态系统的蓄水效益。根据水量平衡原理,将全年分为 n 个时段,则全年调节水量的计算公式如下:

$$W = \sum_{i=1}^{n}(I_i + P_i - E_i - D_i)A \tag{10.6}$$

式中:W 为农田系统年调节水量,m³;I_i 为第 i 时段($i=1,2,\cdots,n$)的灌溉水量,m;P_i 为第 i 时段的降水量,m;E_i 为第 i 时段的农田蒸散量,m;D_i 为第 i 时段的排水量,m;A 为计算区域面积,m²。

(2) 地下水埋深。地下水埋深是指地面到地下水位之间的垂直距离,决定了地表污染物与包气带介质接触的时间及地下水在毛管力作用下向地表运移能力的强弱,控制着地表污染物在到达含水层之前所经历的各种水文地球化学过程及物理化学过程。农田地下水埋深应结合区域的气象、水文特征控制在一定范围内,过低或过高均不利于农业生产和生态环境的改善。

10.3.3.2 地下水水质净化

地下水水质是地下水的物理、化学、生物性质的总称,是直接反映农田地下水系统质量好坏程度的指标。当农田地下水埋深较小时,降水和灌溉水可经农田土壤入渗迅速补给地下水,对地下水系统的物理、化学成分产生影响;另外,作物根系也可以对地下水中的污染物进行吸收和吸附,改善地下水质。国家标准化管理委员会和国家质量监督检验检疫总局于 2017 年联合发布的《地下水质量标准》(GB/T 14848—2017)明确了地下水质量的分类标准及分类指标,并提出了部分指标的推荐检测、分析方法。农田系统对地下水水质的影响主要体现在对地下水矿化度、酸碱度、氯化物浓度、硫化物浓度和化学需氧量等指标的影响。

(1) 矿化度。地下水的矿化度是指地下水中离子、分子和各种化合物的总量。地下水矿化度的变化是影响作物生长的重要因素,也是衡量地下水质的重要指标。根据《地下水质量标准》,Ⅰ类、Ⅱ类、Ⅲ类和Ⅳ类地下水的矿化度上限分别为 300mg/L、500mg/L、1000mg/L、2000mg/L。

(2) 酸碱度。地下水酸碱度通常采用 pH 值表征。地下水的酸碱度直接影响作物生长发育过程,不仅对土壤微生物的活性和土壤肥力的释放具有重要影响,还影响作物根系对地下水分的利用及对土壤营养物质的吸收。根据《地下水质量标准》,Ⅰ类、Ⅱ类和Ⅲ类地下水 $6.5 \leqslant$ pH 值 $\leqslant 8.5$,Ⅳ类地下水 $5.5 \leqslant$ pH 值 $\leqslant 6.5$ 或 $8.5 \leqslant$ pH 值 $\leqslant 9.0$。

(3) 氯化物浓度。氯离子是水体中常见的无机阴离子。地下水中氯化物浓度过高通常会引起耕层土壤的氯化物浓度超标,进而对作物的出苗和正常生长发育产生抑制作用，影响部分土壤微生物的活性和土壤有机质的分解过程，不利于农作物的正常生长和农田自然生态系统平衡。根据《地下水质量标准》，Ⅰ类、Ⅱ类、Ⅲ类和Ⅳ类地下水的氯化物浓度上限分别为 50mg/L、150mg/L、250mg/L、350mg/L。

（4）硫化物浓度。地下水中的硫化物包括溶解性的硫化氢、酸溶性的金属硫化物、不溶性的硫化物和有机硫化物。硫化物水解产生的硫化氢会危害作物的细胞色素、氧化酶，导致细胞组织缺氧。通常，将地下水中溶解性的硫化物和酸溶性的硫化物总含量作为反映地下水中硫化物浓度的指标。根据《地下水质量标准》，Ⅰ类、Ⅱ类、Ⅲ类和Ⅳ类地下水的硫化物浓度上限分别为 0.005mg/L、0.01mg/L、0.02mg/L、0.1mg/L。

（5）化学需氧量（chemical oxygen demand，COD）。化学需氧量是指在规定条件下，采用一定的强氧化剂处理水样时，所消耗的氧化剂量，是衡量水体中还原性污染物浓度的重要指标。旱田地下水系统的需氧有机污染物通常被分解为二氧化碳和水等；水田地下水系统的有机污染物通常被分解为氨气、沼气、有机酸、乙醇类等中间代谢产物。当地下水体中需氧有机物的含量较低时，地下水对作物生长无不良影响，甚至在一定条件下还能改良土壤；当地下水中需氧有机物的含量过高时，其代谢产物进入耕作层，被作物根系吸收后可能阻碍植株体内的代谢活动，抑制作物根系对氮、磷、钾等营养元素的吸收，甚至引起烂根，不利于植株地上部分的生长发育。根据《地下水质量标准》，Ⅰ类、Ⅱ类、Ⅲ类和Ⅳ类地下水的化学需氧量上限分别为 1mg/L、2mg/L、3mg/L、10mg/L。

10.3.3.3 土壤改良

农田土壤改良是采取相应的物理、生物或化学措施，改善土壤性状，提高土壤肥力，增加作物产量。作物生境调控对农田土壤的影响主要体现在对土壤结构、土壤酸碱度、土壤有机质含量、土壤有效养分含量、土壤盐分含量、土壤重金属含量、土壤农膜残留量、土壤农药残留量等方面的影响。

（1）土壤板结程度。土壤板结是指农田表层土壤在质地黏重、盐分含量高、有机肥投入不足、地膜清理不彻底、偏施化肥、有害物质积累等条件下，经降雨或灌溉等外因作用导致土粒分散，并在干燥后受内聚力作用而出现的土面变硬现象。土壤板结可能造成土壤有机质含量降低、保水保肥能力和通透性下降，不利于作物根系对土壤水分和营养物质的吸收，影响植株的生长发育。农田土壤板结程度目前没有明确的指标进行表征，结合实际情况，推荐采用作物收获后由当年第一次灌溉或降水所引起土壤板结的板结层平均厚度表示；并采用土壤板结层厚度的变化量代表土壤板结程度的变化，具体如下：

$$\Delta h = h_0 - h_1 \tag{10.7}$$

式中：Δh 为土壤板结层厚度的变化量，m，$\Delta h > 0$ 表示土壤板结程度减轻，$\Delta h < 0$ 表示土壤板结程度加重，$\Delta h = 0$ 表示土壤板结程度不变；h_0 为作物生境调控措施实施前的土壤板结层平均厚度，m；h_1 为作物生境调控措施实施后的土壤板结层平均厚度，m。

（2）土壤酸碱度。土壤酸碱度对土壤养分及多种营养元素的有效性、土壤微生物的活性等具有重要影响。作物生境调控措施引起的土壤酸碱度变化可结合以下公式表示：

$$\Delta pH = |pH_1 - pH_{适宜}| - |pH_0 - pH_{适宜}| \tag{10.8}$$

式中：ΔpH 为土壤酸碱度的变化量，$\Delta pH < 0$ 表示土壤酸碱性状况改善，$\Delta pH > 0$ 表示土壤酸碱性状况恶化，$\Delta pH = 0$ 表示土壤酸碱性状况不变；pH_1 为作物生境调控措施实施后的土壤酸碱度；pH_0 为作物生境调控措施实施前的土壤酸碱度；$pH_{适宜}$ 为分析地区农田指定作物种植适宜的土壤 pH。

（3）根区土壤有机质含量。土壤有机质含量的增加量可用下式表示：

$$\Delta OC = OC_1 - OC_0 \tag{10.9}$$

式中：ΔOC 为土壤有机质含量的变化量，kg/m^3，$\Delta OC > 0$ 表示土壤有机质含量增加，$\Delta OC < 0$ 表示土壤有机质含量降低，$\Delta OC = 0$ 表示土壤有机质含量不变；OC_1 为作物生境调控措施实施后的土壤有机质含量，kg/m^3；OC_0 为作物生境调控措施实施前的土壤有机质含量，kg/m^3。

（4）根区土壤有效养分含量。作物生境调控措施导致的土壤养分含量变化量可用下式表示：

$$\Delta ANC = ANC_1 - ANC_0 \tag{10.10}$$

式中：ΔANC 为土壤有效养分总含量的变化量，kg/m^3，$\Delta ANC > 0$ 表示土壤有效养分含量增加，$\Delta ANC < 0$ 表示土壤有效养分含量降低，$\Delta ANC = 0$ 表示土壤有效养分含量不变；ANC_1 为作物生境调控措施实施后的土壤有效养分总含量，kg/m^3；ANC_0 为作物生境调控措施实施前的土壤有效养分总含量，kg/m^3。

（5）土壤重金属含量。土壤中的重金属主要指土壤中的铁、锰、锌、铜、镍、铅、汞、砷、铬、镉等元素，大部分来源于农药、废水、污泥等。重金属元素在土壤中不易被淋滤和被微生物降解，经食物链进入人体后产生的潜在危害极大。作物生境调控措施引起的土壤重金属总含量的变化量可用下式表示：

$$\Delta HMC = HMC_1 - HMC_0 \tag{10.11}$$

式中：ΔHMC 为土壤重金属总含量的变化量，kg/m^3，$\Delta HMC > 0$ 表示土壤重金属总含量增加，$\Delta HMC < 0$ 表示土壤重金属总含量降低，$\Delta HMC = 0$ 表示计算时段内土壤重金属总含量不变；HMC_1 为作物生境调控措施实施后的土壤重金属总含量，kg/m^3；HMC_0 为作物生境调控措施实施前的土壤重金属总含量，kg/m^3。

（6）土壤积盐量。农田土壤在一定时间内的积盐程度通常采用"积盐量"表示。积盐量是指某一时段内的土壤盐分增加量，具体如下：

$$\Delta SR = SC_1 - SC_0 \tag{10.12}$$

式中：ΔSR 表示土壤积盐量，kg/m^3，$SR > 0$ 表示土壤积盐，$SR < 0$ 表示土壤脱盐，$SR = 0$ 表示计算时段内土壤含盐量保持不变；SC_1 表示作物生境调控措施实施后的土壤含盐量，kg/m^3；SC_0 表示作物生境调控措施实施前的土壤含盐量，kg/m^3。

（7）农膜残留量。农膜的原料通常是人工合成的高分子化合物，在自然光热条件下很难彻底分解。残留在土壤中的农膜通常会造成土壤孔隙度下降，阻碍降水和灌溉水入渗，妨碍毛管力作用下的土壤水分运移，引起表层土壤板结，影响作物根系的生长及根系对土壤水分和营养物质的吸收，抑制作物的正常生长发育，不利于农业生产的可持续健康发展。农膜残留量计算公式如下：

$$\Delta FR = FR_0 - FR_1 - FR_2 \tag{10.13}$$

式中：ΔFR 为农膜残留量，kg/hm^2；FR_0 为播前或作物生育期内单位面积农田铺设农膜的重量，kg/hm^2；FR_1 为作物生育期内的农膜降解量，kg/hm^2；FR_2 为作物收后单位面积农田回收的农膜重量。

（8）农药残留量。有机氯农药、有机磷农药、有机氮农药等有机农药的化合物性质稳定，附着于作物体外或分散落在土壤表面的农药降解所需时间较长，可能破坏农田生态系统，对动物健康和作物正常生长产生威胁。农药残留量是农田系统中单位面积农田和作物残留的农药总量，单位为 kg/hm^2。

10.3.3.4 生物多样性

农田地表的作物种类相对单一，农田生态系统的生物多样性主要体现在根区土壤微生物的多样性。土壤微生物的多样性即微生物物种的丰富程度，采用土壤生物化学过程与土壤生物区系变化之间的相互关系反映。从土壤微生物多样性与整个生态系统的角度可将其多样性划分为物种多样性、遗传多样性、结构多样性和功能多样性。在农田生态环境效益评估过程中，同时考虑上述四种多样性相对较烦琐，通常采用 Shannon-Wiener 指数和 Shannon 均衡度衡量土壤微生物的多样性，具体如下：

$$SW = -\sum \frac{n_i}{N} \ln \frac{n_i}{N} \tag{10.14}$$

$$E = \frac{SW}{\ln S} \tag{10.15}$$

式中：SW 为 Shannon-Wiener 指数；n_i 为第 i 个物种的个体数量；N 为物种个体总数量；E 为 Shannon 均衡度；S 为物种总数。

10.3.3.5 固碳释氧

作物可以通过光合作用吸收二氧化碳、释放氧气，维持大气的碳氧平衡。

（1）碳固定量。采取适宜的作物生境调控措施可以有效提高作物的生物量，增加作物的光合产物和土壤碳库，提高农业生产力。结合《森林生态系统服务功能评估规范》（GB/T 38582—2020），农田的年固碳量可通过下式计算：

$$TCS = \Delta SOCP + CRCP \tag{10.16}$$

$$\Delta SCOP = (SOC_1 - SOC_0) \times BD \times A \times H \tag{10.17}$$

$$CRCP = 1.63 \times NEP \times A \times R \tag{10.18}$$

式中：TCS 为农田年固碳量，kg；$\Delta SOCP$ 为土壤年固碳量，kg；$CRCP$ 为作物年固碳量，kg；SOC_0 为计算时段初土壤有机碳含量，kg/kg；SOC_1 为计算时段末土壤有机碳含量，kg/kg；BD 为土壤容重，kg/m^3；A 为农田面积，m^2；H 为耕层深度，m；NEP 为农田系统净生产力，kg/m^2；R 为二氧化碳中的碳含量，取值 27.27%。

农田系统的净生产力是指绿色作物在单位面积、单位时间内所积累的有机物的数量，可以通过 CASA（Carnegie-Ames-Stanford Approach）模型结合地面气象数据和遥感数据进行估算。

(2) 氧气释放量。结合《森林生态系统服务功能评估规范》，作物释放氧气量可通过以下公式估算：

$$O_s = 1.19 \times NEP \times A \tag{10.19}$$

式中：O_s 为农田氧气释放量，kg；NEP 为农田系统净生产力，kg/m^2；A 为农田面积，m^2。

10.3.3.6 大气环境净化

农田系统可以滞滤大气中的粉尘，吸收、降解大气中的二氧化硫、氟化物和氮氧化物等污染物，产生空气负离子，从而消减有害气体、净化空气环境。

(1) 二氧化硫吸收量。二氧化硫是空气中的主要有害气体，当其浓度达到 0.5ppm 就会对人体产生潜在不利影响。作物对空气中二氧化硫具有一定的吸收能力，可以适当降低空气中的二氧化硫浓度。作物的二氧化硫吸收量计算公式如下：

$$V_{SO_2} = DA \tag{10.20}$$

式中：V_{SO_2} 为农田系统的二氧化硫吸收量，kg/a；D 为农田系统吸收二氧化硫的能力，kg/(hm^2·a)；A 为农田面积，hm^2。

(2) 氟化物吸收量。氟化物是空气中的污染气体，对动植物及人类的毒性较强。作物对氟化物的吸收能力较强，农田系统的氟化物吸收量计算公式如下：

$$V_{氟化物} = EA \tag{10.21}$$

式中：$V_{氟化物}$ 为农田系统的氟化物吸收量，kg/a；E 为农田系统的氟化物吸收能力，kg/(hm^2·a)；A 为农田面积，hm^2。

(3) 氮氧化物吸收量。空气中的氮氧化物也是常见的污染物，侵入人体后容易造成人体缺氧，引起肺水肿。农田作物对空气中的氮氧化物具有一定的吸收能力，其氮氧化物吸收量计算公式如下：

$$V_{氮氧化物} = FA \tag{10.22}$$

式中：$V_{氮氧化物}$ 为农田系统的氮氧化物吸收量，kg/a；F 为农田系统吸收氮氧化物的能力，kg/(hm^2·a)；A 为农田面积，hm^2。

(4) 粉尘滞滤量。粉尘是空气中常见的直接危害人类健康的污染物，尤其是直径小于 5μm 的粉尘可以弥漫到下呼吸道引发肺结节等疾病。农田系统在作物生育期内冠层盖度较大，对粉尘具有一定的滞滤能力，其粉尘滞滤量计算公式如下：

$$V_{粉尘} = GA \tag{10.23}$$

式中：$V_{粉尘}$ 为农田系统的粉尘滞滤量，kg/a；G 为农田系统滞滤粉尘的能力，kg/(hm^2·a)；A 为农田面积，hm^2。

(5) 负离子产生量。空气负离子是指带负电荷的单个气体分子和轻离子团的总称，在空气净化、小气候调节等方面具有重要作用。农田系统在作物主要生育期内具有一定的产生负离子的能力。根据《森林生态系统服务功能评估规范》，结合农田作物生育特征将全年分为 n 个阶段，农田系统的负离子产生量计算公式如下：

$$V_{负离子} = \sum_{i=1}^{n} \left(5.256 \times 10^{15} \times \frac{Q_i A H_i}{L_i} \right) \tag{10.24}$$

式中：$V_{负离子}$ 为农田系统产生的负离子数，个/年；Q_i 表示第 i 时段的农田实测负离子浓度，个/cm³；A 为农田面积，hm²；H_i 为第 i 时段的农作物平均高度，m；L_i 为第 i 时段的负离子寿命，min。

10.3.3.7 土壤保持

作物生境调控可以通过调节适宜于作物生长的农田环境，促进作物生长，进而影响作物冠层截留降水量，减小土壤侵蚀模数，防止或减轻土壤侵蚀。

(1) 作物冠层截留降水量。作物冠层截留水量是指自然降水或喷灌水经过作物冠层再分配后，保留在作物的茎、叶、穗上的水量。作物冠层截留水量通常随着作物叶面积指数的增大而增大，可结合农田能量平衡原理，根据潜热通量计算作物截留的降水量，具体如下：

$$I_{crop} = \frac{E}{\lambda} - T_r \tag{10.25}$$

$$E = \frac{R_n - G}{1 + \beta} \tag{10.26}$$

$$\beta = \gamma \frac{T_2 - T_1}{e_2 - e_1} \tag{10.27}$$

$$e_a = e_s RH \tag{10.28}$$

$$e_s = 6.112 \exp\left(\frac{17.67 T}{243.5 + T}\right) \tag{10.29}$$

式中：I_{crop} 为作物冠层毛截流损失量，mm/h；E 为潜热通量，W/m²；λ 为汽化潜热，约为 2496 J/g；T_r 为作物蒸腾速率，mm/h；R_n 为净辐射，W/m²；G 为土壤热通量，W/m²；β 为波文比，可由波文比能量平衡观测系统测量得到；T_1、T_2 为距农田地表两个高度处的气温，℃；e_1、e_2 为距农田地表两个高度处的水汽压，hPa；e_a 为实际水汽压，hPa；e_s 为饱和水汽压，采用修正的 Tetens 公式计算，hPa；RH 为空气相对湿度，%；T 为气温，℃。

(2) 固土量。作物可以通过根系的横向和纵向生长固化土壤，提高土壤的抗侵蚀能力，增强土壤黏度。农田系统的固土效益表现为减小农田土壤的侵蚀模数（土壤侵蚀模数指单位面积土壤及母质在单位时间内侵蚀量的大小，表征土壤侵蚀强度）。农田系统固土量具体计算如下：

$$\Delta S = \Delta S_e A \tag{10.30}$$

式中：ΔS 为农田土壤侵蚀量的变化量，kg/a；ΔS_e 土壤侵蚀模数减小量，kg/(hm²·a)；A 为农田面积，hm²。

10.3.4 生态环境效益评估方法

生态环境效益评估涉及的评价指标众多，部分评价指标（如固碳释氧、大气环境净化等）可通过相应方法计量成具体的货币效益，另一部分指标（如水量调节、地下水水质净化等）则难以结合适宜方法计量成具体的货币效益。

在作物生境调控的生态环境效益评估中，通常先将所有的评价指标进行赋值，然后进行分级和确定权重，再将具体的指标值转化为无量纲标度，结合隶属函数等模型,进行生态环境效益评估,通过与作物生境调控措施实施之前的生态环境效益进行对比分析,得到作物生境调控措施产生的生态环境效益。具体生态环境效益评估流程如图10.2所示。

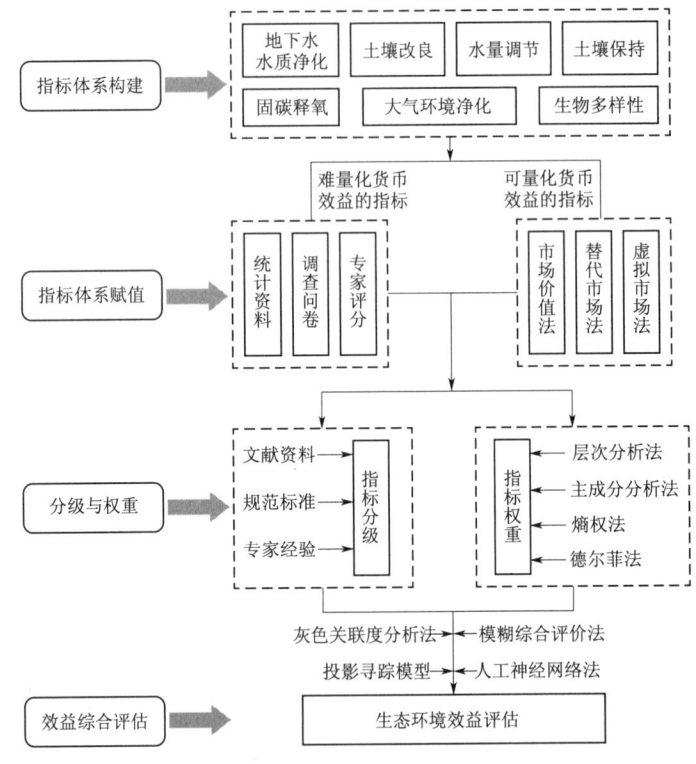

图10.2 生态环境效益评估流程

10.3.4.1 指标体系赋值

针对难以量化货币效益的指标,结合相关科研成果、文献资料、调查问卷、专家评分等,可进行赋值或赋分。

针对可量化货币效益的指标,结合"费用-效益"等分析方法确定指标的货币转换参数,可间接赋予货币价值。目前,主要的"费用-效益"分析方法包括市场价值法、替代市场法和虚拟市场法。

1. 市场价值法

市场价值法是效益评估领域中普遍采用的方法,在生态环境效益评估过程中,市场价值法将生态环境质量作为一类生产要素,结合货币价格对生态环境效益在市场上的价值进行客观的度量和测算,主要包括机会成本法、生产率变动法、影子工程法等。市场价值法可以实现对生态环境效益的客观评估,具有较高的可信度,但难以直接量化估算生态价值。

(1)机会成本法。机会成本法(opportunity cost approach)是在无市场价格的情况下,通过计量自然资源牺牲的替代用途的收入估算资源使用的成本。机会成本法通常适用于稀缺程度较大的自然资源所具备的生态效益的价值评估,通过分析人们在经营农田资源时应支付的各种成本和利用自然资源将给其他利益相关者带来后果的基础上,将相应的成本和代价作为农田生态效益的评估价值。理论计算公式如下:

$$L_i = S_i W_i \tag{10.31}$$

式中:L_i 为第 i 种资源损失机会成本的价值,元;S_i 为第 i 种资源单位机会成本,元;W_i 为第 i 种资源损失的数量。

该方法反映了人们在经营和利用自然资源并享受相应收益时需要支付的成本,可以全面、客观地反映农田生态系统的生态环境效益价值,适用于某些资源的净效益不能直接估算的生态环境效益评估。

(2)生产率变动法。生产率变动法是指利用生产率的变动来评价生态环境状况变动的影响。生态环境质量的变化导致产品价格和产量的变化,通过将生态环境质量作为一个生产要素,结合市场价格计量自然资源变化产生的经济损失或实现的经济收益。

当生产要素不变时,生态环境效益价值计算如下:

$$V = (P - C_v)\Delta Q - C \tag{10.32}$$

式中:V 为生态环境效益价值,元;P 为产品价格,元/kg;C_v 为单位产品可变成本,元;ΔQ 为产量的增加量,kg;C 为成本,元。

当生产要素价格变化时,生态环境效益价值计算如下:

$$V = \frac{\Delta Q(P_1 + P_2)}{2} \tag{10.33}$$

式中:V 为生态环境效益价值,元;ΔQ 为产量的增加量,kg;P_1 为产量变化前的价格,元/kg;P_2 为产量变化后的价格,元/kg。

生产率变动法简单、实用,但该方法只考虑作为有形交换的商品价值,未考虑作为无形交换的生态环境价值,仅考虑直接经济效益,未考虑间接经济效益。

(3)影子工程法。影子工程法(shadow project)又称替代工程法,是指农田生态环境在遭受到一定程度的损害后,凭借人为构建的工程或实施的措施,将其所能带给人类的服务替代自然资源原本应该提供的生态效益服务,把替代工程的构建费用(需要的材料或产品的市场价格)或措施的实施成本作为被损害的生态效益的评估价值。影子工程法通过将难以计算的生态环境价值转换为可以计算的经济价值,将不可量化的问题转化为可以量化的问题,简化了环境资源的估价过程。具体计算公式如下:

$$V = f(x_1, x_2, \cdots, x_n) \tag{10.34}$$

式中:V 为生态环境效益价值,元;$x_1, x_2, \cdots, x_n$ 为替代工程中 n 个项目的替代费用,元。

影子工程法用于评估出不易直接进行评估的生态环境效益价值,将"不可数量化"转化为"可数量化";但由于替代工程并不唯一,且不同替代工程在时间和空间上存在差异,因此为了尽量减少偏差,在进行生态环境效益评估过程中,宜同时采用多种替代工程,从中选择最符合实际的替代工程进行价值评估。

2. 替代市场法

替代市场法是在没有直接市场价格时,通过寻找替代物的市场价格来衡量作物生境调控对应生态环境效益的价值,主要包括资产价值法、恢复和防护费用法、人力资本法、费用支出法、享乐价格法等。

(1) 资产价值法。资产价值法是指将生态环境质量作为影响资产价值的一个因素,在影响资产价值的其他因素不变的条件下,以环境质量恶化引起的资产价值变化来评估生态环境恶化所造成的经济损失,并将此经济损失作为生态环境效益的价值。

(2) 恢复和防护费用法。恢复和防护费用法的实质是计量自然资源受到破坏所带来的最低经济损失,站在削减、降低或避免对生态资源造成进一步恶化后果的立场,从需要花费的支出中估计并得出自然资源生态效益的保守评估价值。这种方法可理解为,若想要某种已经遭到生态破坏的自然资源恢复原貌,或要保护某种自然资源不遭受污染和环境的毁坏,就需要一定的费用支出来对自然资源进行保护,这种经济上的支出即作为自然资源生态效益的评估价值。

恢复和防护费用法适用于不具有市场性的生态环境效益评估,但在实际中,除了成本这一因素之外,还有其他因素影响生态环境效益的价值,因此采用恢复和防护费用法评估的价值通常偏低。

(3) 人力资本法。人力资本法 (human capital approach) 又称工资损失法,是从商品的市场价格和获得工资的角度,计量单个自然人对整个社会可能做出的有益活动的价值。人力资本法通过估计遭到破坏的生态环境资源对自然人的身体健康产生的后果,计量自然人不能再继续为社会做出有益活动而带来的损失大小,将自然人在正常情况下做出有益活动的劳动价值作为生态环境效益的评估价值。

莱克提出人员过早死亡和医疗费用增加的人力资本法数学模型如下:

$$V_x = \sum_{n=x}^{\infty} \frac{(P_x^n)_1 (P_x^n)_2 (P_x^n)_3 Y_n}{(1+r)^{n-r}} \tag{10.35}$$

式中:V_x 表示年龄为 x 的人在未来总收入的现值,元;$(P_x^n)_1$ 表示该人活到年龄 n 的概率;$(P_x^n)_2$ 表示该人在 n 年龄内具有劳动能力的概率;$(P_x^n)_3$ 表示该人在 n 年龄内有劳动能力期内被雇佣的概率;Y_n 表示该人在年龄为 x 时的收入,元;r 为贴现率。

米山于1972年针对莱克提出的模型进行了改进,具体如下:

$$V_t = \sum_{t=T}^{\infty} Y_t P_T^t (1+r)^{-(t-T)} \tag{10.36}$$

式中:V_t 表示年龄为 t 的人在未来总收入的现值,元;Y_t 表示该人在年龄为 t 时的收入,元;P_T^t 表示个人从现在或第 T 年活到第 t 年的概率;r 表示贴现率。

人力资本法适用于生态环境变化对人体健康产生影响的生态环境效益评估。但使用该方法需要详细了解人体健康与生态环境恶化的不良作用之间的关系。

(4) 费用支出法。费用支出法是根据抽样调查得到的数据推导出需求曲线,以此估算出消费者剩余,再把实际支出和消费者剩余进行求和处理,作为生态环境效益价值。

费用支出法符合传统的经济学原理,可用于评估没有价格的生态环境效益的价值,但该方法的市场化程度较低,评估结果的可信程度较低。

(5) 享乐价格法。享乐价格法(hedonic price method)又称内涵资产定价法或享乐成本估价法,是将受到生态环境影响的商品价格作为生态环境效益价值评估的方法。该方法认为人是理性的,在选择商品时会考虑众多影响商品价格的因素。在评估过程中,享乐价格法首先选择生态环境效益指标,然后建立资产价格与其相关属性(包括环境属性)之间的函数关系,最后进行回归分析,得到生态环境属性的价值。

享乐价格法主要建立在市场基础上,从侧面反映了消费者的实际偏好,但其统计模型较复杂,主观性较强,受多种因素的影响,实用性有限。

3. 虚拟市场法

虚拟市场法是指在没有替代市场的条件下,根据未来发展趋势人为设定假想市场,计量生态环境质量变化和估计价值变动。该方法通过调查人们对产品的支付意愿在理论上确定该产品的价值,主要评估方法为条件价值法。

条件价值法(contingent valuation method)又称问卷调查法或意愿调查评估法,从消费者的视角,假想生态效益正处于交易之中,通过问卷调查、现场调研等办法,得到众多生态环境效益的受益者为生态效益在心理上接受并且愿意支付的价格,再汇总全部生态效益受益者的愿意支付价格,得到生态环境效益的评估价值。

条件价值法适用于具有较大的非实用价值的评估,但其对调查工作的依赖性较强,容易受到接受调查人员素质的影响。

10.3.4.2 评价指标权重的确定方法

指标权重是对评价指标在效益评价过程中相对重要程度的综合度量。指标权重的确定是效益评估过程的重要环节,其赋值的合理与否直接关系到评估结果的科学性。根据确定指标权重的原始数据来源及指标权重计算过程的不同,现有多种确定指标权重的方法,总体可分为主观赋权法和客观赋权法。

主观赋权法主要针对定性指标,由相关领域内的专家根据专业经验进行主观判断得到指标权重。主观赋权法的优点是专家可以结合专业经验知识针对实际问题合理确定各指标的权重排序,有效避免指标权重与指标实际重要程度相悖情况的出现;缺点是评估结果具有较强的主观随意性,客观性较差。常用的主观赋权法包括层次分析法(AHP)、德尔菲法(Delphi)、模糊分析法、二项系数法、环比评分法、最小平方法和序关系分析法等。其中层次分析法将复杂的问题层次化,将定性的问题定量化,得到了广泛应用。

资源 10.1
评价指标权重的确定方法

客观赋权法主要针对定量指标,以文献资料、调研数据、监测试验和室内分析结果为基础,通过分析各评价指标之间的相关关系或评价指标与评估结果之间的相关关系,确定对应指标的权重。客观赋权法对应的原始数据主要来源于实际数据,基于一定数学理论依据确定的指标权重具有较强的客观性;然而,客观赋权法无法反映决策者对不同指标属性的偏向程度,指标权重可能与实际情况或决策者的主观意向不一致,且客观赋权法的计算过程相对主观赋权法更烦琐。目前,常用的客观赋权法包括

第10章 作物生境调控效益评估

主成分分析法、TOPSIS 熵权法、多目标规划法、拉开档次法、均方差法、变异系数法、最大离差法、简单关联函数法、CRITIC 法、TOPSIS-LINMAP 循环定权法和 PC-LINMAP 耦合赋权模型等。客观赋权法中,主成分分析法和 TOPSIS 熵权法在实际的效益评估问题中应用较广。

针对主观赋权法和客观赋权法的优缺点,部分学者提出了主客观综合集成赋权法,通过线性"加权"组合或"乘法"归一化处理将主观赋权法和客观赋权法组合在一起。

10.3.4.3 生态环境效益综合评估方法

生态环境效益评估过程实际上是一个多属性的决策过程。常用的评估方法或评估模型包括打分综合法、综合指数法、主成分分析法、因素分析法、熵值法、灰色关联分析法、模糊综合评价法、层次分析法、多元统计评价法、数据包络分析法、距离判别法、一览表法、网络法、波士顿矩阵法、概率评分法、系统动力学法、人工神经网络法、物元可拓法、投影寻踪模型、平衡计分卡模型、DEA 和 C2R 模型等。

资源 10.2 常用的经济效益评估方法或评估模型

10.3.5 作物生境调控的生态环境效益提高途径

为了提高农田生态系统的持续生产能力,维持农田生态环境的平衡,实现农田生态系统经济效益和生态环境效益的协同高效发挥,需要采取一系列措施提高作物生境调控措施下的生态环境效益,具体包括高效施肥、合理利用地膜、科学防治农田病虫害、合理调控地下水埋深、土壤改良与水土保持等。

10.3.5.1 高效施肥

农田土壤通常无法持续满足作物生长所需的营养成分,为了保障作物的稳产和高产,有必要在作物播前和生育期内向作物根系层增施肥料。然而,对作物产量的盲目追求会引起化肥的滥施乱用,导致肥料利用率降低、引发土壤环境污染、致使土壤微生物生态系统破坏、造成农田排水富营养化等问题。为了提高肥料利用效率,维持并改善农田土壤环境,有必要采取增施生物有机肥、测土配方施肥等有效措施。

(1) 增施生物有机肥。生物有机肥是指在动物的代谢物及作物秸秆等废弃物中添加适量微生物群并加工后用于农业生产的含碳物料。2021 年 6 月 1 日,《有机肥料》(NY/T 525—2021) 正式实施,国家提倡有机肥代替化肥。

有机肥的利用不仅可以实现对畜禽粪便及作物秸秆等废弃物的综合利用,还能向农田土壤提供氮、磷、钾等营养元素和多种有机酸和肽类,促进农田土壤有机质的更新和微生物的繁殖,改善土壤结构、生物活性和理化性质,提高作物产量。

(2) 测土配方施肥。测土配方施肥是指以土壤测试和田间施肥试验为基础,根据作物生长阶段所需营养物质和土壤的供肥能力进行氮、磷、钾及中量元素和微量元素的均衡搭配,补充土壤的营养成分。通过测土配方施肥可以建立科学的肥料配比,优化施肥制度,提高肥料利用效率,减少化肥的施用,有效提高土壤肥力,降低化肥不合理施用对生态环境的不利影响。

10.3.5.2 合理利用地膜

农用地膜是指应用于作物种植的塑料薄膜。相对于常规作物种植,农用地膜覆盖栽培技术可以提高土壤温度、保持土壤湿度和土壤肥力、减少害虫侵袭、促进作物生长,有助于节水、提高作物产量和质量。目前,我国使用的农用地膜原材料主要是树脂、聚乙烯、聚氯乙烯化合物等,在自然条件下极难降解,地膜老化破碎后,残膜在农田土壤中回收利用困难,通常会造成土壤结构的破坏和土壤肥力的流失,影响作物根系的正常生理活动,给农田生态环境造成不利影响。为了减少农用地膜引发的不良影响,维持农田生态可持续健康发展,有必要采取有效措施回收地膜,推广应用新型可降解地膜。

(1) 回收地膜。残膜的回收主要分为人工回收和机械回收,人工回收残膜劳动强度大且回收效率低;机械回收残膜的效率高,但目前机械清除的效果不太理想。建议采用人工回收与机械清除相结合的方式回收残膜,以机械回收为主,人工清除为辅,降低残膜对农田土壤的危害。

(2) 推广应用新型可降解地膜。可降解地膜是指通过在塑料成分中掺入可降解的生物质,在自然环境条件下,结合光和土壤微生物的作用而引起降解的地膜。可降解地膜可分为光降解塑料地膜、生物降解地膜、光-生物双降解地膜、液体可降解地膜以及植物纤维地膜。为了在增加农业生产效益的同时,减少残膜对土壤物理化学性质的不良影响,有必要推广应用可降解地膜,促进农业的可持续发展。

10.3.5.3 科学防治农田病虫害

农田病虫害是导致作物减产的主要原因之一,为了保障作物稳产、高产,需要采取有效措施降低病虫害对作物的不利影响。长期以来,农业生产者主要采用化学农药防治病虫害。大规模施用农药导致了环境污染、害虫的天敌被杀死、害虫出现抗药性、害虫复发等问题,为此需要有针对性地高效施用化学农药,采取有效措施实现病虫害的生态调控。

(1) 高效施用农药。农药是指在农业生产中为保障和调节作物的生长,所施用的杀虫、杀菌、杀灭杂草或有害动物的一类药物。根据原料来源,可将农药分为有机农药、无机农药、植物性农药和微生物农药。部分农药(有机氯类农药等)难以在较短时间内通过生物作用降解为无害物质,长时间残留在作物、土壤和水中,对人和其他生物产生较大危害。因此,在农业生产中,需要结合适宜的栽培措施和生物防治方法代替农药减少病虫害,根据作物种类、环境条件等尽可能选用低毒、低残留的化学农药。

(2) 生态调控防治病虫害。作物生态调控防治病虫害技术主要是结合农田的生态环境实际情况,优化栽培措施调控作物的生境或借助天敌在生物链中的作用实现生态因素的重组,营造有利于作物生长的环境。

10.3.5.4 合理调控地下水埋深

地下水埋深是地下水补给、径流、排泄过程的综合反映。地下水埋深的调控是指通过采取一系列工程技术措施对地下含水层进行动态管理,减轻地下水埋深过高或过低对农业生产、社会经济、自然生态产生的不利影响。降水等气候条件的时空差异及地下水文要素的时空差异,决定了地下水埋深调控需要结合水文地质条件及地下水开发利用情况确定具体的地下水埋深上限和下限控制指标,确保生态环境持续改善和农业生产可持续发展。

合理的地下水埋深是指以维持作物生长对地下水最低需求和不导致生态环境及地质环境恶化为原则的地下水埋深动态变化区间。参考《地下水水位控制管理与实践》，地下水埋深调控区域可根据地下水开采强度划分为弱开采强度区、中等开采强度区和强开采强度区。

（1）弱开采强度区。弱开采强度区主要包括湿地或沼泽化区、盐渍化区、沙漠化区和适宜生态区。

1）湿地或沼泽化区的地下水排泄以垂向为主，且水面蒸发或潜水蒸发作用较强烈，蒸散过程对水量的消耗较大，该区合理的地下水埋深为 1m。

2）盐渍化区的地下水排泄以垂向为主，地下水中的盐分在毛管力的作用下向地表聚积，影响作物生长，该区合理的地下水埋深应大于土壤盐渍化的临界深度。

3）沙漠化区土壤含水量少，其地下水埋深大于植被根系深度和毛管水上升高度之和，作物吸收利用地下水较困难，乔木、灌木衰败或干枯死亡，该区合理的地下水埋深应该大于土壤盐渍化临界深度，小于植被根系深度和毛管水上升高度之和。

4）适宜生态区的地下水补给以降水为主，地下水埋深大于土壤盐渍化的临界深度、小于地表植被根系和毛管水上升高度之和，表层土壤不会强烈积盐，且作物根系可吸收利用毛管支持水，地表不易发生强烈盐渍化和荒漠化。该区的地下水埋深宜大于土壤盐渍化的临界深度，小于地表植被根系深度和毛管水上升高度之和。

（2）中等开采强度区。中等开采强度区主要包括山前洪积扇、平原区、海水入侵区和沙漠化区。

1）山前洪积扇位于山与平原交界的部位，粗大的颗粒直接出露地表，有利于吸收降水及山区汇流的地表水，同时接收山前地下水的侧向补给。该区的地下水有一定的开发利用强度，农灌区或者作物种植区的地下水位较稳定。该区地下水合理埋深应维持多年平均埋深，且不造成持续下降。

2）平原区主要为农灌区或作物种植区，地下水能够得到降水和地表灌溉的有效补给，地下水埋深大于土壤盐渍化的临界深度。该区地下水合理埋深应维持多年平均埋深，且不造成持续下降。

3）海水入侵区的合理地下水埋深应根据地下水位逐年持续下降或季节性变化具体确定，根据沿海地区多年的生产实践经验，为防止海水入侵带来的不利影响，滨海区漏斗中心的地下水埋深应控制在 5～6m。

4）沙漠化区中零星分布的农灌区或者作物种植区，地下水有一定开发利用强度，地下水位较稳定，地下水埋深应维持在土壤盐渍化的临界深度和地下水最大补给强度埋深之间。

（3）强开采强度区。强开采强度区主要为农灌区或者作物种植区，其地下水埋深大于土壤盐渍化的临界深度，地下水开发利用强度较大，地下水位持续下降。该区的合理地下水埋深应维持在地下水位持续下降前的多年平均埋深。

10.3.5.5　土壤改良与水土保持

我国农业生产较差的农田土壤主要包括红壤、盐碱土、风沙土、紫色土、黄壤等，低产农田主要包括冷浸田、黏结田、沉板田、浅瘦田、酸瘦田等。由于不同地区的气候条件和土壤性状各不相同,土壤改良通常需要根据各地的自然条件,因地制宜地制定切实可行的方案,逐步实施,达到改善土壤性状和农田生态环境的目的。土壤改良技术包括水利措施、工程措施、生物措施、耕作措施和化学措施。

(1) 水利措施。结合农田灌排工程,调节地下水位,改善土壤水分状况;结合大水漫灌和高效排水技术措施,有效淋滤土壤中的水溶性盐和碱性物质,改良盐碱土壤。

(2) 工程措施。平整土地、兴修梯田,改善土壤条件。

(3) 生物措施。种植绿肥植物,施用有机肥、土壤有益菌等,改良碱性土壤。

(4) 耕作措施。改进耕作方式和耕作制度,改善土壤条件。

(5) 化学措施。通过施用化肥、微量元素肥、土壤改良剂(石灰、石膏、汽巴松土精、PAM等),改善土壤结构。

思考与练习题

1. 除了本章提到的措施,还有哪些方法可以提高作物种植的经济效益和生态环境效益?

2. 在构建我国西北内陆地区和东南平原地区的农田系统生态环境效益评价指标体系时,各自的侧重点是什么?

3. 采用经济学方法评估农田生态环境效益时,地下水水质净化和大气环境净化指标适用哪种评价方法?

4. 传统的层次分析法确定指标权重有哪些局限?针对这些局限,国内外学者提出了哪些改进方法?

5. 哪些作物生境调控措施可以同时提高农田系统经济效益和生态环境效益?

第 11 章 田间作物生长与生境智能监测

作物生长及其生境信息是作物生长过程精准管理与调控的依据,农业传感器技术的快速发展为作物生长特征及其环境要素的实时监测,以及对作物生长环境进行定量评估提供了有效手段。随着空间信息技术、计算机网络技术等高新技术(如全球定位系统、地理信息系统、遥感监测系统等)的快速发展,通过农业传感器监测作物蒸腾速率、茎秆液流、水势、冠层温度、茎秆和果实直径微变化、根冠信号、作物生长器官的电位信号、图像特征与光谱特征、土壤环境和大气环境等要素,可以科学指导农业生产活动。

11.1 作物生长智能监测方法与传感器

资源 11.1
常用作物生长与生境智能监测方法与传感器

11.1.1 作物根系智能监测方法与传感器

11.1.1.1 根系生长(root growth)

细根(直径≤2mm)是作物根系中最为活跃的组成部分,是作物吸收水分、养分,并与环境交换矿物质和有机质及释放根分泌物的重要器官。常用细根数目、总根长、扎根深度、根比表面积、体积、根尖数和生长周期等表征作物根系生长状况。一般采用破坏性采样方法(如土钻法或挖掘法等),但该方法难以实现对作物根系生长的原位监测。微根管技术是一种非破坏性、定点直接观察作物根系生长过程的方法,可原位、重复、无损观测根系的生长发育,是研究作物细根的生长、衰老、死亡、分解和再生长过程的有效工具。

微根管技术主要是运用摄像系统,对管壁与土壤间生长的根系进行非破坏性观察。该系统通常由透明观测管(根管)、袖珍彩色摄像机、摄像机控制箱、便携式电源、录像单元、彩色监视器、扫描图像分析软件等组成,如图 11.1 所示。观测管可以垂直、水平或者倾斜(常用 45°角)地安装在土壤中,在观测管下端用橡皮帽封堵。

基于微根管技术的根系生长动态监测系统是通过控制模块进行根系图像抓取成像,并利用根系分析软件对混合图像进行分析,监测作物细根长、细根直径、细根面积、细根总长、细根总面积、细根平均直径、细根数量及生物量、细根寿命、细根周转率等。不论根管长短,每个根管可以一次性获取整张图像(360°全景),后续分析无须再次拼接。但利用微根管监测作物根系生长时,因根管埋设改变了土壤结构,加之作物根系围绕根管管壁生长与实际生长情况存在差异,会导致监测的根系生长情况与真实情况存在一定偏差。

11.1.1.2 根系导水率(root hydraulic conductance)

根系导水率是衡量作物根系吸收与传导水分能力的重要指标之一,可直接反映作

11.1 作物生长智能监测方法与传感器

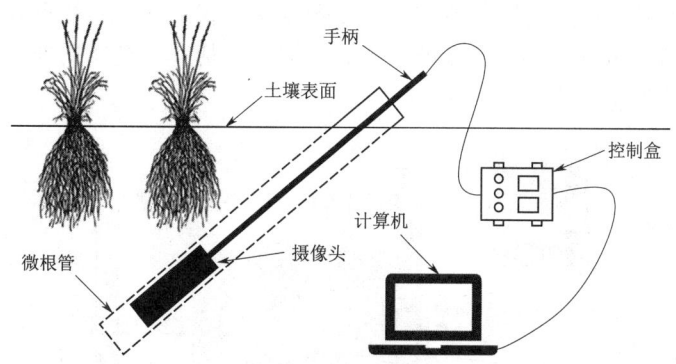

图 11.1 微根管技术示意

物水分生理与土壤水分供应状况间关系，其室内测定方法主要有压力室法、蒸腾法和根压法。植物高压导水率测量仪可用于监测枝条、叶柄以及根系导水率，便于进行作物根系的压力分析，建立根茎水分传输模型。仪器由压力瓶（压力适配器、压力安全阀和数字压力计）、传感器（感应传感器间压力变化，测量流速）和采集与分析软件等组成，如图 11.2 所示，通过提供稳定或匀速增加的压力，驱动水流通过样本，依据水流压力和流速间关系，计算样本的水阻/导水率。植物高压导水率测量系统可用于大田测定，操作时间短，一般 10min 左右即可完成一个样本的测量。测量系统可在低压下工作（1mH₂O），也可在高压下工作（可达 3bar，最大 7bar）。测量范围一般为 0.5～100g/h H₂O，测量精度为全量程的 ±1%。

资源 11.2 测定根系导水率的压力室法、蒸腾法和根压法

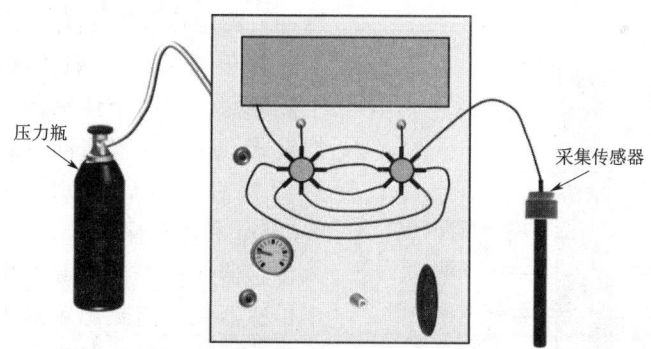

图 11.2 植物高压导水率测量仪示意

11.1.2 作物茎秆智能监测方法与传感器

11.1.2.1 茎秆生长（stem growth）

茎秆生长测量仪是一种测量位移增量的高精度传感器，主要通过位移传感器测量作物茎秆的生长速度。茎秆生长测量仪是将力臂杆下部的拉簧固定在作物茎秆上，结合杠杆原理和力臂下端的位移传感器进行数据转换，实现对作物茎秆直径的精确测量（图 11.3），也可用以测量作物果实生长状况，测量精度一般为全量程的 0.04%～0.1%。通过位移传感器对茎秆、果实形态微变化，评估作物需水信息，可用于自动控制灌溉决策。茎秆生长测量仪所测的茎秆径向变化既包括因生长导致的增粗，又包

含因茎秆水分增减而引起的膨胀或收缩，故甄别测量仪数据中茎秆每日径向收缩及膨胀引起的波动信息十分重要。常用的数据处理方法包括茎秆循环周期方法、日际平均值和日际最大值法。

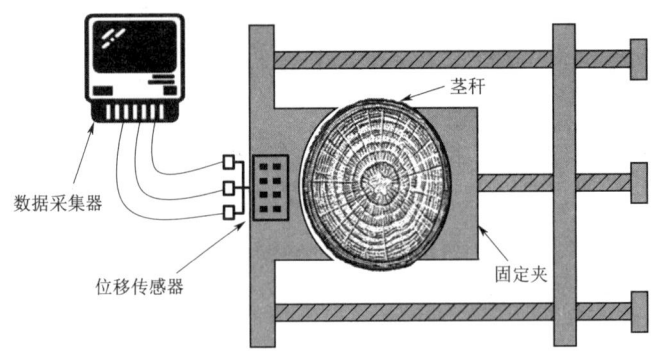

图 11.3　茎秆生长测量仪示意

11.1.2.2　茎秆液流（stem sap flow）

茎秆液流（茎流）是指作物茎秆内上升液流，而茎秆液流速度与蒸腾速率和作物需水之间存在直接关系，常用于计算作物蒸腾耗水量。利用茎流计测定茎流速率方法主要包括热脉冲速率法、热平衡法和热扩散法。

1. 热脉冲速率法（heat pulse velocity）

热脉冲速率法最早由德国植物生理学家 Huber（1932）提出，是基于热源发出热脉冲，测定热源上下部位液流温度的升高来计算蒸腾耗水量（图 11.4），主要由一个热源探针和两个传感器探针组成，属于插针式。在茎秆茎向同一直线上，先插入热源探针，然后分别在热源探针以上 0.005m 和热源探针以下 0.005m 茎秆处插入传感器探针。当热源发出热脉冲后，由于传感器探针离热源距离不同，开始阶段上部传感器测得的温度小于下部传感器温度，但随着液流携带热量使上部温度逐步升高，在一定时间内两个传感器温度相等，利用该时间计算热脉冲速率。测量范围一般为 $-70\sim+70$cm/h，测量精度为 0.01cm/h。

根据 Marshall（1958）公式计算液流速率：

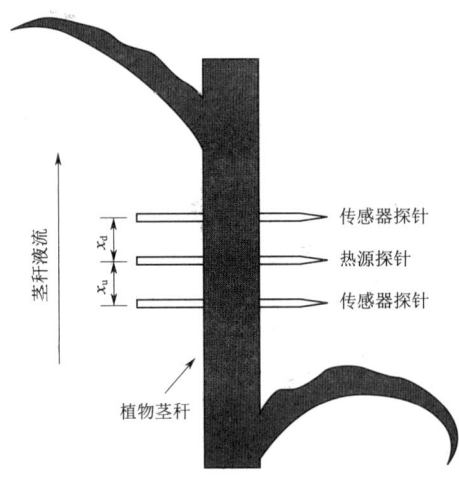

图 11.4　热脉冲速率法装置示意

$$V=\frac{x_d+x_u}{2t_z} \tag{11.1}$$

式中：V 为液流速率，m/s；x_d 为上部探针与热源探针的距离，m；x_u 为下部探针与热源探针的距离，m；t_z 为从热脉冲输入开始到上下两根探针温度相同时所用的时间，s。

液流通量密度 J 表示为

$$J = (0.505F_M + F_L)V \tag{11.2}$$

式中：F_M 和 F_L 分别为测量部分边材和液流的体积分数，%。

通过对液流速度场 $J(r)$ 积分求得液流通量 Q，即

$$Q = 2\pi \int_H^R rJ(r)\mathrm{d}r \tag{11.3}$$

式中：Q 为液流通量，kg/(m²/s)；R 为茎秆半径，m；H 为心材半径，m；r 是计算点至中心的距离，m。

2. 热平衡法 (stem heat balance)

热平衡法最早由 Sakuratani (1981) 提出，此后 Baker 和 Van Bavel (1987) 等对其进行改进。探头外层包裹有泡沫绝热材料，起密封和绝热作用；内层则由特殊设计的恒定供热装置——加热器及其他组件组成，如图 11.5 所示。由三组温度测量探头所构成的茎流测量装置，可以确定茎秆中液流运动所产生的热传输和散发至周围环境中的辐射热通量。

热平衡法通常用于测定直径较小的作物或器官，如小枝、苗木和作物等。根据热平衡与热传导原理，利用下式计算茎秆液流速率：

$$Q = q_f + q_u + q_d + q_r \tag{11.4}$$

式中：q_f 为随液流传递的能量，J/s；q_u 和 q_d 分别为沿着茎秆向上、向下热交换的能量，J/s；q_r 为径向热损失量，J/s。

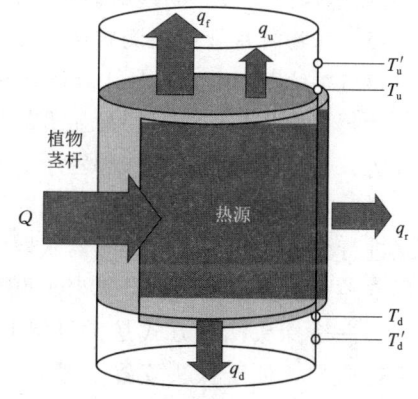

图 11.5 热平衡计算原理

与热脉冲速率法相比，热平衡法无须标定，也无须将温度探头插入茎秆中。但需针对每种植物修正其比热值，不适用于茎秆尺寸较大的作物。由于加热器包裹在茎秆外，随着茎的加粗会影响测量结果。如长期观测，传感器需经常松绑。热平衡法的传感器是非侵入式的，一般对作物无伤害（加热 1~5℃），适合测量直径 2~150cm 的作物。测量范围一般为 4~40cm/h，测量精度为 0.1cm/h。

3. 热扩散法 (thermal dissipation probe)

热扩散法最早由 Granier (1985) 提出，利用热扩散原理测量作物茎秆液流速度。将一对内置有热电偶的探针（上部的探针内安装有线形加热器和热电偶，下部的探针作为参考，内安装热电偶）插入具有水分传输功能的作物茎秆中，上部的探针加热后，与下部感知周围温度的探针作为对比，通过检测热电偶之间的温差，计算液流热耗散，建立温差与液流速率间关系，进而计算液流速率，如图 11.6 所示。该方法主要适用于测量直径大于 70mm 植株的茎流，由于茎流在植株周向上有所不同，对于单个植株通常需要插入多个传感器。测量范围一般为 10~80cm/h，测量精度为

0.1cm/h。

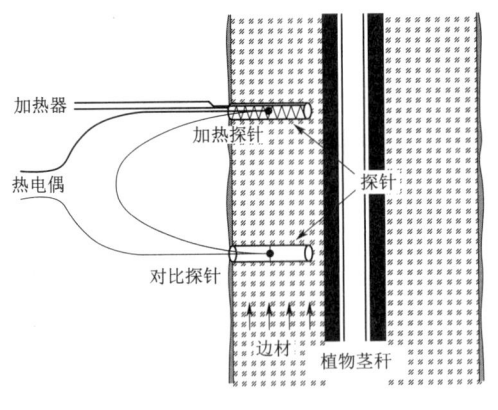

图 11.6 热扩散法装置示意

Granier（1985）提出的热扩散法计算公式为

$$u = 119 \times 10^{-6} K^{1.231} \quad (11.5)$$

式中：u 为茎秆平均茎流通量，kg/(m²/s)；K 为系数，通过下式计算：

$$K = (T_M - T)/(T - T_\infty) \quad (11.6)$$

式中：T_M 为液流速度为零时热源探针温度，℃；T 为液流速度不为零时热源探针温度，℃；T_∞ 为对比探针的温度，℃。

茎秆总茎流通量由下式计算：

$$F = u S_A \quad (11.7)$$

式中：F 为总茎流通量，kg/(m²/s)；S_A 为热源探针安装处的边材横截面积，m²。

11.1.3 作物叶片智能监测方法与传感器

11.1.3.1 叶面积指数（leaf area index）

叶面积指数是作物冠层最显著的特征之一，其智能监测方法主要包括基于辐射测量方法、基于图像测量方法和基于遥感测量法。

（1）基于辐射测量方法。作物冠层叶片数量可通过测量光线透过冠层时被削弱的程度进行分析。通过辐射传感器获取太阳辐射透过率、冠层空隙率、冠层空隙大小或冠层空隙大小分布等参数计算叶面积指数，分为一个探头测量方式和两个探头测量方式。一个探头测量方式是指冠层上和冠层下的数据均用一个探头测量，这种方式适于矮冠层，便于探头安置于冠层上。这种测量方式是先测量冠层上的数值，当冠层下测量值记录后，仪器会以最近的冠层上测量数据计算透射率。两个探头都接在主机上，一个位于冠层上，一个位于冠层下，同时记录两组测量数据值，并计算出透射率。这种方式适于高大冠层，测量分辨率高，可以实时图像显示，便于快速地无损测量。

（2）基于图像测量方法。该方法主要是通过鱼眼镜头和数码相机获取冠层图像，利用软件对冠层图像进行分析，计算冠层结构参数和光照辐射参数，测算冠层下方的辐射水平。通过处理影像数据获取与冠层结构有关的信息，如叶面积指数、平均叶倾角、光照间隙及间隙分布状况。通过分析辐射的相关信息，计算冠层截获的光合有效辐射以及冠层下方的辐射水平，也可计算辐射指标、冠层指标、测量地点的光线覆盖状况及直射与漫射光的分布。

（3）基于遥感测量法。该方法主要是将遥感图像数据（如归一化植被指数、比值植被指数、垂直植被指数）与实测叶面积指数建立函数关系或者基于植被双向反射率分布函数，是一种基于辐射传输模型的方法。其核心是通过分析冠层多光谱或高光谱波宽和波段数据与叶面积指数间相关性，筛选出最优的波宽和波段，建立回归模型来估算叶面积指数。该方法具有一定的物理模型基础，不受植被类型的影响。

11.1.3.2 光合作用智能监测

目前，主要采用基于 CO_2/H_2O 红外气体分析技术的光合作用测量系统，测定叶片的净光合速率、蒸腾速率、胞间 CO_2 浓度、气孔导度等气体交换参数，如图 11.7 所示。

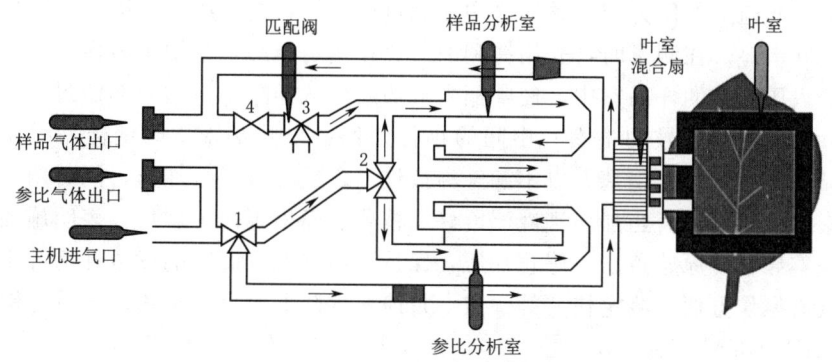

图 11.7　光合作用测量系统
1—流分区值；2、3—匹配值；4—分析室内压力值

在光传播过程中，由于红外线辐射能量被物体吸收后易被检测，这是红外线气体分析技术的依据。只有由异种原子组成的气体分子即偶极子（如 CO_2、H_2O 等）可吸收红外线，在与其频率相同的红外辐射作用下，偶极子发生共振，并吸收红外辐射能量。CO_2 气体吸收红外辐射能时，其分子结构会由对称型转变为伸缩型或弯曲型。此外，CO_2 在中段红外区的吸收带有 4 处，其中 426nm 的吸收带最强，而且不受 H_2O 干扰，在此波长下，被 CO_2 气体吸收的红外线辐射能量与 CO_2 气体的浓度呈线性关系。CO_2 吸收的 426nm 红外光能与其吸收系数 K、气体浓度 c 和测定的气室长度 L 有关，并服从比尔-朗伯定律（Beer-Lambert law），即

$$E = E_0 KcL \tag{11.8}$$

式中：E 为透过的红外线辐射能量，J；E_0 为入射红外线的辐射能量，J。

红外线 CO_2 气体分析仪仅让 426nm 红外线通过滤光片，其辐射能量即 E_0，只要测得透过的红外线辐射能量，即可计算 CO_2 气体浓度。H_2O 吸收红外线的最大吸收峰值为 259nm，同样的原理可以准确地测量气体中水分含量。CO_2 测定量程一般为 $0\sim3100\mu mol/mol$，测量精度为 $0.1\mu mol/mol$；H_2O 测定量程一般为 $0\sim75mmol/mol$，测量精度为 $0.01mmol/mol$。该方法的特点是选择性强，灵敏度高，测量范围广，精度较高，仪器体积小、重量轻、测速快、功能多、操作方便，特别适合在野外使用。

11.1.3.3 叶水势智能监测

叶水势是反映作物水分状况的一个重要生理指标，叶水势的智能测定方法主要有压力室法和热电偶法。

（1）压力室法。压力室法是通过测定木质部导管中的负压来测定水势的。在水分散失和供应处于平衡状态时，叶细胞的水势等于导管中液柱的负压和导管汁液的渗透

势之和。由于导管汁液渗透势的绝对值很小,一般认为叶柄导管负压等于叶水势。当叶柄或枝条被切断时,导管中液柱在张力的作用下将从切口处迅速回缩到导管内部,同时张力消失。此时将叶子或带叶小枝切口朝外密封于压力室中,用高压气体为室内叶片逐渐加压,使叶肉细胞重新排出水分,并进入导管中。当导管中的液体回到原切口位置时,所施加的压力与完整导管中原始负压相等,这一压力值称为平衡压,平衡压就等于叶水势。在测量时,先用锋利的刀片在选定样品基端切出斜面,切割后立即将样品装入压力室的样品室中,使叶柄末端切断处从样品室口的中部密封垫圈(粗细不同的叶柄用不同型号的垫圈)中间的小孔处伸露出几毫米,固定样品时要避免损伤。样品固定后,拧紧钢塞,以不漏气为最佳。之后方可进行加压,同时用压力计记录压力室中的压力值。当加压到液流恰好在枝条切面出现的一刹那,表明施加的压力抵偿了完整导管中原始负压,停止加压,保持平衡状态,此时的读数即为叶水势。压力室法具有操作方便、测定快速等优点,目前在国际上被广泛运用。测量范围一般为 $0\sim100$ bar,测量精度为 $\pm0.5\%$。

(2)热电偶法。在空气中水汽含量不变,并保持气压一定的情况下,使空气冷却达到饱和时的温度称露点温度。热电偶法通过精确测定样品室内水汽的露点温度进行叶水势测定。将待测样品密闭在样品室内,样品室上方安装有热电偶,而样品室中的相对湿度或露点温度与材料水势呈线性相关,通过准确测出平衡时露点温度,即可求出叶水势。热电偶法受外界环境影响小,灵敏度高,测定结果可靠。测量范围一般为 $-0.05\sim-8$MPa,测量精度为 ±0.03MPa。

11.1.3.4 叶绿素及叶绿素荧光参数智能监测

叶绿素是一类与作物光合作用有关的重要色素,叶绿素荧光参数是一组用于描述光合作用机理和光合生理状况的变量或常数值,被视为研究光合作用与环境关系的内在探针。随着快速检测技术的发展,无损快速叶绿素和叶绿素荧光参数测量方法已被广泛应用。

(1)叶绿素仪。叶绿素仪是根据叶片照光后,在红光(650nm)和红外光(940nm)两个波段的光学吸收率瞬时测量叶片的叶绿素相对含量(SPAD)或"绿色程度"。叶绿素仪可进行无损快速测量,具有便携、测量精度高、自带数据存储功能、独立运行计算、无须计算机辅助等优点。测量范围一般为 $-9.9\sim199.9$SPAD 单位,测定精度为 ±1.0SPAD 单位。目前,基于无人机多光谱/高光谱遥感的作物冠层叶绿素含量估测方法也得到较为广泛的应用。

(2)叶绿素荧光测量仪。与叶绿素仪相比,叶绿素荧光测量仪测定的指标更全面。叶绿素荧光仪测量内容包含初始荧光 F_0、最大荧光产量 F_m、光系统Ⅱ(PSⅡ)光化学量子产量等参数,还可以进行叶绿素荧光诱导动力学曲线 OJIP 分析和光响应曲线动力学研究。因此,叶绿素荧光仪常被用来研究光能吸收和传递、质子梯度建立以及 ATP 合成和 CO_2 固定等光合作用的机理变化。脉冲振幅调制荧光测量技术是通过选择性打开和关闭 PSⅡ反应中心以测定光子吸收的光合量子产率。利用遥感技术可以在日照下被动检测叶绿素荧光,即日光诱导叶绿素荧光 SIF,它是由光合中心发射出的光谱信号(650~800nm),具有红光(690nm 左右)和近红外(740nm 左右)

两个波峰,能直接反映作物实际光合作用的动态变化。

11.1.3.5 叶片温度智能监测

叶片温度是暴露于大气中叶片的表面温度,传统的叶温测定方法主要为接触式测量方法(包括水银温度计、半导体点温计、热电阻和热电偶),目前智能监测叶温方法主要有红外热成像测温法和无人机红外热成像测温技术。

(1) 红外热成像测温法。近年来,随着红外热成像测温技术的发展,为快速实时地测定叶片表面温度提供了有效手段。红外测温是通过将传感器接收到的红外辐射经数据处理后转化为温度数值,从而反映叶片表面温度。常用仪器包括红外辐射计和红外成像测温仪。该方法测量速度快,精度较高,性能比较可靠,便于测量整体叶片温度,且不易损坏。测定量程一般为0~50℃,测量精度为±0.5℃。

(2) 无人机红外热成像测温技术。随着农业无人机和遥感技术的迅速发展,可利用热红外影像技术对作物冠层叶温进行反演。遥感测温是通过接收物体发射的红外辐射能来反演监测温度,主要是通过无人机云台搭载红外热成像镜头,在空中对一些目标快速持续测温。常用仪器是无人机红外热成像观测系统,该方法测量速度快,覆盖范围广,机动性强,精度较高,可以及时预报作物冠层温度状况。

11.1.4 作物蒸发蒸腾量智能监测方法与传感器

作物蒸发蒸腾量(evapotranspiration)包括土壤蒸发(soil evaporation)和植株蒸腾(plant transpiration)两部分。及时准确地获取作物生长季蒸发蒸腾量,能够为科学管理农田灌溉、精准估算作物产量以及水资源的优化配置提供有效的参考依据。蒸发蒸腾量监测方法主要包括蒸渗仪法、波文比-能量平衡法、涡度协方差法、大孔径闪烁仪法和多源遥感信息估算法。

11.1.4.1 蒸渗仪法(lysimeter)

蒸渗仪法就是通过在蒸渗仪内布设观测仪器(如各种传感器、电子设备),从而获得蒸发蒸腾量的一种方法,如图11.8所示。按照测量内容,蒸渗仪分为称重式和非称重式两种。非称重式蒸渗仪原理是通过各种土壤水分测量技术测定土壤水分变化,利用可控制的排水系统来定期测定排水量。通过水量平衡原理来测量作物蒸发蒸腾量,即根据计算区域内水量的收入和支出的差额来推算作物蒸发蒸腾量,水量平衡方程如下:

$$ET = E_1 - E_2 - E_g + P + W \tag{11.9}$$

式中:ET 为测定时段内作物蒸发蒸腾量,m;E_1、E_2 分别为蒸渗仪测定时段始、末土壤含水量,m;E_g 为测定时段内土体排水或深层渗漏量,m;P、W 分别为测定时段内的降水量和灌水量,m。

蒸渗仪法操作简单,可以自动记录各时段的重量变化,进而获得短时段内的蒸发蒸腾量,精度较高,最高可达0.01~0.02mm。同时,也可使蒸渗仪内的土壤特性与蒸渗仪仪器外大田保持一致,可保证作物根系自由生长。

11.1.4.2 波文比-能量平衡法(Bowen ratio energy balance)

波文比β的概念最早由Bowen(1926)提出,即地表能量平衡方程中显热通量

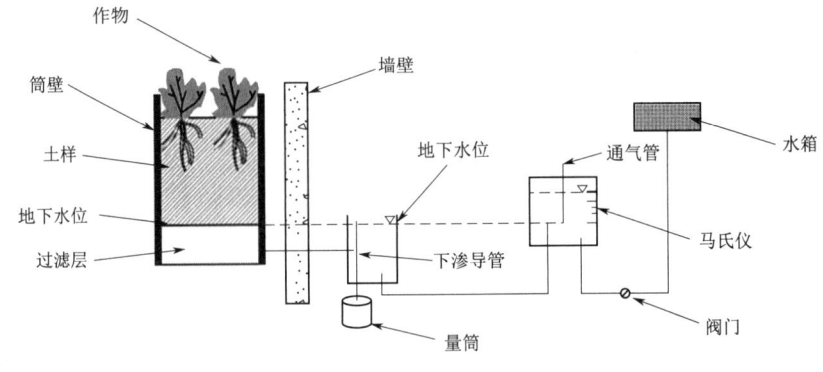

图 11.8 蒸渗仪示意

H 与潜热通量 λE 之比：

$$\beta = \frac{H}{\lambda E} = \frac{\rho c_p K_h [T_2 - T_1 + \Gamma(z_2 - z_1)]}{\rho_a c_p / \gamma K_e (e_2 - e_1)} = \gamma \frac{T_2 - T_1 + \Gamma(z_2 - z_1)}{e_2 - e_1} \quad (11.10)$$

$$\lambda E = \frac{R_n - G}{1 + \beta} \quad (11.11)$$

式中：ρ 为空气密度，kg/m^3；c_p 为空气定压比热，$J/(kg \cdot k)$；λ 为水的汽化潜热，MJ/kg；Γ 为绝热递减率，$℃/m$；R_n 为净辐射，W/m^2；G 为土壤通量，W/m^2。

波文比-能量平衡法需要测量地面以上两个高度之间 $(z_2 - z_1)$ 的空气温差 $(T_2 - T_1)$ 以及同样高度间的水汽压差 $(e_2 - e_1)$。波文比仪由上、下两层干湿球组成，早期波文比仪上采用手动变换，逐渐发展为换位式波文比，可通过上下多次换位，用温差的平均值消除每个感应元件的系统误差，如图 11.9 所示。换位波文比仪包括倾斜式和垂直式两种。

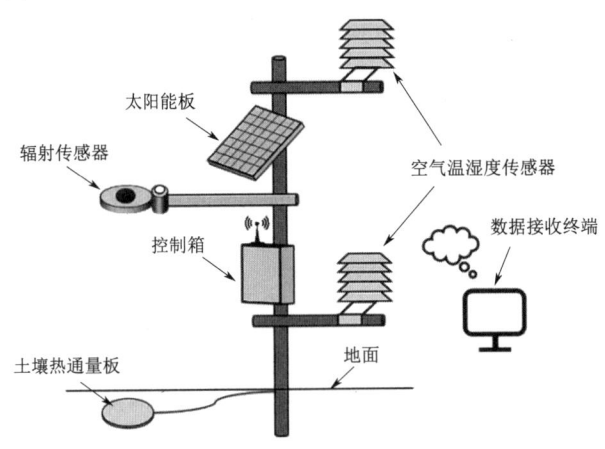

图 11.9 波文比仪示意

波文比-能量平衡法方法简单并且精度较高，可作为常规观测方法。但波文比法要求下垫面均匀且无平流影响，否则测量误差较大。

11.1.4.3 涡度协方差法（eddy covariance）

涡度协方差是指某种物质的垂直通量，即这种物质的浓度与其垂直速度的协方差。涡度协方差法提供了一种直接测量植被与大气间CO_2、水和热通量的方法。涡度协方差分析系统主要组成部分包括三维超声风速仪、CO_2/H_2O红外气体分析仪和数据采集器，如图11.10所示。其工作原理是通过计算物理量脉动与垂直风速脉动的协方差计算湍流输送量（湍流通量）。观测项目主要包括风速脉动、CO_2和水汽浓度脉动、湿度和气温脉动等。其观测需要高精度、相应速度极快的湍流脉动测定装置。当下垫面均匀一致时，用涡度协方差法表示潜热通量和地表显热通量的方程为

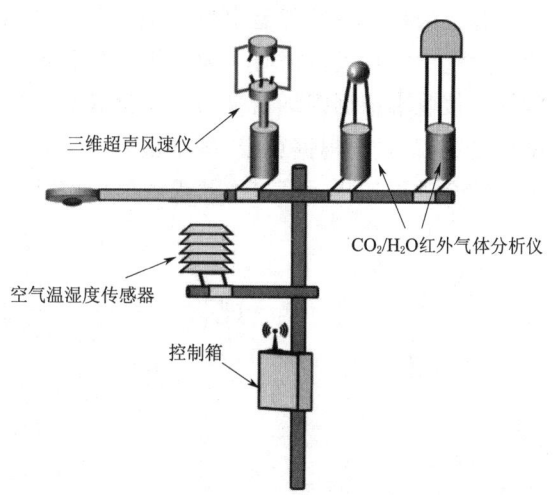

图 11.10 涡度协方差法示意

$$\lambda E = \lambda \overline{w \rho_v} \tag{11.12}$$

$$H = \rho C_P \overline{wT} \tag{11.13}$$

式中：T 为近地面大气湍流运动引起温度的脉动量，℃；ρ_v 为近地面大气湍流运动引起湿度的脉动量，kg/m^3；w 为近地面大气湍流运动引起垂直风速的脉动量，m/s。

涡度协方差法的优点在于能通过测量各种属性的湍流脉动值直接确定通量，是一种直接测量湍流通量的方法，是各种实测方法中较精密和可靠的方法。但涡度协方差分析系统必须设立在平坦的、植被单一的下垫面上，对于风速较低（尤其是夜晚）或者存在水平对流时，会产生较大误差。

11.1.4.4 大孔径闪烁仪法（large aperture scintillometer）

大孔径闪烁仪是通过观测空气折射系数计算并获取地表感热通量的仪器，能够测量较大范围内的地表显热通量。大孔径闪烁仪由发射端和接收端两部分组成，如图11.11所示。

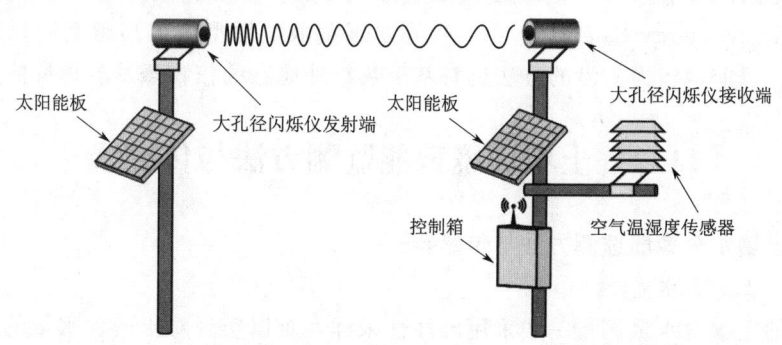

图 11.11 大孔径闪烁仪示意

大孔径闪烁仪法原理是由发射端发射 880nm 波长的红外波到接收端,当电磁波在扰动大气中沿直线传播时,大气扰动会引起传播光束能量强度的波动,这种现象称为闪烁。接收端依据闪烁信号的强度获取空气折射系数 C_n^2 的湍流强度,从而计算温度结构参数 C_T^2,再根据莫宁-奥布霍夫(Monin-Obukhov)近地层相似理论与气候数据相结合进行迭代运算,由此求解出地表感热通量 H_{las}:

$$\overline{C_n^2} = 4.48 \sigma_{\ln I}^2 D^{-\frac{7}{3}} L^{-3} \tag{11.14}$$

$$C_T^2 = C_n^2 \left(\frac{T^2}{-0.78 \times 10^{-6} P}\right)^2 \left(1 + \frac{0.03}{\beta}\right)^{-2} \tag{11.15}$$

$$C_T^2 (z_{las} - d)^{\frac{2}{3}} / T_*^2 = f_T [(z_{las} - d)/L_M] \tag{11.16}$$

$$T_* = \frac{-H_{las}}{\rho C_P u_*} \tag{11.17}$$

$$u_* = ku / \{\ln[(z_u - d)/z_0] - \Psi_m [(z_u - d)/L_M] + \Psi_m (z_0/L_M)\} \tag{11.18}$$

式中:I 为光强,cd;D 为发射光束的直径,m;L 为光程长度,m;z_{las} 为闪烁仪光径高度,m;z_u 为风速的观测高度,m;z_0 为动力学粗糙度,m;d 为零平面位移,m;P 为大气压,kPa;L_M 为莫宁-奥布霍夫长度,m;k 为卡曼常数;T_* 为摩擦温度,℃;u_* 为摩擦速度,m/s;Ψ_m 为动量稳定度修正函数;f_T 为稳定度普适函数。

大孔径闪烁仪受外界自然环境条件、下垫面属性等因素的影响会导致观测数据存在一定误差。不同孔径下其测定路径长度也不一样,一般在 250～4500m,工作波长一般为 850nm,闪烁带宽一般为 $10^{-17} \sim 10^{-12}$。

11.1.1.4.5 多源遥感信息估算法(multi-source remote sensing information estimation method)

遥感技术作为现代智能信息技术,具有宏观、快速、客观、准确等特点,近年来在估算区域尺度蒸发蒸腾量中应用广泛。近年来,空-天-地多源多尺度遥感数据融合的应用使得智能估算作物蒸发蒸腾量成为可能。现有的遥感蒸发蒸腾量反演方法主要有:经验统计公式,特征空间法,单源、双源垂向能量平衡余项法。一般通过对区域内不同作物进行识别和提取,构建高时空作物生长特征数据集,结合植被指数变化曲线、光谱耦合技术(SMT)、迭代自组织数据分析技术(ISODATA),采用 SEBS(surface energy balance system)等遥感蒸散发模型生成遥感空间尺度蒸发蒸腾量数据。目前,较为前沿的方法也有基于热红外遥感的作物蒸发蒸腾量估算方法。

11.2 土壤环境智能监测方法与传感器

11.2.1 土壤水分智能监测方法与传感器

11.2.1.1 土壤含水量

传统的土壤含水量测量一般采用破坏性采样,难以实现对土壤含水量的连续性观测。土壤水分监测系统可全天候对土壤水分状况进行直接、快速、方便、实时监测,是研究土壤含水量变化过程的有效工具。目前,土壤水分含量智能监测方法有时域反射法、频域反射法、电阻率层析成像技术、探地雷达和遥感法等。

1. 时域反射法（time domain reflectometry，TDR）

在不同介电常数物质中电磁波传播速度具有差异。时域反射法根据传感器发出的电磁波沿非磁性介质中传输导线的传输时间，可以获得土壤介电常数，进而计算土壤含水量。测定范围一般为 $0\sim$ 饱和含水量，精度一般小于 $\pm0.03\mathrm{cm}^3/\mathrm{cm}^3$（体积含水率）或 $\pm3\%$（质量含水率）。测定时由电子函数发生器为插入土壤的探针加一个电压的阶梯状脉冲波，当到达探针金属棒末端时便返回，同时产生一反射波信号，传给接收器。由此信号获得脉冲波在土壤中的传播时间 t，这一传播时间与土壤的介电常数 ε 有关，即

$$\varepsilon=(ct/2L)^2 \tag{11.19}$$

式中：c 为光速，$3\times10^8\mathrm{m/s}$；L 为波导长度。只要测得 t 便可确定土壤的介电常数。

Topp 等（1980）发现，土壤体积含水量 θ_v 与 ε 间的关系可用一个三次多项经验公式表示：

$$\theta_\mathrm{v}=-5.3\times10^2+2.92\times10^{-2}\varepsilon-5.5\times10^{-4}\varepsilon^2+4.3\times10^{-6}\varepsilon^3 \tag{11.20}$$

该关系式主要适用于砂性土壤，对有机碳含量多或重黏土则需要重新标定。时域反射仪可以连续测量土壤含水量，既可做成轻巧的便携式进行田间即时测量，又可以通过导线与计算机相连，完成远距离多点自动监测。时域反射仪给出的含水率是整个探针长度的平均含水率，能测量土壤表层的含水率。但盐碱土可能对电磁波反射产生一定干扰。

2. 频域反射法（frequency domain reflectometry，FDR）

频域反射法是根据传感器发出的高频电磁波在不同介电常数物质中的频率变化测量土壤含水量的方法。其基本工作原理是一对圆形金属环组成一个电容，利用土壤充当介质，电容与振荡器组成一个调谐电路，传感器电容量与两极间被测介质的介电常数成正比关系。由于水的介电常数是 80，为土壤的 $3\sim7$ 倍。水的介电常数比一般介质的介电常数要大得多，所以当土壤中的水分增加时，其介电常数相应增大，测量时传感器给出的电容值也随之上升，相应的传感器的测量频率也会发生变化，由此测得土壤的含水量。测定范围一般为 $0\sim$ 饱和含水量，测量精度小于 2%。

振荡频率 F 的计算公式如下：

$$F=\frac{1}{2\pi\sqrt{LC}} \tag{11.21}$$

式中：L 为电感；C 为总电容，受介电常数的影响，计算公式如下：

$$C=k\varepsilon_\mathrm{r}\varepsilon_0 \tag{11.22}$$

式中：k 为几何常数；ε_r 为整体土壤按照体积比例混合的相对介电常数；ε_0 为空气或真空中的介电常数。

归一化频率 SF 可由下式计算：

$$SF=\frac{F_\mathrm{a}-F_\mathrm{s}}{F_\mathrm{a}-F_\mathrm{w}},0<SF<1 \tag{11.23}$$

式中：F_a 为空气中所测得的频率；F_w 为水中所测得的频率；F_s 为土壤中测得的频率。

土壤体积含水量与归一化频率有如下指数关系：
$$\theta_v = aSF^b \tag{11.24}$$
式中：a、b 为待定系数，由土壤样本标定确定。

频域反射法无论从成本上还是从技术的实现难度上都较时域反射法低，在电极的几何形状设计和工作频率的选取上有更大的自由度，能够测定土壤颗粒中束缚含量。频域反射法无须严格的校准，操作简单，受土壤容重、温度的影响较小，频域反射法探头可与传统的数据采集器相连，从而实现自动连续监测，测量结果较准确。但其受土壤空隙影响明显，对不同土壤需要标定，部分传感器的安装条件要求较高且对土壤电导率有一定敏感性。

3. 电阻率层析成像技术（electrical resistivity tomography，ERT）

电阻率层析成像技术是按照一定的模式（温纳或施伦贝格模式）插入一定数量的电极向地下供电，形成以供电电极为源的等效点电源激发的电场，再由电极之间观测的电位或电位差，分析不同深度土壤的电阻率分布，并进行信号处理，获得不同维度的地下电阻率空间分布信息，利用相关公式计算土壤含水量。

电阻率层析成像技术具有设备轻便、试验成本低、探测深度大、探测范围广、成像分辨率高等优点，且不需破坏原状土壤就可以动态监测，可实现数据自动测量和远程传输。可用于监测土壤表层降水入渗与土壤含水量、潜在补给、作物根系时空分布规律和地下水动态等。但由于土壤的传导电流主要是由电极发出的，土壤湿度、温度和各种离子的分布浓度均会影响土壤电阻率值的大小，对监测结果造成一定影响。

4. 探地雷达（ground penetrating radar，GPR）

探地雷达是根据电磁脉冲反射原理而设计的空间成像技术，其采用中心频率在 10~2500 MHz 范围的高频电磁波探测地下结构及其特征的电磁探测技术。探地雷达探测通常采用一对天线进行工作，由发射天线向地下介质中发射一定中心频率的电磁脉冲波，电磁脉冲波在地下介质中传播时，遇到介质中的电磁性（电阻率、介电率及磁导率）差异分界面会发生反射、透射和折射，被反射和折射的电磁波传回地表，由接收天线接收，而其中一部分电磁波经自由界面或空气直接传播到接收天线。对所记录剖面信息进行分析，提取雷达波在地下介质中的传播速度，然后计算土壤的相对介电常数，并根据土壤介电常数与土壤含水量的关系获得土壤的含水量。

探地雷达测量土壤含水量共包括四类方法，即多偏移距法、共偏移距法、钻孔雷达法和雷达信号属性法。这些方法都是基于对雷达反射波、地面波、直达波或折射波等信号属性的分析，获得雷达波在土壤中传播的速度，进而计算土壤的介电常数。探地雷达具有快速、便捷、原位、微损、可重复探测特点，适合于中尺度范围的测定，可用于深度较小的土壤含水率测定，但对 20m 以上较为深层的土壤含水率测定准确性还有待研究。

5. 遥感法（remote sensing，RS）

遥感法是一种大尺度、多时相的土壤水分空间监测技术，通过监测土壤表面的光谱特性和热性能，可监测大区域范围内地表土壤水分的时空变化。遥感法基于电磁波原理，通过遥感器实现对地表电磁波的精准捕捉，常见方式包括可见光-近红外遥感法、微波遥感法、热红外遥感法和高光谱遥感法。

光学遥感主要利用土壤表面光谱反射特性、土壤表面发射率及表面温度来估算土壤水分，其空间分辨率相对较高，可供选择的卫星传感器也较多。微波波段（1mm～1m）对云层和地表有较强的穿透力，不依赖太阳光，可以全天候工作。微波遥感法分为主动微波遥感法、被动微波遥感法和主被动微波结合遥感法等。被动是测量土壤本身发射的微波，而主动是测量雷达发射微波经土壤表面发射后的回波信号，测试深度可达地表 5cm 左右。热红外遥感法是通过测试土壤表面的热辐射量反演含水率的方法，主要有热惯量法和温度-植被指数法。高光谱遥感技术凭借其极高的光谱分辨率、波段多的特点，能够快速获取土壤反射光谱信息，在土壤理化参数预测及相关研究中应用广泛。该方法依据土壤反射率光谱曲线与土壤含水量的变化规律，通过提取相应的特征波段，基于数学统计方法，进行拟合分析而确定出土壤含水量与土壤反射率相关性模型，并对土壤含水量进行定量反演。

针对全流域尺度时，遥感监测具有时效快、对比性强、长时期动态监测等优点，但由于影响土壤水分监测的影响因素（如土壤容重、矿物成分、有机质含量、表面粗糙度、植被覆盖等）繁多，会导致测量结果不精确。遥感数据（尤其是微波遥感数据）时间分辨率较低，需要结合地面实测样点和其他辅助数据进行降尺度处理和验证。目前，遥感法只适合区域尺度下土壤表层水分状况的动态实时监测，不适于深层土壤水分的监测。

11.2.1.2 土壤水势

水势是决定土壤中水流方向和速度的主要因素，它是判断土壤水分对作物有效性的唯一标志。测定土壤水势的传感器主要有张力计、土壤水势测量仪和露点水势仪。其中，露点水势仪法采用热电偶法测定土壤水势，与叶水势测定方法相同。

（1）张力计（tensiometer）。张力计也称负压计，把充满水的张力计（陶瓷头处于饱和状态）放置在土壤中，当土壤中的水分减少，水势降低，埋置在土壤中的张力计管中的水分会从多孔的陶瓷头渗出，液态土壤水和张力计内部的液态水之间保持一个连续的水膜，产生水力联系，此时张力计管中形成一定的真空度，通过测量张力计管中的真空度，就可以反映土壤中水势的变化。张力计主要由多孔陶瓷头、负压管和读数装置等构成。智能型张力计接入数据采集器可以实现土壤水势多点连续监测，测量范围可扩展到 -200kPa，测量精度为 ± 0.15kPa。

（2）土壤水势测量仪。土壤水势测量仪采用电阻法测量土壤的持水能力，并用于测量土壤水吸力。电阻法是把嵌有电极的电阻块放置到土壤中，当电阻块中的水势与土壤水势平衡后，测量电阻块的电阻，然后得出土壤水势。电阻通常由多孔渗水介质（如石膏、尼龙、玻璃纤维）制成，利用它们的电阻大小与含水量相关的特性测量土壤水势。新型的电阻法土壤水势测量仪测量范围可扩展到 -200kPa，测量精度为测量值的 $\pm 0.5\%$，但该方法主要适用于非盐碱土。

11.2.2 土壤盐分智能监测方法与传感器

1. 电导率仪

由于土壤可溶性盐属于强电解质，其水溶液具有导电作用，水溶液的导电性随含盐量的增加而增加，即含盐量越大，电阻越小，导电性越好。因此，可采用电导法测定土壤盐分含量。土壤浸出液的电导率可用电导仪测定。大多数电导率仪有电极常数调节装置，可直接读出待测液的电导率。测量范围一般为 0～100ms/cm，测定精度为测量值的 ±1%。电导传感器有电极式和感应式两种，其中电极式传感器的电导池上装有两个或两个以上的电极，最典型的是装有一对电流极和一对电位极的四极传感器；后者通过电导池内外的单匝水溶液回路把两个同轴的环形变压器耦合起来，利用耦合程度与水溶液电导率成比例的原理进行测定。

2. 土壤盐度计

当光线从一种介质进入另一种介质时会产生折射现象，且入射角正弦之比恒为定值，此比值称为折光率。在普通环境下，盐溶液中可溶性物质含量与折光率成正比例，通过测定盐溶液的折光率，就可计算出盐的浓度。测量范围一般为 2～40g/kg，高精度盐度计测量精确度可达 ±0.005g/kg。可以在恒温条件对土样进行测量，也有带温度补偿电路的。盐度计通常都由传感器、测量电路和数据处理装置组成。土壤原位盐分仪的金属探头插在土壤或其他被测介质中的时间不宜过长，以免氧化损坏、损伤探头的金属表面，在测量后，必须及时用研磨布清洁探头。在正常情况下，土壤原位盐分速测仪出厂前，工厂已进行校准，用户无须再校准。盐度计操作界面简单，测量和储存方便，且储存数据可轻松下载；具有自动校准功能和温度补偿功能；读表功能齐全，可连接 GPS 接收器。

3. 土壤电导率监测系统

土壤电导率监测系统装有土壤电导传感器，采用机动车（如拖拉机）牵引作业，同步记录土壤电导率和 GPS 数据，经软件分析处理，可得到大范围土壤的电导率分布图。土壤电导率监测系统可以持续性测量、操作简单、适合野外工作、电导率数据精确。工作时将犁刀电极插入土壤，一对电极电压已知，另一对电极对土壤进行测试，两组电极的电压差即可反映土壤电导率状况。土壤电导率监测系统能探测土壤中含量较高的内含物，记录土壤电导率的持续变化情况，并且结合 GPS，精确记录不同测点的数值。该系统适合野外工作，可获得两个不同深度土层的电导率信息。上层土壤的测试结果能够反映人为或自然因素对土壤的影响，如耕作土壤；而下层土壤则更为真实地反映土壤原始状态，比较两组数据可得到不同土层的变化状况。

4. 大地电导仪

大地电导仪的发射线圈可产生一个随时间变化，并且强度随着深度增加而减弱的初级磁场，这个磁场在大地中诱导出微小电子涡流。同时有一个小型接收线圈，接收器既接收发射线圈产生的磁场，又接收由初级磁场诱导出的次级磁场，通过测量诱导出的次级磁场来测量大地电导率。大地电导仪可以快速便捷地对大面积的土壤盐分含量进行测定，且准确度较高。首先选择典型的土壤剖面进行分层采集土壤，分析所采集土壤的有关性质数据，建立土壤电导率与各深度范围内土壤盐渍化程度之间的关系，之后即可快速对大面积土壤盐渍化空间分布状况进行测定。通过温度补偿测量精度可以大幅提高，但当大地电导率太低或太高时，测量结果失真程度偏大。大地电导率仪对调零及保持零点的要求较高，需要经常进行校准，以获得可靠的测量结果。

11.2 土壤环境智能监测方法与传感器

11.2.3 土壤养分智能监测方法与传感器

土壤养分是指土壤提供给作物生长的必需营养元素，包括氮、磷、钾等13种元素。目前，可通过土壤养分检测仪监测土壤养分，主要有可见-近红外光谱分析法、便携式土壤养分检测仪、FDR土壤参数检测仪等。

1. 可见-近红外光谱分析法

大部分有机物和无机物的化学键振动会在近红外光谱区产生合频与倍频吸收，近红外光谱则是利用化学分子中的含氢官能团在特定光谱区对红外光的特异性吸收而获得光谱数据，再利用所获得的光谱数据通过化学方法计算所测定的物质成分以及含量。因此可利用土壤中各化学成分的光谱数据，测量其中各元素的含量。测定时将待测土样放置于光源与检测器之间，土壤收到可见-近红外光辐射以后，根据量子力学理论，土壤中的分子如果发生能级跃迁，这些分子就会对特定波长的光产生吸收和反射，将反射的光按照波长大小依次排列形成可见-近红外光谱，如图 11.12 所示。利用所形成的光谱数据通过化学方法便可以计算出所需成分的含量。

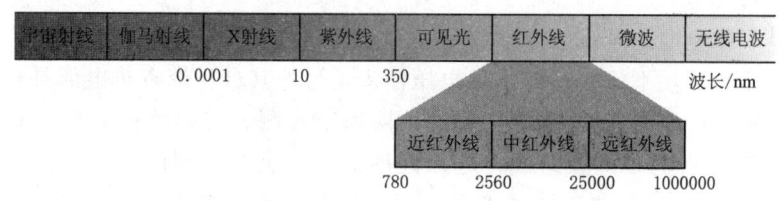

图 11.12　可见-近红外光谱在电磁波谱中位置示意

该方法在测量土壤养分时，样本无须进行化学预处理、速度快、成本低、测试的结果受人为因素干扰少，是一种无损检测技术，能够实现在线分析，但近红外光谱仪普遍存在体积大、价格高等缺点。

2. 便携式土壤养分检测仪

便携式土壤养分检测仪是采用光电比色原理，即利用光电池或光电管等光电转换元件作检测器，测量通过有色溶液后透射光的强度，从而获得被测物质含量，如图 11.13 所示。仪器开机之后默认为光电比色透光度测量状态，在进行光电比色法测量土壤养分含量时，首先对仪器预热 5～10min，之后按照仪器界面指示说明测量即可。在测量之前应按照规范步骤配置好待测土样各个指标的标准溶液、待测溶液以及空白对照液。

采用便携式的机箱一体设计，主机屏幕可显示所测土壤样品中的铵态氮、速效磷、有效钾、有机质等营养成分的含量。可以快速测定土壤养分含量，可用于野外田间现场测量，也可用于实验室进行快速

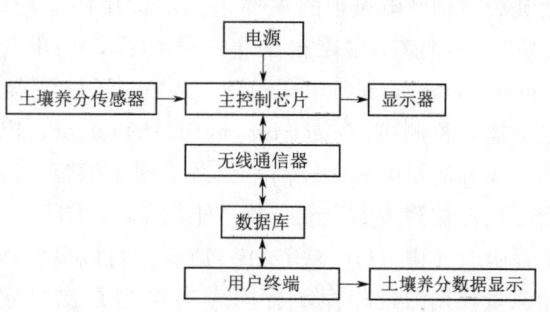

图 11.13　便携式土壤养分检测仪结构示意

测定。通过设备管理云平台可查看每次检测的土壤样品中氮、磷、钾的含量、浓度，以及对应的作物种类、施肥种类、施肥方案等信息，且数据可导出与导入，十分便捷。

3. FDR 土壤参数检测仪

FDR 土壤参数检测仪利用频域反射电磁脉冲计数进行测量，根据电磁波在介质中传播频率来测量土壤的表观介电常数，从而得到待测样品中养分数据。仪器插入土壤中数秒即可显示测量结果，简单方便，测量成本低，测量速度快，可自行设定检测时间间隔。FDR 土壤参数检测仪测量采用电磁式非接触测量方式增强了稳定性，测量精度不会随时间的增加而带来偏差。FDR 土壤参数检测仪可用于多种场所，满足各种种植场所的土壤测试工作。

11.2.4 土壤气体智能监测方法与传感器

1. 土壤氧气（soil oxygen）

土壤中氧气含量对于种子萌发、根系生长、土壤呼吸、微生物代谢和有机物的分解迁移都有重要影响。

（1）基于原电池原理的土壤含氧量仪。土壤含氧量仪是基于原电池原理进行测量，为无源传感器，不需要任何外界电压输入，另外其自身带有热电偶补偿电路，自动进行温度补偿，实现土壤氧气含量的长期稳定监测。传感器由一个铅正极、金负极、电解液和一个 Teflon 膜组成，电极间的电流与测量得到的氧气浓度成正比，测量精度一般为±0.5%。测量结果不会受到钠盐及其他土壤盐分的影响，可在各种复杂条件下使用，对外部环境适应性强。

（2）基于光纤荧光测量技术的土壤氧气测量仪。土壤氧气测量仪基于最先进的光纤荧光测量技术，根据荧光信号的衰减（包括强度的衰减和荧光寿命即发光时间的衰减）与氧气浓度的相关关系，测量包括液相（溶解氧）和气相中的氧气浓度。仪器由主机、探头式氧气传感器和温度传感器组成，测量范围一般为 0～50%空气氧、0～22.5mg/L（溶解氧），仪器底部锥形设计，插入省力，且具有可伸缩性；仪器内置高性能长寿命采样泵，在微负压条件亦可工作；仪器内置恒温装置全量程温度补偿，测量结果不受温度影响。

2. 温室气体（greenhouse gases）

CO_2、CH_4 和 N_2O 监测是研究农田温室气体排放/吸收、与环境因子变化的关系及其微生物影响机理的重要工具。常用静态密闭箱-气相色谱法测定温室气体通量，该方法采用静态密闭箱采集气体样品，利用气相色谱仪中的热导检测器（thermal conductivity detector，TCD）、火焰离子检测器（flame ionization detector，FID）和电子捕获检测器（electron capture eetector，ECD）分别检测 CO_2、CH_4 和 N_2O 气体。该方法精度相对较高，该系统便于携带，容易操作、机动性较强，但不能连续观测，且对被测表面形成干扰。土壤 $N_2O/CH_4/CO_2$ 通量自动监测系统采用光反馈-腔增强吸收光谱（OF-CEAS）原理，可以灵活连接气体分析仪，自动执行土壤温室气体通量长期测量程序，可同时连接多个测量室，实现了对多点土壤 CO_2、CH_4 和 N_2O 通量的长期、连续监测。另外，通过连接其他环境传感器，如太阳辐射、土壤温度和土壤水分传感器等，可研究环境条件与土壤温室气体通量的相关性。

3. 土壤呼吸（soil respiration）

土壤呼吸是碳素由农田生态系统返回大气的主要途径，也是土壤中生命活动的表征，准确测定其释放量是评价生态系统中生物学过程的关键。通过对土壤呼吸及其相关参数的监测，可估测作物根系和土壤微生物对气候变化的响应。土壤 CO_2 通量在时间和空间上受多种复杂的物理和生物过程影响，长期、连续、准确地测量土壤 CO_2 通量，对陆地生态系统碳通量研究具有重要意义。土壤呼吸主要采用动态密闭气室法进行智能监测。动态密闭气室法在测定时暂时将气室内空气与外界隔绝，使用红外线 CO_2 分析仪和气室连成一个闭合型流路，使一定数量的空气在流路内循环，呼吸室内的空气通过交流气泵传到红外二氧化碳分析仪进行分析，通过测定气室内 CO_2 浓度随时间变化而获得土壤呼吸释放 CO_2 的速率。利用土壤呼吸室测量时，直接放置在地表或埋入土中，进行不同测量点的测量，然后取时段平均值作为该时段的呼吸值。利用呼吸值转换为呼吸速率间关系，获得每个采样点的土壤呼吸速率。该方法基本可以实现连续测定和多点测定，便于携带，但测定点数问题仍然是该方法的一个限定因素。

11.2.5 土壤温度智能监测方法与传感器

土壤温度传感器与普通温度传感器的原理相似，都是采用了热敏电阻原理设计，通常采用 PT1000 铂热电阻，其阻值会随着温度的变化而变化，当 PT1000 在 0℃时阻值会变为 1000Ω，阻值一般会根据温度上升而匀速增长。利用这种特性，用芯片设计电路把电阻信号转换成采集仪器常用的电压或者电流信号。土壤温度传感器可直接埋入土壤中，可测量较深位置处的土壤温度。土壤温度传感器体积小，测量精度高，响应速度快，数据传输效率高；适用于不同土质，可测量不同深度土壤温度。

11.3 大气环境智能监测方法与传感器

自动气象站是能够进行地面气象观测、发送或存储气象要素的仪器设备，主要由传感器、采集器和外部设备组成，同时采集器中还安装有采集软件。气象传感器用来测量各个气象要素，主要有模拟传感器、数字传感器和智能传感器三种，通常由敏感元件和变换器组成。敏感元件是用来直接感受大气中各个要素的变化情况，并输出与之相关的电信号或非电信号。变换器则接收敏感元件输出的信号，转换为采集器可采集的电信号，例如温度传感器中的敏感元件感受周围温度的变化，经过变换器将该温度变化量转化为电阻值的阻值变化量，阻值变化量可由采集器直接进行采集。气象传感器是直接获取大气信息的设备，传感器的准确和可靠性测量是自动气象站观测结果的保障。基本的气象传感器主要有温度、湿度、风速、风向、气压、降雨、光照、二氧化碳等传感器等。

11.3.1 空气温度智能监测方法与传感器

常用的空气温度传感器主要包括铂电阻温度传感器、热敏电阻温度传感器及热电偶温度计等。铂电阻温度传感器具有电阻随着温度的升高而增大的性质，即具有所谓正的电阻温度系数（3000～7000 ppm/℃），通过电流可以推求出对应的电阻，由此获得该电阻对应的温度值。铂电阻温度传感器测量温度范围宽、测量精度高、稳定性好，是自动气象站中最常使用的温度传感器，还可用于传感器的计量与校准。热电偶温度计中制作热电偶的金属材料具有很好的延展性，测温元件有极高的响应速度，但其灵敏度比较低，容易受到环境干扰信号影响，不适合测量微小的温度变化。

11.3.2 空气湿度智能监测方法与传感器

常用的湿度传感器包括湿敏电容式传感器、标准通风干湿表和高精度露点仪。铂电阻通风干湿表是一种干湿球传感器，由两只完全相同的铂电阻温度传感器组成，一只作为湿球被包扎上一层脱脂纱布，一只裸置于空气中作为干球。高精度露点仪对镜面清洁度和电源的要求比较高，使用条件限制常仅用于实验室，在自动气象站中使用比较少。目前使用较为普遍的是湿敏电容式传感器。但是，由于湿敏元件的材料特性，在饱和环境中传感器会出现较大的迟滞性误差，尤其是长时间处于高温高湿环境中。此外，湿敏电容和电阻传感器还受空气中粉尘污染颗粒、太阳辐射、大气压强等多环境因素影响，需采用专门的过滤设备作为保护罩，还需要对传感器直接观测数据进一步补充修正，以满足自动气象站对观测数据质量的要求。

11.3.3 风速风向智能监测方法与传感器

风速是指在单位时间内空气所经过的距离，风向是指水平运动空气的来向。常用的风速风向传感器主要包括螺旋桨式、风杯式和超声波式风速风向仪。

1. 螺旋桨式风速风向仪

螺旋桨式风速风向仪通过一组三叶或四叶螺旋桨绕水平轴旋转来测量风速，螺旋桨旋转产生交流正弦信号，交流信号的频率与风速成正比。螺旋桨一般装在一个风标的前部，使其旋转平面始终正对风的来向，同时达到判断风向的目的。

2. 风杯式风速风向仪

风杯式风速风向仪的感应元件是三风杯组件，由三个碳纤维风杯和杯架组成，信号变换电路为霍尔开关电路，转换器为多齿转杯和狭缝光耦。当风杯受水平风力作用而旋转时，带动活轴转杯在狭缝光耦中转动，进而将风力变化为频率信号输出。风向传感器的变换器为码盘和光电组件。当风标随风向变化而转动时，通过轴带动码盘在光电组件缝隙中转动，产生的光电信号对应当时风向的格雷码输出。传感器的变换器可采用精密导电塑料电位器，从而在电位器活动端产生变化的电压信号输出。

3. 超声波式风速风向仪

超声波测量风速风向的核心在于测量超声波在空气中传播的时间。超声波从一个探头传送到另一个探头所需要的时间与风速以及超声通路有关。顺风将使超声信号传播时间递增，逆风将会使之递减。如果风速为零，信号双向的传输时间相等。如果在两个不相关方向上同时测量风速，就可以通过三角学合成计算出风速以及风向。依此原理，超声波风速风向记录仪仅仅使用三个探头即可确定平面中的风速风向。

风向风速仪中，螺旋桨式精度较差，在冻雨等恶劣天气下，叶片与机身关联处冻结而无法正常工作运行，动态性能一般。风杯式测量性能、可靠性较高，价格适中，应用比较广泛。超声波式可零风速启动监测，克服了机械式风速风向仪固有的缺陷，故能全天候地、长久地正常工作,但尺寸较大,在恶劣天气下会影响测量,加大输出误差。

11.3.4 气压智能监测方法与传感器

气压是指作用在单位面积上的大气压力,在数值上等于单位面积上向上延伸到大气上界的垂直空气柱所受到的重力。气压通常使用气压传感器监测,主要分为压敏电容式和振筒式。压敏电容器是一种在一定电压范围内,电容量随电压呈非线性变化的电容器,可以将压力信号转换成电容信号从而获取气压数据。振筒式压力传感器是一种典型的直接输出频率的谐振式传感器,其振动筒与外筒之间的空腔抽成真空,作为压力参考标准,被测压力引入圆柱壳内腔,这种元件精度高、重复性好、性能稳定可靠。

11.3.5 降雨智能监测方法与传感器

降雨是一种大气中的水汽凝结后以液态水降落到地面的现象,在农业生产中是重要的监测指标之一。最常用的降雨监测设备为翻斗式雨量计(短路负脉冲信号),主要由雨量计壳体、集雨器、漏斗、翻斗支撑、翻斗、轴承螺钉、出水仓、密封接头、干簧管、水平泡、调节支撑板、控制盒、调平装置、接线端子、腿部支架、雨量计底座等组成。其中,雨量计底座上安装有翻斗轴、圆水平泡、干簧管支架和信号输出端子。雨水由最上端的承水口进入承水器,落入接水漏斗,经漏斗口流入翻斗,当积水量达到一定高度(如 0.2mm)时,翻斗失去平衡翻倒。而每一次翻斗倾倒,都使开关接通电路,向记录器输送一个脉冲信号,记录器控制自记笔将雨量记录下来,如此往复即可将降雨过程测量下来。

11.3.6 光照智能监测方法与传感器

光照监测通常使用光照传感器,其工作原理是把不同角度的各种光线经过余弦修正器汇聚到感光的区域中,太阳光经过蓝色和黄色的进口滤光片把除可见光外的其余光线过滤掉,经过滤光片的可见光可以照射到进口的光敏元件,光敏元件按照光照程度转换成各种不同的电信号,电信号传入单片机系统中,单片机系统再通过温度来感应电路,把所采集到的相应的光电信号作温度补偿,最后把线性电信号精准地输出。大气温度增加时,会对传感器元件精度造成一定影响,即存在温度感应误差。

11.3.7 二氧化碳智能监测方法与传感器

常用的大气 CO_2 监测方法有红外线气体分析法和电化学法。

1. 红外线气体分析法

红外线气体分析是通过红外线进行气体分析,主要利用气体对红外光吸收的比尔-朗伯定律[式(11.18)]。基于待分析组分的浓度不同,吸收的辐射能不同,剩余的辐射能使检测器的温度升高不同,动片薄膜两边所受的压力也不同,从而产生一个电容检测器的电信号。这样,就可间接测量出待分析组分的浓度。从比尔-朗伯定律可以看出,通过测量辐射能量的衰减,就可确定待分析组分的浓度。红外线气体分析仪无氧气依赖性,且预热时间短,响应速度快;内置温度传感器,可进行温度补偿;测量精度高,稳定性好。

2. 电化学法

基于电化学法的二氧化碳传感器主要为一种内含热敏电阻的混合式敏感元件。当该元件暴露在 CO_2 气体环境中时，就会产生如下的电化学反应：

$$Li_2CO_3 + 2Na^+ \rightleftharpoons Na_2O + 2Li^+ + CO_2 \tag{11.25}$$

作为电化学反应的结果，根据能斯特方程（Nernst equation），该过程将产生如下电势：

$$EMF = E_c - R\lg(P_{CO_2}) \tag{11.26}$$

式中：EMF 为实际电压，mV；E_c 为 CO_2 浓度为 0 时输出的电压，mV；R 是气体常数；P_{CO_2} 为 CO_2 浓度，mol/L。最后，通过监测正负两个电极之间所产生的电势值，就可以测量 CO_2 浓度值。

该二氧化碳传感器适用于连续监测 CO_2，具有很好的长期稳定性，受外界温湿度影响小，使用寿命长，灵敏度高。但传感器暴露在某些气体中（如氯气）会降低其灵敏度。因此，不用时可置于干燥剂中，并使用专用密封袋进行密封。

思 考 与 练 习 题

1. 简述根系导水率的监测方法及其优缺点。
2. 茎秆液流的监测方法有哪些？其各自原理是什么？
3. 压力室法测定叶水势时，哪些步骤容易出现误差？应该如何避免？
4. 简述波文比-能量平衡法监测作物蒸腾蒸发量的原理。
5. 简述张力计测量土壤水势的原理。
6. 土壤盐分的监测方法有哪些？其各自优缺点是什么？
7. 为什么可见-近红外光谱分析法可用于监测土壤养分含量？
8. 简述风速风向的监测方法及其各自优缺点。
9. 为什么温湿度传感器外面要设置保护罩？
10. 论述传感器在智慧农业中的应用及其重要作用。

第 12 章 作物生境学实验原理与分析方法

实验是认识作物生境关键因子变化特征及其影响因素作用机制的重要手段之一，也是深化基础理论认知与揭示内在机制的途径。掌握作物生境学基础实验技能及其数据分析方法，才能将基础理论与实际应用有机结合，达到学以致用的目的。本章节中各实验的具体操作方法详见数字资源。

12.1 气象要素观测与潜在蒸散量分析

12.1.1 气象要素观测方法

气象要素是指表示大气属性和大气现象的物理量，按观测手段的不同分为两大类：一是目测法，主要依靠目力分析判断，定性或半定量地进行测定，如云、能见度、雨、雪、冰雹、雾等天气现象观测；二是器测法，利用仪表进行定量测定，如温度、湿度、气压、风、降水、蒸发、日照及地温等指标。目前主要利用气象站测定相关数据，并用于分析气象要素的变化特征。

1. 气温

空气温度是表示空气冷热程度的物理量。在一定体积内，一定质量的空气的温度只与气体分子运动的平均动能有关，动能与绝对温度成正比。气温测量项目包括定时气温、日最高气温、日最低气温等，通常利用温度计进行气温的连续观测。气温的单位以摄氏度（℃）温标、绝对温标（K）和华氏温标（F）表示，常用摄氏度（℃）进行表示。大气温度一般利用距地面1.5m高处的百叶箱中干球温度进行表征，常用测定气温的仪器包括玻璃温度计（最高温度表、最低温度表、干湿球温度表）、金属温度计、金属电阻温度表、热敏电阻温度表和温差电偶温度表等。

2. 气压

气压观测是指测定作用在单位面积上的大气压力，一般用水银气压表进行测定。水银气压表是依据水银柱重量和大气压力相平衡原理进行测定的。由于大气的压力支撑了水银柱的重量，所以处在静力平衡状态时的单位面积上的水银柱重量就等于大气的压力。气压单位有毫米水银（汞）柱高度（mmHg）、毫巴（mbar）、百帕（hPa）和标准大气压等，现通用百帕（hPa）表示。常用气压单位换算为：1mmHg＝1.33mbar，1hPa＝1mbar，760mmHg＝1013.3mbar＝1013.3hPa。测定气压仪器主要包括动槽式（福丁式）和定槽式（寇乌式）水银压力表。

资源 12.1
干湿球温度计

3. 空气湿度

空气湿度是表示大气中水汽含量的物理量，大气湿度状况是决定云、雾、降水等天气现象的重要因素。大气中各种气体都产生压力，大气压力是各种气体压力的总

资源 12.2
水银气压计

和。大气中水汽所产生的那部分压力称为水汽压 e，单位为 hPa。当温度一定时，大气中水汽含量越多，水汽压越大；反之，水汽压越小。当大气中水汽含量达到饱和时的水汽压称为饱和水汽压 E，随温度升高而增大。空气相对湿度 f 是指空气中水汽压与同温度同压强下饱和水汽压的比值，也称空气相对湿度，其表达式为 $f = e/E \times 100\%$。空气相对湿度反映空气水汽压距离饱和的程度：f 越小，空气越不饱和；f 越接近 100%，空气越接近饱和。当 e 不变时，如温度升高，则 E 增大和 f 减小；如温度降低，则 E 减小和 f 增大。空气相对湿度一般用干湿球温度计测定。其原理为湿纱布上水分蒸发散热，使湿球上温度比干球的温度低，其相差度数与空气中相对湿度成比例。

4. 风向风速

空气的水平运动称为风。风向是指风的来向，用十六个方位表示。风速是指空气单位时间内所经过的距离。测定风向、风速的仪器主要包括 EL 型电接风向风速计、达因式风向风速计、轻便风向风速仪等。缺乏仪器设备的情况下，可根据地面上某些物体被风吹动的状况用目测判定风力。

5. 日照

日照是太阳的直接照射，通常用日照时数和日照百分数表示。太阳中心从出现在某地的东方地平线进入西方地平线，其直射光线在无地物、云、雾等任何遮蔽条件下，照射到地面所经历的时间，称为可照时数。太阳在某地实际照射地面的时数，称为日照时数。日照时数以小时为单位，可用日照计测定。日照时数与可照时数之比为日照百分率，它可以衡量一个地区的光照条件。测定日照时数的仪器主要包括暗筒式日照计、聚焦式日照计、光电日照计等。

资源 12.3
日照观测
方法

6. 太阳辐射

辐射是指太阳、地球和大气辐射的总称。测量辐射的仪器主要包括直接日射表和天空辐射表。直接日射表是测定太阳直接辐射的常规仪器；天空辐射表是测定地平面上的太阳直接辐射、天空散射辐射和地面反射辐射的仪器；净辐射表用于测量地表面吸收和支出辐射之差。

资源 12.4
太阳辐射
观测方法

7. 降水

降水是指空气中的水汽冷凝并降落到地表的现象，它包括两部分：①大气中水汽直接在地面或地物表面及低空的凝结物，如霜、露、雾和雾凇，又称水平降水；②由空中降落到地面上的水汽凝结物，如雨、雪、霰雹和雨凇等，又称垂直降水。通常单纯的霜、露、雾和雾凇等，不作降水量处理。中国气象局地面观测规范规定，降水量仅指垂直降水，水平降水不作为降水量。降雨强度是指单位时段内的降雨量，以 mm/min 或 mm/h 计。降雨在某一历时内的平均降水量，可以用单位时间内的降雨深度（mm/min）表示，也可以用单位时间内单位面积上的降雨体积 [L/(s·hm^2)] 表示。目前，测定降雨量常用的仪器主要有雨量筒和量杯。

资源 12.5
降水观测
方法

8. 地温

地温是指地表面及其以下不同深度处土壤温度的统称，单位为℃。地面温度是大气与地表交界处的温度状况，地面表层土壤温度称为地面温度，地面以下土壤中的温度称为地中温度。气象站一般观测地面以及地面以下 5cm、10cm、15cm、20cm、40cm、80cm、160cm 和 320cm 深度的地温，以及地面每天的最高、最低温度。

9. 蒸发量

蒸发量是指在一定时段内，水分经蒸发而散失到大气中的量，通常用蒸发的水层厚度表示，其中水面或土壤的水分蒸发量分别用不同的蒸发器测定。常用的测量蒸发的仪器包括小型蒸发器、大型蒸发桶和蒸发皿等。

资源 12.6 地温观测方法

12.1.2 潜在蒸散量确定方法

潜在蒸散量是天气气候条件决定的下垫面蒸散过程的能力，是实际蒸散量的理论上限。潜在蒸散量一般由估算获得，估算潜在蒸散量的方法大致可以分为三类：温度法、辐射法和综合法。在不同的气候区，这些方法具有各自不同的适用性及精度，选择适当的方法是准确估算潜在蒸散量的重要前提条件。

按照所需的气象数据，估算潜在蒸散量的方法包括 Penman 公式、FAO-56 Penman-Monteith 公式、Priestley-Taylor 公式和 Makkink 公式等，其中国际公认估算潜在蒸散量的方法为 FAO-56 Penman-Monteith 方法，该方法已经被证明在不同条件下均能较准确估算潜在蒸散量的值，但该方法计算潜在蒸散量时需要较全面的气象数据资料，在很多地方应用时往往受到数据难以获取的限制。

资源 12.7 蒸发量观测方法

12.2 土壤样品采集、处理与保存

土壤样品采集是土壤分析工作中的一个重要环节，根据研究目的，可进行剖面土样的采集、混合土样的采集以及土壤盐分动态样品的采集等。采集的土壤样品必须具有最强的代表性。从野外采回的土壤样品，除原状土样外，一般须需经过风干、磨细、过筛、混合等一定的制备过程，并将制成的分析样品进行合理保存，以便后续测定与资料校核。

资源 12.8 常用潜在蒸腾量计算公式

12.3 土壤 pH 值、电导率及可溶性盐的测定

12.3.1 土壤 pH 值测定

土壤 pH 值是反映土壤酸碱性的主要指标。利用电位法测定土壤悬液 pH 值时，以通用 pH 玻璃电极为指示电极，甘汞电极为参比电极，将两种电极插入试液或土壤悬液后，构成电池反应，两极之间产生电位差。因参比电极的电位是固定的，其电位差取决于待测液的 H^+ 离子活度或其负对数 pH 值。在 25℃ 时，溶液中每变化一个 pH 单位，就产生 59.1mV 的电位差，这样就可以测定土壤悬液的 pH 值，并在仪器上直接显示 pH 值。

资源 12.9 土壤样品采集和处理与保存

12.3.2 土壤电导率测定

土壤电导率是指土壤传导电流的能力，由于田间原位测定土壤电导率较为困难，通过测定土壤提取液的电导率来表示。将连接电源的两个电极插入土壤浸提液（电解质溶液）中，就构成一个电导池。电导池又称电导电极，由两片固定在玻璃支架上的

资源 12.10 土壤 pH 值测定

金属片组成。电导池常数指电极面积 A 与两个电极间距离 L 的比值。由于电极面积和两个电极间的距离是固定不变的，故 L/A 是一个常数，称电导池常数，用 Q 表示。它是衡量电导池导电性能的一个重要物理常数。当两个电极插入土壤浸提液时，可测出两个电极间的电阻。温度一定时，该电阻值 R 与电导率 K 成反比，即 $R=Q/K$。当已知电导池常数 Q 时，测量提取液的电阻，即可求得电导率。

在一定浓度范围内，溶液的含盐量与电导率呈正相关关系，故可建立电导率与土壤含盐量间线性关系，根据测定的电导率计算土壤含盐量。

美国利用土壤饱和浸提液的电导率评估土壤全盐量，并其对作物生长的影响进行了评估，见表 12.1。

资源 12.11
土壤电导率测定

表 12.1　　土壤饱和浸提液的电导率与盐分和作物生长间的关系

电导率/(ms/cm)	盐分/%	盐渍化程度	作 物 反 应
0～2	<1.0	非盐渍化土壤	对作物不产生盐害
2～4	1.0～3.0	盐渍化土壤	对盐分极敏感的作物产量可能受到影响
4～8	3.0～5.0	中度盐土	对盐分敏感的作物产量可能受到影响，但对耐盐作物（苜蓿、棉花、甜菜、高粱、谷子）无多大影响
8～16	5.0～10.0	重盐土	只有耐盐作物有收成，但影响种子发芽，而且出现缺苗，严重影响产量
>16	>10.0	极重盐土	只有极少数耐盐作物能生长，如耐盐的牧草、灌木、树木等

12.3.3　土壤可溶性盐分离子测定

土壤中可溶性盐的分析一般包括全盐量、阴离子（Cl^-、SO_4^{2-}、CO_3^{2-}、HCO_3^-）和阳离子（Na^+、K^+、Ca^{2+}、Mg^{2+}）的测定。通常利用常规方法测定土壤中可溶性盐分离子含量，随着仪器设备的不断研发，多数离子可以利用先进仪器设备直接进行测定。

资源 12.12
土壤中可溶性盐分离子的测定

12.3.3.1　阳离子的测定

土壤可溶性盐中的阳离子包括 Ca^{2+}、Mg^{2+}、K^+、Na^+。目前常采用 EDTA 滴定法测定 Ca^{2+} 和 Mg^{2+}，也广泛应用原子吸收光谱法测定 Ca^{2+}、Mg^{2+} 含量，并利用火焰光度法测定 K^+、Na^+ 的含量。

1. 钙、镁离子的测定（EDTA 容量法）

该方法利用了 EDTA 与钙、镁离子的络合能力远大于指示剂与钙、镁离子的络合的原理进行测定。在待测液中（pH 值调至 10 左右）先加入指示剂，待测液中的钙、镁离子与指示剂形成一种红色的络合物，但当用 EDTA 溶液进行滴定时，已与指示剂络合的钙、镁离子便开始被 EDTA 所夺取，溶液中的红色络合物逐渐减少，而指示剂本身的蓝色则逐渐显现，直至钙、镁离子全部被 EDTA 络合时，溶液完全显现出指示剂本身的蓝色，此即达滴定终点。根据 EDTA 的用量计算待测液中钙、镁离子的含量。

2. 钾、钠离子的测定

由于待测液中阴离子与阳离子的 mmol 数必然相等，故可利用已知阴离子的总量，减去已知钙、镁离子的含量，即可得出钾、钠离子的含量。

12.3.3.2 阴离子的测定

1. 碳酸根和重碳酸根离子的测定（双指示剂滴定法）

溶液中同时存在碳酸根（CO_3^{2-}）和重碳酸根（HCO_3^-）时，可用变色范围不同的指示剂分别进行测定，如用双指示剂滴定法的具体反应为

$$Na_2CO_3 + HCl \longrightarrow NaHCO_3 + NaCl \quad (\text{pH 值 8.2 为酚酞指示剂终点})$$
$$NaHCO_3 + HCl \longrightarrow NaCl + CO_2 + H_2O \quad (\text{pH 值 3.8 为甲基橙指示剂终点})$$

当第一级反应完成时，酚酞指示剂使溶液由红色变为无色，pH 值为 8.2，只滴定了碳酸根的一半，继续滴定至第二个反应完成时，甲基橙指示剂使溶液由橙黄变成橘红（如果是含有机质较多的苏打盐土，则会带黄棕色）。此时溶液 pH 值为 3.8。

2. 氯离子的测定

根据硝酸银和氯化银的溶解度不同而分别沉淀的原理，以铬酸钾作指示剂，并利用硝酸银滴定时，银离子首先与氯离子生成氯化银的白色沉淀。当待测液中的全部氯离子与银离子生成氯化银沉淀后，多余的硝酸银才能与铬酸钾作用生成棕红色的铬酸银沉淀。由此可知，当溶液中一出现棕红色沉淀时，即说明氯化银已沉淀完全，此时即达滴定终点。根据硝酸银的用量便可算出待测液中氯离子的含量。其反应式如下：

$$NaCl + AgNO_3 \Longrightarrow NaNO_3 + AgCl \downarrow (\text{白})$$

$$K_2CrO_4 + 2AgNO_3 \Longrightarrow 2KNO_3 + Ag_2CrO_4 \downarrow (\text{红})$$

由消耗的硝酸银用量，即可计算出氯离子的含量。

3. 硫酸根离子的测定（EDTA 容量法）

先用过量的氯化钡将待测液中的硫酸根全部沉淀，多余的钡在 pH 值 ≈ 10 时加钙镁混合指示剂，用 EDTA 溶液滴定（为使终点明显，可添加一定量的镁）。另做一空白试验求得加入钡、镁所消耗的 EDTA 用量，从中减去沉淀硫酸根后剩余钡、镁所消耗的 EDTA 用量，即得消耗于硫酸根的用量，从而求出硫酸根的含量。

12.4 土壤含水量及水分常数测定

12.4.1 土壤含水量测定

土壤含水量常用质量含水量和体积含水量表示。质量含水量表示为土壤所含水分质量与烘干土重的比值，体积含水量表示为土壤所含水的容积与土壤容积的比值，土壤体积含水量等于质量含水量与土壤容重的乘积。

土壤含水量的测定方法较多，但基础的方法是烘干法（重量法），常作为其他间接测量方法标定的依据。烘干法是一种破坏性的测量方法，不能连续测量一点的土壤水分的变化。近些年来，发展了多种非破坏性的间接测量土壤水分含量方法，如 TDR 法、FDR 法、遥感法等。

烘干法是测量土壤含水量最简单也是最常用的方法。利用烘干法测定土壤含水量需要测定土壤中水的质量 m_w、干土的质量 m_d 和装有土样的容器的质量 m_t，土壤含

水量 θ 的计算公式为

$$\theta = \frac{m_w}{m_d} = \frac{m_{sw} - m_{sd}}{m_{sd} - m_t} \times 100\% \qquad (12.1)$$

式中：m_{sw} 为容器+湿土质量，g；m_{sd} 为在 105℃ 的烘箱中烘至恒重时容器+干土质量，g。

在测定过程中，首先利用一定容积 v 的环刀采集土壤样品，测定土壤的湿土 m_{sw}+环刀重量，然后烘干土样，测定环刀+干土重 m_{sd}，再计算土壤中水的重量及土壤体积含水量。

12.4.2 土壤水分常数测定

土壤水分常数是土壤各种类型水分达到最大量时的含水量。常用的水分常数有吸湿系数、凋萎系数、田间持水量、毛管持水量、饱和含水量。

1. 吸湿系数测定

吸湿系数是指在水汽相对饱和的环境中，土壤吸湿水达到最大时的土壤含水量。常利用稀硫酸溶液或饱和硫酸钾溶液在 20℃ 下形成的饱和相对湿度来平衡风干土样，用烘干法测定其吸湿系数。

资源 12.13
土壤水分常数测定

2. 凋萎系数测定

凋萎系数是作物产生永久凋萎时的土壤（最大）含水量。测定凋萎系数方法分为间接测定法和直接测定法两种。间接测定法是先测定吸湿系数，再乘以 1.5 或 2，即为凋萎系数。直接测定法是在作物生长发育各个阶段中直接进行作物生长观察测定，一般用幼苗法。

3. 田间持水量测定

田间持水量是指土壤毛管悬着水达到最大时的土壤含水量。当原状土样水分饱和后，在重力作用下土体中部分水分向下流动并流出土体，当与土壤吸力所保持的水分达到平衡时，土体中的含水量为田间持水量。田间持水量测定方法有田间测定法和室内测定法。

4. 毛管持水量测定

毛管持水量是指上升毛管水达到最大数量时的土壤含水量。利用环刀采取土样，将土样下端置于水盘中，使土壤毛管孔隙内充满水，然后测其含水量，即为毛管持水量。

5. 饱和含水量测定

饱和含水量是指土壤所有孔隙充水时土壤的含水量。利用环刀提取土样，在人工干预条件下，使土样含水量达到饱和，采用烘干称重法，测定饱和土样的含水量。

12.5 土壤水分特征曲线测定

土壤水分特征曲线是表示土壤基质势（或土壤水吸力）与土壤含水率间关系的曲线，反映了土壤水的数量和能量间的关系。目前测定土壤水分特征曲线的方法有张力计法、土壤水分压力板（膜）法和离心机法等。

张力计测定原理为，当张力计插入土样后，张力计中的纯自由水经过陶土壁与土壤水建立了水力联系。当达到平衡时，张力计的负压值就等于土壤基质势。通过测定不同水分条件下的负压值（基质势），就可获得土壤水分特征曲线。但张力计读数只能测定 0～85kPa 吸力范围的特征曲线。

资源 12.14 土壤水分特征曲线测定

压力板（膜）法是指利用压力势测量基质势的方法。它的原理与张力计法基本相同，是测量仪器内的正压力，而张力计则是测量仪器内的负压力。压力膜仪由一个压力腔室和一套调节空气压力的输气管道组成，腔室内装有一张和外界相通的多孔陶土板（膜），其孔隙能透过水但不能透过空气。压力板（膜）法是测量土壤水分特征曲线的经典方法，具有测量范围广、精度高等特点，可测定 0～2.0MPa 吸力范围的特征曲线。

离心机法是利用专用的高速恒温离心机携带的水分特征曲线定制转子所产生的离心场对土壤水进行快速分离，通过调整离心机转速改变转子中土壤的水吸力，以获得不同水吸力下的土壤含水率。离心机法测定快速、操作简单，可测定 0～1.0MPa 吸力范围的特征曲线，但由于离心机测定时，改变了土壤容重，应对水分特征曲线进行容重和吸力的校正。

12.6 土壤饱和导水率测定

目前测试土壤饱和导水率的方法较多，按照测定目的、测定原理、测定场所等进行分类，包括室内和室外（田间实测）测定方法、定水头与降水头测定方法、扰动土与原状土测试方法、一维和三维测定方法等。

1. 定水头渗透仪法

定水头渗透仪法常用于室内原状土和扰动土的测定，更多地用于测定土壤饱和导水率大于 0.5mm/h 的土样。在土样饱和后，以固定水头向土壤供水，当出水稳定后，根据达西定律方程：

资源 12.15 土壤饱和导水率测定

$$q = K_s(\Delta H/L) \tag{12.2}$$

土壤饱和导水率表示为

$$K_s = (L/\Delta H)q \tag{12.3}$$

由于

$$q = Q/At \tag{12.4}$$

所以

$$K_s = \frac{Q}{At} \cdot \frac{L}{\Delta H} \tag{12.5}$$

式中：q 为水流通量，m/s；Q 为水的出流量，m^3；ΔH 为水头高差，m；A 为土样断面积，m^2；t 为时间，s；L 为土样高度，m；K_s 土壤饱和导水率，m/s。

2. 降水头渗透仪法

降水头渗透仪法是用于测定土壤饱和导水率小于 0.5mm/h 的方法。根据达西定律，流量和水头间存在如下关系：

$$\frac{a}{A} \cdot \frac{dH}{dt} = -K_s \frac{H}{L} \tag{12.6}$$

$$AK_s dt = -aL \frac{dH}{H} \tag{12.7}$$

两边求定积分

$$AK_s \int_0^t dt = -aL \int_{H_1}^{H_2} \frac{dH}{H} \tag{12.8}$$

$$K_s = \frac{aL}{At} \ln \frac{H_1}{H_2} \tag{12.9}$$

或

$$K_s = \frac{QL}{At(H_1 - H_2)} \cdot \frac{H_1}{H_2} \tag{12.10}$$

式中：L 为土样高度，m；A 为土样面积，m^2；a 为滴管内截面积，m^2；H_1 为初始滴管水面高度，m；H_2 为终了时间滴管水面高度，m；t 为水面从 H_1 到达 H_2 时间，s；Q 为 t 时间内穿过土样的水量，m^3。

3. 双环法

双环法测试土壤饱和导水率是田间测试原状土饱和导水率的一种方法。用来测定表土层的入渗能力，一般认为土壤稳定入渗速率就是或极接近饱和导水率。

4. 圭尔夫渗透仪法

圭尔夫（Guelph）渗透仪法常用于测定地下水位以上土壤的田间饱和导水率 K_{fs}。该方法省时、省水、省力，而且可以测量土壤剖面任意土层深度的"饱和导水率"。由于在田间测定中，土壤可能难以达到类似室内测定时的土壤完全饱和状态，因此，圭尔夫渗透仪法测得的饱和导水率常称为田间饱和导水率 K_{fs}。而所用仪器称为渗透仪，K_{fs} 与 K_s 的意义有所不同。

12.7 土壤溶质穿透曲线测定

土壤溶质穿透曲线（breakthrough curve，BTC）是指流出液的相对浓度与孔隙体积的相关曲线。在大多土壤中，土壤溶液一般互溶。当土壤溶液流动时，土壤溶液既有分子（或离子）扩散又有机械弥散，既混合又置换，因此土壤溶液的实际穿透曲线多呈S形曲线。土壤溶质穿透曲线受溶质种类（电荷、半径、与土壤是否有反应）、土壤质地、孔隙状况、水流状况等影响，其穿透曲线差异较大。本方法测定与土壤无反应溶质如 Cl^-（保持性溶质）在稳态水流条件下穿透曲线，分析溶质与土壤发生易混合置换过程中水动力弥散及运移特征。

资源 12.16
土壤溶质穿透曲线测定

1. 易混合置换基本概念

（1）置换溶液（displacing fluid）：指进入土柱中，置换原有流体的溶液。

（2）被置换溶液（displaced fluid）：指土柱中被置换的原有溶液。

（3）流入液（influent）：进入柱或管中的溶液，与置换溶液意思相当。

（4）出流液（effluent）：柱或管末端所流出的溶液。

（5）孔隙体积数（pore volume）：流出液体积与柱内多孔体中液体所占的体积之比。例如，一土柱中多孔体总体积为 $3000cm^3$，其中液体所占体积（饱和时相当于总孔隙度）为 1500cm³。当流出液体积为 500cm³ 时，为 1/3 孔隙体积数。

（6）相对浓度（c/c_0）：即流出液浓度与流入液浓度之比。

2. 土壤溶质运移的模型和求解

在一维土柱溶质穿透试验中，假定在稳态水流条件下，用一定浓度 c_0 的置换溶液来置换被置换溶液，记录流出液 c 随时间（或孔隙体积数）的变化，计算相对浓度（c/c_0）孔隙体积数的变化，绘制作为示踪剂的溶质穿透曲线。通过该试验结合土壤溶质运移方程可以求得该溶质的水动力弥散系数 D。一维稳态水流条件下，土壤溶质运移方程的表达式为

$$\frac{\partial c}{\partial t} = D \frac{\partial^2 c}{\partial x^2} - v \frac{\partial c}{\partial x} \tag{12.11}$$

式中：c 为孔隙溶质浓度；t 为时间；x 为运移距离；v 为宏观孔隙水平均流速，$v=V/\eta$，V 为达西流速，η 为孔隙率；D 为水动力弥散系数。

试验中方程上边界为常浓度，下边界采用浓度为 0 的半无限边界，即

$$c(0,t) = c_0 \tag{12.12}$$

$$c(\infty, t) = 0 \tag{12.13}$$

式中：c_0 为入流浓度。

试验前土柱经过淋洗，可以认为初始溶质浓度为 0，即

$$c(x, 0) = 0 \tag{12.14}$$

经过 Laplace 变换可得到解析解：

$$\frac{c}{c_0} = \frac{1}{2}\left[\text{erfc}\left(\frac{L-vt}{2\sqrt{Dt}}\right)\right] + \frac{1}{2}\exp\left(\frac{vL}{D}\right)\text{erfc}\left(\frac{L+vt}{2\sqrt{Dt}}\right) \tag{12.15}$$

式中：erfc 为残差函数；L 为土柱高度，cm。

根据一维土柱溶质出流试验测得的出流浓度，利用式（12.15）拟合出 c/c_0 与 t 关系曲线，即可求得 D。

12.8 土壤有机质测定

土壤有机质是指存在于土壤中所有含碳的有机物质，包括各种动植物的残体、微生物体及其分解和合成的各种有机质。土壤有机质含量＝土壤有机碳含量×换算系数，换算系数决定于土壤有机质的含碳率。一般认为有机质中含碳 58%，换算系数为 1.724。

土壤有机质测定方法主要有两类：一类是燃烧法，主要包括干烧法和灼烧法；第二类是化学氧化法，主要包括湿烧法、重铬酸钾容量法和比色法。燃烧法和化学氧化法是根据有机碳释放的 CO_2 量或者是氧化有机碳消耗的氧化剂的量，确定有机质含量，是一种碳成分直接测定法。目前实验室常用的测定方法是化学氧化法，该方法不需要特定的仪器设备。

化学氧化法借助氧化剂氧化有机碳，其类似于 CO_2 测定法中的湿烧法。与湿烧法所不同的是，化学氧化法在酸性环境下测定，可以消除碳酸盐对测定结果的影响，

并且可以避免 CO_2 测定法中一系列烦琐步骤，包括实验过程需要在无 CO_2 气流中进行，释放出的 CO_2 需要收集等过程。目前常用的氧化法是普遍采用的重铬酸钾容量法，即在过量硫酸存在的环境下，利用重铬酸钾氧化有机质，过量的重铬酸钾用标准硫酸亚铁溶液回滴，根据消耗的氧化剂用量计算所氧化的有机碳量。化学氧化法测定过程中，为使有机碳氧化更完全，反应需加热进行，根据加热方式的不同，分为稀释热和外加热。稀释热是用浓硫酸和重铬酸钾（2∶1）溶液迅速混合时所产生的稀释热（温度在 120℃ 左右）氧化有机质。由于产生的热量温度较低，对有机质氧化程度低，平均氧化率仅 77%（相对于干烧法），且受土壤类型及室温的影响较大，适于在室温 20℃ 以上的条件下进行。外加热法氧化温度较高（170～180℃），对有机质氧化较完全，平均氧化率可达 90%～95%（相对于干烧法），且不受室温变化的影响。

1. 高温外热重铬酸钾氧化法

在外加热条件下用一定浓度的过量的 $K_2Cr_2O_7$-H_2SO_4 溶液氧化土壤碳，过量的 $K_2Cr_2O_7$ 用 $FeSO_4$ 标准溶液进行滴定，利用消耗的 $K_2Cr_2O_7$ 的量来计算有机碳的含量，其反应式为

$$2K_2Cr_2O_7 + 8H_2SO_4 + 3C \xrightarrow{\Delta} 2Cr_2(SO_4)_3 + 2K_2SO_4 + 3CO_2 + 8H_2O$$
$$K_2Cr_2O_7 + 6FeSO_4 + 7H_2SO_4 \longrightarrow Cr_2(SO_4)_3 + 3Fe_2(SO_4)_3 + K_2SO_4 + 7H_2O$$

测定结果须乘以氧化率校正系数 1.08（按平均回收率 92.6% 计算）。

2. 水合热重铬酸钾氧化法

利用浓 H_2SO_4 加入 $K_2Cr_2O_7$ 水溶液中所产生的热量（稀释热、水合热）氧化土壤有机质，测定结果需要乘以氧化率校正系数 1.32（按平均回收率 75.8% 计算）

资源 12.17
土壤有机质测定——高温外热重铬酸钾氧化法

资源 12.18
土壤有机质测定——水合热重铬酸钾氧化法

12.9　土壤全氮、全磷、全钾测定

12.9.1　土壤全氮的测定

通常土壤全氮分为有机态和无机态两部分。土壤中的氮素主要以有机态存在。通常采用凯氏消煮法测定土壤全氮，但由于消煮时间较长，现改进以硫酸铜、硫酸钾和硒粉作催化剂进行相应的测定。由于土壤样品在加速剂的参与下，用浓硫酸消煮时，经过复杂的高温分解反应，各种含氮有机化合物转化为铵态氮。碱化后蒸馏出的氨用硼酸吸收，以酸标准溶液滴定，计算土壤全氮含量（不包括全部硝态氮）。若需要测定包括硝态和亚硝态氮的全氮，在样品消煮前，需先用高锰酸钾将样品中的亚硝态氮氧化为硝态氮后，再用还原铁粉使全部硝态氮还原，转化成铵态氮。

资源 12.19
土壤全氮的测定

12.9.2　土壤全磷的测定

土壤全磷包括无机磷和有机磷。无机磷即矿物态磷，如磷灰石、磷铝石、红磷铁矿、蓝铁矿等及土壤溶液中的磷酸盐，占全磷的 50%～80%。无机磷的存在形态中，以 Al-P、Fe-P、Ca-P、O-P 等磷酸盐为主要类型，受 pH 值影响较大，在不同土壤中含量不同，如在石灰性土壤中以 Ca-P 为主，酸性土壤中以 Fe-P、Al-P、O-P 为主，中性土壤中 Ca-P、Fe-P、Al-P 的比例约为 1∶1∶1。有机磷包括磷

资源 12.20
土壤全磷测定

脂、核酸磷、植素等，占全磷的 20%～50%。土壤全磷含量的高低取决于土壤性质、气候条件以及耕作管理措施，特别是施磷量等因素。我国土壤全磷量的变化范围大致为 0.05%～0.48%P_2O_5，且通常是西北地区高于东南地区。土壤全磷的测定包括样品的分解和待测液中磷的定量两个步骤。目前提取土壤中全磷的前处理方法有碱熔法和酸溶法两类，也称干法和湿法。碱熔法有 NaOH 熔融法和 Na_2CO_3 熔融法，酸溶法主要为 H_2SO_4-$HClO_4$ 法等。Na_2CO_3 熔融法分解完全，测定结果准确，同一待测液可测定多种元素，但需要使用铂坩埚。NaOH 熔融法因分解完全程度低，且由于 NaOH 易吸水而使测定结果不稳定，但采用银坩埚或镍坩埚代替铂坩埚，一般的实验室均可满足。在酸溶法中，H_2SO_4-$HClO_4$ 是应用较多的方法，操作简便，不需要铂坩埚，但对样品分解完全的程度不如 Na_2CO_3 熔融法，对石灰性土壤的分解较完全，是 Na_2CO_3 熔融法的 97%～98%，对含 Al-P、Fe-P 较多的酸性土壤仅为 95%。

12.9.3 土壤全钾的测定

土壤全钾是指土壤中含有的全部钾，是水溶性钾、交换性钾、非交换性钾和结构态钾的总和。土壤全钾含量为 0.3%～3.6%，一般为 1%～2%。土壤全钾的测定包括样品的分解和待测液中钾的定量两个步骤。土壤全钾样品的分解，大体上可分为碱熔和酸溶两大类。较早采用的是碱熔法（$CaCO_3$-NH_4Cl），因所用的熔剂纯度要求较高，样品用量大，KCl 易挥发损失，测定结果偏低。同时对坩埚的腐蚀性大，而且手续比较烦琐，目前已很少使用。利用 Na_2CO_3 熔融法，土样熔融完全，试液可测全磷全钾，但铂坩埚昂贵，所以单测全钾时不采用此法。近年来碱熔法已逐渐被 NaOH 熔融法所代替，NaOH 熔融法不仅操作方便，分解也较为完全，而且可用银坩埚（或镍坩埚）代替铂坩埚，适用于一般实验室开展测试工作，同时所制备的待测液也可用于测定全磷和全钾。酸溶法也是目前推荐测定土壤全钾的方法，如 HF-$HClO_4$ 法，用密闭的聚四氟乙烯塑料坩埚代替铂坩埚，成本大为降低。另外该方法彻底破坏了矿物结构，使其中 Ca、Mg、K、Na 等元素溶解出来，$HClO_4$ 可氧化有机质。由于 HF 的腐蚀作用，消煮时必须在通风橱进行，残留氟对玻璃器皿有腐蚀作用，试液需放在塑料瓶中。溶液中钾的测定，一般可采用火焰光度法、亚硝酸钴钠法、四苯硼钠法和钾电极法。

资源 12.21
土壤全钾测定

12.10 土壤有效氮、有效磷、有效钾测定

12.10.1 土壤有效氮的测定

土壤有效氮包括矿物态氮和部分易分解有机态氮，包括铵态氮、硝态氮、氨基酸、酰胺和易水解的蛋白质氮等。土壤有效氮的测定方法包括碱解蒸馏法和碱解扩散吸收法。

（1）碱解蒸馏法。该方法适合于各种土壤，锌-硫酸亚铁还原剂能将硝态氮全部还原成铵态氮，并且水解、还原、蒸馏同时进行，加快了分析速度，提高了分析质量，测定结果有很好的再现性，且同作物氮素的相关性较好。将土壤样品放置于半微

资源 12.22
土壤有效氮测定

量定氮装置中，用4mol/L氢氧化钠和锌-硫酸亚铁还原剂进行水解、蒸馏，并控制一定时间和蒸馏液体积，将硝态氮在锌-硫酸亚铁及碱性条件下被还原为氨而逸出，蒸馏出来的氨被吸收在硼酸指示剂溶液中。用标准酸滴定，从而计算氮的含量。

（2）碱解扩散吸收法。在密封的扩散皿中，直接加碱于土壤中，在恒温条件下，一定时间内土壤中部分有机物被碱水解，释放出氨，连同土壤中的铵态氮在碱性条件下转化为氨气，并不断扩散逸出，被硼酸溶液吸收，用标注酸滴定硼酸吸收液中的氨后，可以计算土壤中的水解氮含量。

12.10.2　土壤有效磷的测定

资源 12.23
土壤有效磷测定

土壤有效磷是指在一个生长季节内，能够被作物吸收利用的土壤磷素。包括少量有机磷、液相磷、土壤胶体弱吸附或交换态磷、微溶性磷酸盐如石灰性土壤的 Ca_2-P、$Al-P$、Ca_8-P 和酸性土壤的 $Al-P$、$Fe-P$ 等。土壤有效磷的测定方法较多，包括生物、物理和化学方法。目前多选用化学方法，因其简便、快速而应用较广。土壤有效磷的测定需选用适宜的浸提剂将土壤中存在的有效形态的磷提取，然后加以定量。由于酸性土壤和石灰性土壤其磷酸盐存在形态不同，因而需选用相应的浸提剂。目前使用最广的浸提剂为 $0.5mol/L\ NaHCO_3$ 溶液（Olsen 法），测定结果与作物反应具有良好的相关性，适用于石灰性土壤、中性土壤及酸性水稻土。此外，还使用 $0.03mol/L\ NH_4F-0.025mol/L\ HCl$ 溶液（Bray I 法）作为浸提剂，适用于酸性土壤和中性土壤。浸出液中磷的定量有多种方法，如吸光光度法、仪器分析的方法（ICP-AES 法）等，目前以钼锑抗吸光光度法应用较为普遍。

（1）$NaHCO_3$ 浸提——钼锑抗比色法。石灰性土壤中磷主要以 $Ca-P$（磷酸钙盐）的形态存在。中性土壤 $Ca-P$、$Al-P$（磷酸铝盐）、$Fe-P$（磷酸铁盐）都占有一定的比例。$0.5mol/L\ NaHCO_3$（pH 值 8.5）可以抑制 Ca^{2+} 的活度（形成 $CaCO_3$ 沉淀），使某些活性更大与 Ca 结合的磷浸提出来。同时，浸提液 pH 值调至 8.5，使 $Fe-P$ 和 $Al-P$ 起水解作用而被浸出。与交换吸附态磷进行置换作用（浸提液中有 OH^-、HCO_3^-、CO_3^{2-} 等阴离子），从而使 $H_2PO_4^-$、HPO_4^{2-} 等被浸提出来。浸提过程中的溶解作用降低了溶液中 Ca^{2+}、Fe^{3+}、Al^{3+} 的浓度，因此能够防止浸出的磷发生次生沉淀。浸出液中磷的浓度很低，须用灵敏的钼蓝比色法测定。

（2）NH_4F-HCl 浸提——钼锑抗比色法。酸性土壤中的磷主要是以酸磷铁和磷酸铝的形态存在，利用 F-酸性溶液中络合 Fe^{3+} 和 Al^{3+} 的能力，可使这类土壤中活性较强的磷酸铁、磷酸铝盐被活化释放，同时由于 H^+ 的作用，也能溶解出部分磷酸钙盐。

12.10.3　土壤有效钾的测定

资源 12.24
土壤有效钾测定

土壤有效钾包括当季作物可吸收利用的水溶性钾、交换性钾和部分非交换性钾（缓效钾）。土壤速效钾是指水溶性钾和交换性钾，交换性钾丰富时，作物吸收的钾几乎全部来自速效钾；而交换性钾少时，作物吸收的钾中可有 50%～70% 来自缓效钾。土壤钾素供应水平与土壤质地、交换性钾含量和缓效钾含量有关。土壤有效钾的测定主要是测定土壤速效钾和缓效钾。土壤有效钾的测定，通过以 $1mol/L\ NH_4OAC$ 为浸提剂，用火焰光度计直接测定。无火焰光度计时，浸提剂常用 $1mol/L$

的 $NaNO_3$ 或 NaCl,用四苯硼钠比浊法和亚硝酸钴钠比浊法测定。土壤缓效钾的测定,常用生物耗竭法、1mol/L HNO_3 煮沸法、2.0mol/L HNO_3 冷浸提法、四苯硼钠提取法和电超滤(EUF)法等。

(1) 土壤速效钾——NH_4OAC 浸提火焰光度法。以中性 NH_4OAC 溶液为浸提剂时,NH_4^+ 与土壤胶体表面的 K^+ 进行交换,连同水溶性 K^+ 一起进入溶液。浸出液中的钾可直接用火焰光度计测定。本法测定结果在非石灰性土壤中为交换性钾,在石灰性土壤中为交换性钾和水溶性钾。测定的速效钾量与钾肥肥效的相关性良好。

(2) 土壤缓效钾——热 HNO_3 浸提火焰光度法。用 1mol/L 热 HNO_3 浸提的钾多为黑云母、伊利石、含水云母分解的中间体以及黏土矿物晶格所固定的钾离子,这种钾与禾谷类作物吸收量有显著相关性。从 1mol/L HNO_3 浸提的钾量减去土壤速效性钾,即为土壤缓效性钾。

12.11 土壤微生物生物量和群落结构特征测定

12.11.1 土壤微生物生物量测定

土壤微生物生物量是指土壤中体积小于 $5\times10^3\mu m$ 的生物总量,是活的部分土壤有机质,但不包括大型动物和活的植物体如根系等。广义的土壤微生物生物量包括土壤微生物的生物量碳、生物量氮、生物量磷和生物量硫,但一般情况下土壤微生物生物量利用土壤微生物生物量碳来表示。土壤微生物生物量的测定方法主要包括氯仿熏蒸培养法、重铬酸钾氧化法、碳光谱分析法和磷脂脂肪酸(PLFA)法等。

资源 12.25
氯仿熏蒸培养法

(1) 氯仿熏蒸培养法。土壤样品经熏蒸后,全部活体微生物细胞破损,释放出微生物有机质,而熏蒸对非活体土壤有机质无显著影响。土壤样品经氯仿熏蒸 24h 后,对于熏蒸和未熏蒸的土壤样品,用 0.5mol/L K_2SO_4 溶液定量提取有机碳并测定,根据有机碳含量的差值,计算土壤微生物生物量碳。

资源 12.26
重铬酸钾氧化法

(2) 重铬酸钾氧化法。在强酸下,有机质被重铬酸钾氧化,Cr(Ⅵ) 还原成 Cr(Ⅲ),回滴过剩的重铬酸钾。

(3) 碳光谱分析法。用过硫酸钾($K_2S_2O_8$)溶液将提取的有机碳氧化为二氧化碳,用红外(IR)或紫外(UV)光谱分析测定。

资源 12.27
碳光谱分析法

(4) 磷脂脂肪酸法。磷脂脂肪酸(phospholipid fatty acids,PLFA)是活体微生物细胞膜恒定组分,不同类群的微生物可通过不同的生化途径合成不同的 PLFA,PLFA 对环境因素敏感、在生物体外迅速降解,因此特定菌群 PLFA 数量变化可反映出原位土壤真菌、细菌活体生物量与菌群结构。利用磷脂脂肪酸法分析土壤微生物群落结构是一种快速、可靠并可重现的分析方法,可用于表征在数量上占优势的土壤微生物群落。

资源 12.28
磷脂脂肪酸
(PLFA) 法

12.11.2 土壤微生物群落结构特征测定

土壤微生物群落结构的测定方法可分为两类:一类是用于分析土壤中可培养的微生物群落;另一类是用于分析土壤整体微生物群落。

12.11.2.1 基于培养的土壤微生物群落结构分析方法

微生物培养方法就是根据目标微生物选择相应的培养基进行培养，然后通过各种微生物的生理生化特征及外观形态等方面进行分析鉴定。该方法通过将土壤中可培养的微生物进行分离培养，然后依据微生物菌落的生理生化特征及外观形态来判定微生物的种类，并结合稀释平板菌落计数法来计算菌落的数量。由于所用的培养基对于培养土壤中可培养微生物具有一定的针对性，能够获得纯培养的土壤微生物的菌株种类的数量仅仅只占微生物总数的 $0.1\%\sim1\%$，因此，用传统培养方法获得的多样性结果来代表自然环境中土壤微生物的多样性具有片面性。

Biolog 法是以微生物存活、生长及竞争过程中所需的不同形式的碳源为线索，根据微生物对碳源利用模式的差异，比较鉴定微生物群落功能的多样性，并以微生物在不同碳源中新陈代谢产生的酶与四唑类物质（TTC、TV 等）发生颜色反应的浊度差异为基础，运用独特的排列技术检测出各种微生物的代谢特征指纹图谱。Biolog 法可以根据检测目的的不同选择不同的微平板，如 MT 板、GP（革兰阳性板）、GN（革兰阴性板）、ECO（生态板）和 FF（丝状真菌板）等。平板上设有 96 个微井，其中 1 个不含碳源的微井作对照，通过测定变色速率推测微生物的呼吸速率，从而评价微生物种类和利用程度。

Biolog 碳素利用法具有自动化程度高、检测速度快等优点，是目前用于揭示土壤微生物群落功能多样性的一种相对简单快捷的研究方法。但仅限于检测可培养、能迅速生长的微生物，且微孔中的碳源并不能完全代表土壤生态系统中实际碳源的所有类型，此外，样本的处理方法、培养条件以及使用的微平板类型等都会给微生物多样性的评价带来误差。

12.11.2.2 土壤微生物群落结构特征测定的一般方法

由于土壤中可培养的微生物占比不到 1%，采用传统基于培养方法的微生物群落结构研究具有一定的局限性。随着分子生物学技术的发展，核酸序列分析已被广泛地应用于微生物分类鉴定中，目前常用的技术包括基于 18S rDNA 和内转录区间（internal transcribed spacer，ITS）的真菌高通量测序技术、基于 16S rDNA 的细菌高通量测序技术和宏基因组技术等。

1. 土壤真菌群落分析（高通量测序技术）

传统的真菌分类鉴定主要是按照真菌的形态、生长以及生理生化等特征对真菌进行分类。然而真菌的种类繁多，个体多态性不明显，而且其生长、生理生化特征也会随着环境的变化而不稳定。因此，采用传统的方法对真菌进行正确的分类存在较大的困难。随着分子生物学技术的发展，核酸序列分析已被广泛地应用于真菌分类鉴定中，目前常用的技术包括 18S rDNA、内转录间区。分析的具体流程包括样品准备、DNA 提取与检测、PCR 扩增、产物纯化、文库制备及库检、上机测序。

2. 土壤细菌群落结构特征测定

细菌 16S rDNA 位于原核细胞核糖体小亚基上，包括 10 个保守区（conserved regions）和 9 个高变区（hypervariable regions），其中保守区在细菌间差异不大，高变区具有属或种的特异性，随亲缘关系不同而有一定的差异。因此，16S rDNA 可以作

资源 12.29
土壤真菌群落分析（高通量测序技术）

为揭示生物物种的特征核酸序列,被认为是最适于细菌系统发育和分类鉴定的指标。16S rDNA 扩增子测序(16S rDNA Amplicon Sequencing),通常是选择某个或某几个变异区域,利用保守区设计通用引物进行 PCR 扩增,然后对高变区进行测序分析和菌种鉴定,16S rDNA 扩增子测序技术已成为研究环境样本中微生物群落组成结构的重要手段。

3. 土壤微生物测序技术(宏基因组学)

宏基因组(metagenome)也称微生物环境基因(microbial environmental genome)或元基因组,是由 HandeIsman 等 1998 年提出的新名词,其定义为"the genomes of the total microbiota found in nature",即生境中全部微小生物遗传物质的总和。它包含了可培养的和不可培养的微生物的基因,目前主要指环境样品中的细菌和真菌的基因组总和。宏基因组学是以环境样品中的微生物群体基因组为研究对象,通过现代基因组技术手段包括功能基因的筛选和测序分析,对环境中微生物多样性、种群结构、进化关系、功能活性、相互协作关系以及环境之间的关系进行研究的新的微生物研究方法。在这种测序方式中,可以假定一个环境中的所有微生物就是一个整体,然后对其中所有的微生物进行测序。这样就可以研究样品中的功能基因以及其在环境中所起的作用而不用关心其来自哪个微生物。可以发现新的基因,可以进行基因的预测,甚至有可能得到某个细菌基因组的全序列。此外,该项测序不单可以针对 DNA 水平,也可以针对全 RNA 进行基因表达水平的研究。一般包括从环境样品中提取基因组 DNA,进行高通量测序分析,或克隆 DNA 到合适的载体,导入宿主菌体,筛选目的转化子等工作。

资源 12.30 土壤细菌群落结构特征测定

资源 12.31 土壤微生物测序技术(宏基因组学)

12.12 作物根系活力测定

根的生长情况和活力水平直接影响作物个体的生长情况、营养状况和产量水平,目前根系活力的测定方法有氯化三苯基四氮唑(TTC)法和 α-萘胺法等。

12.12.1 氯化三苯基四氮唑(TTC)法

氯化三苯基四氮唑(TTC)是标准氧化电位为 80mV 的氧化还原物质,溶于水中成为无色溶液,但还原后即生成红色而不溶于水的三苯甲䐩,如下式

资源 12.32 氯化三苯基四氮唑(TTC)法测定作物根系活力

生成的三苯甲䐩比较稳定,不会被空气中的氧自动氧化,所以 TTC 被广泛用作酶试验的氢受体,作物根系中脱氢酶所引起的 TTC 还原。可因加入琥珀酸、延胡索酸、苹果酸得到增强,而被丙二酸、碘乙酸所抑制。所以 TTC 还原量能表示脱氢酶活性,并作为根系活力的指标。该方法的实验材料可选用水培或砂培的玉米或小麦作物根系,测定的结果用 TTC 还原量 [mg/(g 根鲜重·h)] 表示。

12.12.2 α-萘胺法

作物根系中过氧化物酶能氧化 α-萘胺，生成红色的 α-羟基-1-萘胺，并沉淀于根表面，将根系染为红色，一般来说根呼吸强度越大，该酶的活力越强，对 α-萘胺的氧化力越强，颜色越深，溶液中未被氧化的 α-萘胺在酸性环境中与对氨基苯磺酸和亚硝酸盐作用生成了红色的偶氮染料，可用比色法测定 α-萘胺含量。

资源 12.33 α-萘胺法测定作物根系活力

12.13 作物蒸腾强度测定

蒸腾作用是水分从活的作物体表面（主要是叶子）以水蒸气状态散失到大气中的过程。蒸腾强度是植物水分生理的一个重要指标，作物蒸腾强度是指在单位时间内单位面积（或单位重量）的作物蒸腾表面所失去的水量，通常以 $g/(m^2 \cdot h)$、$g/(kg \cdot h)$ 或 $mg/(g \cdot h)$ 表示。测定作物蒸腾强度的方法有称重法、容量法和仪器测定法等。

（1）称重法。作物蒸腾失水后，会引起重量的减轻，因此可以用称重法，测得一定时间内所失去的水量，并由此计算蒸腾强度。由于植株的某一部分在剪离母体以后，短时间内生理上不会有明显变化，因此可以在植株上剪下一个小枝条或叶片，立即快速称重；然后，经一定时间的蒸腾作用，再进行称重，两次重量之差，即为在该段时间内因蒸腾失水而减轻的重量。

（2）容量法。将带叶的枝条插在一定体积的水中，由于叶子的蒸腾作用，容器中水的体积不断减少，通过水体积的减少，即可计算作物的蒸腾强度。即单位时间内，单位叶面积散失的水量，常以 $g/(m^2 \cdot h)$ 表示。外界环境条件，如光、温度、风速等都会影响蒸腾强度。

资源 12.34 作物蒸腾强度测定——称重法

资源 12.35 作物蒸腾强度测定——容量法

12.14 作物组织含水量测定

作物组织含水量、相对含水量、水分饱和亏是反映作物水分状况、研究作物水分关系及农产品质量检验的重要指标。表示组织含水量的方法有两种：一是以干重为基数表示，一是以鲜重为基数表示，从而分为干重法和鲜重法，即

$$组织含水量(占鲜重,\%) = (W_f - W_d)/W_f \times 100\% \tag{12.16}$$

$$组织含水量(占干重,\%) = (W_f - W_d)/W_d \times 100\% \tag{12.17}$$

式中：W_f 为组织鲜重，g；W_d 为组织干重，g。

作物组织相对含水量 RWC 指组织含水量占饱和含水量百分数，即

$$RWC = (W_f - W_d)/(W_t - W_d) \times 100\% \tag{12.18}$$

式中：W_t 为组织被水分充分饱和后的重量，g。

水分饱和亏 WSD 指作物组织实际相对含水量距饱和相对含水量（100%）的差值的大小。常用下式表示：

$$WSD = (饱和含水量 - 原含水量)/饱和含水量 \times 100\% \tag{12.19}$$

实际测定时，可用下式计算：

资源 12.36 作物组织含水量测定

$$WSD = (饱和后鲜重 - 原鲜重)/(饱和后鲜重 - 干重) \times 100\% \quad (12.20)$$

或

$$WSD = (W_t - W_f)/(W_t - W_d) \times 100\% \quad (12.21)$$

$$WSD = 1 - RWC \quad (12.22)$$

12.15 作物组织水势测定

作物水势是作物最常用的水分生理指标之一，作物水势可直接反映作物水分亏缺程度、抗旱性强弱。叶水势代表作物自身维持正常生理活动的能力，在作物各部位组织器官水势中，叶水势是衡量作物体内水分亏缺最敏感的生理指标。常用的作物水势测定方法有小液流法、压力室法、质壁分离法、热电偶湿度计法、露点法等。

1. 小液流法

当作物组织和外界蔗糖溶液接触时，若组织水势小于外液渗透势，水分浸入作物组织，外液浓度增高；相反，组织水分进入外液，使外液浓度降低；若两者水势相等，组织不吸水也不失水，外液浓度不变。取浸过组织的蔗糖溶液1小滴（为便于观察加入少许甲烯蓝），放入未浸作物组织的原浓度溶液中，观察有色溶液的浮沉：液滴上浮，表示浸过样品后溶液浓度变小；液滴下沉，表示溶液浓度变大；若液滴不动，表示浓度未变，该溶液水势即等于作物组织水势。实际测定时，常常不易找到有色液滴不动的溶液，而是取接近作物组织水势的相邻两种溶液浓度的平均值。

资源 12.37
作物组织水势测定——压力室法

2. 压力室法

白天大部分时间内，由于蒸腾作用，作物木质部水链系统的水分，常处于一定的张力之下。如果遮住叶片，阻止蒸腾，短时间后水分会接近平衡状态，意味着木质部中水势接近或等于叶片细胞水势。当切下叶片，叶片木质部张力解除，导管中汁液缩回木质部（水势越多，缩回越多）。将切下的叶片放回压力室中，加压，使木质部汁液正好推回到切口处，此时的加压值等于切去叶片之前木质部张力的数值，即加压值（平衡压）大致等于叶片水势值。若以 $\psi_w^{叶片}$ 代表所测叶片水势；$\psi_w^{加压叶}$、$\psi_w^{加压木}$、$\psi_s^{加压叶}$、$\psi_p^{加压木}$ 分别代表加压至平衡压的叶片水势和木质部水势、渗透势、压力势；P 代表平衡压值，那么，它们之间的关系为

资源 12.38
作物组织水势测定——小液流法

$$\psi_w^{加压叶} = \psi_w^{加压木} = \psi_s^{加压叶} + \psi_p^{加压木} \quad (12.23)$$

$$\psi_w^{叶片} = \psi_w^{加压木} - P \quad (12.24)$$

联合上述两个等式，有

$$\psi_w^{叶片} = \psi_s^{加压叶} + \psi_p^{加压木} - P \quad (12.25)$$

式中，$\psi_p^{加压木} = 0$，$\psi_s^{加压叶} \to 0$（假设为零），则 $\psi_w^{叶片} = -P$，即等于平衡压。

12.16 作物叶绿素 a 和叶绿素 b 含量测定

叶绿素是高等植物和其他所有能进行光合作用的生物体含有的一类绿色色素。叶绿素有多种，例如叶绿素 a、叶绿素 b、叶绿素 c 和叶绿素 d，以及细菌叶绿素和绿菌属叶绿素等，叶绿素 a 与叶绿素 b 是高等植物叶绿体色素的重要组分，约占叶绿体色

资源 12.39
作物叶绿素 a 和叶绿素 b 含量测定

素总量的75%，其共同特点是结构中包括四个吡咯构成的卟啉环，四个吡咯与金属镁元素结合。

叶绿素提取液中同时含有叶绿素a和叶绿素b，两者的吸收光谱虽有不同，但又存在明显的重叠，在不分离叶绿素a和叶绿素b的情况下同时测定叶绿素a和叶绿素b的浓度，可分别测定在663nm和645nm（分别是叶绿素a和叶绿素b在红光区的吸收峰）的光吸收，然后根据朗伯-比尔定律，计算出提取液中叶绿素a和叶绿素b的浓度，分别如下：

$$A_{663} = 82.04C_a + 9.27C_b \tag{12.26}$$

$$A_{645} = 16.75C_a + 45.60C_b \tag{12.27}$$

式中：C_a、C_b 分别为叶绿素a、叶绿素b浓度，g/L；82.04和9.27分别为叶绿素a和叶绿素b在663nm下的比吸收系数（浓度为1g/L，光路宽度为1cm时的吸光度值）；16.75和45.60分别是叶绿素a和叶绿素b在645nm下的比吸收系数。即混合液在某一波长下的光吸收等于各组分在此波长下的光吸收之和。

将上式整理，可以得到

$$C_a = 0.0127A_{663} - 0.00269A_{645} \tag{12.28}$$

$$C_b = 0.0229A_{645} - 0.00468A_{663} \tag{12.29}$$

将叶绿素的浓度改为mg/L，则上式变为

$$C_a = 12.7A_{663} - 2.69A_{645} \tag{12.30}$$

$$C_b = 22.9A_{645} - 4.68A_{663} \tag{12.31}$$

$$C_t = C_a + C_b = 8.02A_{663} + 20.21A_{645} \tag{12.32}$$

式中：C_t 为叶绿素的总浓度，mg/L。

12.17 作物光响应曲线测定

资源12.40
作物光响应曲线测定

最大净光合速率（P_{nmax}）、光饱和点（LSP）、光补偿点（LCP）、暗呼吸速率（R_d）和表观量子效率（AQE）是光响应曲线中关键光合参数。最大净光合速率能够反映作物叶片的最大光合能力，光饱和点和光补偿点分别代表作物对弱光和强光的利用能力，典型阳生植物光饱和点在 $360\sim900\mu mol/(m^2 \cdot s)$，光补偿点在 $9\sim27\mu mol/(m^2 \cdot s)$。较高的表观量子效率具有较高的光能传递能力，在自然环境下，作物的表观量子效率一般在 $0.04\sim0.07mol/mol$。作物叶片暗呼吸速率是指在光强为0时的光合速率。测定作物的光响应曲线，对研究和分析作物光合生理生态过程及其环境适应性有重要作用。

12.18 作物全氮、全磷、全钾测定

资源12.41
作物全氮、全磷、全钾测定

作物中的氮磷大多数以有机态存在，钾以离子态存在。样品经浓 H_2SO_4 和氧化剂 H_2O_2 消煮，有机物被氧化分解，使样品中的有机氮化物转化成无机铵盐，有机磷转化成无机磷酸盐，用同一消解液分别测定氮（N）、磷（P）、钾（K）含量。

氮的测定：消解液经碱化，加热蒸馏出氨，经硼酸吸收，用标准酸滴定其含量。

磷的测定：在一定酸度下，消解液中的正磷酸与偏钒酸和钼酸生成黄色的三元杂多酸，用比色法测定磷含量，即钒钼黄吸光光度法。或在一定酸度下，消解液在三价锑离子存在下，其中的正磷酸与钼酸铵生成三元杂多酸，被抗坏血酸还原为磷钼蓝，用比色法测定磷含量，即钼锑抗吸光光度法。

钾的测定：将处理过的样品导入原子吸收分光光度计的火焰原子化系统中，使钾离子原子化，钾的基态原子吸收钾空心阴极灯发射的共振线，在共振线766.5nm处测定吸光度，其吸光度值与钾含量成正比，与标准系列进行比较定量。

12.19 作物微量元素测定

作物常量元素包括 N、P、K、Ca、Mg、S，它们在作物中含量在 0.1%～5%，而微量元素如 Fe、Mn、Cu、Zn、B、Mo 等，其含量在 mg/kg 范围。对作物来说，微量元素是正常生长不可缺少的。微量元素在作物体内多为酶的组成成分，对光合作用、碳水化合物的形成和运输、其他营养元素的吸收和输送以及繁殖器官的发育等均具有重要作用。通过对作物样品中微量元素含量的测定，可以了解其生长环境，对于实现农业可持续发展，保护和治理生态环境，监测环境污染，预防区域性疾病和提高人体健康素质等都有着重要意义。

由于作物样品中微量元素的含量一般都很低，所以分析时必须选用灵敏度、精密度都很高的方法。分析包括作物样品的采集制备、实验室分析和评价分析结果。采样前必须确定采集某一生育时期特定的作物部位，才能有效地反映某种营养物质的供应状况。作物样品的分析方法一般包括湿法消解、干灰化法和微波消解等。湿法消解的优点是样品消解完全，但要消耗大量的酸液，致使空白值较高，操作过程烦琐；干灰化法不需加入试剂，受污染少，但某些组织致密的作物样品，不宜灰化完全，或由于高温下造成某些成分挥发损失，或形成硅酸盐难以再溶解使结果偏低；近些年来，微波消解技术广泛应用于作物样品的消解，样品损失少，分解快，但价格高。一般实验室常用湿法分解，如采用 $H_2SO_4+H_2O_2$ 消解法、$H_2SO_4+HClO_4$ 消解法、HNO_3+HClO_4 消解法和 $HNO_3+H_2O_2$—微波消煮等。

1. 作物粗灰分测定

资源 12.42
作物粗灰分
测定

植物体灼烧后的残余物称为粗灰分，占干物质的 2%～7%。粗灰分的测定可以了解各种作物在不同生育期和不同器官中灰分的含量和变动情况，以及施肥、土壤、气候等因素对灰分含量变动的影响，在农产品的品质分析中，粗灰分是重要项目之一。粗灰分是用简单、快速、经济的干灰化法测定。即将作物样品灼烧，使有机质氧化成 CO_2 和 H_2O 等挥发，剩下的不可燃烧的部分是灰分元素的氧化物等，即粗灰分。由于混入少量黏土、尘砂及未烧尽的炭粒，而且灼烧前后灰分的组成也发生变化，所以称粗灰分。灼烧温度以 525℃±25℃（500～550℃）为宜，太高使某些元素可能损失。

2. 作物微量元素测定的一般方法

样品消解分为干灰化法、湿法消解（HNO_3-HClO_4 法）和微波消解（HNO_3+

H_2O_2），待测液由原子吸收分光光度法或 ICP 法进行测定。

12.20 作物代谢组学测定

资源 12.43
作物微量元素测定

代谢组学以生物体内参与物质传递、能量代谢和信息传导等代谢调控的全体小分子物质即代谢组（metabolome）为研究对象，这些内源性小分子代谢物处于生物信息流的末端，它们的整体轮廓包含基因组（genome）、转录物组（transcriptome）、蛋白质组（proteome）变化及相互间协调作用的终极信息，能直接反映生物体的表型（phenotype）特征。目前已逐步成熟并在药物研发、疾病诊断、药物毒性和机制研究、作物代谢物研究等诸多方面展现出良好的潜能。

1. 样品采集

组织、细胞等是代谢组学研究常用生物样本。实验设计中需要采集足够数量的代表性样本，减少生物样品个体差异对分析结果的影响。生物样本前处理方式选择要综合考虑简便性、重现性、代谢物覆盖广等因素。

2. 信息获取

在代谢组学研究中，分析方法是连接原始生物样本和生物标记物以及相关代谢通路的桥梁，因此代谢组学研究中采集信息的分析方法应能够全面、无偏向性地反映生物样本的代谢轮廓。一个理想的代谢组学分析方法或分析策略应具备以下几点：

（1）无偏向性：涵盖各种代谢物类型，可测浓度范围广泛。

（2）高通量：样本处理简单或者不需要样品前处理。

（3）稳定性和重现性好。

（4）可同时定性定量测定代谢物。

GC/MS、LC/MS 和 NMR 是目前代谢组学研究中信息获取的三种主要分析方法和手段，它们各有优缺点，在实际应用中，为实现代谢物的更广覆盖，这三种方法一般多组合使用。

3. 数据处理

采用仪器分析得到的原始图谱并不能直接用于化学计量学分析，还需要对数据预处理。将原始图谱转变为数据矩阵，充分抽提所获数据中的潜在信息，消除或减小实验和分析过程中带来的误差是代谢组学数据预处理的主要目的。代谢组学数据预处理主要包括以下几个方面：峰识别、提取、排列、对齐、合并、共有峰筛选等；缺失值的填补；归一化；标尺化等。

思 考 与 练 习 题

1. 测量土壤含水量的方法有哪些？简述 TDR 法测定土壤含水量的基本原理。
2. 根据土壤水分特征曲线，评价土壤的持水特性。
3. 影响土壤水溶性盐浸提的因素有哪些？简述土壤水溶性盐测定的主要步骤，制备盐分浸提液应符合哪些要求？

思考与练习题

4. 重铬酸钾容量法测定土壤有机质的原理是什么？与测定二氧化碳的铬酸、磷酸湿烧法在原理上有何不同点？

5. 水合热和外加热两种氧化土壤有机质的重铬酸钾容量法测定总有机碳的测出率是多少？试比较两种方法的优缺点。

6. 土壤有效氮有哪几类测定方法？试比较其优缺点。

7. 影响土壤有效磷浸提的因素有哪些？$NaHCO_3$法测定土壤有效磷时需注意哪些问题？

8. 试述压力室法测定作物水势的原理。

9. 简述 $H_2SO_4 - H_2O_2$ 消煮法测定作物全氮、全磷、全钾方法。

参 考 文 献

陈阜，陈鹏，2019. 农业生态学［M］. 北京：中国农业大学出版社.

陈秋计，郭斌，杨梅焕，等，2015. 土地整治［M］. 西安：西北工业大学出版社.

陈文新，1990. 土壤和环境微生物学［M］. 北京：北京农业大学出版社.

冯广平，2006. 干旱内陆河灌区综合效益评价研究［D］. 乌鲁木齐：新疆农业大学.

刘巽浩，2010. 耕作学［M］. 北京：中国农业出版社.

龚振平，马春梅，2018. 耕作学［M］. 2版. 北京：中国水利水电出版社.

龚振平，2009. 土壤学与农作学［M］. 北京：中国水利水电出版社.

黄昌勇，徐建明，2010. 土壤学［M］. 3版. 北京：中国农业出版社.

姜会飞，2008. 农业气象学［M］. 北京：科学出版社.

雷波，2005. 我国北方旱作区旱作节水农业综合效益评价研究［D］. 北京：中国农业科学院.

雷志栋，杨诗秀，谢森传，1988. 土壤水动力学［M］. 北京：清华大学出版社.

尼尔·布雷迪，雷·韦尔，2019. 土壤学与生活［M］. 李保国，徐建明，译. 北京：科学出版社.

李军，2010. 农业信息技术［M］. 北京：科学出版社.

李鹏山，2017. 农田系统生态综合评价及功能权衡分析研究［D］. 北京：中国农业大学.

李学恒，2001. 土壤化学［M］. 北京：高等教育出版社.

林先贵，胡君利，2008. 土壤微生物多样性的科学内涵及其生态服务功能［J］. 土壤学报，45（5）：892-900.

卢文峰，2015. 农业节水效益评价指标的研究与应用［D］. 武汉：长江科学院.

吕军，2001. 农业土壤改良与保护［M］. 杭州：浙江大学出版社.

潘瑞炽，2012. 作物生理学［M］. 7版. 北京：高等教育出版社.

全国土壤普查办公室，1998. 中国土壤［M］. 北京：中国农业出版社.

上官周平，邵明安，1999. 21世纪农业高效用水技术展望［J］. 农业工程学报，15（1）：17-21.

邵明安，王全九，黄明斌，2006. 土壤物理学［M］. 北京：高等教育出版社.

申建波，2021. 根际生命共同体：协调资源、环境和粮食安全的学术思路与交叉创新［J］. 土壤学报，58（4），805-831.

孙兆军，2017. 中国北方典型盐碱地生态修复［M］. 北京：科学出版社.

王全九，等，2016. 土壤物理与作物生长模型［M］. 北京：中国水利水电出版社.

王全九，樊军，王卫华，等，2017. 土壤气体传输与更新［M］. 北京：科学出版社.

王全九，单鱼洋，2017. 旱区农田土壤水盐调控［M］. 北京：科学出版社.

魏湜，2011. 作物逆境与调控［M］. 北京：中国农业出版社.

吴景社，康绍忠，王景雷，2004. 节水灌溉综合效应评价指标的选取与分级研究［J］. 灌溉排水学报，（10）：17-19.

武维华，2018. 植物生理学［M］. 3版. 北京：科学出版社.

于强，2006. 农田生态过程与模型［M］. 北京：科学出版社.

张仁陟，李小刚，胡恒觉，1999. 施肥对提高旱地农田水分利用效率的机理［J］. 植物营养与肥料学报，（3）：221-226.

郑智韬，2011. 民勤县节水农业模糊综合效益评价［D］. 兰州：甘肃农业大学.

周智伟，尚松浩，雷志栋，2003. 冬小麦水肥生产函数的 Jensen 模型和人工神经网络模型及其应用［J］. 水科学进展，14（3）：280-284.

中华人民共和国农业农村部，全国高标准农田建设规划（2021—2030 年）［R］. 2021.

王荣栋，尹经章，2015. 作物栽培学［M］. 2 版. 北京：高等教育出版社.

Allen R G, Pereira L S, Raes D, et al., 1998. Crop evaportanspiration. Guidelines for computing crop water requirement [M]. FAO Irrigation and Drainage, Paper No. 56. FAO, Rome.

Baker J M, Van Bavel C H M, 1987. Measurement of mass flow of water in the stems of herbaceous plants [J]. Plant, Cell & Environment, 10：777-782.

Barry D A, Parlange J Y, Sanderr G C, et al., 1993. A class of exact solutions for Richards' equation [J]. Journal of Hydrology, 42 (3)：29-46.

Bowen I S, 1926. The ratio of heat losses by conduction and by evaporation from any water surface [J]. Physical review, 27 (6)：779.

Brooks R H, Corey A J, 1964. Hydraulic properties of porous media [M]. Fort Collins：Colorado State University.

Granier A, 1985. A new method of sapflow measurement in tree stems [J]. Annal of Forest Science, 42 (2)：193-200.

Hopkins W G, Hüner N P, 2008. Introduction to plant physiology [M]. 4th. NJ, USA：John Wiley & Sons, Inc.

Huber B, 1932. Beobachtung und messung pflanzlicher saftstrome [J]. Ber. deutsch. Bot. Ges., 50：89-109.

Jones H G, 2014. Plants and microclimate：a quantitative approach to environmental plant physiology [M]. 3th. New York, USA：Cambridge University Press.

Lynch J M, 1990. The rhizosphere [M]. UK：John Wiley and Sons.

Marshall D C, 1958. Measurement of sap flow in conifers by heat transport [J]. Plant physiology, 33 (6)：385.

McMaster G S, Wilhelm W W, 1997. Growing degree-days：one equation, two interpretations [J]. Agricultural and Forest Meteorology, 87 (4)：291-300.

Nobel P S, 2020. Physicochemical and Environmental Plant Physiology [M]. 5th. CA, USA：Academic Press.

Penman H L, 1948. Nature evaporation from open water, bare soil and grass [J]. Proceedings of the Royal A, 193 (1032)：120-145.

Philip J R, 1957. The theory of infiltration：1 the infiltration equation and its solution [J]. Soil Science, 83 (5)：345-357.

Sakuratani T, 1981. A heat balance method for measuring water flux in the stem of intact plants [J]. Journal of Agricultural Meteorology, 37 (1)：9-17.

Su L J, Wang Q J, Bai Y G, 2013. An analysis of yearly trends in growing degree days and the relationship between growing degree day values and reference evapotranspiration in Turpan area, China [J]. Theoretical and Applied Climatology, 113：711-724.

Taiz L, Zeiger E, Møller I M, et al., 2015. Plant physiology and development [M]. 6rd. MA, USA：Sinauer Associates Inc.

Tiemann L K, Grandy A S, Atkinson E E, et al., 2015. Crop rotational diversity enhances belowground communities and functions in an agroecosystem [J]. Ecology Letters, 18, 761-771.

Topp G C, Davis J L, Annan A P, 1980. Electromagnetic determination of soil water content：Measurements in coaxial transmission lines [J]. Water Resources Research, 16 (3)：574-582.

Wang Q, Shao M, Horton R, 1999. A modified Green – Ampt equation for layered soils and muddy water infiltration [J]. Soil Science, 164 (7): 445-453.

Wang Q, Horton R, Shao M, 2003. Algebraic model for one – dimensional infiltration and soil water distribution [J]. Soil Science, 168 (10): 671-676.